KB276145

대한민국 3대 트레일

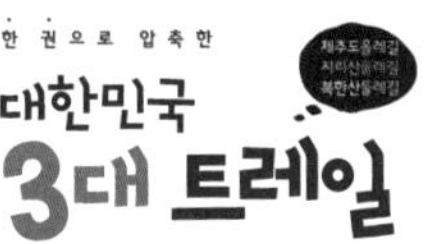

대한민국 3대 트레일

글|사진 진우석·(사)숲길

꿈의지도

나와 세상을 바꾸는 '착한여행'을 꿈꾸며

걷는 것은 자신을 세계로 열어놓는 것이다.
발로, 다리로, 몸으로 걸으면서 인간은 자신의 실존에 대한
행복한 감정을 되찾는다.

—다이드 르 브루통 〈걷기예찬〉 중에서

브루통의 말에 동의한다면 당신은 벌써 걷기 예찬론자가 된 것이다.

바야흐로 걷기의 시대다. 많은 사람이 건강을 위해 공원을 걷고, 걷기의 매력에 푹 빠진 '걷기꾼'들이 삼삼오오 걷기여행을 떠난다. 전국의 지방자치단체는 경쟁적으로 길을 닦고, 문화체육관광부와 국토해양부 같은 중앙 부처에서도 테마가 있는 다양한 걷기 코스를 만들고 있다. 신문과 방송 역시 심심치 않게 뉴스와 특집 프로그램을 통해 걷기 예찬을 쏟아내고 있다.

우리나라 걷기 열풍의 근원에는 제주올레와 지리산 둘레길이 버티고 있다. 제주올레는 걷기에 목말랐던 언론인 서명숙씨가 스페인 산티아고(카미노 데 산티아고)를 걷고 돌아와 고향 제주에 '이 세상에서 가장 아름답고 평화로운 길'을 목표로 만든 길이다. 지리산 둘레길의 모태는 2004년 '생명 평화'를 이 땅에 뿌리고자 길을 나선 도법 스님을 비롯한 순례자들이다. 마을과 마을을 이어주는 지리산 순례길이 있으면 좋겠다는 제안이 나왔고, 그것을 다듬고 구체화한 게 지리산 둘레길이다.

2007년 제주올레와 지리산 둘레길이 열릴 때만 해도 걷기여행이 지금처럼 폭발적 인기를 누리라고는 아무도 예상하지 못했다. '누가 걸으러 멀리까지 찾아오겠어?', '도시 사람이 먼 길을 걸을 수나 있을까?' 하는 걱정은 그야말로 기우였다. 사람들은 올레길을 걸으며 제주의 은밀한 속살에 환호했고, 지리산 산마을에서 하룻밤 묵으며 희열을 느꼈다. 아름답고 평화로운 풍경, 정겨운 주민, 그리고 무엇보다 걷는 맛에 빠져든 것이다.

걷기여행은 수많은 획기적인 변화를 가져왔다. 그중 걷기가 사람을 긍정적이고 행복하게 변화시킨 점이 중요하다. 올레길이나 둘레길에서 만난 사람들이 공통적으로 하는 이야기는 "힘들지만 행복했다"라는 말이다. 다양한 이동수단이 발달한 현대사회에서 퇴행 직전에 놓인 인간의 걷기 능력이 다시 회복되고, 그 과정에서 '실존적 행복'을 찾은 것이다.

또한 걷기여행은 여행문화의 흐름을 바꾸었다. 올레길에서 만난 많은 이들은 이미 여러 번 제주에 와 봤지만, 걷기를 통해 제주의 진면목을 재발견했다고 입을 모은다.

지리산 둘레길에서 만난 이들 역시 대화와 소통이 가능한 느리게 걷기의 매력에 푹 빠졌다고 고백한다. 사단법인 제주올레는 올레의 여러 현상을 분석하면서 "올레가 개장되고 나서 여행문화가 바뀌었다"고 진단한다. 단체관광에서 개별여행으로, 렌터카에서 대중교통 이용으로, 관광지 관광에서 마을 및 재래시장 탐방으로, 일회성 관광에서 지속적인 관광으로 탈바꿈했다는 것이다.

걷기여행이 가져온 또 하나의 중요한 성과는 서민경제에 활력이 되고 있다는 점이다. 걷기꾼들이 지출한 금액이 대부분 지역 주민에게 돌아가고 있기 때문이다. 올레의 경우는 방 한 칸을 숙소로 내준 할머니, 길가에서 귤을 파는 농민, 택시기사 등의 소득에 큰 도움이 됐다. 지리산 둘레길과 북한산 둘레길 역시 마찬가지다. 그래서 걷기여행은 여행자와 마을이 서로 만족하면서 상생하는 '착한여행', '공정여행'의 새로운 패러다임을 제시하고 있다.

걷기여행은 아직 정착과정이다. 길이 갑자기 범람하다 보니 부작용도 만만치 않다. 코스 개발이 자연스러운 길을 파괴하는 아이러니가 도처에서 발생하고, 안내판 하나 제대로 설치하지 못한 수준 미달의 길들도 적지 않다. 또한 행락객이 관광버스를 타고 와 조용한 마을을 벌집 쑤셔놓은 것처럼 만든 경우도 허다하다. 하지만 이런 부작용은 점점 사라지면서 나와 세계를 이해하는 걷기, 순례와 영혼을 찾아가는 발걸음으로 정착될 것을 믿어 의심치 않는다.

3 이 책은 비록 가이드북이지만, 길과 풍경 뒤에 숨어 있는 역사와 이야기를 길어 올리려 노력했다. 길을 내느라 고생하신 분들, 그리고 길을 위해 기꺼이 자기 것을 내놓은 주민에게 큰절을 올린다. 그들의 헌신과 배려가 없었다면 이 책 역시 탄생하지 못했을 것이다. 길은 주인이 없다. 그래서 길은 길 떠나는 사람이 주인이다. 길을 찾는 모든 사람에게 길의 정처 없음과 막막함, 그리고 자유로움이 가득하길 빈다.

걷기, 그 속에는 인생이 들어 있고, 깨달음이 들어 있으며,
신과 조우할 수 있는 기회가 들어 있다.
걷기를 좋아하는 이에게는 현자의 지혜가 번득이고,
그의 눈은 시적 통찰력으로 빛난다.

－이브 파칼레 〈걷는 행복〉 중에서

2012년 봄날 북한산 탕춘대성 아래에서 진우석

지도 이해하기

실측도를 바탕으로 제작한 캐릭터 지도로서 구간의 형태와 구간을 중심으로 각 요소들의 위치를 파악하는데 중점을 두었다.
지도 위의 모든 요소는 GPS로 실측한 디지털정보를 옮겨 정확성을 더했다. 그래서 구간 거리 등이 (사)제주올레 등에서 공식 발표한 자료와 다를 수 있다.

1 **한눈에 보기** 번호를 따라가며 전체 구간을 미리 걸어볼 수 있다.

A **자세히 보기** 구간의 주요한 지점이 품고 있는 이야기를 들려준다.

숙소 마음에 드는 곳의 번호를 지도에서 찾으면 위치 확인이 가능하다.

맛집 마음에 드는 곳의 번호를 지도에서 찾으면 위치 확인이 가능하다.

기타 화장실, 스템프 확인 장소, 매점 등의 위치를 표시하고 있다.

코스 가이드 이해하기

거리 구간 전체 거리로 GPS를 사용해 현장 실측한 결과로 공식 거리와 다를 수 있다.
시간 현장 답사를 다녔던 성인 남자를 기준으로 구간의 난이도를 감안해 작성했다.
쉬는 시간과 주변 관광지 관람 시간 등은 제외했다.
난이도 경사도와 거리 등을 종합해 판단한 것으로 개인차를 고려해 참고하자.

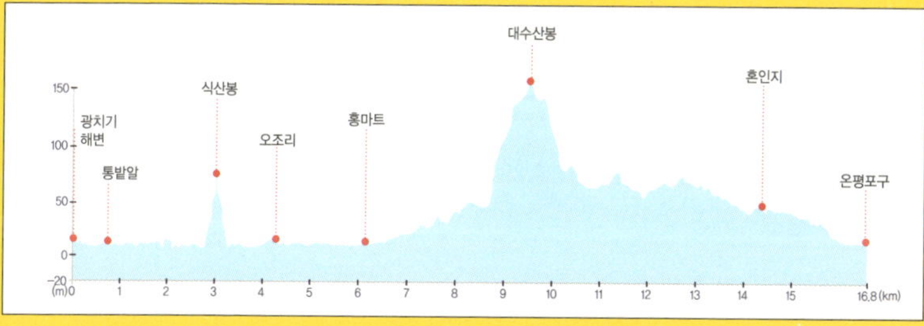

고도표 거리를 압축적으로 표현할 수밖에 없어 경사가 가파르게 표현되었다. 오르막과 내리막을 가늠하는 기준으로만 활용하고, 높이를 확인해 경사도를 짐작해야 한다.

지리산둘레길 쉼터 지리산둘레길에 나오는 쉼터는 마을주민들이 농사를 짓다가 잠시 휴식을 취하는 장소인 마을 쉼터를 말한다. 대부분 당산나무처럼 큰 나무 주변에 앉을 수 있는 평상이 있다.

Contents

제주도올레길

북한산둘레길

지리산둘레길

제주도 올레길

'세계 유명 트레일 부럽지 않은 한국대표길'

제주올레길은 제주의 속살을 헤집는 길이다. 온전히 두 발로 걸으며 제주의 돌담, 마을, 들판, 오름, 해변 등 구석구석 숨은 절경과 명소를 느긋하게 둘러본다. 올레를 다녀간 많은 사람이 "제주에 이런 곳이 있는 줄 미처 몰랐다!"라며 감탄하는 것은, 그 동안의 자동차 중심 여행에서 벗어나 비로소 제주의 참모습을 만났기 때문이다.

올레는 '집에서 마을길까지 이어주는 작은 골목'을 뜻한다. 골목길 혹은 고샅길과 비슷하지만, 집에서부터 이어진 것이 특이하다. 제주의 집에는 대개 대문이 없다. 따라서 구부러진 올레가 대문 역할을 하면서 안과 밖을 이어준다. 그렇게 올레는 나와 세상이 소통하는 통로가 된다. 그 통로에는 소박함과 정겨움이 잔뜩 묻어 있다. 제주 사람들은 골목의 경계에 검은 현무암 돌담을 쌓았고, 바닥에는 꽃과 시금치 등을 심었다. 올레의 돌담길은 들판, 오름, 해변 등으로 확장되면서 제주만의 독특한 정서와 아름다움을 유감없이 펼쳐놓는다.

제주올레길은 세계의 유명 트레일과 비교해도 어느 것 하나 떨어지지 않는다. 화산학의 교과서라 일컫는 다양한 화산 지형과 성산일출봉 등의 세계자연유산을 직접 밟을 수 있다. 세계적으로 유례가 없는 해녀를 비롯한 살가운 주민들을 자연스럽게 만나는 것도 큰 장점이다. 부드러운 오름과 에메랄드빛 바다가 어우러진 제주만의 독특한 풍경은 서정적이며 평화롭다.

제주올레길은 걷기 쉽고 자유로운 길이다. 고도를 높이 올리는 히말라야 혹은 알프스 트레킹처럼 힘들지 않고, 미국이 자랑하는 존 무어 트레일이나 뉴질랜드의 밀포드 혹은 루트번 트레일처럼 입장 절차가 까다롭지도 않다. 길을 걷기 위한 조건이나 입장료가 아예 없다. 누구에게나 열려 있기에 길을 찾는 사람이 올레의 주인이 되는 것이다. 게다가 저렴한 게스트하우스에서 고급 호텔까지 다양한 관광 인프라를 갖추었고, 싱싱한 해산물과 흑돼지 등을 이용해 만든 다양한 전통음식을 맛볼 수 있다. 이처럼 볼거리와 먹을거리가 풍부하고 체류비가 저렴한 곳은 세계적으로 드물다. 해외의 유명 트레일을 걸어온 사람이라면, 제주올레가 '세상에서 가장 아름답고 평화로운 길'이란 말에 고개를 끄덕일 것이다.

2007년 9월 서귀포시 성산읍 시흥리에서 첫 발자국을 찍은 올레는 시계 방향으로 섬을 크게 돌아 제주시 김녕 서포구까지 이어진다. 지금까지(2012년 3월) 19개의 본 코스와 5개의 가지길이 만들어졌고, 총 누적거리는 389.6㎞에 달한다. 앞으로 2개 코스가 더 만들어지면 제주 해안을 따라 한 바퀴 도는 올레길이 완성된다.

코스명	구 간	거리	소요시간	개장일
1코스	시흥~광치기	15.5km	5~6시간	2007.9.8
1-1코스	우도	15.6km	5~6시간	2009.5.23
2코스	광치기~온평	16.8km	5~6시간	2008.6.28
3코스	온평~표선	21.1km	6~7시간	2008.9.27
4코스	표선~남원	22.8km	6~7시간	2008.10.25
5코스	남원~쇠소깍	14.6km	5~6시간	2008.4.26
6코스	쇠소깍~외돌개	15.8km	4~5시간	2007.10.20
7코스	외돌개~월평	14.6km	4~5시간	2007.12.18
7-1코스	제주월드컵경기장~외돌개	14.8km	4~5시간	2008.12.27
8코스	월평~대평	15km	5~6시간	2008.3.22
9코스	대평~화순	7.6km	3~4시간	2008.4.26
10코스	화순~모슬포	14.8km	5~6시간	2008.5.23
10-1코스	가파도	5km	2~3시간	2010.3.28
11코스	모슬포~무릉	16km	6~7시간	2008.11.30
12코스	무릉~ 용수	17.4km	5~6시간	2009.3.28
13코스	용수~저지	15.8km	4~5시간	2009.6.27
14코스	저지~한림	19.2km	6~7시간	2009.9.26
14-1코스	저지~무릉	18.4km	5~6시간	2010.4.24
15코스	한림~고내	18.6km	6~7시간	2009.12.26
16코스	고내~광령	17km	6~7시간	2010.3.27
17코스	광령~산지천	18.7km	6~7시간	2010.9.25
18코스	산지천~조천	17.5km	6~7시간	2011.4.23
18-1코스	추자도	18.3km	7~8시간	2010.5.26
19코스	조천~김녕	18.7km	6~7시간	2011.9.24
계	24개 구간	389.6km		

"몇 코스가 좋아요?"

제주올레를 준비하는 사람들이 가장 많이 하는 질문이다. 취향이 사람마다 다르고, 날씨에 따라 풍경이 변하기 때문에 자신 있게 좋은 길을 꼽기는 쉽지 않다. 그래도 올레 마니아들은 7코스, 10코스, 1코스에 가장 후한 점수를 매긴다.

7코스는 '서귀포 칠십리' 중 최고 비경인 외돌개와 돔베낭길, 범섬, 강정천 등이 어우러진 화려한 길이다. 부드러운 해안으로만 이어지기에 걷기도 편하다. 10코스는 산방산, 용머리해안, 송악산 등의 절경이 펼쳐지고, 여기에 알려지지 않은 항만대, 사계해안, 알뜨르비행장 등의 비경이 추가되면서 감동의 물결이 더욱 크다. 특히 송악산 일대는 바람이 거세기로 유명해 제주의 바람의 온몸으로 느낄 수 있다. 제주올레의 탄생 축포를 쏜 1코스는 제주올레가 지금의 유명세를 떨치는데 크게 공헌한 길이다. 말미오름, 성산일출봉, 우도, 광치기 해변 등 제주에서 가장 아름답다는 동부 지역의 절경을 꿰는 멋진 길이다. 그밖에 제주의 원형을 간직한 우도(1-1코스), 수월봉과 차귀도 등 제주 서부의 비경을 마법처럼 보여주는 12코스 등도 인기가 좋다.

제주도는 사계절 꽃이 피고 초록 풀이 자라기에 겨울철에도 황량하지 않다. 따라서 사계절 모두 시즌이라 할 수 있다. 그래도 봄철에는 유채꽃과 보리밭 등이 올레길을 더욱 화사하게 치장한다. 유채꽃이 가장 좋은 코스는 우도(1-1코스, 4월)이고, 1코스의 말미오름과 광치기 해변 일대에서 화사한 유채꽃 풍경을 만날 수 있다. 청보리밭이 흔들리는 매혹적인 풍광은 섬 전체가 보리밭인 가파도(10-1코스, 5월)가 으뜸이고, 10코스의 알뜨르비행장도 황홀하게 아름답다.

2박 3일 혹은 3박 4일 일정으로 올레길을 찾는다면 성산, 서귀포, 모슬포 등을 거점으로 잡아 둘러보는 것이 좋다. 성산 거점이라면 1코스와 1-1코스 등을 찾아가고, 서귀포 거점이면 5~8코스, 모슬포 거점은 10~12코스와 10-1코스 등을 주파할 수 있다. 올레길을 한 번 걸으면 마법처럼 이끌려 계속 찾기 마련이다. 따라서 장기적으로 계획을 세워 1코스부터 시작해 완주하는 것이 바람직하다.

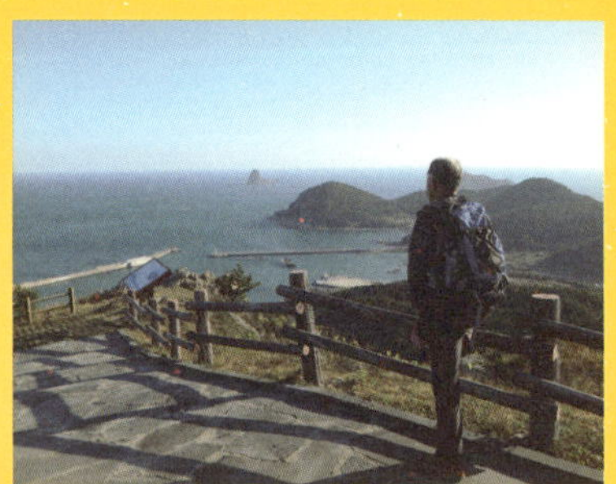

올레길에는 다양한 안내 표식이 길을 잃지 않게 도와준다. 첫째는 파란색 화살표다. 길가의 돌담, 해안가 돌빌레(너럭바위), 길바닥, 담벼락, 전봇대, 나무 등걸 등 눈에 잘 띄는 곳이라면 어디 든 파란색 화살표가 길의 방향을 알려준다. 주황색 화살표는 반대 방향(역방향 올레)을 뜻한다. 둘째는 리본이다. 파란색과 주황색으로 이루어진 두 가닥의 리본은 주로 나뭇가지, 전봇대 등에 걸려 있다. 이 리본은 바람에 팔랑팔랑 흔들리므로 멀리에서도 잘 보인다. 셋째는 표지석과 간세다. 사각형 표지석은 올레가 시작되는 지점에 서 있고, 제주올레 마스코트인 간세(간세다리의 약자로 게으름뱅이란 뜻)는 올레길 곳곳에서 방향과 남은 거리 등을 알려준다.

올레길에서 이야기를 나누며 걷다 보면 길을 잃기도 한다. 한동안 올레 표식이 보이지 않는다면 길을 잃은 경우가 대부분이다. 이때는 당황하지 말고, 왔던 길을 조금만 되돌아가면 반가운 올레 표식을 만날 수 있다.

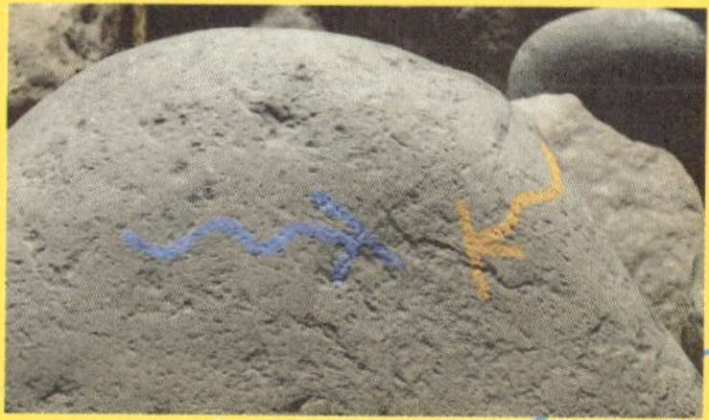

올레십경

옛 선인들은 제주를 대표할 만한 경승지와 경치를 선정해 이름을 짓고 철따라 찾아다니며 즐겼다. 특히 조선 후기 이한우는 경관 뛰어난 열 곳을 선정하여 영주십경이라 하고 시적인 향취가 풍기는 이름을 붙였다. 그것은 1경 성산일출(城山日出, 성산의 해돋이), 2경 사봉낙조(紗峯落照, 사라봉의 저녁 노을), 3경 영구춘화(瀛邱春花, 영구의 봄꽃), 4경 정방하폭(正房夏瀑, 정방폭포의 여름), 5경 귤림추색(橘林秋色, 귤림의 가을 빛), 6경 녹담만설(鹿潭晚雪, 백록담의 늦겨울 눈), 7경 영실기암(靈室奇巖, 영실의 기이한 바위들), 8경 산방굴사(山房窟寺, 산방산의 굴 절), 9경 산포조어(山浦釣魚, 산지포구의 고기잡이), 10경 고수목마(古藪牧馬, 풀밭에 기르는 말)다. 영주십경은 오늘날까지 제주의 아름다운 절경으로 널리 회자되고 있다.

필자는 올레길을 두 번 완주했기에 올레가 품은 황홀한 풍광을 만날 수 있었다. 그래서 영주십경을 패러디해 올레길에서 볼 수 있는 열 가지 경치를 꼽아봤다. 올레십경은 비록 영주십경에서 따왔지만, 그 풍광은 영주십경에 뒤지지 않는다고 자부하는 바이다. 올레십경은 해당 코스의 아름다움을 더욱 돋보이게 하기에, 이를 찾아보면서 더욱 즐거운 올레길이 되기를 바란다.

영주십경과 올레십경

	영주십경	올레십경	코스	장소
1	성산일출	말미일출	1코스	말미오름, 알오름
2	사봉낙조	당산낙조	12코스	당산봉 생이기정
3	영구춘화	가파보리	10-1 · 10코스	가파도, 알뜨르비행장
4	정방하폭	서귀삼폭	6 · 8코스	정방폭포, 천지연폭포, 천제연폭포
5	귤림추색	엉또추색	7-1코스	엉또폭포 근처 귤밭
6	녹담만설	추자다도	18-1코스	추자도 추자등대, 봉글레산 등
7	영실기암	외돌기암	7코스	외돌개, 돔베낭골
8	산방굴사	송악산방	10코스	송악산
9	산포조어	우도조어	1 · 1-1코스	우도, 성산일출봉 해안
10	고수목마	문도목마	14-1코스	문도지오름

1경 말미일출 1코스

성산일출을 말미일출로 바꾸었다. 성산일출 
은 말 그대로 일출봉에 올라 보는 일출을 말하
는데, 그곳에 오르면 시야가 좁아져 일출 풍광
이 그리 좋지 않다. 오히려 시원한 바다와 성
산일출봉을 배경으로 일출을 볼 수 있는 광치
기 해변이 더 좋다. 광치기 해변보다 좀 더 높
은 점수를 주고 싶은 곳이 말미오름(알오름)이다. 아침 일찍 말미오름에 오르면 우도
와 성산일출봉이 훤히 보이는 넓은 시야에서 떠오르는 황홀한 일출을 감상할 수 있다.
말미일출 사진을 찍을 때는 망원렌즈를 챙기는 것이 좋다.

2경 당산낙조 12코스

사봉낙조를 당산봉 낙조로 바꾸었다. 사봉 
낙조는 당당히 영주십경 2경에 이름을 올렸지
만, 그 경관은 이름값을 못한다. 당산낙조는
당산봉에서 보는 일몰을 말한다. 당산봉은 생
이기정을 품고 있는 오름이다. 제주에서 알아
주는 일몰 장소 중 차귀도가 워낙 유명한데,
그 포인트는 수월봉과 자구내포구다. 그러나 12코스 올레길을 답사해 본 결과 당산봉
생이기정의 억새 숲과 어울린 일몰이 일품이었다. 12코스는 생이기정에서 일몰을 맞
게 일정을 짜면, 올레길에서 잊지 못할 해넘이를 맞을 수 있다.

3경 가파보리 10-1코스, 10코스

영구춘화를 놓고 고민을 많이 했는데, 결론은 보리 
밭이었다. 제주는 봄이 가장 아름답다. 봄철에는 제주
어느 곳을 가도 특유의 화사함을 느낄 수 있다. 그 중
심에는 유채와 갯무가 있다. 유채가 제주의 봄을 상징
하지만, 싱그러운 청보리의 물결 앞에는 빛을 잃고 만
다. 연둣빛 보리가 바람에 출렁거리는 모습은 봄의 생명력으로 충만하다. 보리밭이 좋
은 곳은 가파도가 최고이고, 10코스의 알뜨르비행장도 만만치 않게 아름답다.

4경 서귀삼폭 6코스, 8코스

정방하폭을 바꾸었다. 흔히 제주의 3대 폭포로 정방폭포, 천지연폭포, 천제연폭포
를 꼽는다. 올레길에서 조금 발품만 팔면 세 폭포를 모두 만날 수 있다. 세 폭포를 비

교 감상하는 맛이 쏠쏠하기에 올레길 4경을 서귀삼폭으로 이름 지었다. 정방폭포(6코스)는 3대 폭포 중 형님 격이다. 스케일이 가장 크고, 바다로 직접 떨어지는 맛도 기막히다. 특히 폭포 포말이 바람에 휘날리며 무지개를 그리는 모습이 압권이다. 서귀포로 피난왔던 화가 이중섭이 아이들의 손을 잡고 정방폭포를 찾아와 게를 잡으며 놀았다는 이야기도 가슴 찡하게 한다.

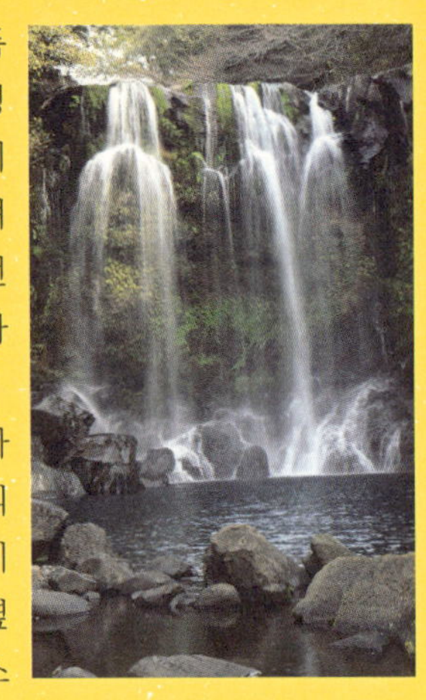

울창한 난대림에 파묻힌 천지연폭포(6코스)는 가까이서 보는 것도 멋있지만, 서귀포 칠십 리 시공원의 '천지연폭포 전망대'에서 감상하는 것이 일품이다. 이곳에서 보면 한라산이 시원하게 펼쳐지고, 그 왼쪽 옆구리에서 폭포가 콸콸 쏟아진다. 천제연폭포는 8코스에서 만날 수 있는데, 약간의 요령이 필요하다. 베릿네오름에서 내려오면 광명사를 만난다. 이곳에서 올레길을 벗어나, 오름 쪽으로 이어진 나무 데크를 따라 가면 천지연 제3폭포, 2폭포, 1폭포를 차례로 만나게 된다.

5경 엉또추색 7-1코스

제주는 난대림이 가득해 단풍을 볼 수 있는 곳이 많지 않다. 그래서 주황색 귤에서 가을을 본다는 귤림추색은 절묘한 표현이다. 귤림추색을 엉또추색으로 바꾸었다. 귤밭이야 올레길 어딜 가도 쉽게 볼 수 있지만, 그중 7-1 코스는 전 구간이 귤밭길이라 해도 과언이 아니다. 특히 엉또폭포 근처에 귤밭이 몰려 있다. 돌담 너머 귤밭, 그리고 서귀포 앞바다와 한라산 등과 어울린 풍광은 참으로 절경이다.

6경 추자다도 18-1코스

6경 녹담만설을 놓고 고민을 많이 했다. 마늘밭에서 펼쳐진 마늘만설로 페러디할까 하다가 접었다. 영주십경이 많은 부분 한라산에 집중되어 있기에, 제주올레길의 다양한 모습을 보여주는 것이 낫다고 판단해서다. 그래서 선택한 곳이 추자도다. '제주도의 다도해'란 별칭처럼 추자도에서 보는 많은 섬을 '추자다도'로 명명했다. 추자다도를 볼 수 있는 전망대는 봉글레산, 추자등대 등이 있다. 특히 추자등대에서 보는 일출과 아침 빛에 드러나는 섬들의 모습은 압권이다. 추자도는 아직까지 낚시꾼의 천국이지만, 올레길 덕분에 걷는 자의 천국으로 변모할 것이다.

7경 외돌기암 7코스

영실기암은 외돌기암으로 바꾸는데 주저하지 않았다. 외돌개는 서귀포 칠십리 아름다움의 절정이라 해도 과언이 아니다. 외돌개는 외돌개뿐만 아니라 이어지는 돔베낭골을 포함하는 것이 맞겠고, 돔베낭골 해안길은 올레길을 통틀어 가장 황홀한 구간이라 할 수 있  다. 주상절리가 마치 그리스 신전의 기둥처럼 느껴지고, 그것이 떨어진 조각이 해안을 쌓인 폐허 같은 모습과 그 돌에 용암이 새긴 무늬와 결도 일품이다.

8경 송악산방 10코스

산방굴사를 송악산방으로 바꾸었는데, 송악산에 본 산방산을 말한다. 산방산은 제주 남서부의 대표적인 절경으로 동부의 성산일출봉 같은 존재다. 산방산은 화순해수욕장, 사계포구, 송악산, 모슬포 등에서 잘 보인다. 그중에서도 송악산에서 본 모습이 압권이  다. 송악산은 지형적으로 바다 쪽을 툭 튀어나온 덕분에 조망이 아주 좋다. 산방산과 그 오른쪽으로 펼쳐지는 한라산의 모습도 장관이다.

9경 우도조어 1코스, 1-1코스

산지천에서 행하던 산포조어를 우도조어로 바꾸었다. 거친 바다를 온몸으로 맞으며 낚시하는 사람도 멋지지만, 밤바다에서 어등을 밝히고 조업을 하는 모습이 더 매력적이  다. 밤바다 조업은 많은 곳에서 볼 수 있지만, 우도 앞바다의 모습이 최고였다. 이곳에서 어등을 밝히고 조업하는 모습은 성산일출봉과 우도에서 모두 볼 수 있는데, 성산일출봉 근처에서 보면 우도 등대와 어울려 더욱 멋지다.

10경 문도목마 14-1코스

고수목마를 문도지오름에서 보는 말들의 모습인 문도목마로 바꾸었다. 올레길 몇 군데서 말들이 한가롭게 풀을 뜯는 모습을 볼 수 있는데, 가장 좋은 곳은 문도지오름이다. 문도지목장에서 방목하는  살찐 말들이 풀을 뜯는 모습은 참으로 평화롭다. 말들 뒤로는 한라산과 오름들이 펼쳐진다.

제주도 올레길 한눈에 보기

추자도
18-1코스
거리 18.3km
시간 7~8시간

17코스
거리 18.7km
시간 6~7시간

16코스
거리 17km
시간 5~6시간

제주시

고내포구

15코스
거리 18.6km
시간 6~7시간

애월읍

광령리

한림항
한림읍

14코스
거리 19.1km
시간 6~7시간

13코스
거리 15.4km
시간 4~5시간

저지리

14-1코스
거리 18.4km
시간 6~7시간

용수포구

12코스
거리 17.1km
시간 4~5시간

7-1코스
거리 14.8km
시간 7~8시간

무릉리

9코스
거리 8.2km
시간 3~4시간

월드컵
경기장

11코스
거리 18km
시간 4~5시간

대정읍

대평포구

월평마을

외돌개

화순해수욕장

모슬포

8코스
거리 14.7km
시간 4~5시간

7코스
거리 14.4km
시간 4~5시간

가파도

10코스
거리 14.8km
시간 4~5시간

10-1코스
거리 5km
시간 2시간

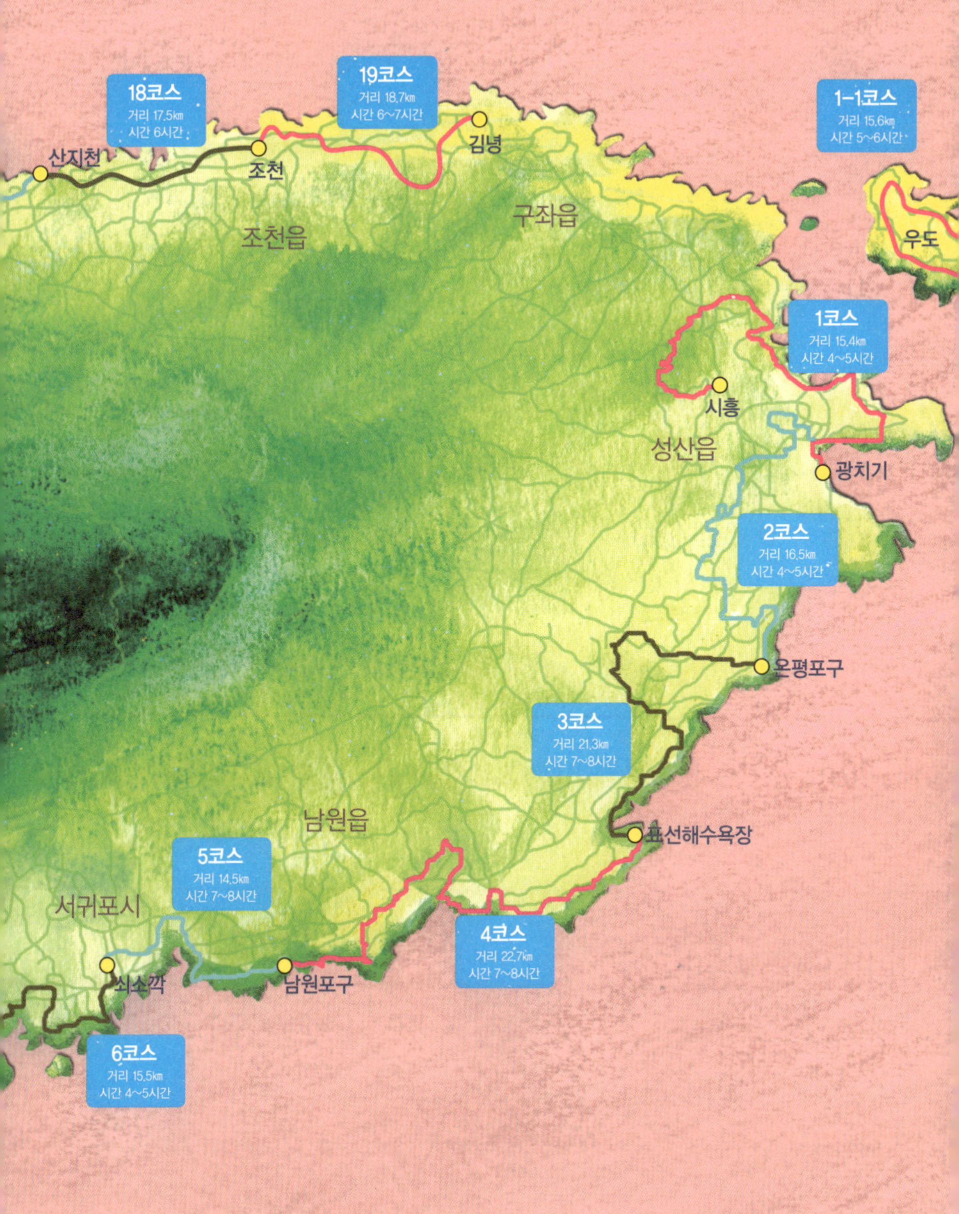

18코스
거리 17.5km
시간 6시간
19코스
거리 18.7km
시간 6~7시간
1-1코스
거리 15.6km
시간 5~6시간
산지천
조천
김녕
우도
조천읍
구좌읍
1코스
거리 15.4km
시간 4~5시간
시흥
성산읍
광치기
2코스
거리 16.5km
시간 4~5시간
온평포구
3코스
거리 21.3km
시간 7~8시간
남원읍
표선해수욕장
5코스
거리 14.5km
시간 7~8시간
서귀포시
4코스
거리 22.7km
시간 7~8시간
쇠소깍
남원포구
6코스
거리 15.5km
시간 4~5시간

알오름에서 본 성산 일출. 영주10경 중 으뜸인 성산 일출은 알오름에서 보면 더욱 멋지다.

시흥~광치기

올레 시흥안내소 → 말미오름(1.8km) → 알오름(3.3km) → 종달리 올레쉼터(6.9km) → 목화휴게소(8.3km) → 성산갑문(11.1km) → 이생진 시비(13.8km) → 광치기 해변(15.5km)

거 리 15.5km
시 간 4~5시간
난이도 무난하게 완주할 수 있어요
출발지 서귀포시 성산읍 시흥리 올레 시흥안내소
종착지 서귀포시 성산읍 광치기 해변 광치기 해산물촌 앞

말미오름에서 쏘아 올린 올레 축포

제주에서 가장 아름다운 곳으로 꼽히는 동부 지역. 그곳 시흥초등학교 옆에서 제주를 한 바퀴 도는 제주올레길의 대장정이 시작된다. 푸른 당근밭이 이어진 돌담길을 따라 말미오름 정상에 서면, 조각보를 펼쳐놓은 듯한 들판 너머로 우도와 성산일출봉이 시원하게 펼쳐진다. 말미오름 안에 봉긋 솟은 알오름은 제주 동부 지역의 최고 전망대다. 오름을 내려오면 쪽빛 바다가 눈부신 종달리 해안도로, 난공불락의 고성(固城)처럼 빛나는 성산일출봉, 4·3의 아픈 역사를 품은 광치기 해변 등 어느 것 하나 놓칠 수 없는 화려한 풍경이 이어진다.

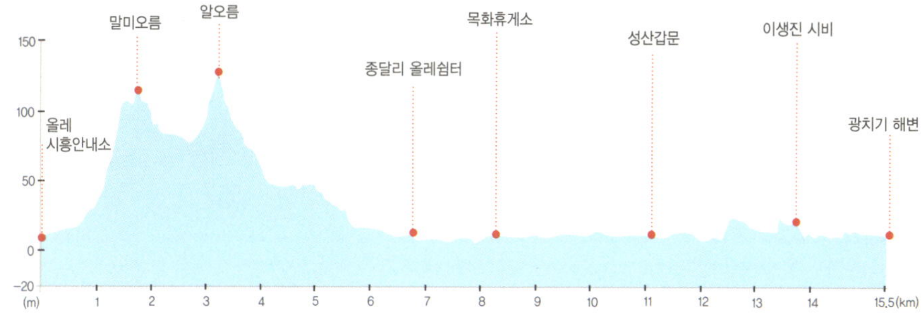

① **올레 시흥안내소(시흥초등학교)** 시흥 버스정류장에서 내려 북쪽(시흥초등학교) 방향으로 100m쯤 가면 올레 시흥안내소가 나온다. 여기서 제주올레 패스포트와 기념품 등을 살 수 있다. 안내소 앞에 거대한 간세 인형이 서 있는 곳이 시작점이다. 여기서 올레길은 첫 발자국을 내딛는다.

② **말미오름** 말미오름을 바라보며 굽이굽이 걷는 돌담길은 제주 특유의 정취를 물씬 풍긴다. 오름 입구에 이르러 15분쯤 오르면 말미오름 정상에 닿는다. 조각보를 펼쳐놓은 듯한 시흥리 당근밭의 풍광이 감동적이다.

③ **알오름** 말미오름에서 내려오면 밭농사를 짓는 분화구를 가로지르고, 펑퍼짐한 잔디 능선을 따라 알오름 정상으로 오르게 된다. 정상에는 누군가 돌로 작은 탑을 세워 놓았다.

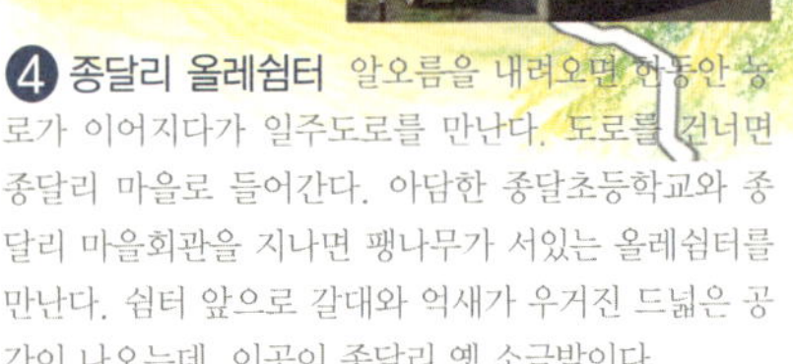

④ **종달리 올레쉼터** 알오름을 내려오면 한동안 농로가 이어지다가 일주도로를 만난다. 도로를 건너면 종달리 마을로 들어간다. 아담한 종달초등학교와 종달리 마을회관을 지나면 팽나무가 서있는 올레쉼터를 만난다. 쉼터 앞으로 갈대와 억새가 우거진 드넓은 공간이 나오는데, 이곳이 종달리 옛 소금밭이다.

❽ 광치기 해변 수마포에서 성산일출봉
이 가장 아름답게 보이는 광치기 해변이
시작된다. 유려한 곡선의 백사장과 거친
파도가 성산일출봉과 어울려 장관이다.
거센 바닷바람을 맞으며 걷다가 뒤를 돌
아보면 성산일출봉이 마치 출항하는 범선
처럼 보인다. 광치기 해산물촌 앞에 다다
르면 1코스가 마무리된다.

❼ 이생진 시비 성산일출봉으로 이어진 초
지를 걷는 맛이 아주 좋다. 초지에는 말 두세
마리가 풀을 뜯고 있다. '성산마을 제단'을 지
나면 '그리운 바다 성산포'로 유명한 이생진 시
비(시의 바다)를 만난다. 잠시 시를 감상하고
일출봉 앞을 지나 동암사를 거치면 수마포다.
일출봉에 오르려면 정문에서 입장료를 내고 들
어가야 한다.

❻ 성산갑문 해안도로가 끝나는 지점에
서 올레길은 일주도로와 합류하며 다리를
만나는데, 이곳이 성산갑문이다. 바닷물
이 성산갑문을 통해 드나드는데, 왼쪽은
바다이고 오른쪽이 통밭알 호수다. 성산
항 입구에서 올레길은 왼쪽 성산항 쪽으
로 둘러간다. 우도행 여객선이 출발하는
성산여객터미널을 스쳐 언덕을 오르면 웅
장한 성산일출봉이 나타난다.

❺ 목화휴게소(종달리 해안도로) 소금밭을 지나면 해안도
로를 따른다. 차가 다니는 길이지만, 자전거 도로가 만들어져 걷
기에 좋다. 이 길은 눈부신 바다와 그 너머 우도가 유혹하는 멋
진 길이다. 오징어가 널려 있는 것이 보이면 목화휴게소가 나타난
다. 휴게소를 지나면 점심 먹기 좋은 '시흥해녀의 집'을 만난다.

출발점 찾아가기

제주시외버스터미널에서 동회선 일주버스를 타고 시흥리에서 내린다. 올레길 각 출발점은 버스에서 안내 방송이 나온다. 제주공항에 내렸으면 100번 버스를 타고 제주시외버스터미널로 이동한다.

제주시/서귀포시로 돌아오기

광치기 해산물촌에서 도로로 나와 동남리까지 10분쯤 걷는다. 이곳 버스정류장에서 시외버스를 타면 제주 혹은 서귀포로 갈 수 있다.

1코스 패스포트 스탬프 확인 장소

시작 올레 시흥안내소
중간 목화휴게소
종점 광치기 해산물촌

유용한 전화번호

제주올레 콜센터
064-762-2190

성산 콜택시
064-784-8585

A 시흥초등학교

전교생이 100여 명이 안 되는 작고 아담한 학교다. 수려한 말미오름을 배경으로 촘촘히 자란 천연 잔디 운동장에서 아이들이 뛰어노는 모습은 한없이 평화롭다. 1947년 개교해 2009년 2월까지 모두 1784명의 졸업생을 배출했다. 현재는 유치원을 포함해 각 학년에 한 개 반이 있다.

B 시흥리

제주올레가 첫 발자국을 시작한 마을은 공교롭게도 시흥리(始興理)다. 이 마을은 이름 그대로 '비로소 흥성하는 마을'이란 뜻이다. 100여 년 전 제주도는 제주, 정의, 대정 등 3개의 행정구역으로 구분했다. 시흥리는 정의현에 속했는데, 이곳의 맨 처음 마을이란 뜻으로 시흥리라 불렀다. 시흥리의 옛 이름은 〈탐라순력도〉, 〈탐라지도〉, 〈정의현지〉 같은 옛 문헌에 따르면 심돌(力乭)이다. 주민들 대개가 힘이 세고 마을 곳곳에 '산돌'(깊이 박혀 있어서 파낼 수 없는 돌)이 산재해 있어서 자연스럽게 심돌이라 부르게 되었다. 이런 까닭에 시흥리에는 유독 많은 장사 이야기가 전해진다.

C 말미오름

말미오름은 서귀포시 시흥리와 제주시 종달리에 걸쳐 있고, 높이 146m, 둘레 3,631m다. 바닷속에서의 화산 분출로 생겨난 수중 분화구가 퇴적층을 형성해 성장한 후에 육상으로 솟아오른 것으로 추측한다. 육상에서 다시 화산폭발이 일어나 알오름이 솟아난 이중구조다. 올레길에서 말미오름과 알오름을 연속적으로 오르는데, 두 개의 오름은 서로 다른 오름이 아닌 하나의 오름이다. 특이한 것은 오름 중앙에 자리한 알오름이 가장 높다는 점이다. 다른 오름들은 대개 알오름이 작고 높이도 낮은 새끼오름이다. 이름은 오름 생김새가 말머리를 닮았다는 설, 땅끝에 있어 말미(尾), 모양이 곡식을 재는 그릇인 '되'와 같

아 두산봉(斗山峰), 호랑이를 닮아 각호봉 등으로 부른다. 오름의 북쪽과 동쪽은 가파른 수십 길의 낭떠러지가 형성되었고, 서쪽과 남쪽은 완만한 구릉을 이루고 있다. 오름 절벽에 환경부가 특정 야생 식물로 지정한 왕초피, 개상사화 등이 자란다.

D 종달리 옛 소금밭

종달리는 제주시 구좌읍에 속한 마을이다. '종달(終達)'은 맨 끝에 있는 땅, 제주목의 동쪽 끝 마을, 또는 종처럼 생긴 지미봉(地尾峰, 165m) 인근에 생긴 마을이라는 뜻이다. 원래 종달은 종다릿개(終達浦)라는 포구 이름에서 유래한 것으로 보이며 주민들은 종다리 또는 종달이라 부른다. 종달리는 오름 왕국이라 해도 과언이 아니다. 남에서 북으로 동거문오름(340m), 손자봉(孫子峯, 256m), 용눈이오름(248m), 은월봉(198m) 등이 연이어 있으며, 해안가에는 바로 남쪽에 마을을 끼고 지미봉이 솟아 있다. 북쪽에는 넓은 모래 해안이 펼쳐진다.

예로부터 제주에서 소금하면 종달리를 알아줬다. 종달리 주민을 소금바치라고 부를 정도였다. 1573년 제주목사 강여가 종달리 해안 모래판이 염전에 적당하다고 판단, 종달리 유지를 육지에 파견해 제염술을 전수받아오게 했던 것이 소금밭의 시작이다. 1900년대에는 종달리 가구수가 353호였는데, 그 중 제염에 종사하는 사람이 160여 명에 달했고 소금을 생산하는 가마가 46개 있었다.

❶ 목화휴게소
064-782-2077/종달 해안도로
종달~시흥 해안도로 명당자
리에 자리한 매점 겸 휴게소.
해물라면과 올레빵 등으로 요
기할 수 있다. 해물라면 3천원.

❷ 시흥해녀의 집
064-782-9230/시흥 해안도로
1코스의 중간쯤인 시흥리에 있
어 점심 먹기에 좋은 집이다.
종달리 해안 백사장에서 캔 조
개로 만든 조개죽이 저렴하면
서도 별미다. 그밖에 전복죽과
소라구이 등도 잘 한다. 조개
죽 7천원. 전복죽 1만원.

❸ 오조해녀의 집
064-784-0893/성산갑문 앞
오직 전복죽 하나로 일가를 이
룬 집. 전복죽 1만5백원.

❹ 성산둥지식당
064-782-1678/성산리
할머니와 할아버지가 운영하는
작은 식당. 마치 외갓집에 온
것 같이 푸근한 느낌이 들어 올
레꾼에게 인기가 좋다. 1인분에
1만원인 갈치조림이 유명하다.

❺ 경미휴게소
011-9664-2671/성산리
일출봉 입구 근처 해오름 식당
맞은편의 작은 식당으로 시원
한 문어라면이 일품이다. 문어
라면 4천원.

E 세화해안도로(종달~시흥 해안도로)

제주에서 손꼽히는 아름다운 해안도로로 제주시 구좌읍 세화리
에서 서귀포시 성산읍 성산리까지 이어진다. 올레길에서는 종달
리와 시흥리 구간을 지나
기에 '종달~시흥 해안도
로'라고 부르기도 한다.
총 거리 15.8km로 제주
도의 해안도로 중에서 가
장 길다. 드넓은 바다를
끼고 이어지는 해안도로

를 따라 붉은색으로 포장된 자전거 전용 도로가 따로 설치되어
자전거 타기와 걷기에 좋다. 도로를 따라 조선시대에 축조한 성
곽인 별방진(別防鎭), 제주 고유의 돌을 높이 쌓아 올려 만든 많
은 돌탑으로 이루어진 석다원, 넓은 백사장과 맑은 바닷물을 자
랑하는 하도해수욕장과 종달해수욕장 등이 이어진다.

F 이생진 시비(시의 바다)

이생진은 '그리운 바다 성
산포'로 유명한 시인이다.
성산포마을회에서 시인의
작품을 여럿 새겨놓았고,
'시의 바다'란 근사한 이름
을 붙였다. 시상이 떠올라
쓴 작품을 우체통에 넣으

면 좋은 작품을 뽑아 성산일출제에서 낭송한다고 한다.

G 수마포

올레 2코스가 지나는 고성리 안에는 '큰물뫼', '작은물뫼' 라고 불
리는 대수산봉과 소수산봉이 있다. 과거에는 이를 중심으로 광활
한 수산평을 이루었다. 수산리와 성산리의 일출봉까지도 포함하
는 것으로 짐작하는 수산평은 고려시대에 대규모 목장이었다고
한다. 수마포는 수마(受馬), 즉 말을 실어냈던 포구로 짐작하고
있다.

H 성산일출봉

성산일출봉은 제주 동부 지역에서 독보적인 존재다. 구좌, 수
산, 성읍, 표선 그 어느 방향에서 오든지 바닷가에 왕관처럼 솟아

난 일출봉의 모습에 감탄하기 마련이다. 성산(城山)은 말 그대로 일출봉이 성처럼 둘러쳐져 있다 하여 붙은 이름이다. 높이는 불과 182m에 불과하지만, 넓이는 129,774㎡, 분화구 깊이는 무려 100m에 이른다. 분화구는 동서 450m, 남북 350m의 둥근 형태이며, 99개의 크고 작은 바위로 병풍처럼 둘러싸여 있고, 그 안에는 풍란 등 희귀식물 150여 종이 분포하고 있다.

성산일출봉은 본래 육지와 떨어진 섬이었으나 너비 500m 정도의 사주가 1.5km에 걸쳐 발달하여 일출봉과 제주 본섬을 이어 놓았다. 바다에 접한 3면은 깎아지른 듯한 해식애를 이룬다. 2000년 천연기념물, 2007년에는 한라산·거문오름(용암동굴계)과 함께 세계자연유산으로 등재됐다. 매표소에서 전망대까지는 걸어서 30분쯤 걸리며, 전망대에서 바라보는 해돋이 광경은 예로부터 영주(瀛州)10경 중 1경으로 꼽힌다.

l 광치기 해변

광치기 해변은 4·3의 아픈 역사를 간직한 곳이다. 예전에는 성산일출봉이 썰물과 밀물에 따라 본섬과 붙었다 떨어지기를 반복해서 이곳을 터진목이라 불렀다. 4.3 당시 서북청년단은 시흥·오조·고성 청년들을 잡아다가 이곳에서 학살하는 만행을 저질렀다. 광치기란 이름은 마치 드넓은 평야나 다름없는 암반지대가 펼쳐지는 곳으로 광야와 같다 하여 붙여진 이름이라고 전한다. 이 일대의 바다는 해조류와 어류가 풍부해 일찍부터 지역 주민들이 생활 근거지로 삼았다.

진우석의 팁

1코스 놓칠 수 없는 명풍경
말미오름에서 본 제주 들판의 색과 조형미.
알오름에서 본 지미봉~우도~성산일출봉
광치기 해변에서 본 성산일출봉.
성산일출봉을 배경으로 떠오르는 일출.

전망 좋은 곳
말미오름과 알오름.

야영 가능한 곳
이생진 시비 근처의 초원지대. 텐트에서 일출을 볼 수 있음.

입장료
성산일출봉 어른 2천원.

매점
올레 시흥안내소, 종달리, 목화휴게소, 성산항, 성산읍.

화장실
올레 시흥안내소, 말미오름 입구, 종달리 주민회관, 광치기 해산물촌.

우리나라에서 가장 예쁜 에메랄드빛 바다가 펼쳐지는 하고수동해수욕장.

천진항 → 홍조단괴 해빈(산호사해수욕장 2.1㎞) → 하우목동항(3.2㎞) → 하고수동 해수욕장
(7.5㎞) → 비양도 망대(9㎞) → 검멀레 해수욕장(12㎞) → 우도봉(13.2㎞) → 천진항(15.6㎞)

거 리 15.6km
시 간 5~6시간
난이도 무난하게 완주할 수 있어요
출발지 제주시 우도면 연평리 천진항(하우목동항)
종착지 제주시 우도면 연평리 천진항(하우목동항)

제주 원형 간직한 소처럼 착한 섬

'가장 제주다운 풍경을 간직한 옹골찬 섬'이라는 찬사를 받는 우도를 둘러보는 올레다. 우도 구경은 올레가 안성맞춤이다. 소처럼 느릿느릿 다녀야 섬의 진면목을 맛볼 수 있기 때문이다. 눈부시게 빛나는 홍조단괴 해빈은 유럽의 어느 해변이 부럽지 않고, 서광리에서 오봉리 가는 길의 바다는 푸른 잉크를 풀어낸 듯 넘실댄다. 운이 좋으면 거침없이 바다로 뛰어드는 해녀들을 만날 수 있고, 발걸음 멈추면 해녀들이 내뿜는 숨비소리 들을 수 있다. 우도봉에서 아스라이 펼쳐진 오름들과 한라산, 그리고 정겨운 우도 풍경은 우도올레의 하이라이트다.

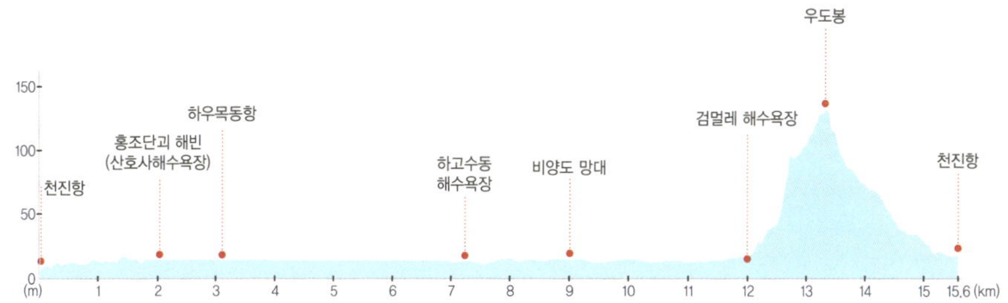

❶ 천진항 선착장(하우목동항)
성산항에서 배를 타면 15분 만에 천진항 혹은 하우목동항에 닿는다. 배가 어느 곳에 닿든지 그곳을 시작점으로 섬을 한 바퀴 돌게 된다. 우도는 북쪽으로 경사가 완만해 시계 방향으로 한 바퀴 도는 게 힘이 덜 든다.

❷ 홍조단괴 해빈 천진항에 도착하면 '우도해녀항일항쟁기념비'와 해녀 동상을 구경하고 길을 나선다. 해안길을 10분쯤 따르면 갈림길이 나오고, 여기서 오른쪽 돌담길로 들어선다. 돌담과 마을, 들판을 두루 거쳐 쇠물통 언덕을 넘으면 홍조단괴 해빈으로 내려간다.

❸ 하우목동항 예전에는 산호해수욕장으로 불렀던 홍조단괴 해빈은 맑은 날이면 흰 백사장 시퍼런 바다가 어울려 눈부시게 아름답다. 해안의 자갈처럼 생긴 하얀 돌은 산호사가 아니라 홍조류가 괴사해 생긴 것이다. 바다 건너 지미봉과 성산일출봉이 아스라하고, 시원한 바다 풍광을 감상하며 해안길을 따르면 하우목동항에 닿는다.

⑧ 천진항 우도등대를 구경하고 우도봉 정상에 서면 바다 건너 한라산과 성산일출봉, 지미봉 등의 오름들이 기막히게 펼쳐진다. 여기서 내려다본 우도의 평화로운 풍광도 잊지 못할 장관이다. 우도봉을 내려와 10분쯤 해안을 따르면 천진항에 닿으면서 우도올레는 마무리된다.

⑦ 우도봉 검멀레에서 우도봉은 직접 이어지지만, 올레길은 우도저수지 옆을 지나 무덤으로 뒤덮인 망동산(망봉)을 거쳐 우도봉으로 향한다. 이 길은 6월 초순이면 양귀비꽃과 크림손클로버가 양탄자처럼 깔린 아름다운 초원이 된다. 체력이 떨어진 올레꾼이라면 곧장 우도봉을 오르면 된다.

⑥ 검멀레해수욕장 비양도에서 지루하게 이어진 길은 수려한 우도봉이 보이면서 검멀레해수욕장에 닿는다. 여기서는 검은 백사장인 검멀레를 밟아보고 그 앞의 해식동굴을 구경하자. 밀물 때에는 들어갈 수 없지만, 썰물 때에는 온전히 동굴이 드러난다. 매년 동굴음악회가 열리는 동굴 안은 울림이 신비롭다.

④ 하고수동 해수욕장 하우목동항이 있는 서평리에서 오봉리까지는 우도 해녀들이 가장 많은 구간이다. 작업 나가는 해녀들을 만나거나, 물질하는 모습을 볼 수 있다. 파평윤씨공원을 지나면 에메랄드 물빛 고운 하고수동 해수욕장에 닿는다.

⑤ 비양도 망대 하고수동해수욕장에서 해안을 따라가면 비양도 앞이다. 비양도는 우도와 시멘트 다리로 연결된 작은 섬이다. 망대에 올라서면 시원한 바다가 펼쳐지고, 그 앞으로 작은 등대가 서 있다. 망대와 등대를 둘러보고 비양도를 나와 우도봉으로 향한다.

출발점 찾아가기

제주시외버스터미널에서 동회선 일주버스(성산 경유)를 타고 성산항에서 내린다. 성산항 여객터미널(064-782-5671)에서 1시간 간격(08:00~18:00, 계절에 따라 유동적)으로 운행하는 우도행 배를 탄다.

제주시/서귀포시로 돌아오기

우도 천진항(하우목동항) 우도 여객터미널(064-783-0448)에서 1시간 간격(07:00~17:30, 계절에 따라 유동적)으로 운행하는 성산행 배를 탄다. 성산항 입구에서 제주 또는 서귀포행 시외버스를 탄다.

1-1코스 패스포트 스탬프 확인 장소

없음

유용한 전화번호

제주올레 콜센터
064-762-2190

성산 콜택시
064-784-8585

성산항 여객터미널
064-782-5671

우도순환버스
064-782-6000

A 홍조단괴 해빈(산호해수욕장)

우도팔경 중 서빈백사(西濱白沙)인 연평리 백사장은 지금까지 깨진 산호조각으로 이루어진 산호해빈으로 알려져 흔히 산호해수욕장으로 불린다. 그러나 최근에 산호조각이 아니라 홍조사 혹은 홍조단괴임이 밝혀졌다. 우도 해안가에 서식하는 것으로 알려진 홍조류는 광합성을 통해 세포에 탄산칼슘을 침전시키는 석회조류 중의 하나다. 해빈의 길이는 300m, 너비

15m로 되어 있으며, 홍조단괴의 크기는 지름이 대개 4~5㎝ 정도로 둥근 모양이며 표면은 울퉁불퉁하다. 해외에서는 미국의 플로리다 반도와 바하마를 비롯한 몇몇 지역에서 홍조단괴의 서식이 보고되었으며, 주로 암초 주변에 서식하는 것으로 알려졌다. 그런데 우도처럼 홍조단괴가 해빈의 주요 구성 퇴적물을 형성하는 경우는 매우 드문 사례로서 학술적인 연구 가치가 높게 평가된다. 이곳은 천연기념물 제438호로 지정되어 있다.

B 오봉리와 하고수동 해수욕장

우도 북쪽의 주흥동·전흘동·삼양동·상고수동·하고수동 등 5개의 자연마을이 모여 하나의 마을이 되었다 하여 오봉리(五逢里)라 부른다. 반농반어 마을인 오봉리는 약 206세대가 살고 있다. 해녀들은 톳과 우뭇가사리를 많이 채취하며 농산물로는 주로 마늘, 땅콩,

맥주보리를 재배한다. 오봉리는 넓은 모래사장과 싱싱한 해산물, 그리고 청정한 바다로 유명하다. 그중 하고수동은 기막힌 백사장을 품고 있다. 연한 옥빛 물빛은 몰디브 바다가 부럽지 않고, 모래는 밀가루처럼 곱다. 또한 물이 얕아 아이들이 뛰놀기 그만이다.

C 비양도

비양도는 우도 동북쪽에 붙은 아주 작은 섬으로 신작로 같은 시멘트 도로와 연결되어 있다. 안쪽에 있는 망대에 오르면 비양도와 우도 일대가 시원하게 펼쳐진다. 망대에서 바다 쪽으로 조금 더 가면 작은 등대가 있다.

D 검멀레해수욕장과 검멀레동굴

검멀레해수욕장은 우도봉 북쪽 아래 협곡에 있으며 길이 약 100m 정도의 아담한 해변이다. 검은 모래사장과 해식애, 해식동굴이 잘 어우러져 해안 절경을 이룬다. '검'은 '검다'의 준말이고 '멀레'는 '모래'가 와전된 것으로 검멀레해수욕장은 검은 모래 해수욕장이라는 뜻이다. 해변 끝에는 고래가 살았다는 전설이 전하는 동굴이 있다. 소의 콧구멍을 닮았다 하여 붙여진 '검은 코꾸망'은 밀물 때는 동굴의 윗부분만 보이지만 물이 빠지면 동굴이 나타난다. 검은 코꾸망을 지나면 또 하나의 동굴이 나타난다. 동굴 내부가 온통 붉다 하여 '붉은 코꾸망'이라 하는데, 이곳이 우도팔경 중 하나인 동안경굴(東岸鯨窟)이다.

E 우도봉(쇠대리오름)

우도에서 가장 높은 봉우리로 높이 132.5m, 둘레 3,307m다. 남사면은 높이 100m의 해안단애를 이루며 북사면은 용암유출에 의해 파괴된 형태로 완만한 용암 대지로 이어져 있다. 소가 누워 머리를 든 우도의 머리 부분이라 하여 우두봉(牛頭峰) 또는 쇠머리오름, 소머리오름, 우두악(牛頭岳) 등 여러 이름으로 부른다. 우도 사람들은 섬의 머리 부분이라 하여 섬머리 또는 섬머리오름, 도두봉(島頭峰)이라고 한다. 우도의 봉우리라는 의미로 우도봉(牛島峰)이라고도 불린다. 우도봉은 망동산(87.5m)이라 불리는 알오름을 품고 있는데, 이곳은 정상부까지 묘지가 조성되어 있다.
우도봉 정상에는 하얀 등대가 서 있다. 우도 등대는 돔형의 탑으

❶ 소선반점
064-782-5683/
우도박물관 맞은편
우도를 대표하는 중식당으로
해산물이 듬뿍 들어간 해물짬
뽕과 짜장면이 유명하다. 해물
짬뽕 6천원.

❷ 우도해광식당
064-782-0234/하고수동
해물칼국수, 보말칼국수가 맛
있는 집이다. 아침에 우도올레
를 걸었으면 점심 먹기에 적당
하다. 보말칼국수 7천원.

❸ 해와달그리고섬
064-784-0941/비양도 앞
자연산 활어회와 해산물을 전문
으로 하는 집이다. 뚝배기, 조림,
물회 등 다양한 메뉴가 있고 생
우럭조림이 유명하다. 생우럭조
림(중) 3만5천원.

❹ 동굴밥상
064-784-6678/검멀레 앞
검멀레 해안 앞의 식당으로 활어
회와 조림류 등의 메뉴가 있다.

로 1906년 3월 1일 불을 밝히기 시작했다. 옛 등대는 100년간의 임무를 완수하고 퇴역했다. 그 옆에 손자뻘인 16m 높이의 100주년 기념 등대가 서 있다. 등대 1층에는 우도 등대와 세계 각국의 등대 모형이 전시된 등대박물관이 있다. 등대가 서 있는 자리에서 바다 전망이 기막히게 트인다. 이곳에서 내려다보는 망망대해가 우도팔경 중 지두청사(地頭靑莎)다.

〈우도팔경〉

우도팔경은 우도의 아름다움을 널리 알리기 위해 1983년 우도 연평중학교에 재직했던 김찬흡 선생이 발굴하여 명명했다. 팔경은 1경 주간명월(晝間明月), 2경 야항어범(夜航漁帆), 3경 천진관산(天津觀山), 4경 지두청사(地頭靑莎), 5경 전포망도(前浦望島), 6경 후해석벽(後海石劈), 7경 동안경굴(東岸鯨窟), 8경 서빈백사(西濱白沙)을 말한다. 그중 1경과 6경은 배를 타고 나가야 볼 수 있고, 5경은 본섬에서 본 우도를 말한다. 따라서 이를 제외한 다섯 경치는 우도에서 만날 수 있다.

1경 주간명월은 '환한 대낮에 뜬 밝은 달'이란 뜻이다. 우도봉 해안절벽인 '광대코지'에 큰 해식동굴이 뚫려 있는데, 오전 10~11시 바다에 비친 햇살이 이 동굴 천장에 반사되면 보름달이 두둥실 떠 있는 듯한 진풍경을 연출한다고 한다. 어선들이 환하게 불을 밝힌 채 고기잡이하는 2경 야항어범은 우도에서 하룻밤 묵으면 쉽게 볼 수 있다. 3경 천진관산은 날씨 좋은 날 천진항 바다

1경

저편에는 구름 위로 우뚝한 한라산 정상과 성산일출봉을 비롯한 오름들이 파노라마처럼 펼쳐지는 풍경을 말한다. 이는 우도봉 일대에서도 잘 보인다.

우도봉 정상에서 내려다보는 시원한 바다 풍광은 4경 지두청사다. 5경 전포망도는 성산과 종달리 일대에서 본 우도의 풍광을 말한다. 6경 후해석벽은 동천진동 포구에서 바라본 동쪽의 웅혼한 수직절벽인 '광대코지'를 일컫는다. 따라서 1경과 6경은 배를 타야만 볼 수 있다. 우도봉 동쪽 절벽 아래에 뚫린 일명 '콧구멍' 해식동굴에는 거인 고래가 살았다는 전설이 전해 내려온다. 이곳이 7경 동안경굴로 1997년부터 동굴음악회가 열린다. 8경 서빈백사는 서쪽의 흰 모래톱이라는 뜻. 산호사해수욕장으로 부르는 홍조단괴 해빈을 말한다.

8경

3경

5경

4경

성산일출봉이 가장 멋지게 보이는 광치기 해변은 제주올레의 보물이다

광치기 해변 → 통밭알(600m) → 식산봉(3.1㎞) → 오조리(4.3㎞) → 홍마트 사거리(6.1㎞) → 대수산봉(9.3㎞) → 혼인지(14.2㎞) → 온평포구(16.8㎞)

거 리 16.8km
시 간 5~6시간
난이도 무난하게 완주할 수 있어요
출발지 서귀포시 성산읍 광치기 해변 광치기 해산물촌
종착지 서귀포시 성산읍 온평포구

제주 삼신인, 혼인지에서 장가들다

제주 동부의 숨은 명소인 통밭알, 식산봉, 대수산봉, 혼인지를 지나 온평포구에 이르는 올레다. 광치기 해변을 출발하면 철새들의 낙원 통밭알과 난대림 울창한 식산봉까지 은밀하고 호젓한 길이 이어진다. 식산봉은 희귀식물인 황근 20여 그루와 난대림이 빽빽한 생태계의 보고다. 대수산봉은 제주 동부가 한눈에 잡히는 특급 전망대. 말미오름, 성산일출봉, 섭지코지 등이 한눈에 펼쳐진다. 올레길은 제주 탄생 신화가 서린 혼인지를 지나 온평포구에서 마침표를 찍는다.

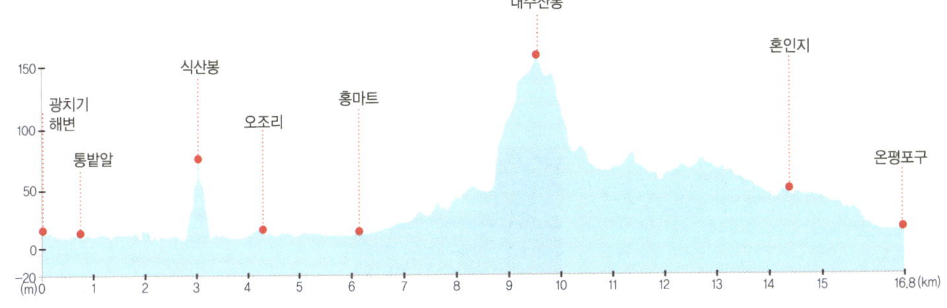

❶ 광치기 해변 광치기 해산물촌 앞에 2코스를 알리는 표석이 서 있다. 표석 옆에는 캐나다 '브루스 트레일' 안내판이 있는데, 2코스가 그곳과 '우정의 길'로 맺어졌다는 뜻. 따라서 캐나다 브루스 트레일 루트에도 올레 안내판이 있다. 광치기 해변에서 바라보는 성산일출봉의 아름다운 자태는 다시 봐도 감탄이 절로 난다.

❷ 통밭알(조개밭) 광치기 해변을 나와 도로를 건너면 통밭알이란 호수(습지)로 들어선다. 통밭알은 성산갑문을 통해 바닷물이 드나드는 곳으로 일명 조개밭이다. 저수지를 따르는 길은 고요하고 철새들이 먹이를 찾아다니는 풍경이 평화롭다.

❸ 식산봉 통밭알 저수지는 돌로 쌓은 방조제를 중심으로 오른쪽은 바닷물이 드나들고, 왼쪽은 습지로 변하고 있다. 조개잡이 쉼터를 지나면 식산봉 입구다. 올레길은 황근과 난대림이 울창한 식상봉 정상으로 이어진다. 정상 벤치에 앉아 느긋하게 소나무 사이로 보이는 성산일출봉을 감상하는 맛이 괜찮다.

❹ 오조리 식산봉에서 내려오면 2코스의 숨은 비경 중 하나인 습지를 따르는 길이다. 습지를 지나가면 오조리 마을로 접어들고 불쑥 오조리 성터가 성문처럼 나타난다. 성터는 대부분 없어지고 일부 남아 여염집의 돌담이 되었다.

8 온평포구 혼인지를 지나면 올레길은 1132번 일주도로를 건너 온평 마을을 구석구석 둘러본다. 이어 환해장성을 지나면 대망의 온평포구다. 벽랑국의 세 공주가 도착한 아담한 온평포구는 한없이 평화롭다.

7 혼인지 대수산봉을 내려와 무덤 지대를 지나면, 혼인지까지 중산간 도로와 농로를 따라야 한다. 혼인지는 제주의 시조 삼신인(三神人)이 벽락국의 세 공주와 혼례를 치른 곳이다. 연못은 거목들이 둘러싸 분위기가 그윽하고, 신방을 차린 신방굴은 작고 옹색하다.

6 대수산봉 널찍한 주차장이 있는 대수산봉 입구에서 소나무 그윽한 숲길로 터벅터벅 발걸음을 옮기다 보면 어느 덧 대수산봉 꼭대기. 정상에 서면 말미오름, 성산일출봉 등 그동안 걸어왔던 제주 동부 지역이 한눈에 들어오고, 반대편으로 오름들을 거느리는 한라산이 우뚝하다.

5 고성리 홍마트 오조리를 구석구석 둘러보고 나오면 성산 천주교회 앞을 지난다. 고성리 번화가를 지나 1132번 일주도로를 건너면 홍마트 앞이다. 여기서부터 대수산봉 입구까지 도로와 들길이 한동안 지루하게 이어진다.

구간 자세히 보기

출발지 찾아가기

제주시외버스터미널에서 동회선 일주버스를 타고 동남리에서 내린다. 여기서 성산일출봉 방향으로 10분쯤 걸어가면 출발점인 광치기 해산물촌을 만난다.

제주시/서귀포시로 돌아오기

온평포구에서 10분쯤 가면 온평초등학교 앞에 버스 정류장이 있다. 성산 및 제주시로 가려면 학교 길 건너편에서 동회선 일주버스를 타고, 서귀포시로 가려면 학교 앞에서 탄다.

패스포트 스탬프 확인 장소

시작 광치기 해산촌물촌

중간 성산 홍마트

종점 온평포구 혼인지 정보센터
064-784-8766

유용한 전화번호

제주올레 콜센터
064-762-2190

성산 콜택시
064-784-8585

A 통밭알

통밭알을 광치기 해변 건너편의 거대한 호수를 말한다. 이 호수의 절반쯤은 성산갑문을 통해 바다가 드나들고, 절반쯤은 바닷물이 들어오지 못해 습지로 변하고 있다. 따라서

인근 바다와 어울려 독특한 생태계를 형성해 철새들의 낙원을 이룬다. 특히 세계적으로 약 1,500마리밖에 없는 희귀종 저어새 약 20마리가 월동하고 있다. 이 지역의 생태에 대한 연구가 이루어지지 않고 있지만, 조류보호단체 '새와 생명의 터' 대표 나일 무어스는 '이곳은 화산지대에 있으면서도 갯벌이 있고, 해안 석호가 있어 매우 독특한 형태의 습지이기 때문에 그 자체로도 국제적으로 중요한 습지'라고 강조한다.

B 오조리

성산일출봉에서 서쪽으로 약 800m 떨어진 오조리는 바다와 통밭알 호수 등을 낀 마을이다. 식산봉을 지나면 오조리 성터를 만나면서 마을로 들어선다. 4.3때 쌓은 성벽이 100m쯤 남아있다. 이 성벽은 정도(正道)라고 하는데, 병사들이 나가고 들어오는 것을 검사하던 장소였다. 마을 동쪽의 식산봉(45m)이 서북풍을 막아 아늑한 분위기 형성한다. 식산봉 옆으로 약 8만 평 넓이의 오조양어장이 있다.

식산봉 맞은쪽 바닷가 언덕을 '쌍월'이라 부른다. 이것은 수평선에서 떠오른 달이 언덕 위와 양어장 수면 양쪽에 떠 있는 정경을 낭만적으로 표현한 것이다. 마을은 일주

도로로부터 손가락처럼 다섯 개의 진입로를 갖고 있다. '오로샷질', '병문질', '잠수막질', '우칫질'과 고성리 쪽으로 빠지는 '소금막질'이 그것이다. 종달리, 시흥리, 오조리는 제주에서 유일하게 조개를 캘 수 있는 모래갯벌이 있어 철새들도 많다.

C 식산봉

오조리에 봉긋 솟은 식산봉(食山峰)은 옛 이름이 '바오름' 또는 '바위오름'이다. 예전에는 이름 그대로 온통 바위로 덮여 있었다고 한다. 지금은 대나무, 동백, 목탁, 신나무, 누룩나무 등의 난대성 상록수가 자라나서 완전히 덮어버렸다. 특히 이곳은 바닷가 염습지에서 자라는 희귀식물인 황근 20여 그루가 집단서식하며, 큰 것은 크기가 5m에 이른다. 노랑무궁화라 불리는 황근은 우리나라 자생종 식물이다.

고려와 조선시대를 걸쳐 오조리와 우도 일대는 유독 왜구의 침입이 잦았다. 오조연대와 바닷가 성곽 등은 왜구의 침입에 대비했던 흔적이다. 당시 오조리 일대를 지키던 조방장은 마을 사람들을 동원해 오름을 노람지(가리를 덮는 띠로 짠 이엉)로 덮어버렸다. 마침 먼 바다에서 나타난 왜구들은 군량미가 산처럼 쌓인 것을 보고 도망가 버렸다. 그 후 주민들은 봉우리를 식산봉으로 불렀다.

식산봉은 아름다운 여인이 머리를 풀어헤친 모습인 옥녀산발형이라고 한다. 여기에 얽힌 사랑 이야기가 전해온다. 부씨 성을 가진 총각이 오조리의 '안가름 섯동네 불미술'에 살고 있었는데, 이웃집 옥녀라는 처녀와 사랑하는 사이였다. 총각은 불미대장(대장장이)의 아들인 천민이고, 옥녀는 양반집 딸이었지만 둘은 신분의 차이를 넘어 굳게 언약을 했다.

어느 날, 이 고을을 지키는 조방장이 마을의 거리를 지나가다가 옥녀의 아름다움을 보고 반했다. 그는 수소문해 옥녀의 가문과 내력을 알아보고는 그녀 부모에게 옥녀를 첩으로 달라고 청한다. 그리고 옥녀와 부씨 총각이 깊은 사랑에 빠져있음을 알게 되었다. 질투심이 난 조방장은 부씨 총각에게 죄를 씌어 죽이고, 수청을 들지 않은 옥녀를 고문하다 내쫓아버린다. 옥녀는 부씨 총각

❶ 홍무생 할망집
010-9077-2549,
064-782-2549/오조리

❷ 신춘자 할망집
010-3866-2972,
064-784-2972/오조리
할망의 정을 느낄 수 있는 집
1인 1만원, 2인 이상 1인 1만원.

❸ 성산한방찜질방
064-782-5552/고성리
가정집처럼 생긴 찜질방. 직접 땔감으로 불을 지핀다. 1인 7천원.

❹ 시드게스트하우스
064-784-7842/오조리
펜션 형태의 숙소와 게스트하우스를 운영하는 집. 깔끔한 시설로 올레꾼에게 인기가 좋다. 10평 2인 4만원. 게스트하우스 1인 1만5천원. 조식 가정식 백반 무료 제공. 픽업 가능.

❺ 동지황토마을(게스트하우스)
011-698-8805/혼인지 근처
올레꾼에게 인기 좋은 집. 도미토리 침대와 온돌방 등 다양한 숙소. 픽업 가능. 1인 1만5천원.

❻ 소라의 성 민박
064-784-6363/온평포구
바다 조망이 좋은 집. 2층 식당이고 3층이 숙소다. 2인 3만원.

❼ 올레 게스트하우스
010-5021-7822/온평포구 근처
올레꾼 전용 게스트하우스. 1인 1만5천원. 픽업 가능. 조식 토스트 무료.

❽ 퐁낭 게스트하우스
010-5265-8127/온평리
제주생태학교를 함께 운영하는 단출한 숙소. 1인 1만원.

❶ 호떡분식
064-782-5816/홍마트 근처
인심 좋은 할머니가 각종 분식
을 깔끔하게 내온다.

❷ 혼인지 쉼터
064-784-8766/온평포구
온평포구의 혼인지마을 정보
센터 내의 식당으로 보말죽과
성게국수를 먹을 수 있다.

❸ 소라의 성
064-784-6363/온평포구
온평리 해녀들이 운영하는 식
당으로 전복죽, 해물칼국수 등
이 맛있다.

을 찾다가 해변에서 시체가 된 그를 발견한다. 그리고는 충격에 빠져 그녀의 몸이 서서히 식산봉으로 변했다. 부씨 총각 또한 맞은편 언덕인 '장씨머들'로 변했다고 한다.

D 고성리

성산읍에서 가장 중심에 자리 잡은 마을로 성산리, 신양리, 온평리와 인접해 있다. 과거 고성이구(古城二區)였던 신장리는 고성리의 남녘 바닷가에 넓게 뻗어나간 섭지코지를 포함한다. 마을 안에 '큰물뫼', '작은물뫼'라 불리는 대수산봉이 있는데 이를 중심으로 광활한 목장지인 수산평을 이루었다.

E 대수산봉

고성리 서쪽에는 있는 오름으로 일주도로 건너편의 소수산봉과 나란히 있어 멀리서 보면 낙타의 등처럼 홈이 져 보이기도 하고, 소가 드러누운 것처럼 보이기도 한다. 본래 이름은 작은 것이 작은물뫼, 큰 것이 큰물뫼였다. 조선시대까지만 해도 이 봉우리 꼭대기에 연대가 있어서 동북쪽 지미봉의 지미망(指尾望)과 서남쪽 독자봉의 독자망(獨子望)을 연결하는 역할을 했다. 산의 꼭대기 포제골에는 샘물이 솟았다. 지금도 그 꼭대기에는 물길을 돌리기 위해 구덩이를 팠던 흔적이 있다고 한다. 전설에 의하면 제주에 큰 인물이 난다는 소문을 믿었던 진시황의 명을 받고 온 호종단이 물의 혈을 자른 후에 샘이 말랐다고 한다.

F 온평리

성산포에서 남쪽으로 약 7km쯤 떨어진 마을로 옛 이름은 '열운이'이다. 마을의 지세는 조금 높은 평원이 거의 암반으로 이루어진 터이며 주변에 오름과 하천이 없다. 해안선의 길이가 무려 6㎞에 달하고, 취락이 해안선을 따라 3㎞나 길게 형성되어 있다. 해조류와 패류, 어류 등이 풍부해 마을 경제가 전적으로 바다에 의존한다.

G 혼인지

혼인지는 제주의 시조 삼신인(三神人)이 혼례를 치른 곳으로 옛 이름은 흰죽(희죽)이다. 제주의 대표적인 신화인 삼신인 이야기에서 나타나듯 제주 사람들의 상상력은 독특하다. 약 4300년 전쯤, 세 사람이 땅에서 솟았다. 다른 신화 속의 주인공들은 대체로 하늘에서 내려오지만, 삼신인은 독특하게 땅 속에서 솟는다. 삼신인은 제주 고씨·양씨·부씨의 시조이고, 이들이 땅에서 솟은 곳이 바로 제주시의 삼성혈(三姓穴)이다.

어느 날 한라산에 올라 동쪽 바다를 바라보던 삼신인이 큰 나무 상자가 포구에 닿는 것을 보았다. 상자 속에는 벽랑국 공주 셋과 곡식의 씨앗과 가축들이 들어 있었다. 삼신인은 이 세 명의 공주와 각각 혼인을 해 제주의 시조가 됐다. 삼신인이 세 공주를 맞이하기 위해 목욕재계한 곳이 혼인지, 신방을 차린 곳이 신방굴이다. 혼인지 옆에 있는 신방굴은 생각보다 작다. 그곳으로 들어가면 각기 다른 세 개의 굴로 나뉘어져 있다.

H 온평포구와 황루알

삼신인과 혼례를 올린 벽랑국 세 공주가 도착한 곳이 온평리 동쪽 해안인 온평포구다. 포구 앞에 환해장성 터가 남아 있고, 이곳에서 기와조각들이 발견되었다. 이곳을 황루알(황노알, 황날)이라고 하는데, 세 공주가 상륙하면서 남긴 말발굽 자국이 지금도 남아 있다고 한다. 황루알은 세 공주가 도착할 무렵의 '황금빛 노을'을 뜻한다.

주황색 귤껍질과 드넓은 초지, 그리고 바다가 어우러져 장관을 이루는 신천목장의 겨울

온평포구 → 도댓불(150m) → 고정화 할망민박(5.2㎞) → 통오름(7.3㎞) → 독자봉(8.5㎞) →
김영갑 갤러리(12.3㎞) → 신천목장(15.4㎞) → 표선해수욕장(21.1㎞)

거 리 21.1㎞
시 간 7~8시간
난이도 노약자에게는 무리일 수 있어요
출발지 서귀포시 성산읍 온평포구
종착지 서귀포시 표선면 표선해수욕장

김영갑의 꿈과 사랑이 흐르는 중산간 올레

중산간 지역을 누비다가 다시 바다로 내려서는 올레다. 3코스는 제주의 오름을 끔찍하게 사랑한 사진작가 김영갑 갤러리가 있어, 제주 중산간 지대의 아름다움을 상징하는 코스로 자리 잡았다. 온평포구에서 난산리로 들어서면서 중산간 지대로 올라서고, 넉넉한 통오름과 독자봉을 연속해서 넘으면 김영갑 갤러리 두모악이다. 김영갑은 루게릭병과 사투를 벌이면서 오름에 담긴 바람과 구름을 사진으로 담아냈다. 바닷가에 드넓은 잔디밭이 펼쳐지는 신천목장을 지나면, 물빛 곱기로 유명한 표선해수욕장이다.

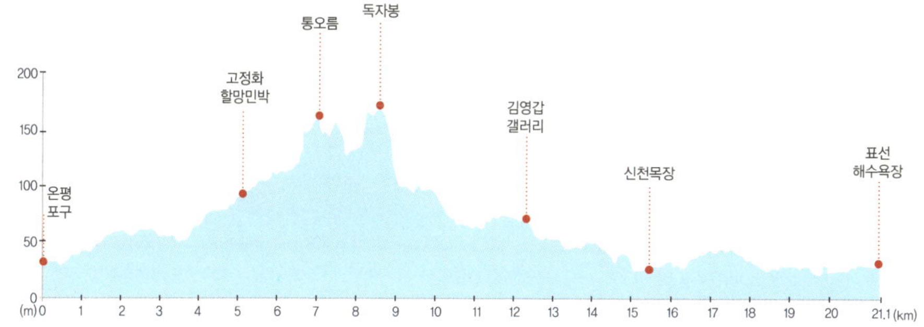

❶ 온평포구 온평포구는 작고 평화롭다. 포구의 올레쉼터 (정자) 앞에 3코스를 알리는 표석이 서 있다. 표석 옆에는 영국 국립트레일인 '코스트월드 웨이' 안내판이 있다. 올레 3코스는 그곳과 '우정의 길'로 맺어졌다.

❷ 도댓불 포구에서 평화로운 해안을 따르면 제주의 전통 등대인 도댓불을 만난다. 온평리 도댓불은 영락없이 첨성대 모양이라 신기하다. 한때 어부를 비추던 불빛이 지금은 올레꾼의 안전한 발걸음을 비춰줄 것 같아 든든하다.

❸ 고정화 할망민박 올레길은 해안을 따라 '소라의 성'(온평어촌계)까지 이어지고, 그곳에서 우회전해 내륙으로 방향을 튼다. 예전에는 동화식당 앞에서 우회전했지만, 코스가 조금 바뀌었다. 지루하게 이어진 길은 난산리 마을로 들어서고, 고정화 할망민박집을 만난다.

❽ 표선해수욕장(표선해변) 바다목장을 나오면 거친 현무암 해안이 펼쳐진다. 신천리와 하천리를 차례로 지나면 대망의 표선해수욕장이다. 여기서는 맨발로 걷는 것이 좋다. 시원한 바닷물과 부드러운 모래가 쌓인 피로를 씻어준다.

❼ 신천목장 삼달리를 지나 일주도로를 건너면 '우물안개구리' 레스토랑이다. 여기서 올레길은 바다로 내려가 해안선을 따르다가 드넓은 신천목장을 만난다. 이 목장은 바닷가에 천연 잔디밭이 드넓게 펼쳐져 이국적 정취를 물씬 풍긴다. 특히 겨울철에는 초지에 굴껍질을 말리는데, 주황색과 바다가 어우러져 장관을 이룬다.

❻ 김영갑 갤러리 독자봉을 내려와 당근밭, 무밭, 녹차밭 등을 지나면 삼달리로 들어서고, 김영갑 갤러리 '두모악'이 보인다. 폐교를 고쳐 만든 정원은 깔끔하고, 갤러리 내부에는 제주의 중산간 지대를 서정적으로 담은 김영갑의 사진 작품들이 전시되어 있다.

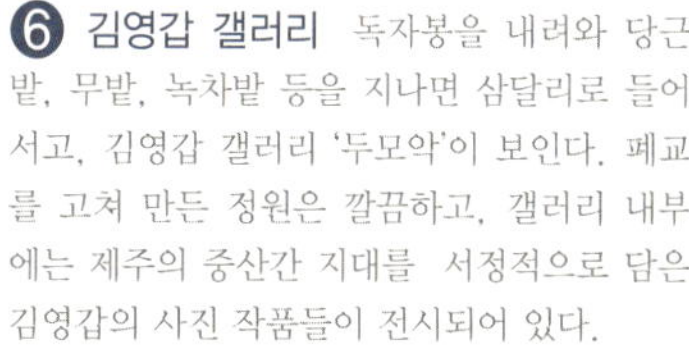

❺ 독자봉 통오름 능선을 따라 반원을 그리면서 걷다 보면 푹신푹신한 잔디밭이 이어지다가 하산하는 나무계단이 나온다. 여기서 멀리 아스라한 한라산을 바라보고 내려서면 '신산교차로'가 나온다. 여기서 좌회전해 도로를 좀 따르면 독자봉 입구다. 이곳에 화장실이 있고, 10분쯤 오르면 정상이다. 정상에는 봉수 흔적이 남아 있다.

❹ 통오름 고정화 할망민박집을 지나면 중산간 도로(1136번)를 건넌다. 평화롭고 호젓한 중산간 길은 끝없이 이어진다. 이윽고 부드러운 구릉지대를 만나면 슬그머니 통오름에 올라선다. 평퍼짐한 오름은 포근하고 굼부리 안에 무덤과 녹차밭이 있어 정겹다.

출발지 찾아가기

제주시외버스터미널에서 동회선 일주버스(성산 경유)를 타고 온평초등학교(온평리)에서 내린다. 바다 쪽으로 10분쯤 걸으면 온평포구다.

제주시/서귀포시로 돌아오기

표선해수욕장에서 1분쯤 떨어진 제주민속촌박물관 앞에서 제주~표선간 시외버스(번영로 경유)를 탄다. 서귀포는 동회선 일주버스를 탄다.

패스포트 스탬프 확인 장소

시작
온평포구 혼인지 정보센터
064-784-8766

중간
김영갑갤러리 064-784-9907

종점 표선 올레 안내소

유용한 전화번호

제주올레 콜센터
064-762-2190

표선 콜택시
064-787-7733

A 온평 도댓불

도댓불(道臺, 燈臺)은 제주의 전통 등대를 말한다. 고기를 잡으러 나간 배들이 무사히 돌아올 수 있도록 길을 밝혀 주는 등대는 해안에 유난히 암반이나 암초가 많은 제주에서 그 필요성이 절실했다. 우리나라에 가장 먼저 세워진 서양식 등대는 고종 때인 1903년에 만들어진 인천 팔미도 등대고, 가장 먼저 세워진 도댓불은 1915년에 만든 조천읍 북촌리 도댓불이다. 도댓불은 마을마다 전기가 들어온 60~70년대부터 밀려나서 지금은 제주에 17군데 정도가 남아 있다. 도댓불의 형태와 크기는 지역마다 조금씩 다른데, 온평포구 도댓불은 영락없이 첨성대 모양을 하고 있다. 어부는 해질 무렵 도댓불에 불을 밝히고 밤새 고기잡이를 하고 돌아와 불을 껐다. 제주의 도댓불 중에서 북촌, 자구내, 보목, 온평포구 도대가 유명하다.

B 난산리

성산읍에서 남쪽 일주도로를 따라 5.6km, 온평리에서 서쪽(한라산)으로 2.4km에 위치한 중산간 마을이다. 한라산 줄기를 타고 모구리오름(모구악), 나시리오름, 이기내오름, 통오름 등의 봉우리들이 내리 뻗은 평화스러운 마을이다.

C 통오름

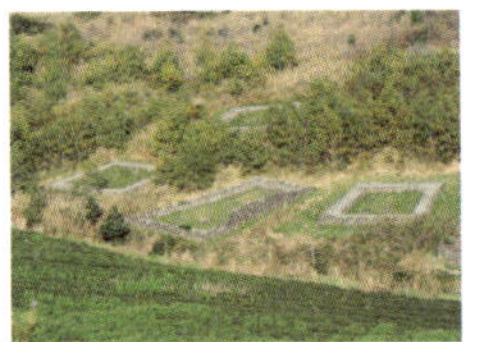

난산리에 있는 오름으로 높이 143m. 생김새는 전체적으로 평퍼짐하고, 분화구는 서쪽으로 벌어진 말굽형의 형태를 띠고 있다. 오름의 모양이 물건을 담는 통과 비슷하다 하여 통오름, 통악(桶岳)이라 한다. 동쪽 사면 일부를 제외하고는 전체 사면에 양탄자와 같은 고운 잔디가 깔려있다. 가을이면 갯쑥부쟁이, 꽃향유 등이 피고 억새 물결도 장관이다. 조망도 좋아 서쪽으로 한라산 일대와 동쪽 성산일출봉 등이 잘 보인다.

D 독자봉

신산리에 있는 오름으로 높이 159m. 분화구가 통오름과 반대쪽을 향하고 있어 서로 등을 돌려 앉은 형세다. 마을과 따로 떨어져 독자봉이라 부른다. 이 오름의 영향인지, 주변에 있는 마을에 외아들이 많다는 이야기가 전해진다. 예전에는 봉수대가 있어 망오름이라 불렀다. 정상에는 봉수 흔적이 남아 있다. 이곳 독자봉수는 북동쪽으로 수산리의 수산봉수, 서쪽으로 신풍리의 남산봉수와 교신했다고 한다. 10~12월에는 억새 군락이 장관을 이룬다. 독자봉에서 삼달리로 내려오는 길은 제주올레 탐사팀이 2008년에 복원했다.

E 삼달리

독자봉을 내려오면 만나는 마을이 삼달1리다. 옛 지명은 와강(臥江)이다. 구전에 따르면 처음 부락이 형성되었던 곳 가까이 있는 더러물내(川)의 형상이 누워있는 강을 닮았다하여 와강이라 한 것으로 추측하고 있다. 삼달은 사람이 통달해야 할 세 가지를 뜻한다. 그것은 '조정에서는 규율이 중요하고, 고을에서는 웃어른을 섬겨야 하며, 세상에 보은과 백성을 위하는 것은 덕으로 하는 것이다.'를 말한다. 삼달, 즉 셋을 통달하면 천한 사람이 없을 것이라고 했는데 그 후 지금까지 천(賤)한 사람은 이곳에 살수 없었으며 그로서 반촌(班村)으로 발전해 왔다고 한다.

F 김영갑 갤러리 두모악

김영갑 갤러리 두모악은 1997년 삼달1리 폐교에 들어섰다. 외지인이 정착하기 힘든 삼달리 마을에서 김영갑은 자연스럽게 마을 구성원이 되었다. 마을일도 함께하고, 잔칫집도 드나들면서 사

숙소

❶ 고정화 할망민박집
010-7474-3888/난산리
할망과 할아방이 운영하는 정겨운 집. 1인 2만원, 2인 이상 1인당 1만원. 할아방이 지프로 픽업.

❷ 해비치 호텔&리조트
064-780-8000/표선리
제주도에서 가장 고급인 6성급 리조트. 게스트하우스는 1인 3만 3천원. 올레빵 무료 제공.

❸ 와하하 게스트하우스
064-787-4948/표선해수욕장에서 4코스 방향 3km
도보여행자를 위한 전용 숙소. 1인 1만5천원. 픽업, 취사와 인터넷이 가능.

❹ 세화의집 민박
064-787-7794/표선리 근처
올레에서 유명한 여성 전용 민박집. 깔끔한 아침식사와 간단한 점심 주먹밥도 싸준다. 픽업 가능. 1인 2만원.

❺ 탐라스포텔
010-9840-3992/표선리 근처
폐교를 개조해 만든 올레꾼과 여행자 숙소. 픽업 가능. 1인 1만 5천원, 식사 5천원. 주인 내외가 친절해 단골손님이 많다.

❻ 뉴그린모텔
064-787-1811/표선리
부담없이 묵을 수 있는 깔끔한 숙소. 2인 3만원.

야영할 수 있는 곳

표선해수욕장 야영장
해수욕장 옆의 작은 잔디밭으로 사용료가 무료다.

람들과 어울리기를 즐겼다고 한다. 삼달리 주민들은 김영갑이 마을 이미지를 크게 높였다고 생각한다. 김영갑은 별 기대 안하고 20대에 제주에 정착했다. 그런데 제주의 자연이 김영갑을 사로잡았다. 특히 오름, 바람, 구름, 하늘이 어우러진 제주 중산간 지대의 풍경에 푹 빠졌다. 김영갑은 2005년 루게릭병으로 사망할 때까지 카메라를 놓지 않았다고 한다.

갤러리에 들어서면 우선 작지만 아름다운 정원이 반긴다. 정원은 주변 밭에서 나온 돌을 모아 김영갑이 손수 만들었다. 자신이 사랑했던 중산간 지대 풍광을 재현했다고 한다. 전시실에는 서정적인 사진이 가득하다. 김영갑은 누구도 주목하지 않았던 제주의 오름, 바람, 구름, 하늘을 즐겨 담았다.

G 신풍리

행정구역상은 성산읍이지만, 표선면이 가까워 생활권은 표선이다. 신풍리, 신천리, 하천리, 세 마을을 본디 '내끼'라 했는데, 이는 내(川)의 끄트머리라는 뜻이다. '신풍리(新豊里)'란 이름은 개칭했는데, 새롭고 풍요로운 마을을 지향한다는 의미다.

H 신천목장

신풍리와 신천리에 자리한 약 10만 평 규모의 목장이다. 바닷가 바로 옆에 광활한 초지가 펼쳐지는 이국적 풍광에 올레꾼들의 눈이 휘둥그레진다. 이러한 제주만의 특별한 아름다움을 공개하자는 제주올레의 제안을 목장 소유주가 흔쾌히 받아들였다고 한다. 12~1월에는 감귤 껍질을 초지에 말리는 모습도 장관이다. 목장 해안은 기묘한 괴석이 발달했다. 마그마가 식을 때 공기방울들이 터져나가면서 곰보, 벌집 등 여러 가지 문양을 바위에 남긴다. 그 중 큰 구멍이 나 있어 '고망난 돌'(구멍난 돌)이라 불리는 돌과 '저

승문'으로 불리는 돌이 있다. 저승문은 튜물러스(tumulus, 내부에 있는 유체의 용암과 굳어진 표면의 압력차에 의해 부풀어 오른 언덕 모양의 용암류 표면 형태) 침식 작용으로 껍질만 남은 돌이다.

I 하천리 배고픈다리

배고픈다리는 일종의 세월교를 말한다. 고픈 배처럼 밑으로 푹 꺼진 모양을 따라 제주에서는 배고픈다리라 부른다. 한라산에서 부터 흘러와 바다로 흘러드는 천미천의 꼬리부분에 놓여 있다.

J 표선해수욕장

길고 긴 3코스 마지막 지점에는 올레꾼을 위한 선물처럼 표선해수욕장이 기다리고 있다. 이곳 백사장은 길이 800m, 면적 9만 평의 광활한 규모다. 썰물 때는 커다란 원형 백사장, 밀물 때는 호수처럼 변한다. 아름답게만 보이는 표선백사장은 4·3사건의 아픈 역사를 담고 있다. 당시 중산간 지대인 토산리, 가시리에 살던 사람들은 소개령이 내린 줄도 모르고 마을에 그대로 남아 있었다. 토벌대는 그들을 표선백사장에 끌고 와 학살했다. 50여 년 전에는 멸치잡이를 하던 어장으로 유명했다.

샤인빌 리조트 앞의 호젓한 산책로는 울창한 난대림과 바다를 만날 수 있다.

표선해수욕장 → 갯늪(700m) → 가마리(6.2㎞) → 가는개(7.5㎞) → 망오름(11.9㎞) → 거슨새미 (12.9㎞) → 태흥 해안도로(18.4㎞) → 남원포구(22.8㎞)

거 리 22.8㎞
시 간 7~8시간
난이도 노약자에게는 무리일 수 있어요
출발지 서귀포시 표선면 표선해수욕장
종착지 서귀포시 남원읍 남원포구

설문대할망 전설 따라 걷고 또 걷자

제주올레길 중에서 길고 힘든 코스다. 표선해수욕장을 출발하면 설문대할망의 전설 이 내려오는 유서 깊은 당케포구를 지나고, 제주올레가 복원한 가마리 숲길, 가는개 해병대길, 샤인빌 리조트 산책로 등의 해안길을 걷는다. 이어 중산간 지대로 들어서 면 토산리 망오름과 거슨새미를 거치는데, 지루하면서도 호젓한 길이다. 태흥리에서 다시 바다를 만난 올레길은 남원포구까지 줄기차게 이어진다. 4코스는 다른 올레길 보다 5㎞ 이상 길기 때문에 되도록 일찍 출발하고 체력 관리를 잘 해야 한다.

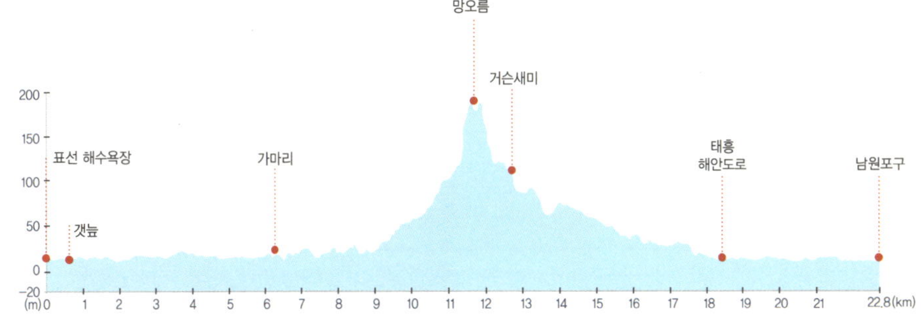

① **표선해수욕장(표선해변)** 표선해수욕장을 출발해 골목길을 따라 가면 설문대할망의 전설이 내려오는 아담한 당케포구를 만난다. 설문대할망을 모시는 할망당은 포구 왼쪽 표선파출소 뒤에 숨어 있으니 꼭 찾아보자. 당집은 예상외로 작고 소박하다. 설문대할망에게 인사 올리고 본격적으로 올레길에 오른다.

② **갯늪(해비치 리조트 앞)** 당케포구에서 올레길은 도로를 따르는 것이 아니라 바다 쪽 흰 등대 방향으로 가야 한다. 등대 앞에서 갯늪이 시작된다. 이 길은 험한 현무암 지대에 정성껏 놓였다. 바닷가 습지인 갯늪은 썰물 때에 그 형체가 명확히 드러낸다. 많은 바다 생물이 살아가는 수산 창고 역할을 해 미역, 전복 등의 해산물이 풍부하다.

③ **가마리(세화 2리)** 갯늪에서 와 하하게스트하우스, 제주해양수산연구소 등을 지나면 펜션과 민박집이 늘어선 가마리에 닿는다. 길은 정자 뒤에서 왼쪽 해변으로 꺾이고 가바리 해녀 작업장을 지난다. 예전 올레길은 이 작업장 안으로 이어졌다고 한다. 지금도 누구나 그 안을 구경할 수 있다. 운이 좋으면 해녀들이 잡아온 전복, 해삼, 돌문어 등을 구경할 수 있다.

④ **가는개** 가마리 해녀 작업장에 야트막한 언덕을 오르면 '가마리 해녀올레'가 시작된다. 예전 해녀들이 다니던 숲길을 복원했다. 난대림이 제법 울창해 걷는 맛이 상쾌하지만 길이 짧은 것이 흠이다. 이곳을 지나면 호젓한 대숲을 지나 '가는개 해병대길'을 만난다.

❽ **남원포구** 태안 해안도로에서 남원포구까지 마지막 5㎞가 고비다. 워낙 먼 길을 걸었고, 팍팍한 해안도로를 따르기에 걸음이 더디다. 멀리 한라산을 바라보며 마지막 힘을 쏟으면 반가운 남원포구가 눈에 들어온다. 남원포구에는 현대식으로 지은 제주올레 안내소와 '남원용암 해수풀장'이 자리 잡고 있다.

❼ **태흥 해안도로** 영천사를 구경하고 나와 30분쯤 다소 지루하게 농로를 걸으면 삼석교를 만난다. 다리를 건너 마을길을 한동안 걸으면 일주도로를 만나면서 태흥2리가 나온다. 여기서 해안도로를 따라 4코스 마지막 구간을 걷게 된다.

❻ **거슨새미** 망오름에서 거슨새미는 호젓한 숲길이 이어진다. 상쾌한 공기가 뿜어져 나오는 오름 비탈에 샘이 숨어 있다. 거슨새미는 원천 격인 작은 못이 있고, 그 아래에도 몇 군데서 물이 샘솟는다. 거슨새미에서 농로를 15분쯤 따르면 영천사를 만나는데, 이곳에 노단새미가 있다.

❺ **망오름** 검은 현무암이 늘어선 '가는개 해병대길'은 매우 거칠고, 이어지는 샤인빌 리조트 앞길은 꿈결처럼 부드럽다. 토산 산책로를 지나면 올레길은 바다와 헤어져 한동안 중산간 지대로 올라선다. 망오름 정상 벤치에 앉아 소나무 사이로 아스라이 보이는 한라산을 바라보는 맛이 기막히다.

 **출발지 찾아가기**

제주시외버스터미널에서 제주
~표선간 시외버스(번영로 경
유)를 타고 제주민속촌박물관
에서 내려 해수욕장 쪽으로 1분
쯤 가면 출발지가 나온다.

 **제주시/서귀포시로
돌아오기**

4코스 종점에서 남원 시내로 5
분쯤 걸으면 남조로를 경유해
제주로 가는 시외버스 정류장
이 있다. 서귀포로 가려면 동
회선 일주버스를 탄다.

**패스포트 스탬프
확인 장소**

시작 올레 표선안내소
중간 토산리 남쪽나라 횟집
　　　064-787-5556
종점 남원포구

유용한 전화번호

제주올레 콜센터
064-762-2190

표선 콜택시
064-787-7733

남원 콜택시
064-764-9191

A 당케포구와 할망당

표선해수욕장의 끝머리인
당케포구에 설문대할망
전설이 내려온다. 설문대
할망은 제주에서 가장 위
대한 신이다. 제주도와 한
라산을 그가 만들었다. 한
라산을 깔고 앉아 한 발은
제주도 앞바다의 관탈섬에, 다른 발은 마라도에 얹고 빨래를 하
다가 소변을 보자 땅이 파이면서 우도가 만들어졌다고 한다. 설
문대할망은 힘이 엄청나게 센 거인이지만, 신화에서는 엉뚱하고
해학적으로 등장한다. 전설에 의하면 표선 당케포구 인근은 폭풍
우가 불때마다 파도가 마을을 덮쳐 쑥대밭이 되었다. 이에 주민
들이 바다를 없애 달라고 설문대할망에게 소원을 빌자, 할망은
하룻밤 만에 동네의 모든 도끼와 소를 이용해 바다를 포구로 만
들었다. 그래서 주민들은 포구 끝자락에 설문대할망을 기리는 할
망당을 세워 제사를 올렸다. 예전부터 할망당이 있었기에 당포
혹은 당개라 불렀다고 한다.

B 가마리(세화2리)

표선면 동남부에 위치한 해안마을로 동쪽으로는 표선리, 서쪽으
로는 토산2리와 접하고 있으며 일주도로가 마을 중심으로 통과
하고 있어 교통이 편리하다. 표선~세화2리 해안을 따라 형성된
6.3㎞의 해안도로는 포장 상태가 양호하고 노선의 굴곡이 없어
드라이브 코스로 유명한데, 올레길이 이 도로를 따른다. 주민들
은 마을 이름을 아직도 옛 이름인 가마리로 부르고 있다. 약 160
년 전 가마리 포구에 어선들 출입 편의를 위해 채만봉 씨가 점포
를 마련한 것이 마을에 사람
이 살기 시작한 시초라고 한
다. 가마리란 말은 포구의 머
리를 뜻하는 '갯머리'란 호칭
에서 유래했다. 올레실에서
는 가마리 해녀 작업장, 해녀

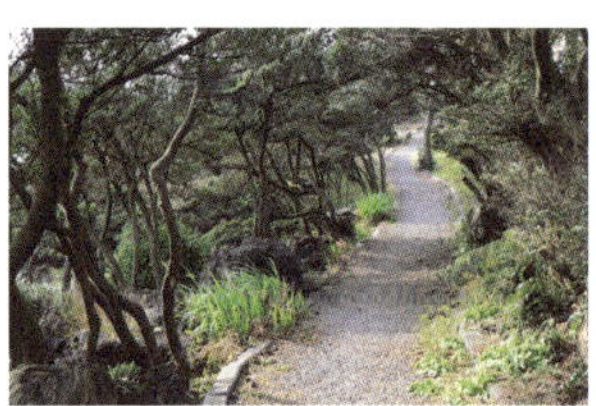

들이 다녔던 길을 복원한 '가마리 해녀올레' 등을 거친다.
가마리 해녀 작업장은 해녀들이 잠수복을 갈아입고, 어구를 보
관하는 건물이다. 초창기 올레길은 작업장 문을 열고 들어가 그
안을 지나 반대쪽 문을 열고 나오게 되어 있었다. 길에 대한 고
정관념을 깨고, 해녀들을 직접 만나 이야기 나눌 수 있게 한 배
려였다. 하지만 지금의 올레길은 작업장 건물 안으로 들어가지
않는다. 하지만 언제든 해녀 작업장 안을 구경할 수 있다.

C 가는개 해병대길과 샤인빌 리조트 앞 산책로

가는개 앞바다에서 샤인빌 리조트로 가
는 길은 거친 현무암이 깔려 매우 험하
다. 하지만 돌들이 가지런히 깔려 있어
올레길을 따르는데 무리가 없다. 이 길
은 제주지역방위사령부 소속 93대대 해
병대 장병들에 의해 만들어졌다. 한편
해병대길을 지나면 만나는 샤인빌 리조
트 앞 산책로는 제주올레 중에서 가장
아름다운 길로 꼽히는 곳이다. 해변을
따라 울창한 숲이 이어지고, 길섶에서 동박새를 비롯한 다양한
새들과 시원한 바다풍광을 감상할 수 있다.

D 토산리

표선면 서북부에 위치한 중산간 마을. 동쪽으로 세화1리와 서쪽
으로 송천을 사이에 두고 남원읍과 경계를 이루고 있다. 토끼처
럼 생겼다고 하여 토산망이라 불리워지는 오름이 있다. 이 마을
은 약 1,000년 전 토산봉 서쪽에 탐라시조의 하나인 제주 부씨
(夫氏)가 이주한 것이 시초다.

마을 이름을 처음에는 '토산리
(土山里)'라고 했다가 약 150여
년 전에 풍수지리설에 의거해
이 지역의 지형지세가 옥토망
월(玉兎望月)이라 하여 '토산리
(兎山里)'로 바꿔 부르게 됐다. 그것이 지금의 토산 1리의 전신이
다. 토산 2리는 약 500년 전에 순흥 안씨, 광산김씨가 이주한 게
시초가 되어 많은 이들이 정착하여 마을을 이뤘다. 지역 주민들
은 토산1리를 '웃토산', 토산2리를 '알토산'으로 부른다.

❶ 와하하 게스트하우스
064-787-4948/표선리 근처
도보여행자를 위한 전용 숙소.
도미토리 1인 1만5천원. 픽업,
취사와 인터넷이 가능하다.

❷ 세화의집 민박
064-787-7794/표선리 근처
올레에서 유명한 여성 전용 민
박집. 깔끔한 아침식사와 간단
한 점심 주먹밥도 싸준다. 픽업
가능. 1인 2만원.

❸ 탐라스포텔
010-9840-3992/표선리 근처
폐교를 개조해 만든 올레꾼과
여행자 숙소. 픽업 가능. 1인 1만
5천원, 식사 5천원. 주인 내외가
친절해 단골손님이 많다.

❹ 모두올레게스트하우스
064-764-5437/태흥리 해안
넓은 정원과 나무로 둘러싸인 별
장형 숙소. 도미토리 1인 2만원.
올레패스포트 소지자 1만7천원.

❺ 남원포구민박
064-764-2664/남원포구
남원포구 바로 앞의 깨끗한 민
박집. 식당도 함께 운영한다.
2인 3만원.

맛집

❶ 세화2리 해녀의집
064-787-4917/세화2리(가마리)
가마리(세화2리)에 있는 식당으로 점심 먹기에 좋다. 이 집은 갈치조림과 전복죽의 맛이 제주에서 손꼽는 집이다. 갈치조림 2인 3만원. 전복죽 1만2원.

❷ 남쪽나라 횟집
064-787-5556/토산산책로
호텔 조리사 출신인 부부가 운영하며 직접 잡아온 활어와 해녀들이 가져온 해산물을 이용해 신선하다. 활어회, 죽류, 탕류, 조림류 등 다양한 메뉴가 있다. 탕을 시켜도 회, 부침개 등 푸짐한 반찬이 나온다.

❸ 태흥2리 어촌관리공동체음식점
064-764-1255/태흥2리
태흥2리 해녀들이 운영하는 집으로 성게칼국수, 갱이죽(작은 게로 만든 죽) 등이 저렴하고 맛도 좋다.

❹ 범일분식
064-764-5069/남원리
남원리에서 널리 알려진 집으로 할머니가 차려주는 푸짐한 순대국밥이 맛있다.

❺ 남원갈비식당
064-764-5069/남원사거리
메밀, 무를 넣고 끓인 돼지고기국은 고기냄새가 안 나고 씹히는 질감도 좋다. 쌀뜬물 같은 국물 또한 일품.

66

E 망오름

토산1리에서 토산2리로 넘어가는 도로변에 소나무 숲으로 덮인 오름으로 높이는 178m. 오름의 형태가 토끼 형국이라 토산봉, 정상에 봉수대가 있어 토산망 혹은 망오름, 망산 등으로 불린다. 망오름 봉수대는 서쪽의 자배봉수, 동쪽의 달산봉수와 교신했다. 오름 지세는 등성마루가 숲에 덮여 평평하면서도 긴 편이고, 동쪽과 서쪽으로 벌어진 두 개의 말굽형 굼부리를 지니고 있다. 북동쪽으로 북망산과 가세오름으로 이어진다. 토산1리 주민들은 토산봉 포제단에서 매년 음력 정월에 제를 지낸다.

F 거슨새미와 노단새미

망오름을 내려오면 거슨새미와 영천사의 노단새미를 연달아 만난다. 두 물은 같은 구멍으로부터 흘러나오는데, 한 줄기는 한라산 쪽으로 거슬러 흐르고, 한 줄기는 바다 쪽으로 흘러내린다. 그래서 거슨새미는 거슬러 흐르는 샘, 노단샘이는 우측(右側), 곧 오른 방향으로 제대로 흐르는 샘물이라는 뜻에서 나온 말이다. 이 두 샘물에는 호종단과 관련된 이야기가 전해지고 있다. 옛날 제주도에 날개 돋은 장수가 태어났다. 그 소식을 들은 중국 황실에서는 두려운 마음에 호종단(胡宗旦)을 제주도에 급파시켜 산혈(山穴)과 물혈(水穴)을 모두 뜨고 오도록 명한다. 종달리 포구

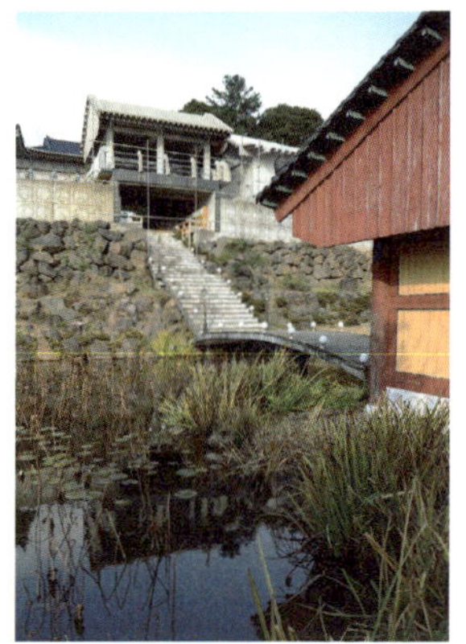

에 들어 온 호종단은 차츰차츰 명혈(名穴)을 뜨기 시작하면서 거의 토산리에 이를 무렵이었다. '너븐밧'(廣田)에서 한 농부가 밭을 갈고 있었는데, 어떤 고운 처녀가 허겁지겁 밭가는 농부에게로 달려오는 것이었다. 처녀는 매우 급하고 딱한 표정으로 하소연했다. "저기 물을 요 놋그릇(행기)에 떠다가 저 길마(소의 등에 얹어 물건을 나르는 기구) 밑에 잠시만 숨겨 주십시오."
농부는 처녀의 말대로 거슨새미와 노단새미로 달려가서 놋그릇에 물을 떠다가 길마 밑에 놓았다. 처녀는 그 물 속으로 뛰어들더니, 곧 사라졌다. 바로 그 처녀가 두 샘의 수신(水神)이었다. 농부는 심상치 않은 일이라고만 생각하며 밭갈이를 계속하고 있었는데, 호종단이 왼손에 책 한 권을 들고 농부에게로 다가왔다. 그 책

은 중국 황실에서 작성해 준 제주도의 명혈(名穴)을 그린 산록(山錄)이었다.

"여기 '고부랑낭'(구부러진 나무) 아래 '행기물'(놋그릇물)이 어데 있오?"

"그런 물은 없는데요."

"아, 들은 바도 없단 말이요?"

"그렇소."

호종단이 가져온 산록에는 수신이 이미 거기와 숨은 것까지 적혀 있었다. 그것도 모르고 다시 한번 산록을 살펴본 호종단은 '여기가 틀림없는데, 여기가 틀림없는데…' 투덜대며 주위를 계속 샅샅이 찾아보기 시작했다. 찾다가 지친 그는 '쓸데없는 문서로고!'하며 산록을 태워 버린 후, 서쪽으로 떠나 버렸다. 그래서 종달리에서부터 토산리까지는 호종단이 물혈을 모두 떠 버렸기 때문에 생수가 솟는 곳이 없지만, 이 마을의 거슨새미와 노단새미만은 다행이 남아서 지금도 솟고 있다.

G 태흥리

태흥1,2,3리로 나뉘어져 있고, 북으로 의귀리와 접한다. 태흥1리와 태흥 2리의 사이에는 서중천이 흐르고 있다. 일주도로가 마을 중심을 통과하고 있어 교통이 편리하고, 태흥2리에서 남원1리까지 3.2㎞ 이어진 남원해안도로는 4월이면 길가에 유채꽃이 장관을 이룬다. 태흥리의 옛 이름은 폴개, 벌포리 등으로 불렸고, 1902년에 지금의 마을 이름으로 바뀌었다. 구전에 의하면 폴개는 포구가 있는 바닷가라고 하여 '포개'의 의미와 함께 '소금밭'에 갯벌이 질퍽하니 깔렸다고 하여 붙여진 이름이고, '벌포리'는 '태우', 즉 떼배가 많은 포구가 있는 마을이란 의미에서 유래했다.

H 남원1리

남원읍의 중심지인 해안마을로 동쪽으로 태흥 1리, 서쪽으로는 위미 3리와 북쪽으로는 남원 2리와 접하고 있다. 일주도로와 제주시랑 연결된 남조로 등 중심도로가 통과

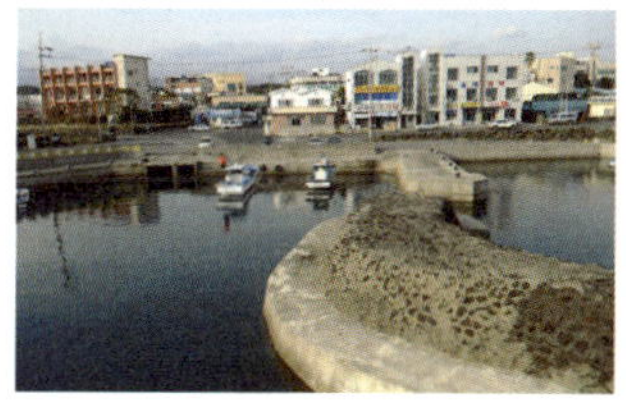

하고 있어 남원읍 지역의 교통, 문화, 행정의 요충지다.

투명카약이나 테우를 타고 쇠소깍을 유유히 떠다니는 맛이 기막히다.

남원포구 → 남원큰엉(2.2km) → 동백나무 군락지(5.2km) → 조배머들코지(7.1km) → 공천포(10.6km) → 망장포구(12km) → 예촌망 입구(12.6km) → 쇠소깍(14.6km)

거 리 14.6km
시 간 4~5시간
난이도 누구나 편하게 걸을 수 있어요
출발지 서귀포시 남원읍 남원포구
종착지 서귀포시 하효동 쇠소깍

큰엉과 쇠소깍 절경 따라 제주의 신비 속으로

바닷가를 따르는 전형적인 '바당(바다)올레'로 걷기 쉽고 길도 짧은 편이다. 외돌개와 더불어 제주 최고의 해안 산책로인 남원큰엉 산책로는 아찔하면서 황홀하다. 쪽빛 바다와 기암절벽, 울창한 난대림 숲이 기막히게 어우러진다. 현무암 괴석이 특이한 조배머들코지, 500여 그루 동백나무 군락지, 망장포구 부채선인장 군락을 연달아 지나면 종착지인 쇠소깍에 이른다. 테우와 투명카약을 타고 제주 전설이 담긴 쇠소깍을 유유히 떠다니는 맛이 일품이다.

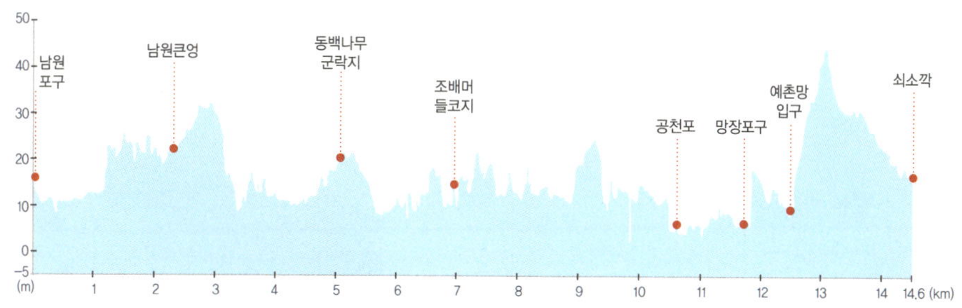

❶ 남원포구 남원포구에서 남원큰엉 앞까지는 도로를 따르지만, 차가 거의 없어 호젓하다. 바닷가에 시와 잠언을 전시한 '문화의 거리'를 지나면 울창한 남원큰엉 산책로로 들어선다.

❷ 남원큰엉 남원큰엉 산책로는 시종일관 울창한 난대림 속을 걸어간다. 돈나무, 멀구슬나무, 우묵사스레나무, 팔손이 등이 그득하고, 까마득한 해안절벽 아래는 야성적인 파도가 몰아친다. 이곳은 5월 돈나무 꽃이 필 때가 가장 좋다. 달콤한 향기를 내뿜는 흰 꽃과 옥빛 바다가 어우러져 선경을 연출한다.

❸ 동백나무 군락지 큰엉을 나와 위미3리와 '제주수산물종연구센터'를 지나면 동백나무 군락지가 나온다. 500여 그루의 동백나무가 돌담을 따라 늘어선 모습이 장관이다. 놀라운 것은 한 사람이 나무를 십고 가꾸었다는 사실이다. 봄철이면 떨어진 동백꽃이 길을 붉게 물들인다.

❹ 조배머들코지 동백 군락지를 지나 해안길을 따라 걷다보면 위미항에 닿는다. 항구 앞에 한라산을 배경으로 기괴한 바위들이 서 있는데, 이것이 조배머들코지다. 위미항을 나와 위미우체국을 지나면 올레길은 다시 해안으로 이어지고, 물 좋은 용천수인 고망물과 조우한다.

❽ 쇠소깍 예촌망을 내려와 잠시 도로를 따르던 길은 쇠소깍다리를 건넌다. 효돈천을 따라 가는 길은 분위기가 좋아 휘파람이 절로 난다. 신비로운 쇠소깍이 나타나면 5코스는 화려하게 마무리된다.

❼ 예촌망 망장포구를 지나면 해안을 낀 호젓한 숲길이 잠깐 이어진다. 짧은 길이지만, 온전히 두 발로만 지날 수 있는 올레의 보석 같은 길이다. 숲길 끝에서 언덕을 오르면 낮고 펑퍼짐한 오름인 예촌망이다. 예촌망 안은 온통 귤밭이고, 그 너머로 웅장한 한라산의 모습이 장관이다.

❻ 망장포구 공천포를 지난 길은 한동안 현무암이 넓게 깔린 해안을 지나고 곧 불광사 갈림길을 만난다. 올레길은 해안을 따르지만, 잠시 호젓한 불광사를 들러도 좋다. 한라산 전망도 좋고 여기서 들리는 파도소리가 예쁘다. 불광사 아래 부채선인장이 가득한 해안을 지나면 아담한 망장포구에 닿는다.

❺ 공천포 고망물을 지나면 역시 용천수인 넙빌레를 만나고 검은 백사장이 유명한 공천포에 닿는다. 예전에는 넓은 백사장이 펼쳐져 찜질 장소로 유명했지만, 지금은 안타깝게도 일부만 남았다. 공천포는 물회로 유명해 제주 토박이들이 즐겨 찾는다.

 **출발지 찾아가기**

제주시외버스터미널에서 제주
~남원간(남조로 경유) 시외버
스를 타서 남원리에 내린다. 바
닷가 방향으로 5분쯤 가면 남
원포구가 나온다. 서귀포에서
는 시외버스터미널에서 동회선
일주버스를 타서 남원리에 내
린다.

 **제주시/서귀포시로
돌아오기**

쇠소깍에서 도보로 20분 거리
인 큰길에서 제주와 서귀포로
가는 동회선 일주버스를 탈 수
있다. 쇠소깍에서 6코스를 따
라 30분쯤 가면 보목리다. 이
곳에 서귀포로 가는 시내버스
가 있다.

 **패스포트 스탬프
확인 장소**

시작 남원포구 편의점

중간 곤내골 올레점방

종점 쇠소깍 휴게소

유용한 전화번호

제주올레 콜센터
064-762-2190

남원 콜택시
064-764-9191

서귀포 OK 콜택시
064-732-0082

A 남원큰엉

대략 3㎞에 걸쳐 펼쳐진 남원큰엉 산책로는 제주 해안의 대표
적 절경이다. 높고 길게 쌓인 기암절벽의 양끝에 바위 동굴이
있다. 절벽의 높이는 15~20m로 변화무쌍하다. '엉'은 바닷가나
절벽에 자리한 굴이나 바위그늘을 뜻하는 제주어로 '엉덕'의 축
약형이다. 산책로에는 원시림처럼 난대림이 빽빽하다. 특히 5
월 초순 만리향으로 불리는 돈나무 흰 꽃이 피면 달콤한 향기가
진동한다.

B 신그물과 테웃개

위미3리 해녀탈의실 앞 바닷가에 신그물과 테웃개가 있다. 신그
물은 단물이 솟아 물이 싱거워졌다는 뜻으로 옛날에는 물이 많
았으나 지금의 거의 말랐다. 바로 옆의 테웃개(테우를 묶어두던
곳)에는 용천수 담수탕이 있다. 이곳에서 지역 주민들이 노천욕
을 즐긴다.

C 동백나무 군락지

위미2리의 동백나무 군락지다. 이 길을 봄철에 걷노라면, 붉은
꽃이 뚝뚝 떨어지고 떨어진 동백꽃을 차마 밟기가 안쓰러워 종

종걸음을 치게 된다. 이곳 동
백군락지는 현맹춘 할머니의
땀과 정성이 스며있다. 현 할
머니는 17살에 위미리로 시집
왔다. 해초캐기, 품팔이 등 어
렵게 모은 돈 35냥으로 황무

지(속칭 버들)를 사들인 후, 세찬 바람을 막는 방풍림을 조성하
기 위해 동백나무 씨앗을 받아다가 심었다. 정성을 다한 덕에
동백나무는 풍성하게 자랐다. 마을 사람들은 그를 '동박낭 할
망', '버득할망' 등으로 불렀고 이 숲을 '버득할망 돔박숲'이라 했
다. 총 564그루의 동백나무가 병풍처럼 숲을 이루고 있다.

D 조배머들코지

조배머들코지는 위미항 앞에
서 한라산을 배경으로 선 기이
하게 생긴 기암괴석이다. 바
위의 규모가 이전에 비해 절반
밖에 남지 않았는데, 이에 얽
힌 재미있는 이야기가 전해진

다. 일본의 한 풍수학자가 우연히 조배머들코지를 보고 입이 쩍
벌어졌다. 큰 인물이 나올 기운찬 형상이었기 때문이다. 혈을 끊
어야 한다고 생각한 풍수학자는 마을의 유력자인 김 아무개를 거
짓으로 꾀었다. 바위가 김씨 집안을 향해 총부리를 겨누는 형상
이므로 이를 치워야 집안에 우환이 없을 것이라고. 이에 김씨는
집안을 지키려고 기암괴석을 파괴했고, 그 과정에서 이무기가 붉
은 피를 토하며 죽었다고 한다.

E 고망물과 넙빌레

위미리 시내를 지나 해안가로 내려오면 해녀가 물을 붓는 동상
을 만난다. 그 동상 앞에 고망물이 있다. 바위틈 구멍에서 맑은
물이 샘솟는다. 예전에는 가뭄에도 수량이 풍부했고, 위미 주민
들의 식수원이었다고 한다. 일제 시절에는 '황순하'란 사람이 고
망물 위에다 '황하소주공장'을 세워 순도 35도가 넘는 술을 걸러
내 제주도에서는 물론 부산과 목포까지 인기가 대단했다. 그래
서 황순하는 큰돈을 벌어 오현학원을 세우고, 후학들을 기르는
데 힘썼다고 한다.
고망물에서 30분쯤 가면 넙빌레가 나온다. 넙빌레는 '넓은 빌레

❶ 글라라민박
064-764-2888/남원농협
하나로클럽 근처
주인 내외 인정이 따뜻하고 깔
끔한 숙소. 2인 3만원.

❷ 풍경 게스트하우스
010-4119-5212/남원 큰엉 근처
바다가 가까운 깔끔한 숙소로 1
인 1만5천원. 인터넷과 픽업 서
비스 가능.

❸ 금호리조트
064-766-8000/남원 큰엉
남원 큰엉을 끼고 있는 고급 리
조트. 올레꾼 할인 가능.

❹ 현동순 할망집
010-5696-3666/공천포 근처
1인 2만원, 2인 이상 1인당 1만
원. 깨끗한 숙소와 맛깔스런 식
사가 자랑이다.

❶ 수악관
064-764-7896/위미리 시내
바닷가 중국집의 특징인 해물
이 듬뿍 들어간 짬뽕을 내온다.

❷ 공천포식당
064-767-2425/공천포
물회 전문점으로 값이 저렴하
고 맛있어 인기가 좋다. 한치물
회 5천원, 자리·해삼·소라물회
6천원.

❸ 아서원
064-767-3130/쇠소깍 근처
푸짐한 해물짬뽕이 제주도에
서 손꼽히는 집이다.

(너럭바위)'란 뜻으로 차디찬 용천수가 풍부하게 솟아 주민들의
단골 피서지다. 여자는 동쪽, 남자는 서쪽에서 노천욕을 즐기는
데, 제주올레 5코스 개장날(2008년 8월)에도 동네 사람들이 목욕
을 하다가 많은 사람이 지나가는 것을 보고 깜짝 놀랐다고 한다.
넙빌레는 물의 수질이 좋아 식수로도 이용했으며, 고망물 위의 황
하소주공장에서 수질검사를 받을 때는 고망물 대신에 넙빌레 물
을 사용했다고 한다. 고망물이 넙빌레 수질을 따라올 수 없었기
때문이다. 그래서 위미리에는 바꿔치기하는 걸 빗대어 '넙빌레 물
도 고망물이라 하면 고망물이다'라는 속담이 생겼다고 한다.

F 공천포

신례2리 공천포는 '맛이 좋은
샘물을 바친다'는 뜻인 공샘이
에서 유래했다. 그만큼 물이 좋
아 오래전부터 사람들이 모여
살았다. 현무암 부스러기인 검
은 모래가 신례천으로부터 흘 
러내려와 검은 모래 해안을 이뤘다. 해안 곳곳에서 흘러나오는
용천수가 풍부하고 모래찜질로 널리 알려졌다. 표선해수욕장 모
래가 너무 가늘어 물에 잘 씻어낼 수 없어 인근 주민들은 공천포
까지 찾아온다고 한다. 공천포 백사장의 검은모래는 신경통에 좋
다고 알려져 어르신들로부터 인기가 좋다. 최근에 방파제 때문에
모래가 줄어들어 주민들이 안타까워하고 있다.

G 망장포구와 부채선인장 군락지

고려 말에 제주도는 원나라의 지
배를 받았다. 이때 제주도에서 거
둬들인 물자와 말 등을 망장포구
에서 실어 원나라로 수송했다. 망 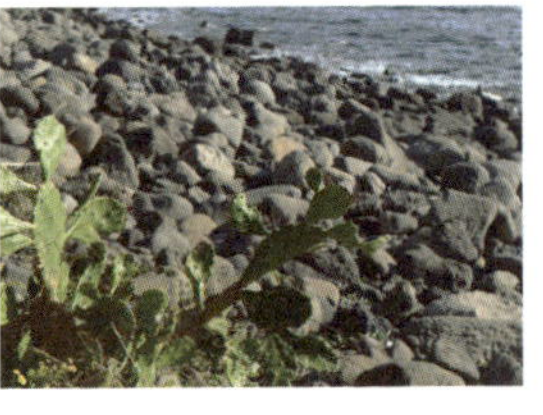
장포란 이름은 이곳이 바닷가 마
을로 그물을 펼쳐 놓은 듯한 모
습을 닮아 붙여졌다고 전해진다. 옛 포구의 소박함이 아직도 남아
있고, 서너 개의 계단이 오밀조밀 들어서 있어 조수간만의 차이를
이용해 포구의 쓰임새를 달리 했던 옛 제주 사람들의 지혜를 엿볼
수 있다. 망장포구 지전익 불광사 근처 해안에는 부채선인장(백년
초)이 군락을 이뤄 바다와 어우러진 독특한 풍광을 보여준다.

H 예촌망

높이 67.5m의 아주 낮은 오름으로 정상부가 넓고 평평한 구릉이며 동서 두 봉우리로 이루어진 원추형 돔화산체다. 지형이 마치 여우를 닮았다고 해서 호촌봉수라 부른다. 봉수처는 1960년대 이후 감귤밭이 생기면서 사라졌다. 이 봉수는 서쪽의 삼매양봉수, 동쪽 자배봉수와 교신했다. 주변이 모두 감귤밭으로 노란 감귤 너머로 펼쳐진 한라산의 모습이 장관이다. 해안으로 수직 절벽을 이루고 동쪽 해안의 황개는 낚시터로 유명하다.

I 쇠소깍

효돈천이 바다와 만나는 지점에 형성된 깊은 연못으로 제주의 숨은 비경으로 통한다. '쇠소깍'이라는 독특한 이름은 효돈마을의 옛 이름 '쇠둔'에서 첫 자를 따왔고, 연못을 의미하는 '소', 제주 방언에서 끝을 의미하는 접미사 '깍'이 붙어서 만들어졌다. 청록색 물빛이 이채롭고 주변은 난대림이 우거져 신비스럽다. 사계절 내내 18도 내외의 용천수가 솟구친다.

그동안 쇠소깍에 효돈 청년회에서 테우를 띄웠지만, 안전 문제와 이권 문제가 겹치면서 중단됐다. 그러다 2011년 가을부터 효돈 마을회에서 다시 테우를 띄우고 있다. 테우는 뗏목을 가리키는 제주말이다. 테우는 우리나라 선박의 원형을 유추하는 중요 유물이다. 구상나무나 삼나무를 엮어서 만든 테우는 만드는 과정이 단순하다. 또한 선체가 수면에 밀착되어 세찬 파도에도 전복되지 않는다고 한다.

서귀포의 백미인 정방폭포 직접 바다로 떨어지면서 일으킨 물보라와 빛이 만나 환상적인 무지개를 만들어낸다.

쇠소깍~외돌개

쇠소깍 → 제지기오름(2.6km) → 제주대연수원(5.6km) → 소정방폭포(8.2km) → 이중섭 거주지(9.9km) → 천지연폭포 입구(12.5km) → 칠십리 시공원 천지연폭포 전망대(14km) → 외돌개 입구(15.8km)

거 리 15.8km
시 간 5~6시간
난이도 무난하게 완주할 수 있어요
출발지 서귀포시 하효동 쇠소깍
종착지 서귀포시 천지동 외돌개

서귀포 칠십리를 아시나요?

'서귀포 칠십리'(서귀포의 아름다움을 통칭해 이르는 말)의 절경을 만끽할 수 있는 올레다. 쇠소깍을 출발해 제지기오름에 오르면 보목포구와 섶섬 앞바다가 시원하게 펼쳐진다. 소정방폭포와 정방폭포의 힘찬 기운을 엿보고 서귀포 시내로 들어서면, 화가 이중섭 거주지를 만난다. 길은 올레시장 등을 에두르며 친절한 서귀포 사람들을 소개한다. 천지연폭포와 새섬 입구를 스쳐 칠십리 시(詩)공원에 이르면, 한라산의 품에서 쏟아지는 천지연폭포가 멋지다. 시공원을 나와 별매봉을 오르내리면 외돌개가 코앞이다.

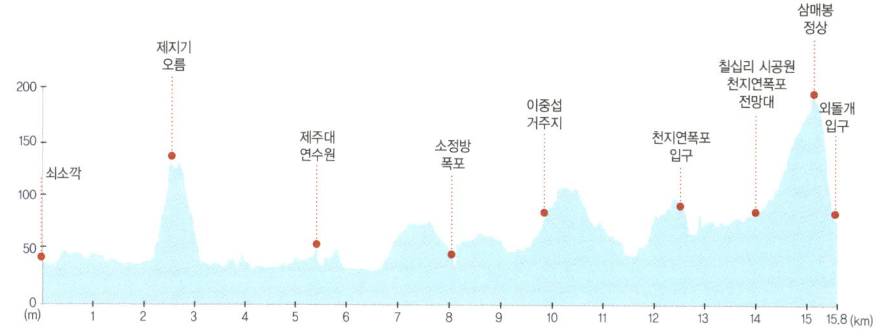

① 쇠소깍 쇠소깍을 출발하면 곧 소금막 안내판이 보인다. 소금이 귀할 때 바닷물을 가마솥에 끓여 만든 곳이다. 서귀포 앞바다의 상징인 섶섬을 마주하고 해안길을 30분쯤 가면 보목리가 나오고 어진이횟집 앞에서 제지기오름으로 들어선다.

② 제지기오름 제지기오름은 바닷가에 100m쯤 제법 높이 솟았다. 정상 직전에서 뒤를 돌아보면 드넓은 품을 가진 한라산이 잘 보인다. 정상 전망대에서 섶섬과 보목포구가 잘 보인다.

③ 제주대연수원 보목포구를 나와 섶섬과 가까운 구두미포구를 지나면 수려한 해안을 따르던 길은 제주대연수원으로 이어진다. 연수원을 나오면 '백록정'이란 궁극장을 지나고 곧이어 검은 현무암이 넓게 펼쳐진 검은여를 만난다.

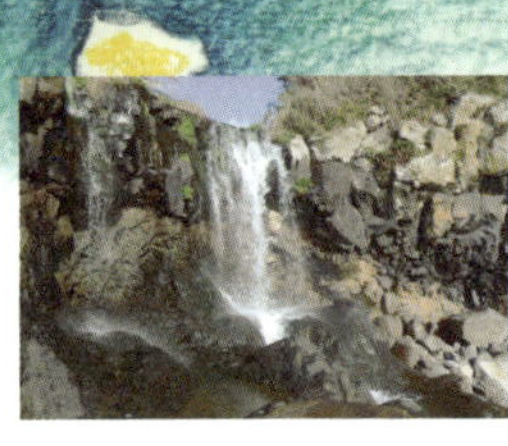

④ 소정방폭포(제주올레 사무실) 서귀포 칼호텔과 파라다이스호텔을 지나 바다와 만나는 지점에 아담한 소정방폭포가 있다. 폭포 주변은 작은 주상절리가 펼쳐지고, 물빛이 아주 곱다. 폭포를 지나면 이국적인 건물이 보이는데, 여기가 제주올레 사무실이다.

❽ 외돌개 입구 삼매봉은 서귀포 시민들이 아침저녁으로 운동을 하기 위해 즐겨찾는다. 정상인 남성정에서 나뭇가지 사이로 보이는 한라산, 섶섬, 문섬, 범섬 등이 멋지다. 삼매봉을 내려와 외돌개 입구에 도착하면 자연과 서귀포 도심이 어우러진 6코스가 마무리된다.

❼ 칠십리 시공원 천지연폭포 전망대 천지연폭포는 입장료가 있어 선택 사항. 시간이 있으면 새섬을 한 바퀴 돌면 좋다. 칠십리 시공원의 천지연폭포 전망대는 조망이 끝내준다. 웅장한 한라산 왼쪽 끝자락의 울창한 난대림 속에서 떨어지는 천지연폭포가 장관이다. 공원을 빠져나오면 길은 삼매봉으로 이어진다.

❻ 천지연폭포 입구 옛 서귀포의 중심지였던 이중섭 문화의 거리는 이중섭의 그림으로 단장해 분위기가 좋다. 이곳을 지난 올레길은 서귀포 아케이드 상가로 들어간다. 시끌벅적한 현대식 장터를 구경하는 맛이 쏠쏠하다. 시장을 나와 골목길을 따라 내려서면 천지연폭포 입구에 닿고, 새섬 옆을 스쳐 칠십리 시공원으로 들어선다.

❺ 이중섭 거주지 서귀포초등학교를 지나면 길은 이중섭 거주지로 이어진다. 이중섭 생가 가는 길은 옛 올레길의 원형이 잘 남아있다. 초가집 그대로 이중섭의 옛집을 복원했다.

출발지 찾아가기

제주시외터미널에서 남조로 버스를 타고 하례리 두레빌라트 앞에 내려 쇠소깍가지 10분쯤 걷는다. 서귀포 중앙로터리(일호광장) 동쪽정류장에서 효돈 행 버스를 타고 효돈에서 내린다. 쇠소깍까지 10분쯤 걸린다.

제주시/서귀포시로 돌아오기

외돌개 주차장에서 서귀포 시내까지 택시를 타는 것이 좋다. 제주시로 가려면 서귀포 구버스터미널에서 중문 경유하는 제주행 버스를 탄다.

패스포트 스탬프 확인 장소

시작 쇠소깍 휴게소

중간
소정방폭포 위 제주올레 사무실
종점 제주올레 외돌개 안내소

유용한 전화번호

제주올레 콜센터
064-762-2190

서귀포 OK 콜택시
064-732-0082

서귀포 5.16 콜택시
064-7516-516

A 보목동과 보목포구 자리돔

1685년경 속칭 고막곶에 백씨와 조씨가 터를 잡은 것이 이 마을의 유래라고 전해진다. 서귀포에 3개의 코지(곶)가 있는데, 섭지코지, 보목포구, 송악산이 그것이다. 보목동은 기후가 온화해 '눈이 오면 개가 짖는다'는 속담이 있을 정도로 겨울에도 눈이 오는 날이 거의 없다. 예로부터 자리돔하면 보목포구와 모슬포가 유명하다. 물살이 센 바다에서 잡히는 모슬포 자리돔은 크기가 크고 가시가 억세 주로 구이와 조림용을 이용되는 데 비해, 섶섬과 지귀도 사이에서 잡히는 보목 자리돔은 크기가 작고 뼈가 연해서 물회, 무침용으로 좋다. 2000년부터 보목포구에서 '보목수산일품 자리돔 큰잔치'가 열리고 있다.

B 제지기오름

보목동에서 섶섬을 마주보고 있는 오름으로 높이는 94.8m. 예전에 오름 남쪽 중턱에 굴사(窟寺)가 있어 절오름, 절지기 오름으로 불렀다. 산비탈에는 난대림이 가득하고 정상부에는 소나무가 많다. 정상에는 보목동을 바라볼 수 있는 전망대와 산책로가 조성되어 있다.

C 섶섬

섶섬은 서귀포 시민들에게 친근한 섬이다. 보목동은 물론 서귀포 시내에서도 잘 보인다. 서귀포에 잠시 정착했던 이중섭은 섶섬을 즐겨 그리기도 했다. 보목동 해안에서 약 4km 떨어진 섶섬은 바다 한 가운데에 깎아지른 듯한 바위 벼랑으로 이루어져 사람이 살지 않는다. 숲섬, 삼도(森島)라고도 불린다. 섬 전체에 소귀나무, 아왜나무, 후박나무 등 난대식물이 가득하다. 또한 우리나라에서는 유일하게 파초일엽의 자생지로 알려져 있다. 천연기념물인 파초일엽은 열대성 식물로 섶섬이 북방한계선으로 알려졌다. 섶섬에는 귀가 달린 구렁이 전설이 내려온다. 용이 되고 싶었던 섶섬의 빨간 구렁이는 용왕님께 정성을 다해 소원을 빌었다. 3년 동안 기도를 계속하자 그 정성에 감복한 용왕님은 '섶섬과 지귀도 사이에 숨겨둔 야광주를 찾으면 용이 될 수 있을 것이다'라고 말해주었다. 그날부터 구렁이는 두 섬 사이 깊은 바다를 뒤지기

시작해 무려 백 년 동안이나 야광주를 찾아 헤맸다. 그러나 결국 야광주를 찾지 못한 구렁이는 바닷속 깊이 원한을 품은 채 죽고 말았다. 그 이후부터 비가 오면 섶섬의 주변에 안개가 끼어 어선들 사고가 빈번하게 일어났다. 어부들은 이를 구렁이의 조화라고 생각하고 그 영혼을 달래기 위해 '여드렛당'이란 사당을 짓고 제를 지냈다.

D 소정방폭포와 제주올레 사무국

파라다이스호텔 정문에서 오른쪽 담벼락을 따라 해안으로 내려서면 소정방폭포가 나온다. 5m 높이에서 열 가닥쯤의 물줄기가 직접 바다로 낙하하는 모습이 제법 웅장하다. 폭포수를 직접 맞을

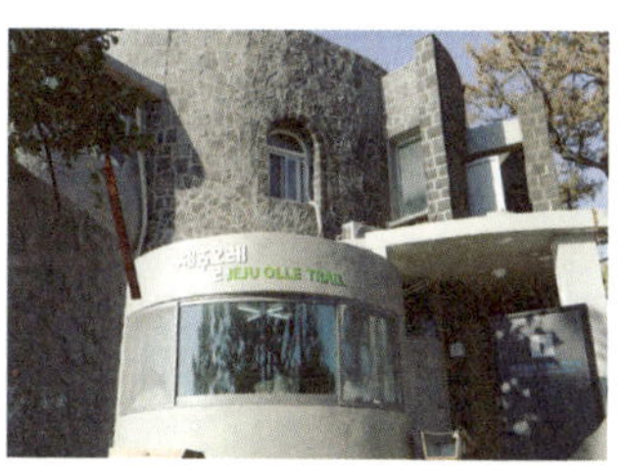

수 있어 여름이면 찾는 사람들이 많다. 특히 신경통에 좋다고 알려져 제주 할망들이 많이 온다. 폭포도 근사하지만, 에메랄드 물빛이 황홀한 앞바다도 좋다. 소정방폭포를 지나면 이국의 성처럼 생긴 건물이 보인다. 이곳이 제주올레사무국이다. 건축가 김중업의 작품으로 2009년 제주올레가 임대해 원형을 복원하고, 1층은 올레 정보센터, 2층 사무실, 옥상은 전망대로 꾸몄다.

E 정방폭포와 서복전시관

바다로 직접 떨어지는 것으로 유명한 제주의 대표적인 폭포다. 폭 8m, 높이 23m에서 떨어지는 물줄기가 장관이다. 폭포 아래 수심 5m의 작은 못이 바다로 이어진다. 폭포 양쪽으로 주상절리

❶ 숲섬 오영자 할망집
016-9606-3600, 064-733-3910/보목 신협 근처 1인 2만원, 2인 이상 1인당 1만원.

❷ 워트월드 찜질방
064-739-1960/ 서귀포월드컵경기장 서귀포월드컵경기장 내의 해수 사우나 찜질방. 바로 옆이 신서귀포버스정류장이다.

❸ 민중각 여관
064-763-0501/서귀포 시내 제주올레에서 유명한 숙소. 토미토리 1인 1만원. 방 2만5천원~3만원.

❹ 은하장모텔
064-733-6678/서귀포 시내 올레꾼과 여행자에게 유명한 집. 주인아주머니가 친절하고 깔끔하다. 2인 2만5천원.

❶ 커피하우스 Two weeks
070-8147-9307/보목리
제지기오름의 품에 기댄 분위기 좋은 커피집이다. 울창한 난대림 속에서 보목리의 평화로움을 즐기기에 좋다.

❷ 어진이네 횟집
064-732-7442/제지기오름 입구
보목포구에서 자리물회와 한치물회를 잘하기로 유명한 집이다. 정갈한 반찬에 양푼 대접 가득 물회를 내온다.

❸ 보목해녀의 집
064-732-3959/보목포구
여름철 야외 자리에서 먹는 시원한 물회가 일품인 집. 짭쪼름하면서 살이 통통한 자리젓 맛도 기막히다.

❹ 정방횟집
064-733-9339/정방폭포 근처
6코스 중간쯤에 있어 점심시간 먹기에 더 없이 좋은 집. 올레꾼을 위한 올레정식은 홍합미역국, 생선조림 등 어머니가 차려준 것처럼 맛깔스러운 정식을 내온다. 가격도 5천원으로 저렴하다. 위치는 정방폭포 입구에 있다.

가 거대한 병풍을 이루고 심한 해식에 의해 모양이 독특하게 변한 바위들이 수없이 흩어져 있다. 정방폭포의 상수원을 '정모시'라고 하는데, 정방이란 말이 여기서 유래했다. 정모시의 물은 지하에서 샘솟는 원천수로 서귀포의 식수원으로 쓰이기도 했다. '서불과차'라는 글자가 정방폭포 오른쪽 절벽에 새겨져 있다. 진시황의 명을 받은 서복이 불로초를 구하기 위해 왔다가 폭포에 반해 글을 남겼다 한다. 여기에서 서귀포라는 지명이 연유했다. 정방폭포는 폭포 옆에서 보는 것보다 배를 타고 바다로 나가 보는 것이 더 아름답다고 한다.

서복은 중국 진나라 때의 방사(方士)다. 〈사기〉에는 서불로 기록되어 있다. 기원전 221년 중국을 통일한 진시황은 불로양생의 명약을 구하기 위해 신하를 사방으로 보냈으나 누구도 불로초를 구해오지 못했다. 서복 역시 중국으로 돌아가지 않았다. 정방폭포 옆에는 서복이 서귀포와 정방폭포를 거쳐 간 것을 기념해 세운 전시관이 있다.

F 이중섭 거주지와 이중섭 미술관

대향 이중섭(1910~1956)은 근대기의 대표적 화가다. 한국전쟁 1.4후퇴 때 원산을 떠나 가족과 함께 부산을 거쳐 1951년 1월경에 서귀포에 정착했다. 옛 모습 그대로 복원한 초가 단칸방에서 이중섭은 가족(아내와 두 아들)과 함께 행복하게 살았다. 고은 시인은 이중섭 평전을 통해 '피란길에 나선 이중섭이 서귀포에 머물렀던 시간이 그의 생애에서 처음으로, 그리고 마지막으로 가장 행복했던 시간'이라고 말한다. 이중섭은 아들과 함께 정방폭포로 게를 잡으러 다녔다고 한다. 이 무렵 이중섭은 '섶섬이 보이는 풍경', '서귀포 환상', '애들과 물고기와 게' 등 평화롭고 서정적인 작품들을 그렸다. 이중섭은 1952년 생활고에 못 이겨 부인과 두 아들을 일본으로 보낸다. 1954년 통영에 머물며 한국 미술의 대표적인 작품으로 평가받는 '소' 연작과 '부부' 등의 작품을 그리기도 했지만 한 곳에 정착하지 못했다. 진주, 서울, 대

구 등지를 전전하면서 작품에 몰두한 이중섭은 가족에 대한 그리움을 술로 달래다 1956년 서울 적십자병원 시체실에 무연고자로 방치된 채 삶을 마감한다.

G 서귀포 올레시장(중앙시장)

서귀포의 대표적인 시장은 매일시장인 중앙시장(아케이드 상가)과 향토오일장이 있다. 올레의 인기 덕분에 중앙시장이 올레시장으로 이름을 바꿨다. 올레길은 이곳 아케이드를 좀 걷다가 왼쪽 골목으로 빠져나온다. 한편 동홍동에서 열리는 서귀포 향토오일장(064-763-0965)은 50년 전통을 자랑하는 4,9일 장이다. 청과, 수산, 약초, 식품 등 24개 부서에서 600여 명의 상인 참여하는 대규모 시장이다.

H 천지연폭포와 새섬

올레길은 약간 변경되어 천지연폭포 입구와 새섬 입구를 지나 칠십리 시공원으로 들어선다. 여력이 되면 천지연폭포와 새섬을 구경하고 가라는 배려다. 천지연폭포는 정방폭포, 천제연폭포와 더불어 제주 3대 폭포로 꼽힌다. 서귀포항에서 계류를 거슬러 올

❺ 덕성원
064-762-2402/이중섭 미술관 근처. 3대째 내려오는 서귀포의 유명한 중국집. 특히 게 짬뽕이 유명하다.

❻ 중섭식당
064-763-1277/
이중섭 미술관 근처
1964년 3월 7일 문을 연 식당으로 2대째 내려오는 집이다. 호텔 주방장 출신 아들이 어머니가 하던 가계를 이어받았다. 제주 전통음식인 몸국과 애저회(새끼회), 순댓국을 잘한다. 몸국과 순댓국 6천원.

유명 횟집들

서귀포에는 자연산 활어를 저렴한 가격에 풍성한 스끼다시와 함께 내놓는 횟집들이 많다. 그중 죽림횟집(064-733-7689, 이중섭 거주지 근처), 우정횟집(064-733-8522, 서귀동)이 대표적이고, 혼자 온 올레꾼이라면 고등어회가 나오는 천지식당 회정식(064-733-0763, 1만원, 중앙로터리)이 좋다.

라가면 천지연계곡이 나오는데 갖가지 기암절벽이 선경을 이루며, 각종 아열대·난대성 상록수와 양치식물이 빽빽이 우거져 울창한 숲을 이룬다. 담팔수가 천연기념물로 지정되었으며, 깊이 20m의 못 속에는 이곳이 서식분포의 북방한계선이라는 무태장어가 살고 있다. 울창한 숲 속에서 높이 22m, 너비 12m, 수심 20m의 폭포가 기암 사이로 지축까지 꿰뚫을 듯이 내리꽂힌다. 새섬은 서귀포항 바로 앞에 있는 섬으로 돛 형상의 다리로 연결되어 있다. 올레꾼들은 새섬 일대를 구경하는 짧은 길을 '새섬올레'라 부르기도 한다. 새섬은 서귀포항 방파제에서 80m 정도 떨어진 남쪽에 위치해 있어서 서귀포항의 천연 방파제 역할을 하고 있다. 천지연폭포와 새섬은 밤에 조명을 켜놓아 야경도 멋지다.

| 칠십리 시공원과 삼매봉

칠십리는 '서귀포 칠십리'에서 나온 말로, 서귀포의 아름다움을 통칭한다. 칠십리 시공원은 서귀포의 아름다움을 예찬하는 시와 노래가사 등으로 비석을 세웠고, 주

민들을 위해 각종 체육시설과 편의시설을 설치했다. 천지연폭포 전망대의 조망은 놓칠 수 없는 볼거리다. 한라산의 드넓은 품에서 천지연폭포가 쏟아지는 모습은 어디에서나 볼 수 없는 명풍경이다. 삼매봉은 높이 153.6m로 세 개의 매화가 연달아 있는 형상에서 이름을 따왔다. 정상에 세워진 남성정 정자에 오르면 북쪽으로 한라산, 남쪽으로 섶섬·문섬·범섬이 눈에 들어온다. 삼매봉이 바다 쪽에 접한 면이 서귀포 최고 절경인 외돌개다.

정방폭포가 만들어낸 무지개. 빛의 방향을 잘 살펴보면 누구나 쉽게 찾을 수 있다. ●
쇠소깍과 보목포구 중간쯤에 자리한 수려한 해안. 한라산에서 내려온 오름들이 시원하게 펼쳐진다. ● ●

해안절벽과 어울린 외돌개의 모습은 '서귀포 칠십리'의 최고 절경으로 꼽힌다.

외돌개~월평

외돌개 주차장 → 돔베낭길 주차장(2.4km) → 호근 위생처리장(속골, 3.6km) → 법환포구
(5.9km) → 풍림리조트(8.8km) → 강정포구(11.2km) → 월평포구(12.9km) → 월평마을 아
왜낭목(14.6km)

거 리 14.6㎞
시 간 4~5시간
난이도 누구나 편하게 걸을 수 있어요
출발지 서귀포시 서홍동 외돌개 주차장
종착지 서귀포시 강정동 월평마을

제주올레를 대표하는 명품 길

제주올레 여럿 코스 중에서 가장 인기가 좋은 구간이다. 대부분 바닷가를 따르기에
걷기에 부담이 없다. 6코스부터 시작된 '서귀포 칠십리'의 아름다움은 외돌개와 돔베
낭골에서 절정을 맞는다. 특히 코스 변경으로 새롭게 들어간 돔베낭골 주차창에서 속
골까지의 해안길은 주상절리가 그리스 신전 기둥처럼 느껴지는 멋진 길이다. 호젓한
흙길 수봉로를 지나면 풍림리조트까지 마늘밭, 썩은섬, 악근천 등이 구성지게 이어진
다. 그러나 중덕바닷가는 해군기지 공사가 한창이다. 만약 해군기지가 들어오면 현재
의 7코스는 상당 부분 코스 변경이 불가피하다. 부디 7코스가 명품 올레로 계속 사랑
받기를 바란다.

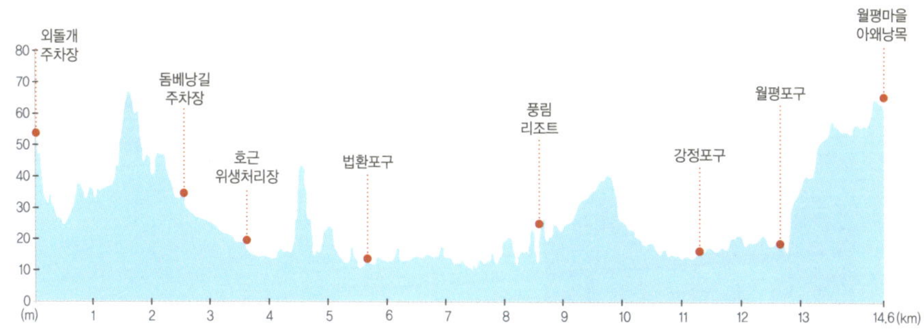

❶ 외돌개 입구 7코스는 시작점부터 예사롭지 않다. 외돌개 주차장 앞쪽 야자수들이 이국적인 풍광을 물씬 풍기고, 올레길은 울창한 솔숲 사이 나무테크를 따라 바다 쪽으로 미끄러져 들어간다. 과연 명불허전. 외돌개 절경은 바다에 솟구친 20m 높이의 바위기둥인 외돌개 뿐만 아니라 돔베낭길까지 이어진 산책로 전체로 봐야한다.

❷ 돔베낭골 시종일관 바다를 왼쪽에 끼고 구불구불 해안절벽 산책로를 따르는 맛이 기막히다. 돔베낭골 주차장에 예전에는 도로를 따랐지만, 지금은 해안으로 내려선다. 해안에는 그리스 신전의 기둥을 떠올리게 하는 멋진 주상절리가 펼쳐지는데, 제주올레를 통틀어 가장 화려한 길이다.

❸ 호근 위생처리장(속골) 주상절리 아래를 따르다가 바다 쪽으로 조금 내려와 해안을 올려다보면 풍경은 더욱 멋지다. 주상절리가 떨어져 나간 돌들이 만들어내는 독특한 아름다움도 기막히다. 돔베낭골 주상절리 구간이 끝나는 지점이 호근 위생처리장 앞이다. 여기서 시원한 속골 계곡을 건너면 야자수 터널이 펼쳐져 이국적 정취를 물씬 풍긴다.

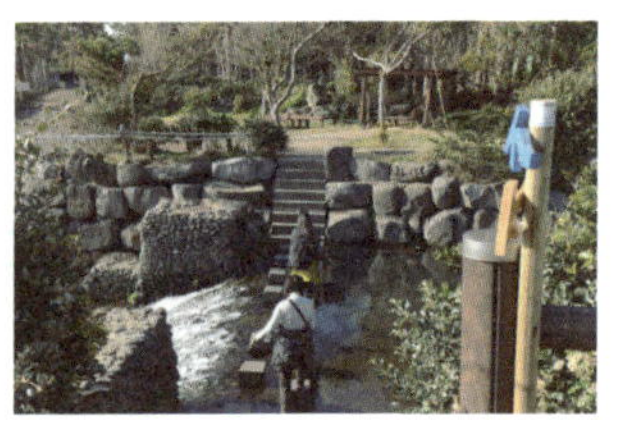

❹ 법환포구 속골을 지나 야트막한 언덕을 올라서면 호젓한 흙길 수봉로가 시작된다. 염소들이 다니던 길을 김수봉씨가 홀로 오솔길로 만들었다. 언덕을 내려서면 법환포구로 들어선다. 해녀들이 많은 것으로 유명한 포구 앞에는 다양한 해녀 조형물이 서 있다. 날이 맑은 날에는 포구 앞에서 한라산이 잘 보인다.

❽ 월평마을 아왜낭목 월평포구에서 아기자기한 굿당 산책로를 지나면 드디어 월평마을로 들어선다. 대개 올레꾼은 버스가 서는 송이슈퍼 앞에서 7코스를 마무리한다. 본래 종착점은 여기서 100m쯤 더 가면 나오는 아왜낭목 앞이다.

❼ 월평포구 강정포구를 지나면 지루한 바닷길이 이어지지만, 오른쪽 멀리 한라산이 시종일관 따라오면서 지친 올레꾼을 위로해 준다. 월평포구는 작고 아담해 친근하게 느껴진다. 포구에서 오른쪽을 보면 가야할 박수기정과 산방산이 아스라하다.

❻ 강정포구 풍림리조트 바닷가우체국 옆으로 난 오솔길을 따르면 강정천이 나온다. 풍부한 용천수가 솟고 꽃이 만발한 강정천은 풍광이 아주 좋다. 이어 중덕바닷가로 가는 길은 견고한 펜스가 둘러쳐져 있는데, 그 안은 해군기지 공사가 한창이다. 해군기지 반대 운동을 벌이는 삼거리를 지나면 강정포구에 닿는다.

❺ 풍림리조트 범섬이 손에 잡힐 듯한 법환포구를 지나 걷기 좋은 해안길을 통과하면, 현무암 지대에 길을 낸 '일강정 바당올레'를 만난다. 썩은섬(서건도)을 지나면 악근천을 건너 풍림리조트로 들어선다. 리조트의 올레쉼터에서 고단한 몸을 쉬며 먹는 간식이 꿀맛이다.

출발지 찾아가기

제주국제공항에서 서귀포행 리무진 버스를 타서 서귀포 뉴경남호텔 앞에서 내린다. 여기서 외돌개까지 택시를 타는 게 좋다. 기본요금 거리다.

제주시/서귀포시로 돌아오기

송이슈퍼 앞에서 서귀포행 버스가 있다. 제주시로 가려면 7코스 끝 지점 아왜낭목에서 8코스 방향으로 15분쯤 더 가면 나오는 약천사 입구에서 제주공항행 리무진 버스를 탄다.

패스포트 스탬프 확인 장소

시작 외돌개 제주올레 안내소

중간 강정 올레쉼터

종점 월평 송이슈퍼

유용한 전화번호

제주올레 콜센터
064-762-2190

서귀포 OK 콜택시
064-732-0082

서귀포 5·16 콜택시
064-7516-516

A 황우지 해안 열두굴

외돌개 입구에서 외돌개로 가는 길에 바다 쪽으로 보이는 동굴이다. 이 동굴은 태평양전쟁 말기 일제 가이덴특공대가 어뢰정을 숨기기 위해 뚫은 것이다. 제주도에는 이런 동굴이

성산일출봉, 송악산, 산방산 등 도처에 뚫려 있다.

B 외돌개

삼매봉 앞바다의 높이 20m, 둘레 10m의 바위기둥이다. 약 150만 년 전 화산폭발로 만들어졌고 바다 가운데 외롭게 서 있어 외돌개란 이름이 붙었다. 2011년 6월 30일 문화재청이 쇠소깍, 산방산과 함께 국가지정문화재 명승으로 지정했다. 외돌개 일대에는 키 큰 소나무가 울창하다. 제주올레는 이곳 솔숲에서 여러 차례 작은 음악회를 개최하기도 했다. 외돌개는 장군석이라고도 부르는데, 여기에 얽힌 전설이 내려온다. 고려 말기 탐라(제주도)에 살던 몽골족의 목호(목자)들은 고려에서 중국 명(明)에 제주마를 보내기 위해 말을 징집하는 일을 자주 행하자 이에 반발하여 목호의 난을 일으켰다. 최영 장군은 범섬으로 도

망간 이들을 토벌하기 위해 외돌개를 장군의 형상으로 치장시켜 놓고 최후의 격전을 벌였는데, 목자들은 외돌개를 대장군으로 알고 놀란 나머지 스스로 목숨을 끊었다고 한다. 또한 할망바위로도 불린다. 한라산 밑에 어부 할아버지와 할머니가 살았는데, 어느 날 바다에 나간 할아버지가 풍랑을 만나 돌아오지 못하자 할머니는 바다를 향해 하르방을 외치며 통곡하다가 바위가 되었다고 한다.

C 돔베낭길

외돌개에서 산책로를 계속 따르면 돔베낭길을 만난다. 돔베낭이란 도마처럼 잎이 넓은 돔베나무를 말한다. 나무계단을 오르내리면서 바다에 떠 있는 범섬과 깎아지른 해안절

벽을 감상할 수 있다. 이곳은 얼마 전까지 논농사를 지었다고 한다. 화산섬 제주에서 물이 밑으로 빠지지 않고 고이기 때문에 농사가 가능했다고 한다. 돔베낭길 주차장에서 속골까지는 주상절리가 장관인 해안길이 펼쳐진다.

D 속골

돔베낭길이 끝나는 호근 위생처리장 앞의 작은 계곡을 속골이라 한다. 이 계곡은 여름철이면 물이 풍부해 주민들의 피서지가 되고 있다. 속골 서쪽은 서호동, 동쪽은 호근동이

다. 속골 일대는 울창한 야자수가 많아 이국적 풍광이 펼쳐진다.

E 수봉로

김수봉씨 혼자서 농기구로 만들었다고 해 수봉로라 부른다. 제주올레 탐사팀에서 길을 만들 때, 이 구간에서 길이 끊겼다. 공물해안이 발아래 보이는데도 내려가는 길이 없었다고.

❶ 동환식당
064-739-8644/법환포구
오래전부터 맛집으로 유명한 집
이다. 깔끔한 밑반찬에 탕과 물
회 등을 잘하며 두툼한 돼지고기
와 두부가 어우러진 김치찌개도
별미다. 김치찌개 6천원.

❷ 잠녀숨비소리
064-739-1232/법환포구
법환어촌계에서 운영하는 집
으로 입소문을 타고 많은 올레
꾼이 찾는다. 이곳에서 해녀체
험도 가능하다. 성게국수 6천
원. 회국수 7천원.

❸ 풍림리조트
064-739-9001/강정동
올레꾼을 위한 점심 뷔페가 7
천원이다. 돼지고기, 생선, 죽
과 밥 등 계절에 따라 다양한
요리를 맛볼 수 있다.

❹ 강정 해녀의집
064-739-0772/강정포구
해녀들이 따온 싱싱한 해산물을
내온다. 특히 갱이죽이 맛있다.

그러다 흑염소 두 마리가 올라가는 것을 보고 기듯 따라 올라가
길을 찾았다고 한다.

F 법환포구와 범섬

옛 이름은 법환잇개 혹은 법한잇개이고, 이를 한자로 표기한 것
이 법환 혹은 법환포다. 또한 군의 숙영지란 뜻인 막숙(幕宿)으
로도 부른다. 범섬으로 도망간 목호들을 제압하기 위해 최영 장
군의 부대가 이곳에 진을 친 것에서 유래한 이름이다. 바다에 범
섬이 떠있고, 예로부터 해녀가 많기로 유명해 2004년에는 '해녀
마을'로 지정됐다. 소라, 전복, 해삼 등이 다른 곳보다 많이 난다
고 한다. 포구에는 해녀체험장이 있다. 법환포구에서는 7월 말
~9월 초 사이에 한치 파시가 열린다. 2007년까지 한치축제를
개최하기도 했다. 가을밤이면 포구에서 한치회를 먹으며 바닷바
람을 즐기는 사람들로 붐빈다.

범섬은 천연보호구역으로 섬 모양이 호랑이가 엎드린 것처럼 생
겨 붙은 이름이다. 범섬에는 크고 작은 구멍들이 많다. 섬 동쪽
에 보이는 두 개의 굴은 콧구멍이라고 하는데, 호랑이 코 부분
에 해당하며 남쪽에 큰 굴은 큰항문이도, 작은 굴은 족은항문이
도라고 한다. 제주도를 만들었다는 설문대할망이 한라산을 베개
삼아 누울 때 두 발로 뚫어놓았다는 해식쌍굴에 얽힌 전설이 내
려온다. 섬 주변은 아름다운 산호초 군락이라 스쿠버다이버들에
게 명소가 되고 있다.

G 강정동과 썩은섬

강정동은 물과 땅이 좋아 쌀과 곡식이 제주 제일이라 '일강정'이라 부른다. 제주도 내에서는 토질의 수준에 따라 '일 강정, 이 번내, 삼 외도'라는 말이 있다. 거친 현무암 지대에 자갈과 돌을 깔아 걷기 쉽게 만든 '일강

정 바당올레'을 걷다 보면 썩은섬 앞에 이른다. 손을 뻗으면 닿을 듯한 썩은섬은 하루에 2번씩 물이 빠지면 건너갈 수 있는 작은 무인도다. 섬의 토질이 마치 죽은 땅과 같다 하여 붙여진 이름이라고 한다.

H 풍림리조트와 강정천

풍림리조트는 올레꾼의 천국이다. 리조트 측에서 올레꾼을 위한 쉼터, 바닷가우체국, 무료 셔틀버스 운행, 청소 등 다양한 봉사를 하기 때문이다. 바닷가우체국에 비치해 놓은 엽서를 써 우체통에 넣으면 우표를 붙여 주소지로 보내준다. 강청천에는 항상 맑은 용천수가 풍부하게 흘러내린다. 수질도 1급수로 장어, 은어 등의 민물고기가 산다. 은어는 구이, 조림, 회, 튀김 등 다양한 요리로 맛볼 수 있는데, 회는 수박향이 나는 것으로 유명하다. 은어는 강청천에서 9~10월 경 산란하고 치어가 바다에서 자란 후, 다음해 3~5월 경 모천으로 돌아온다. 예로부터 강정 지역에서는 설과 추석 제사상에 은어를 올렸다고 한다.

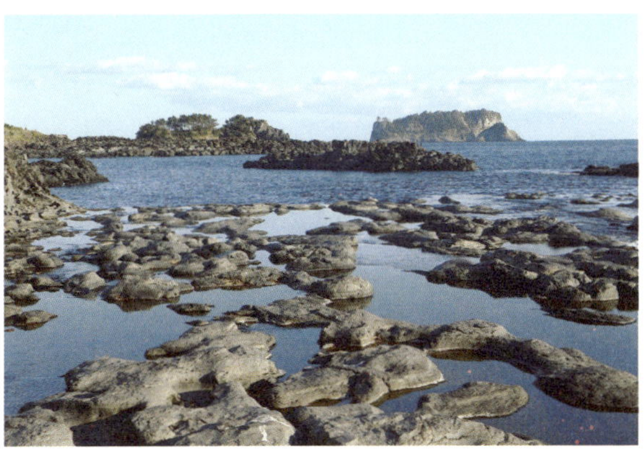

I 강정동 중덕바닷가와 해군기지

강정동의 수려한 해안인 중덕바닷가에는 해군기지가 만들어지고
있다. 해군기지는 정부가 졸속적으로 추진해 많은 문제를 낳고
있다. 강정지역이 유네스 
코 생물권보전구역, 국가
천연기념물로 지정된 연산
호 군락지, 해양도립공원
및 해양보호구역으로 보전
가치가 높은 생태계로 각
종 규제 해역임에도 이에
대한 검토가 미흡했기 때문이다. 또한 '평화의 섬' 제주에 해군기
지의 필요성이 꼭 필요한 것인지에 대한 국민적 합의도 이루어지
지 않은 상태다. 만약 해군기지가 들어선다면 썩은섬에서 강정포
구까지 아름다운 해변은 사라지고 만다.

J 월평동

월평동(月坪洞)은 행정구역상 서귀포시 대천동(大川洞)에 속한
다. 월평이란 이름은 마을은 지형이 반달 형상을 한 것에서 유래
했다고 한다. 마을 남쪽 바닷가에 아담한 월평포구가 있다. 포구
에는 과거 보제기당이 있었고, 1980년대까지만 해도 테우가 떠
다녔다고 한다. 포구에서 나무데크를 따라 바다로 나가면 자라
목 형상을 한 '눌덕'을 볼 수 있다. 7코스 종점인 아왜낭목은 마을
의 비석이 있는 소나무밭 일대를 말한다. 이곳은 해안과 가까운
곳으로 마을(달)의 정기가 빠져나가는 형상이기에 야왜낭(아왜나
무)을 심었다고 한다. 지금은 야왜낭이 없고 소나무가 많다.

주상절리가 마치 그리스 신전의 기둥을 떠올리게 하는 돔베낭골 해안길. ●
이국적 정취가 물씬 풍기는 속골의 야자수길. ●●

주민들이 산책 장소로 인기 좋은 고근산은 한라산이 코앞에 펼쳐진다.

제주월드컵경기장 → 서귀포 대신중학교(1.9km) → 엉또폭포(4.7km) → 고근산 전망대(6.8km) → 서호동 마을회관(10km) → 하논분화구 입구(12.8km) → 삼매봉 입구(14km) → 외돌개(14.8km)

거 리 14.8km
시 간 5~6시간
난이도 무난하게 완주할 수 있어요
출발지 서귀포시 법환동 월드컵경기장
종착지 서귀포시 서홍동 외돌개 올레안내소

서귀포 숨은 절경 찾아가는 중산간 올레

서귀포 중산간 지대의 숨은 아름다움을 즐길 수 있는 올레다. 6~7코스가 서귀포 해안의 명소를 둘러봤다면, 7-1코스는 귤밭 가득한 서귀포 중산간 지대를 찾아간다. 월드컵경기장을 출발하면 아기자기한 귤밭을 거쳐 엉또폭포에 닿는다. 폭포를 지나면 시나브로 고도를 올리면서 고근산에 오른다. 서귀포 시민들이 사랑하는 고근산은 한라산이 손을 뻗으면 닿을 듯하고, 제주 남쪽 바다와 서귀포 전역 조망이 탁월하다. 서호동과 호근동의 귤밭을 거쳐 내려오면 논농사를 짓는 하논분화구를 거쳐 종점인 외돌개에 닿는다.

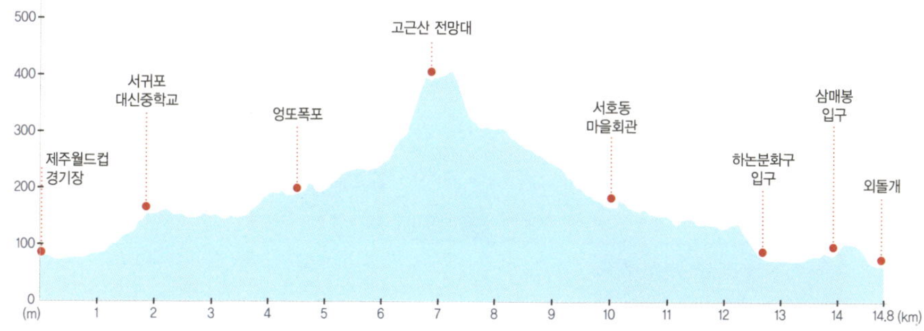

❶ 제주월드컵경기장 신서귀포버스터미널 왼쪽에 월드컵경기장 정문이 있다. 정문 근처 오른쪽 나무 아래에 출발점을 알리는 간세 인형이 서 있다. 월드컵경기장 규모가 워낙 방대해 간혹 출발점을 못 찾는 올레꾼이 있지만, 정문 주변을 주의 깊게 살펴보면 문제없다. 이정표를 따라 오른쪽으로 이동하며 경기장을 구경하고 '익스트림 아일랜드' 건물 근처의 출입문을 통해 경기장을 빠져나간다.

❷ 서귀포 대신중학교 경기장을 나와 도로를 건너면 법환교회다. 교회를 지나면 귤밭 골목이 이어지고, '제주 나누미 농수산물 편의점' 앞에서 일주도로를 건넌다. 이어 주택가를 따라 오르면 대신중학교가 나오고, 그 앞에서 올레길은 왼쪽 골목으로 이어진다.

❸ 엉또폭포 골목길은 귤밭 사이를 지나는 호젓한 길이다. 보석처럼 반짝이는 귤밭 뒤로 월드컵경기장과 범섬 등이 보이는 풍광이 일품이다. 한동안 이어진 귤밭길은 중산간도로(1136번)를 건너 엉또폭포에 닿는다. 폭포는 웅장한 기암이 병풍처럼 둘러쳐진 모습과 울창한 난대림이 장관이다.

❹ 고근산 전망대 엉또폭포는 건폭이라 비가 많이 온 후에야 쏟아지는 폭포 줄기를 볼 수 있어 좀 아쉽다. 폭포 옆의 소박한 엉또산장에서 차를 마시며 주변 풍광을 즐기는 것도 좋다. 폭포를 지나 귤밭길을 지나면 고근산 전망대에 오른다. 전망대 벤치에 앉아 멀리 산방산과 남쪽 바다를 감상하는 맛이 특별하다.

❽ **외돌개** 외돌개로 이어진 큰 도로를 따르면 오른쪽으로 바다를 끼고 간다. 소나무 사이로 범섬이 눈에 들어와 가슴이 설렌다. 800m쯤 내려오면 커다란 야자수가 보이면서 외돌개 주차장이 나온다. 주차장 옆 올레 안내소에서 7-1코스는 마무리된다.

❼ **삼매봉 입구** 유서 깊은 하논성 당터를 지나면 분화구의 논둑길이 한동안 이어진다. 논둑 개천을 건너는 작은 다리를 건너는 맛이 쏠쏠하다. 한라산이 잘 보이는 귤밭길 언덕에 올라서면 삼매봉 입구다. 예전에는 여기서 7-1코스가 종료됐지만, 지금은 외돌개까지 이어진다.

❻ **하논분화구 입구** 서호동을 지나면 운치 있는 호근동 귤밭길을 따른다. 귤밭 너머 웅장하게 펼쳐진 한라산의 모습이 장관이다. 일주도로를 건너 봉림사를 지나면 하논분화구 안으로 들어선다. 분화구 경사면은 귤밭이 많고, 내부의 평평한 공간에는 제주에서는 드물게 논동사를 짓는다.

❺ **서호동 마을회관** 전망대에서 잠시 숨을 돌렸으면 시계 반대 방향으로 고근산을 한 바퀴 돌게 된다. 숲길을 통과하면 다시 시야가 열리면서 서귀포 시내와 섶섬과 범섬이 한눈에 들어온다. 능선 모퉁이 돌아서면 한라산의 품이 바로 코앞에서 펼쳐진다. 고근산 뒤편을 통해 제법 가파른 경사를 내려오면 올레쉼터가 있는 제남아동복지센터를 지나 서호동에 닿는다.

 **출발점 찾아가기**

제주공항에서 서귀포행 리무진 버스를 타고 월드컵경기장에서 내린다. 서귀포에서는 구터미널에서 중문 방향 버스를 타고 월드컵경기장에 내린다.

 **제주시/서귀포시로 돌아오기**

외돌개 주차장에서 택시를 타면 서귀포 시내가 가깝다. 제주로 가려면 구터미널에 내려 제주행 버스로 갈아탄다.

 **패스포트 스탬프 확인 장소**

시작 월드컵경기장 입구 출발점

중간 제남보육원 앞

종점 외돌개 올레안내소 앞

유용한 전화번호

제주올레 콜센터
064-762-2190

서귀포 콜택시
064-762-0100

서귀포 OK콜택시
064-732-0082

A 제주월드컵경기장

서귀포시 법환동에 자리한 축구전용경기장으로 2002년 한일 월드컵축구대회가 열렸다. 주변의 자연환경과 조화를 이루는 경기장으로 바다와 섬, 한라산을 한눈에 조망할 수 있다. 제주도 특유의 경관인 오름을 경기장 형태에 반영하고, 전통 가옥의 진입 구조인 올레를 진입 광장에 도입했다. 지붕은 제주의 전통 배인 테우와 그물로 형상화했다.

B 엉또폭포

서귀포 악근천 상류에 자리한 폭포로 높이가 50m로 웅장하다. 기암절벽과 천연 난대림에 둘러싸여 있어 주변 경관이 아름답다. 물이 풍부하지 않아 비가 오거나 장마철이 되어야 웅장한 폭포수를 볼 수 있다. 제주도 방언으로 '엉'은 큰 웅덩이를, '또'는 입구를 말하기에 큰 웅덩이라는 뜻을 가진 폭포다. 그동안 알려지지 않은 숨은

비경이었으나 2011년 KBS TV 1박 2일에 나오면서 유명세를 치르고 있다.

C 고근산

서귀포시 서호동에 위치한 오름으로 높이 396m. 분화구 안은 완만한 평지를 이루며 형태는 원형이다. 고근산(孤根山)이란 이름은 평지 한가운데가 우뚝 솟은 화산이라고 하여 부르게 되었다. 전해지는 전설에 따르면 제주의 거신 설문대할망이 한라산을 베개 삼아 눕고 고근산 굼부리에는 궁둥이를 얹어 앞바다 범섬에 다리를 걸치고 누워 물장구치며 놀았다고 전해진다. 오름 능선에 서면 한라산과 서귀포 일대를 포함한 남쪽 바다 조망이 일품이다. 고근산은 억새 군락이 물결치는 가을철에 특히 아름답다.

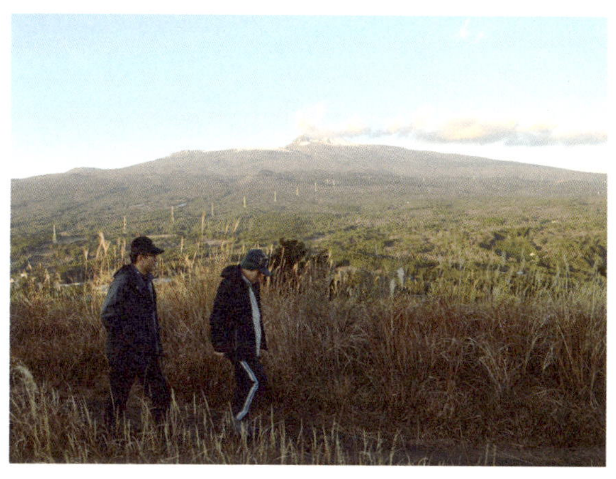

D 하논분화구

서귀포시 호근동에 있는 하논분화구는 살아 있는 자연사박물관으로 불린다. 규모는 동서 1.8㎞, 남북 1.3㎞, 둘레 3.7㎞, 면적 126만㎡, 깊이 90m로 한반도 최대의 희귀 분화구로 꼽힌다. 가스가 분출하면서 빠져나간 공간이 압력 차이로 내려앉아 만들어진 마르형 분화구로 약 5만 년 전쯤 생성된 것으로 추정된다. 화산활동 이후 분화구 안에 화구호가 형성되면서 최대 15m 두께의 퇴적층이 만들어졌다. 이탄습지 내 퇴적물이 고스란히 보존돼 있어 자연의 타임캡슐로 평가되고 있다. 수만 년 전 식물의 꽃가루를 비롯해 미생물, 고등생물의 사체까지 남아 있다. 하논분화구 퇴적층은 고기후 및 고생물 연구와 미래기후를 예측하는 기

❶ 워트월드 찜질방
064-739-1960/월드컵경기장
서귀포월드컵경기장 내의 해수
사우나 찜질방. 바로 옆이 신서
귀포버스정류장이다.

❷ 민중각
064-763-0501/서귀포 시내
제주올레에서 유명한 숙소. 토
미토리 1인 1만원. 방 2만5천원
~3만원.

❸ 은하장모텔
064-733-6678/서귀포 시내
올레꾼과 여행자에게 유명한
집. 주인아주머니가 친절하고
깔끔하다. 2인 2만5천원.

❹ 빌라민박펜션 라퓨타
010-2375-9180
호근동 한성빌라를 게스트하우
스로 단장했다. 이곳은 도미토
리가 아니라 개인방을 제공한
다. 인터넷 가능. 조식 서비스.
1인방 2만9천원.

17-1코스는 중산간 지대로 올라가기 때문에 점심 먹을 장소가 마땅치 않다. 도시락, 김밥, 빵 등을 미리 준비해 고근산에서 시원한 조망을 즐기며 먹는 것이 좋다.

❶ 엉또산장 석가려
엉또폭포 옆 언덕 귤밭에 자리한 무인카페로 분위기가 좋다. 라면 등으로 요기할 수 있고, 차를 마시며 엉또폭포 일대의 고요한 분위기를 만끽할 수 있다. 해가 질 무렵 풍경이 좋아 '석가려'라 이름 붙였다. 커피, 차, 주스 1천원. 컵라면 2천원.

❷ 서호동 편의점(GS25)
서호동 마을회관 옆 사거리에 자리한 편의점으로 점심을 거른 올레꾼이 많이 찾는다. 올레길에서 쉽게 찾을 수 있다.

7-1코스 놓칠 수 없는 명풍경
고근산에서 본 한라산과 남쪽 바다
드넓은 논이 펼쳐진 하논분화구

전망 좋은 곳
고근산, 하논분화구

서귀포버스터미널 옆 편의점, 서호동, 외돌개

서귀포버스터미널, 엉또폭포, 고근산 입구, 서호동 마을회관, 외돌개 주차장

후변화 연구의 최적지로 주목받고 있다. 바닥에서 하루에 나오는 1,000~5,000ℓ의 용천수 덕분에 500여 년 전부터 벼농사가 행해졌다. 하논은 큰 논을 뜻하는 우리말 '한 논'에서 유래한다. 서귀포시에서는 하논분화구를 원형대로 복원하는 사업을 추진하고 있다.

E 외돌개

삼매봉 앞바다의 높이 20m, 둘레 10m의 바위기둥이다. 약 150만 년 전 화산폭발로 만들어졌고 바다 가운데 외롭게 서 있어 외돌개란 이름이 붙었다. 2011년 6월 30일 문화재청이 쇠소깍, 산방산과 함께 국가지정문화재 명승으로 지정했다. 외돌개 일대에는 키 큰 소나무가 울창하다. 제주올레는 이곳 솔숲에서 여러 차례 작은 음악회를 개최하기도 했다. 외돌개는 장군석이라고도 부르는데, 여기에 얽힌 전설이 내려온다. 고려 말기 탐라(제주도)에 살던 몽골족의 목호(목자)들은 고려에서 중국 명(明)에 제주마를 보내기 위해 말을 징집하는 일을 자주 행하자 이에 반발하여 목호의 난을 일으켰다. 최영 장군은 범섬으로 도망간 이들을 토벌하기 위해 외돌개를 장군의 형상으로 치장시켜 놓고 최후의 격전을 벌였는데, 목자들은 외돌개를 대장군으로 알고 놀란 나머지 스스로 목숨을 끊었다고 한다. 또한 할망바위로도 불린다. 한라산 밑에 어부 할아버지와 할머니가 살았는데, 어느 날 바다에 나간 할아버지가 풍랑을 만나 돌아오지 못하자 할머니는 바다를 향해 하르방을 외치며 통곡하다가 바위가 되었다고 한다.

고근산에서 본 서귀포 일대. 섶섬(왼쪽)과 문섬이 보인다. ●
7-1코스는 서귀포 중산간 지대의 평화로운 귤밭을 구경하게 된다. ● ●

주상절리의 진수를 온몸으로 체험할 수 있는 갯깍

월평마을 아왜낭목 → 대포포구(2.6km) → 대포주상절리 입구(4.8) → 베릿내 오름(6.5km) → 중문해수욕장(8.9km) → 갯깍(10.2km) → 논짓물(11.5km) → 대평포구(15km)

거 리 15㎞(해병대길 우회 19㎞)
시 간 4~5시간(해병대길 우회 6~7시간)
난이도 무난하게 완주할 수 있어요
출발지 서귀포시 강정동 월평마을 아왜낭목
종착지 서귀포시 안덕면 대평포구

지삿개와 갯깍 병풍 두른 주상절리 올레

크고 작은 주상절리와 중문해수욕장, 베릿내오름, 천제연계곡 등 다양한 풍경을 만날 수 있는 올레다. 월평마을을 출발해 선궷내 강줄기를 따라 내려가면 버튼내와 지삿개 주상절리가 화려하게 펼쳐진다. 베릿내오름에 오르면 한라산을 배경으로 펼쳐지는 중문 일대의 풍경이 호쾌하다. 오름을 내려오면 중문해수욕장과 숨어 있는 조모살 해안이 반갑고, 갯깍 주상절리를 지나면 박수기정 절벽이 일품인 대평포구다. 해병대길 구간이 폐쇄됐을 때는 하얏트 호텔에서 중문의 호텔 거리를 지나 논짓물에서 다시 정규 코스를 만나게 된다.

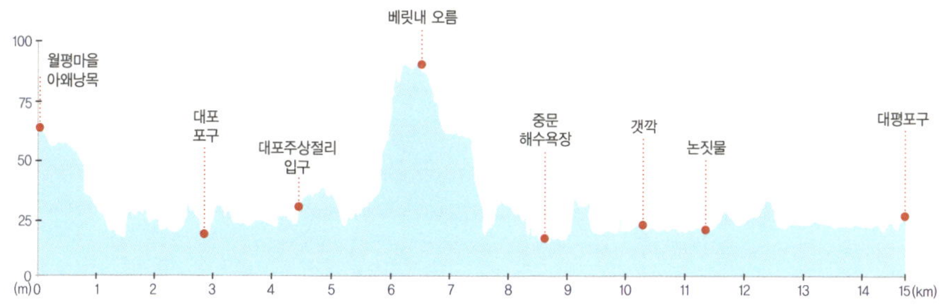

1 **월평마을 아왜낭목** 월평마을 아왜낭목을 출발해 10분쯤 가면 약천사 입구다. 잠시 동양최대 규모의 절인 약천사를 구경해도 좋다. 이곳을 지나면 선궷내 물길을 따라 내려가고 곧 드넓은 바다를 만나면서 속이 시원하게 뚫린다.

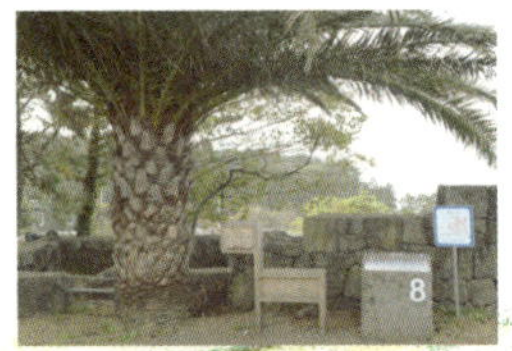

2 **대포포구** 바다를 만난 지점에서 언덕 길을 따르는데, 중간중간 조망 열리는 곳에서 내려다보면 크고 작은 육각형 주상절리가 선명하다. 이곳을 '버튼개 주상절리'라 부른다. 이어지는 호젓한 숲길을 지나면 대포포구로 들어선다.

3 **대포주상절리 입구** 대포포구를 지나면 중문단지 축구장을 만난다. 바닷가에 초록 잔디가 깔린 예쁜 운동장이다. 이어진 야자수 해안 산책길에 대포주상절리 매표소가 있다. 입장료가 있는 대포주상절리 감상은 선택사항. 버튼개에서 충분히 주상절리를 봤기에 그냥 통과해도 무방하다.

4 **베릿내오름** 해안길은 잘 가꿔진 씨에스리조트 앞마당으로 이어지고, 리조트를 나와 베릿내오름에 오른다. 올레길은 베릿내오름을 올랐다가 다시 원점으로 돌아온다. 베릿내오름 정상에서는 한라산과 바다 조망이 좋다. 오름을 한 바퀴 돌아 내려오면 광명사 앞에 닿는데, 여기서 잠시 올레길을 벗어나 천제연폭포를 구경하면 더욱 좋다.

❽ **대평포구** 대평마을의 수호신인 군산을 마주하고 걷다보면 하예포구를 지나고, '난드르' 들판을 지난다. 멀리 대평포구의 상징인 박수기정 해안절벽의 모습이 경이롭게 펼쳐진다. 그 모습에 자석처럼 끌리다보면 공공미술 작품들이 늘어선 대평포구에 닿는다.

❼ **논짓물** 존모살을 지나면 들렁궤, 다람쥐굴, 터진굴의 절경이 연이어지고 그 끝이 갯깍이다. 이 길은 손으로 주상절리를 만지며 걸을 수 있어 더욱 좋다. 색달하수처리장과 호젓한 열리해안도로를 지나면 논짓물이다. 여기서부터 풍경은 외갓집 시골에 온 것처럼 정겨워진다.

❻ **갯깍** 존모살 백사장 끝에서 해병대길 시작이다. 바다와 주상절리 사이를 걷는 수려한 길이다. 만약 하얏트호텔에서 해병대길 출입통제 간판이 서 있을 경우에는 할 수 없이 우회해야 한다. 해안을 나와 중문 단지를 가로질러 논짓물에서 다시 코스와 합류하게 된다. 하얏트호텔~논짓물 구간은 약 6km, 1시간 20분쯤 걸린다.

❺ **중문해수욕장** 베릿내오름을 내려와 징검다리를 건너고, 다시 해안으로 들어서면 중문해수욕장에 닿는다. 신발을 벗어 들고 백사장을 걸으면 모래와 파도가 발가락을 간질간질~ 기분 좋고 피로도 풀린다. 중문해수욕장 끝 언덕 위가 하얏트호텔 앞마당이다. 이곳 산책로를 지나 다시 해안으로 내려서면 해병대길 입구인 존모살 백사장이 나온다.

 **출발지 찾아가기**

제주공항에서 출발하는 서귀포행 리무진버스를 타고 약천사 입구에서 내린다. 여기서 15분 거리에 월평마을 아왜낭목이 있다. 서귀포에서는 중앙로터리 서쪽 정거장에서 대포행 시내버스를 타고 월평마을에서 내리면 된다.

 **제주시/서귀포시로 돌아오기**

대평리 마을 안쪽 대평슈퍼 삼거리 버스정류장에서 서귀포행 시내버스가 다닌다. 제주시로 가려면 서귀포행 버스를 타고 가다 중문에 내려서 제주행으로 갈아타면 된다.

 **패스포트 스탬프 확인 장소**

시작 월평 송이슈퍼

중간 주상절리 관광 안내소

종점 대평 명물식당

유용한 전화번호

제주올레 콜센터
064-762-2190

서귀포 OK 콜택시
064-732-0082

중문 콜택시
064-738-1700

A 약천사

조계종의 제주 도량으로 동양 최대 규모다. 야자수와 귤나무가 거대한 건물과 어울려 풍광이 독특하다. 창건 연대는 미상이나 1931년 법정사 항일 운동을 주도했던 방동화 선사가 수행한 곳으로 알려졌다. 1960년 김형곤이라는 학자가 신병 치료를 위해 조그만 굴에서 100일 관음기도를 올리던 중 꿈에 약수를 받아 마신 후 병이 낫자 사찰을 짓고 포교에 전념하다가 입적했다는 이야기도 전해진다. 예로부터 절터왓으로 불렸으며 사철 약수가 나와 약천사란 이름을 얻었다. 대적광전에 모셔진 주불 비로나자불상은 국내 최대의 목조 좌불(높이 480㎝, 너비 340㎝)이다.

B 선궷내와 버튼개 주상절리

선궷내의 '궤'는 바위굴의 제주어로 선궤는 서 있는 바위굴이란 뜻이다. 선궤 서쪽으로 흐르는 하천을 선궷내라 한다. 물줄기를 따라 산책로를 만들었는데, 이 길을 내려가면 버튼개를 만난다.

에메랄드빛 바다가 인상적인 버튼개는 제주올레의 숨은 비경 중의 하나로 해안을 따라 작은 주상절리가 펼쳐져 있다.

C 대포동

대포동 마을은 지금으로부터 450년 전쯤 형성된 것으로 추정된다. 당시 원주 원씨 15세 손(孫)이 이 마을로 와 포구 근처인 '절터왓'과 '동골왓(東谷員)' 일원을 근거로 마을을 형성하기 시작한 것으로 전해온다. 예전에는 부락 동쪽 해안가 포구가 이 일대에 큰 포구 역할을 했기에 '큰개'라고 불렀다. 1807년에 작성된 이 마을의 호적에 '대포리 호적 중초(大浦理 戶籍 中草)'라고 씌여진 기록이 있다.

D 대포주상절리

주상절리는 육각형이나 사각형의 긴 기둥 모양을 이루는 절리로 약 1,100도의 두꺼운 용암이 흘러나와 급격히 식으면서 발생하는 수축 작용의 결과로 생긴다. 육각형 돌기둥 바위들이 깎아지른 절벽을 이룬 대포주상절리는 높이 30~40m, 폭 약 1km로 우리나라에서 가장 큰 규모다. 이곳 옛 지명이 지삿개라 '지삿개 바위'라고도 부른다. 2005년 천연기념물 제443호 지정됐다. 이곳은 거친 파도가 주상절리를 때리며 솟구칠 때의 모습이 장관이다.

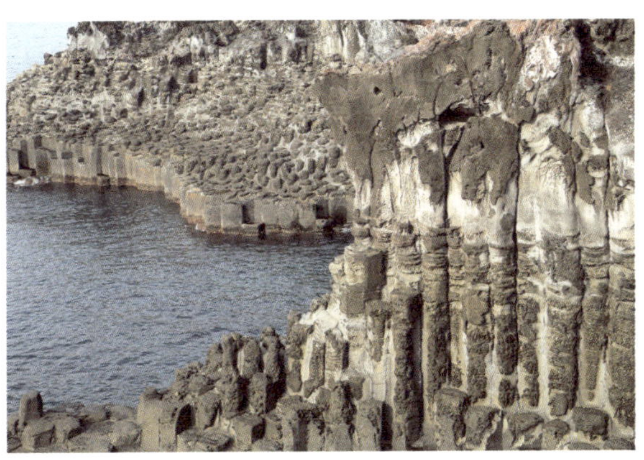

E 중문동

고려 말에 원(院) 제도가 생겼다. 원은 지방에 나간 관리들이 묵는 숙소를 말한다. 중문원이 천제연 웃소 동편에 생기면서 중문이란 이름이 기록되었다. 이 당시 제주에는 제중원, 이왕원, 중문

① 샬레 게스트하우스
010-3691-1859/중문 아프리카박물관 근처
새로 개장한 게스트하우스. 1인 1만5천원. 픽업 가능.

② 중문 사우나찜질방
064-738-6390/중문동
주머니 가벼운 여행자들이 많이 이용한다. 요금 8천원.

③ 중문게스트하우스 클럽 JJ
064-738-8151/중문관광단지 입구
현대적 시설로 젊은 여행자들이 좋아하는 집. 1인 1만8천원. 아침식사 제공.

④ 하얀도화지 민박
011-693-0411/하예동
바다가 보이는 깨끗한 펜션형 민박집 숙박료 5~8만원. 여성 전용 게스트하우스 운영 1인 2만원. 2인 3만원.

⑤ 난드르 민박
064-738-2321/대평동
대평리 마을 주민들이 운영하는 민박집. 2인 3만원.

⑥ 바당뜰 펜션
016-697-5056/대평동
바다가 코앞인 집으로 파도소리를 들으며 잠들 수 있다. 7만원.

109

❶ 대포해송
064-738-4060/대포포구
바닷가의 예쁜 고급 횟집으로
깔끔하고 맛좋은 점심 회정식
을 2만5천원에 내놓는다.

❷ 덕성원 중문점
064-738-0750/중문초등학교
사거리
게짬뽕이 유명한 맛집으로 탕
수육도 별미다.

❸ 나성빵집 /중문우체국 근처
도너츠, 만두, 찐빵, 보리빵 등
걸으며 먹을 수 있는 간식을 판
다.

❹ 해녀식당
064-738-8818/대평포구
맛 좋고 저렴한 식당. 싱싱한
회와 해산물도 판매한다. 정식
5,000원.

❺ 레드브라운
064-738-8288/대평포구
핸드 드립의 신선한 커피를 맛
볼 수 있는 집. 대평포구를 향
해 난 테라스에 앉아서 보는
노을이 멋지다. 점심 메뉴로
볶음밥, 파스타 등이 있다.

❻ 용왕난드르식당
064-738-0915/대평동
대평리 마을 주민들이 공동으로
운영하는 음식점이다. 싱싱한 미
역과 직접 잡은 보말(바다고동)
로 만든 보말녹차수제비가 별미
다. 대평포구에서 5분쯤 마을로
들어가 버스정류장 근처에 있다.
수제비 5,000원.

110

원 등이 있었다. 대정군지에
는 조선 태종 16년(1416)에
중문, 동중문, 웃중문이 분
리되어 기록되어 있다. 당시
대부분 사람들은 맑고 풍부
한 냇물이 흐르는 천제연 일
대에 모여 살았다고 한다.

F 베릿내 오름

중문동 천제연계곡의 동쪽 언덕 일대를 형성하는 오름으로 높이
는 101.2m로 일명 성천악(星川峰)이다. 베릿내는 천제연의 깊은
골짜기를 은하수처럼 흐른다고 해서 성천(星川), 즉 별이 내린
내라는 뜻이다. 베릿내의 베릿은 벼랑의 제주방언으로 강이나
바다를 접한 벼랑을 말한다. 오름 정상에는 별노천연대가 있어
동쪽의 대포와 서쪽의 당포(섯
나드르)와 연락을 주고받았다.
광명사에서 나무 데크 산책로를
따라 조금 가면 천제연 3단 폭
포다. 계속 위로 오르면 2단 폭
포와 1단 폭포를 구경할 수 있

다. 1단 폭포는 높이 22m의 절벽 위에서 떨어져서 깊이 21m의
짙푸른 천제연을 이룬다. 평소 1단 폭포는 물줄기를 볼 수 없고,
2단과 3단 폭포에서 시원한 물줄기가 쏟아진다.

G 중문해수욕장(진모살)과 존모살, 왕바다거북

중문해수욕장의 백사장을 진모살, 하얏트호텔 아래의 백사장을
존모살(조른모살)이라 한다. 진모살은 긴 백사장, 존모살을 짧은
백사장을 말한다. 진모살은 높은 절벽을 배경으로 하고 있는데,
그 아래는 제주에서 유일하게 모래 언덕을 이룬다. 진모살 앞은
돌멩이 하나 없는 모래가 이어져 해수욕하기 좋은 조건을 갖췄다.
과거 진모살에서는 비단조개가 많이 잡혔다고 한다. 존모살은 알
려지지 않은 곳으로 모래가 곱고 작은 주상절리도 펼쳐져 있다.
중문해수욕장에서는 매년 '서귀포 겨울바다 펭귄수영대회'(1월),
'국제 철인3종경기'(7월), '국제 서핑페스티벌'(7월)이 열린다.
진모살은 멸종위기종인 왕바다거북의 산란지다. 1999년 10월 부
화한 새끼거북 100여 마리가 바다를 향해 기어가는 것이, 2002년
에는 백사장에서 산란하는 모습이 관찰되었다. 왕바다거북은 태평

양과 대서양 연안의 열대 및 온대지역에서 주로 서식하는데, 진모살이 북방한계선이다. 왕바다거북은 등갑 길이가 69~130cm이고, 5~8월 중순쯤 100~120개의 알을 낳는다. 수명은 30년. 우리나라 해역에서는 장수거북, 바다거북, 왕바다거북 3종이 서식하는 것으로 알려졌으나, 왕바다거북이 발견된 것은 진모살이 처음이다.

H 들렁궤, 다람쥐굴, 터진굴

해병대길에서 만나는 화려한 주상절리는 안쪽으로 작은 굴이 뚫려 있다. 이곳을 들렁궤(들렁궷궤)라고 부른다. '궤'는 작은 굴을 뜻하고, 굴이 들려진 것처럼 보여서 들렁궤란 이름을 얻었다. 절벽에 뚫린 다람쥐굴에서는 선사시대 토기 파편이 발견됐다. 다람쥐는 박쥐의 제주 방언이다. 다람쥐굴을 지나면 해식동굴이 나오는데, 이곳을 터진굴이라 한다. 주상절리가 발달한 암벽이 파도에 오래 깎여 만들어졌다.

I 갯깍 주상절리

갯깍은 색달하수처리장 일대의 주상절리로 사각형 혹은 육각형의 돌기둥이 30~50m 절벽을 이루고 있다. 주변 해안은 크고 검은 먹돌이 가득하다. 돌기둥은 주변 1.75km에 이르는 해안에 퍼져있어 국내 최대 규모를 자랑한다. 갯깍은 신생대 제4기 빙하성 해수면을 연구하는 중요한 학술자료다.

8코스 놓칠 수 없는 명풍경
진모살(중문해수욕장)과 존모살
버튼개와 대포주상절리
들렁궤와 갯깍 주상절리

전망 좋은 곳
베릿내오름에서 본 한라산과 중문 일대

입장료
대포주상절리 어른 2천원.

매점

월평마을, 대포포구, 논짓물, 하예포구, 대평포구 등.

화장실

대포주상절리 입구, 베릿내오름 입구, 중문해수욕장, 색달하수처리장, 논짓물, 대평포구 등.

J 논짓물

열리해안길 중간의 노천 담수욕장이다. 본래는 용천수로 주민들의 귀중한 생명수 역할을 했다. 수량이 풍부해 사철 흘러내리지만, 바로 바다로 흘러들어가는 까닭에 버린 물이라고 했다. 마을에서 노천 수영장을 만들었고 지금은 올레꾼에게 인기가 좋다. 발을 담그며 피로를 풀기에 그만이다. 이곳에서 매년 8월 논짓물 해변축제가 열린다.

k 대평동

대평동은 하예동과 경계를 이루고 서쪽으로 박수기정과 월랑봉, 북쪽으로 군산 등으로 둘러싸여있다. 바닷가의 넓은 들판을 '난드르'라고 한다. 들판이 바다로 나갔다고 해서 붙은 이름이다. 돌담이 아름다운 마을로 최근에는 문화예술인들이 많이 정착했다. 8코스 종점인 대평포구는 공공미술 설치 미술작품들과 마을의 상징인 박수기정이 잘 어우러져 있다. 대평포구 해상공연장에서는 5~10월 주말이면 해녀들의 공연이 펼쳐진다. 물허벅을 앞에 두고 숟가락으로 장단을 맞추면서 전해오는 노래를 부르는데, 그 가락이 구성지고 애잔하다.

울창한 난대림 속에서 쏟아져 내리는 천제연폭포. ●
주상절리가 병풍처럼 둘러싸고 신비로운 빛을 내뿜는 천제연. ●●

월라봉은 울창한 상록수림과 곶자왈 같은 원시 숲, 일제 동굴진지 등이 어우러진 걷는 맛이 좋은 길이다.

대평포구 → 볼레낭길(2.1km) → 월라봉 전망대(3.7km) → 안덕계곡 갈림길(5.1km) → 황개
천 삼거리(6.4km) → 화순해수욕장 입구(7.6km)

거 리 7.6㎞
시 간 3~4시간
난이도 무난하게 완주할 수 있어요
출발지 서귀포시 안덕면 대평포구
종착지 서귀포시 안덕면 화순해수욕장

월라봉과 안덕계곡을 아우르는 신비스러운 길

박수기정과 안덕계곡을 품은 월라봉 구석구석을 둘러보는 비교적 짧은 올레다. 대평
포구를 떠나면 박수기정 위로 올라서는데, 까마득한 절벽에서 바다를 내려다보는 맛
이 짜릿하다. 볼레낭길을 지나면 월라봉에 오른다. 월라봉은 곶자왈 같은 원시적인
숲, 일제 동굴진지 등이 어우러진 독특한 오름으로 걷는 맛이 의외로 좋다. 올레길은
정상을 직접 오르지는 않고, 8부 능선쯤에서 동굴진지를 구경하고 황개천 삼거리로
내려온다. 9코스는 2010년 8월 안덕계곡을 직접 걷는 길(임금내)이 빠지고, 월라봉 정
상 일대가 들어가면서 많이 바뀌었다.

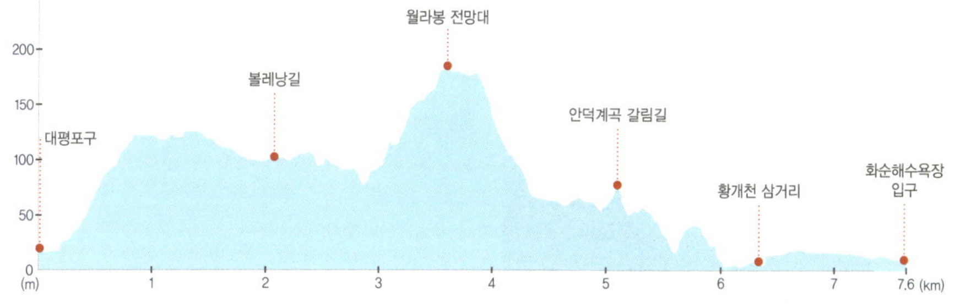

❶ 대평포구 박수기정은 대평포구에서 가장 멋지게 보인다. 포구를 떠나 '몰질'을 따라 오르면 의외로 드넓은 논밭이 펼쳐진다. 휘파람 절로 나는 들길을 걷다보면 기정 해안절벽 위에 올라선다. 예전에는 대평포구에서 바위를 호미로 쪼아 만들었다는 '쪼슨길'을 통해 박수기정 위로 올랐지만, 땅주인이 허락하지 않아 코스가 바뀌었다.

❷ 볼레낭길 기정 절벽 끝에서 바다가 넓게 열린다. 이곳부터 보리수나무가 많아 이름 붙여진 볼레낭길이 시작된다. 볼레낭은 보리수나무의 제주 사투리다.

❸ 월라봉 전망대 예전 봉화를 울리던 봉수대를 지나면 월라봉을 오른다. 옛 올레길은 봉수내를 지나서 황개천 삼거리로 내려가지만, 지금은 월라봉을 직접 오르는 길로 바뀌었다. 월라봉 오름길은 구불구불 이어져 걷는 맛이 좋고, 수시로 기이한 바위들이 나타나며 곶자왈처럼 원시적인 숲이 펼쳐진다. 올레길은 정상 직전에서 월라봉 둘레길을 따른다. 일제 동굴진지들이 차례를 나타나면서 월라봉 전망대에 닿는다.

❻ **화순해수욕장 입구** 황개천교를 건너면 왼쪽에 화순화력발전소가 있고, 오른쪽에는 화순선사유적지가 있다. 잠시 유적지를 구경하고 나와 뒤돌아보면 잘 보이는 월라봉과 작별 인사를 나눈다. 길을 재촉하면 화순리 마을길을 굽이돌아 화순해수욕장 입구가 나오면서 9코스는 마무리된다.

❺ **황개천 삼거리** 안덕계곡을 끼고 이어진 길은 부드러운 언덕에 닿는다. 이곳이 산방산이 잘 보이는 진모르 동산이다. 동산을 내려오면 크고 작은 언덕길이 이어지다가 황개천을 만난다. 개천을 따라 내려오면 주차장과 화장실이 있는 황개천 삼거리에 닿는다.

❹ **안덕계곡 갈림길** 월라봉 전망대에서 산방산과 화순 일대가 시원하게 펼쳐진다. 오름을 내려오면 안덕계곡을 오른쪽에 끼고 걷는 길이다. 나뭇가지로 사이로 울창한 숲 사이를 흐르는 안덕계곡이 보인다. 계곡으로 내려서는 나무데크를 만나는 지점이 안덕계곡 갈림길이다. 옛 올레길은 여기서 계곡을 건너갔지만, 지금은 계곡으로 내려서지 않고 그냥 능선을 따른다.

출발지 찾아가기

제주공항에서 서귀포행 리무진 버스를 타거나 터미널에서 중문 고속화버스를 타 중문에서 내린 후 길 건너 중문우체국 앞에서 대평리행 버스(20~30분 간격)를 타 종점에서 내린다. 버스 종점에서 대평포구까지는 도보로 10분 거리다. 서귀포시에서는 중앙로터리(일호광장) 서쪽정류장에서 대평행 120번 버스를 타 종점에서 내리면 된다.

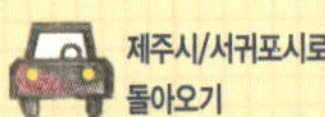

제주시/서귀포시로 돌아오기

화순해수욕장에서 10분 거리인 화순농협 앞 버스정류장에서 평화로를 경유하는 제주행 버스를 탄다. 서귀포는 일주버스를 탄다.

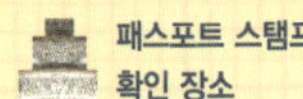

패스포트 스탬프 확인 장소

시작 대평포구

중간 황개천 삼거리 옆 화장실

종점 화순해수욕장 바당올레 횟집

유용한 전화번호

제주올레 콜센터
064-762-2190

안덕 콜택시
064-794-1400

A 박수기정

박수는 절벽에서 솟는 물, 기정은 높은 벼랑을 뜻한다. 박수기정은 소정방폭포와 함께 물맞이 장소로 유명하다. 절벽 중간에서 쏟아지는 샘물이 건강에 좋다고 알려져 백중날에 많은 사람이 찾아와 물을 맞는다.

B 조슨다리와 몰질

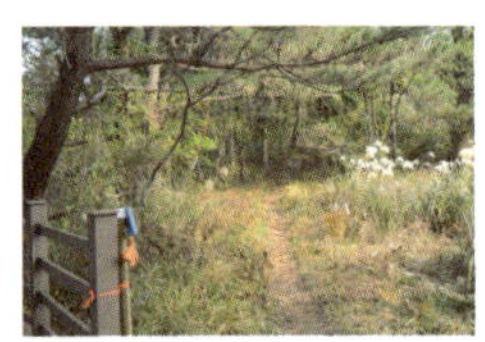

조슨다리(ᄌᆞ슨다리)는 쪼아서 만든 다리라는 뜻이다. 안덕계곡을 건너는 도로가 생기기 전에는 대평리에서 화순리로 가려면 매우 먼 길을 돌아가야만 했다. 그래서 사람들은 험하지만 가장 빠른 길인 기정을 지나는 조슨다리 길을 이용했다. 200여 년 전 기름을 팔러 가던 할망이 호미로 콕콕 쪼면서 절벽을 오르다가 떨어져 죽은 뒤, 마을 사람들이 좁쌀 닷 되씩을 거둬 돌챙이(석수쟁이)를 사서 정으로 쪼아서 만든 길이다. 9코스가 열리면서 대평리 주민들이 그 길을 복원했지만, 기정 위 땅 소유자가 길을 막아 지금은 다닐 수 없다. 그래서 올레꾼은 몰질로만 다녀야 한다. 몰질은 기정 위로 오르는 우회로로 말길이라 뜻이다. 100여 년 제주를 지배했던 원나라 목호들이 키우던 말을 대평포구로 옮기면서 만들어진 길이다. 이 길은 2007년에 복원했다.

C 화순리

안덕면 화순리는 서쪽으로 사계리, 동쪽은 감산리, 북쪽은 상창리, 남쪽을 바다를 접하고 있다. 예전에는 골물과 벗내, 두 지역

에서 마을을 형성했고 1840년대에 두 곳을 통합해 화순리가 되었다. 제주에 내려오는 '일강정, 이도원, 삼번내' 중에서 삼번내가 화순을 가리킨다. 그만큼 토양이 비옥하고 사람 살기 좋은 곳이다. 선사시대 취락유적지가 보존되어 있고, 남쪽에 화력발전소가 있다. 화순항 옆의 드넓은 해수욕장은 모래가 고와 인기가 좋다. 인근에 산방산과 용머리해안 등 천혜의 관광자원이 있다.

D 월라봉과 일제 동굴진지

안덕면 감산리, 화순리, 대평리의 경계를 이루는 오름으로 높이는 200.7m, 둘레 4186m. 오름에 다래나무가 많아 다래오름 혹은 도래오름, 모양새가 마치 달이 떠오른 것과 같다고 하여 월라봉 등으로 부른다. 남쪽으로 박수기정, 북동쪽으로 안덕계곡을 끼고 있어 계곡미가 빼어나다. 오름 곳곳에는 각양각색의 바윗돌이 널려 있고 퇴적층도 다양해 볼거리가 많다. 정상부는 잡목들로 시야가 가리지만, 올레길이 지나는 7~8부 능선에서 조망이 열려 산방산과 송악산, 마라도와 가파도 등이 제법 잘 보인다. 2010년 5월 서귀포시에서 산책로를 말끔하게 정비하면서 올레 9코스에 새롭게 들어갔다. 월라봉에는 일제가 만든 7개의 동굴이 뚫려 있다. 화순항으로 상륙하는 미군을 저지하기 위해 파놓은 것이다. 주 동굴은 폭 4m, 높이 4m, 깊이 80m에 이른다.

E 안덕계곡

돌오름 북동쪽에서 발원해 안덕면의 경계를 흐르는 창고천의 하류에 형성된 계곡이다. 조면암(粗面岩)으로 된 계곡의 양쪽은 기암절벽이 병풍같이 둘러져 있고, 계곡의 밑바닥은 평평한 암반으

❶ 송도식당
064-794-9408/화순리 가세
기마을 입구
직접 재배한 채소와 담근 된장,
돼지고기, 자리젓 등이 푸짐하
게 나오는 보리비빔밥이 일품
인 집이다. 보리비빔밥 7천원.
정식 6천원.

❷ 황금미락
064-794-6789/화순해수욕장 앞
싱싱한 고등어회와 갈치회를
내놓는 집이다. 매운탕과 회덮
밥 1만원.

9코스 놓칠 수 없는 명풍경
대평포구에서 보는 박수기정의
위용
월라봉의 다양한 모습과 일제
동굴진지

대평포구, 화순해수욕장.

대평포구, 황개천 삼거리, 화순
해수욕장 입구.

120

로 깔려 있다. 깊은 계곡은 울
울창창한 상록수림에 안겨 고
요히 흐르며 새, 동물, 나무들
에게 양분과 쉼터를 제공한다.
동백나무, 종가시나무, 생달
나무, 후박나무 등과 솔잎난을
비롯한 300여 종의 희귀식물이 자라는 계곡 숲은 1997년에 천연
기념물로 지정됐다.

F 임금내와 올랭이소

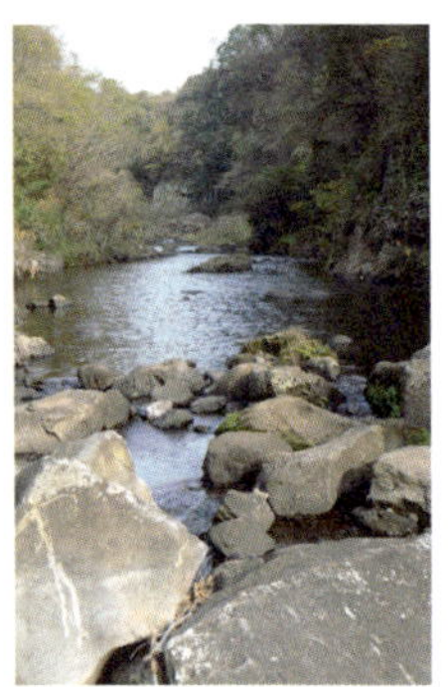

임금내는 화순리 182번지 앞 일대이며
감산리와 경계 지점이다. 한줄기 흘러
오던 물줄기가 이곳에서 두줄기로 나
뉘는데, 이를 두고 이곡내라고 했다.
세월이 흐르며 변음 되어 임금내가 됐
다고 한다. 올랭이소는 오리소란 뜻으
로 겨울과 봄에 오리들이 찾아오는 곳
이라 붙여진 이름이다. 기암절벽의 주
변 풍광이 빼어난 곳으로 1980년 초반
까지만 해도 동네 사람들의 목욕 장소
였다고 한다. 예전 올레길에는 이곳을 지났지만, 코스가 바뀌어
지나지 않는다. 안덕계곡 갈림길에서 계곡으로 내려서 15분쯤 가
면 임금내를 만날 수 있다.

G 화순리 선사유적공원

화순화력발전소 옆에서 발
견된 선사시대 유적을 전시
한 공원이다. 탐라국 형성기
로 추측하는 기원 전후 무렵
의 대규모 취락유적이다. 타
원형 구덩이 형태의 송국리
형 집자리와 삼양식 토기라고 일컫는 적갈색 경질토기, 굽다리
형 토기 등이 출토되었다. 제주의 선사문화를 이해하는데 큰 도
움이 된다.

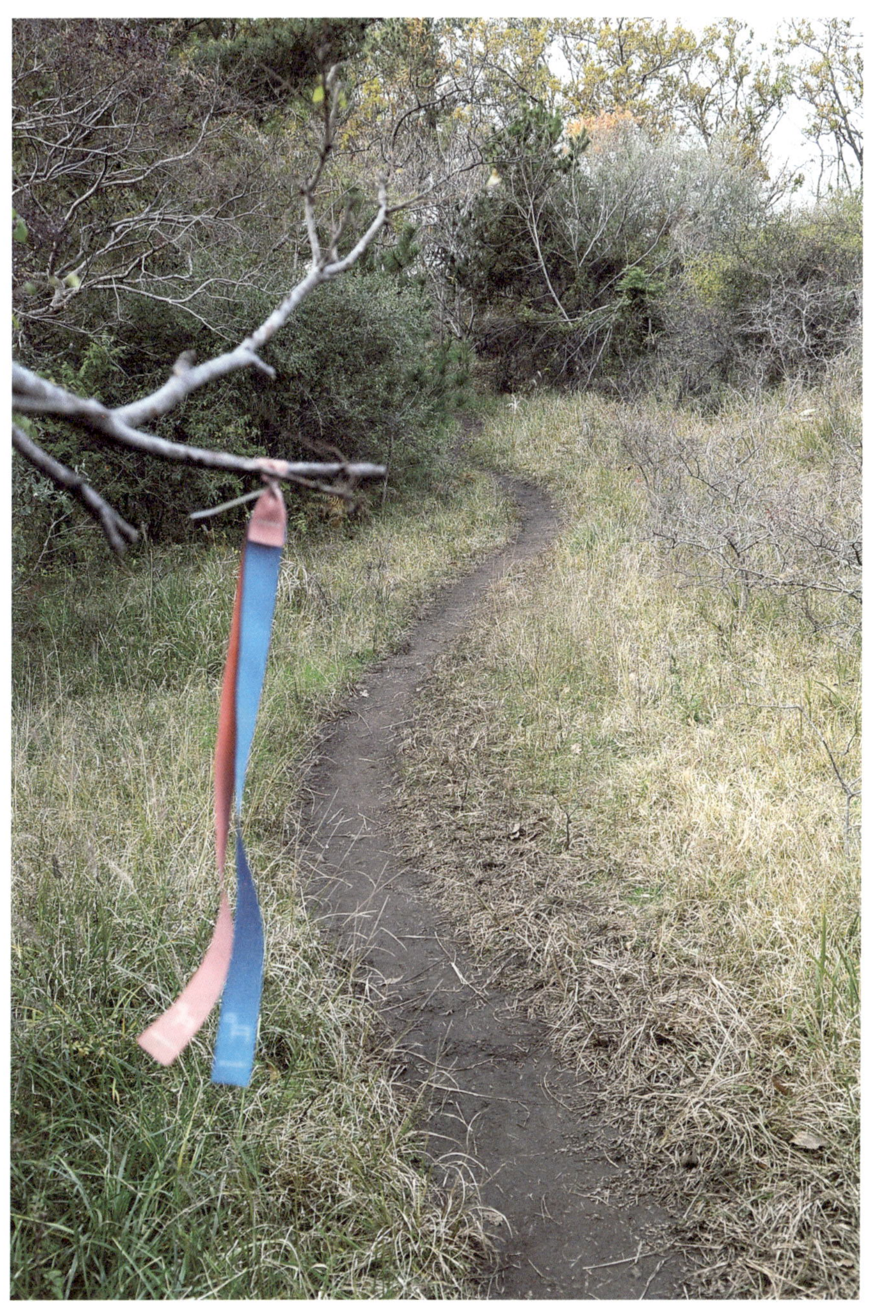

진모르 동산에서 이어진 호젓한 숲길.

송악산 일제 동굴진지에서 본 산방산과 한라산.

화순해수욕장 → 산방연대(2.4km) → 사계포구(3.7km) → 사계화석 발견지(5.8km) → 송악산(9.1km) → 섯알오름(10.3km) → 알뜨르비행장(11.7km) → 모슬포항 하모체육공원(14.8km)

거 리 14.8km
시 간 4~5시간
난이도 무난하게 완주할 수 있어요
출발지 서귀포시 안덕면 화순해수욕장
종착지 서귀포시 대정읍 하모리 하모체육공원
(모슬포항 입구)

'바람의 섬' 제주를 느끼다

산방산, 용머리해안, 송악산 등 제주 남서부의 비경을 밟아가는 길이다. 10코스는 7코스와 더불어 명품 올레로 유명하다. 2010년 코스 변경에 따라 11코스에 속했던 알뜨르비행장과 섯알오름 등이 10코스로 들어가면서 더욱 볼거리가 많아졌다. 화순리에서 송악산까지 이어진 해안도로에는 주상절리, 항만대, 용머리해안, 발자국 화석 등의 절경들이 파노라마처럼 펼쳐진다. 사계 해안에서는 제주의 칼바람을 온몸으로 느낄 수 있고, 그 정점에 송악산이 솟아 있다.

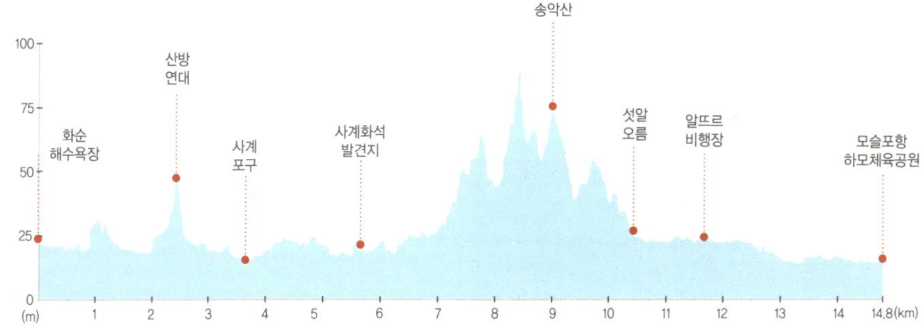

❶ 화순해수욕장 출발점은 화순해수욕장 입구 화장실 앞이다. 10코스 표석 옆에는 스위스 레만 호 와인지역 하이킹 코스와 '우정의 길'로 맺어진 안내판이 서 있다.

❷ 산방연대 화순해수욕장에서 산방연대까지는 제주 토박이도 모르는 비경이 이어진다. 퇴적암 지대의 바위 무늬는 용머리해안과 비슷하고, 작은 주상절리, 항만대가 차례로 펼쳐진다. 제주올레가 아니었다면 꿈에도 몰랐을 풍경이다.

❸ 사계포구 항만대 해변에서 언덕을 오르면 산방연대다. 산방산이 바로 코앞이고, 걸어온 화순해수욕장과 박수기정 일대 풍경이 시원하게 펼쳐진다. 연대를 내려오면 용머리 해안 입구다. 용머리 해안은 입장료가 있다. 하멜이 타고 온 범선 모형의 옆길을 따르면 '설큼바당' 모래 언덕을 지나 사계포구를 만난다.

❹ 사계화석 발견지 사계 해안은 백사장, 퇴적암, 현무암 등이 번갈아 가면서 나타나는 멋진 길이다. 특히나 강한 바람이 파도를 거느리고 대지에 부딪히는 모습이 장관이다. 이곳에 이런 아름다움이 있는 지 제주올레가 아니었으면 상상도 하지 못했을 것이다. 백사장이 퇴적암들로 바뀌면 '발자국 화석 발견지'가 나온다.

❽ **모슬포항 하모체육공원** 알뜨르 들판을 나오면 솔숲 오솔길 따라 아담한 하모해수욕장으로 들어선다. 눈부신 백사장에서 한숨 돌리고 다시 길을 나서면 대정 시내로 들어선다. 마라도·가파도 정기여객선 대합실을 지나면 모슬포항 입구의 하모체육공원이 지척이다.

❼ **알뜨르비행장** 섯알오름 위령비 앞부터 드넓은 알뜨르비행장이 펼쳐진다. 비행장은 마늘밭, 보리밭, 양배추밭 등으로 풍요롭다. 그 모습 뒤로 일제가 만든 격납고가 보인다. 전쟁의 상처를 풍요로운 들판이 깨끗하게 치유해 준 모습이다.

❻ **섯알오름** 정상에서 내려오면 솔숲 산책로를 한 바퀴 돌아 새로 생긴 도로를 만난다. 앞쪽으로 송악산 입구의 '인생의 아름다워' 세트장이 보인다. 호젓한 오름 능선을 따르면 섯알오름 일제고사포진지와 위령비를 연달아 만난다.

❺ **송악산** 화석 유적지를 나오면 용천수가 샘솟는 지대를 지나면 송악산 입구, 마라도행 유람선 선착장이다. 선착장 오른쪽 백사장을 따라가면 송악산 아래의 일제 동굴진지를 볼 수 있다. 송악산 입구에서 10분을 오르면 제주에서 가장 조망이 좋은 오름 중의 한 곳인 송악산 정상이다. 바다로 툭 튀어나온 지형 덕분에 산방산, 한라산, 마라도와 가파도 등이 시원하게 보이는 조망이 일품이다.

출발지 찾아가기

제주 시외버스터미널에서 평화로를 지나는 '제주–모슬포' 행 버스를 타 화순리 안덕농협에서 내린다. 화순해수욕장까지는 도보로 10분 거리다. 서귀포에서는 월드컵경기장 바로 옆 신시외버스터미널에서 서회선일주도로로 버스를 타 안덕농협 앞에서 내리면 된다.

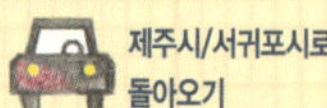

제주시/서귀포시로 돌아오기

하모체육공원에서 모슬포 중심가로 5분쯤 가면 농협 사거리가 나온다. 이곳에서 제주행 혹은 서귀포행 버스를 타면 된다.

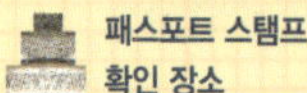

패스포트 스탬프 확인 장소

시작 화순 바당올레횟집

중간 송악산휴게소 식당

종점 하모 제주올레 안내소

유용한 전화번호

제주올레 콜센터
064-762-2190

안덕 콜택시
064-794-1400

모슬포 콜택시
064-794-5200

A 화순해수욕장(화순금모래해변)

화순해수욕장 옆으로는 소금막 해변 백사장이 넓게 펼쳐졌고, 뒤로는 산방산이 떡 버티고 있다. 바다에는 가파도, 마라도, 형제섬이 한눈에 들어온다. 해수욕장 모래는 검붉

은 빛으로 부드럽고 고운편이며 해수욕을 한 후 풍부하게 흘러나오는 지하수로 담수욕까지 즐길 수 있다.

B 항만대(산방개)

산방연대 동쪽의 검은 모래 해안을 말한다. 한국전쟁 당시 모슬포에 있던 제1훈련소의 군사물자를 이곳에서 날랐다는 데서 붙여진 이름이다. 1702년의 〈탐라순력도〉에 산방

포로 표기했는데, 이는 산방개의 한자차용 표기다. 이곳은 배들이 난파되는 곳으로 유명해 예로부터 포구로 사용하지 않았다.

C 산방산

안덕면 사계리 해안에 자리한 종 모양의 거대한 바위덩어리 오름으로 높이 395m. 조면암질 안산암으로 구성되어 있으며 그 형태가 아름답고 특이해 동부의 성산일출봉과 쌍벽을 이룬다. 해발고도 200m 지점에 자연 석굴인 산방굴(山房窟)이 있다. 그 안에 불상을 안치하였기 때문에 이 굴을 산방굴사(山房窟寺)라고도 하는데, 이는 영주십경 중 하나에 속한다. 산방산 암벽에 붙어 자라는 지네발란, 풍란, 석곡, 섬회양목 등은 귀중한 학술연구 자원이므로 천연기념물로 지정하여 보호하고 있다. 전설에 의하면 한라산에서 사냥하던 어느 사냥꾼이 사슴을 발견하고 활을 쏘았는데, 화살이 빗나가 옥황상제의 엉덩이를 맞추었다. 화가 난 옥황상제

는 한라산 봉우리를 뽑아 던져버렸다. 그 봉우리는 서쪽으로 날
아가 서쪽 바닷가에 박혔다. 그때 봉우리가 뽑힌 자리가 백록담
이고, 서쪽에 박힌 봉우리가 산방산이라 한다. 산방산과 백록담
의 아래 둘레가 비슷하다.

D 용머리해안

산방산 아래에는 바다를 향해 길게 뻗어난 바위가 있다. 이 바위
줄기가 용머리를 닮았다고 용머리해안으로 부른다. 겉으로 보
면 평범하지만 좁은 통로를 따라 바닷가로 내려가면 수천 만 년
동안 층층이 쌓인 사암층 암벽이 나온다. 180만 년 전 수중폭발
에 의해 형성된 화산력 응회암층으로 길이 600m, 높이 20m의

현무암력에 수평층리·풍화
혈·돌게구멍·해식동굴·수
직절리단애·소단층명 등
이 어우러져 절경을 이룬
다. 용머리해안에도 호종단
과 얽힌 전설이 내려온다.
제주도의 혈맥을 끊으라는
진시황의 명령을 받은 호종단이 이곳에서 왕후지지(王后之地)의
혈맥을 찾아내 용의 꼬리와 잔등 부분을 칼로 내리쳐 끊자 시뻘
건 피가 솟아 주변을 물들이며 지금의 모습이 되었다고 한다. 용
머리해안은 2011년 1월에 천연기념물 제526호로 지정됐다.

E 하멜기념비와 하멜상선 전시관

산방연대 앞에는 하멜이 난파되어 이곳에 표착했던 것을 기념하
기 위해 세워진 하멜기념비와 상선이 서 있다. 우리나라를 서방

❶ 사계여행민박
064-792-4466/산방산 근처
인심 좋은 노부부가 운영하는
깔끔한 집으로 1층은 민박, 2층
은 게스트하우스로 운영한다.

❷ 산방산온천 게스트하우스
064-792-2755/사계리 덕수사
거리 근처
제주도 최대 규모의 게스트하
우스로 산방산온천을 무료로
사용할 수 있어 인기가 좋다. 픽
업 가능. 1인 2만원.

❸ 사이 게스트하우스
064-792-0042/사계해안도로
깔끔한 시설로 젊은 올레꾼에
게 인기가 좋은 집. 1인 조식 포
함 2만원. 픽업 가능.

❹ 대정해수민박
064-794-2700/모슬포항 근처
사우나가 무료라 인기 있는 집.
사우나 안에서 바다를 볼 수 있
다. 2인 3만, 3인 4만원. 픽업
가능.

❺ 대정 게스트하우스
064-792-6666/모슬포항 근처
대정에서 올레꾼에게 인기 있
는 숙소. 1인 1만원. 식사 5천원.

❻ 아일랜드 게스트하우스
070-7096-3899/대정읍 보
성리
외국인이 운영하는 깔끔한 집.
1인 2만원.

❼ 다모인건강랜드
064-794-6477/모슬포 중앙
시장
저렴하게 하룻밤 이용할 수 있
는 사우나 겸 찜질방. 1인 7천원.

❶ 어촌식당
064-794-3091/사계포구
싱싱한 재료로 푸짐하게 내오는
해물전골이 유명한 집. 해물전
골 2만5천원(소), 4만4천원(대).

❷ 모슬포항 맛집들
모슬포항에 늘어선 식당들은
평범해 보이지만, 대부분 주인
이 직접 잡은 활어를 내놓는 집
이다. 그중 덕승식당(064-794-
0177)은 객주리(쥐치) 조림과 우
럭매운탕, 부두식당(064-794-
1223)은 방어회정식, 항구식당
(064-794-2254)은 고등어구이
등이 유명하다. 어느 곳을 선택
해도 싱싱한 회와 푸짐한 밥상
을 받을 수 있다.

❸ 산방식당
064-794-2165 /모슬포항 근처
모슬포에서 밀면으로 유명한
집. 수육도 맛있다. 밀면 4~5
천원. 수육 6천원(소).

에 처음 알린 유럽인들은 1653년 제주 부근 해역에서 태풍으로
난파되어 제주도에 표류한 네덜란드 동인도 회사 선원들이었다.
핸드릭 하멜을 비롯한 64명의 선원을 태운 상선 스페르웨르호는
대만에서 일본 나가사키로 향해 도중, 태풍을 만나 당시 대정현
이었던 모슬포 부근에 상륙한 것으로 전해진다. 하멜기념비는 하
멜의 공적을 기리기 위해 1980년 한국국제문화협회와 주한 네덜
란드대사관이 공동으로 세웠다. 용머리해안 옆에는 하멜상선 전
시관이 있다. 하멜 일행이 타고 온 스페르웨르호를 재현해 만들
고 전시장으로 꾸몄다.

F 형제섬

사계리 포구에서 남쪽으로 약 1.5km 떨어진 지점에 있다. 바다 한
가운데 바위처럼 보이는 크고 작은 섬 2개가 형과 아우처럼 마주
보고 있다 하여 붙여진 이름이다. 큰 섬을 본섬, 작은 섬을 옷섬
이라 부른다. 본섬에는 작은 모래사장이 있으며 작은 섬은 주상
절리가 일품이다. 바다에 잠겨 있다가 썰물 때면 모습을 드러내
는 새끼섬과 암초들이 있어 보는 방향에 따라 3~8개로 섬의 개
수와 모양이 달라져 보이기도 한다. 형제섬은 사진작가들에게 일
출과 일몰의 명소로 유명하고, 낚시꾼들에게도 인기가 좋다. 수
중은 다이버들에게 잘 알려졌는데, 자리돔과 줄도화돔 떼가 해송
과 연산호 군락을 헤엄치는 모습이 압권이라고 한다.

G 사계리 발자국 화석(제주 사람발자국과 동물발자국 화석산지)

사계포구에서 사구해안을 따라 걷다보면 목책으로 둘러쳐진 곳
을 만난다. 이곳이 발자국 화석이 발견된 곳이다. 이곳에서 중기

구석기 시대에 형성된 것
으로 보이는 사람 발자국
화석과 코끼리, 사슴, 새
등의 동물 발자국 화석,
그리고 식물 화석 등 수
천여 점이 발견됐다. 특
히 사람발자국 화석은 구

석기 시대에 제주 지역에서 살았던 호모 사피엔스의 흔적으로 아
시아 지역에서는 중국에 이어 두 번째로 발견된 귀중한 유산이
다. 이처럼 다양한 화석들이 사람 발자국과 함께 나타나는 경우
는 세계적으로 매우 드물다고 한다. 이 화석들은 천연기념물 제
464호로 지정됐다.

H 송악산

송악산 남쪽 바닷가인 대정읍 상모리 산수이동에 위치한 오름으
로 높이 104m. 소나무가 많이 자란다고 해서 송악산으로 불리지
만, 원래 이름은 절울이오름이다. 대양을 건너온 바람이 오름 해
안절벽에 부딪쳐 울린다고 해서 붙은 이름이다. '절'은 파도를 뜻
한다. 절울이란 이름처럼 이 오름은 다른 곳보다 유독 바람이 세
다. 송악산은 제주 남서부에서 용머리, 단산 등과 더불어 지질과
지형적인 측면에서 제주도의 형성사를 밝히는데 매우 중요하다.
얕은 바다에서 폭발한 분화구와 그 중앙 육상에서 폭발한 분화구
가 중첩된 이중 분화구 특징을 잘 보여준다. 빙 둘러가며 연이어
지는 굼부리 안에는 봉긋한 봉우리가 산재했는데, 그 수가 아흔
아홉이라고 한다. 정상과 접한 굼부리는 깊이가 무려 69m다. 바

10코스 놓칠 수 없는 명풍경
송악산에서 펼쳐지는 제주 남서
부와 한라산
전쟁의 상처를 보듬는 알뜨르비
행장의 풍요로운 들판
사계해안에 몰아치는 거친 바람
이 파도를 일으키는 모습

전망 좋은 곳
산방연대에서 본 산방산과 항만
대 해안
송악산에서 조망하는 산방산, 한
라산, 마라도 등

매점

화순해수욕장, 용머리 해안, 사
계포구, 마라도 유람선 선착장,
모슬포 하모체육공원.

화장실

화순해수욕장, 용머리해안, 사계
포구, 마라도 유람선 선착장, 모
슬포 하모체육공원.

닷가 해안 절벽에는 일제의 가이덴 특공대가 파놓은 15개의 동굴이 뚫려있다.

I 섯알오름

송악산의 알오름으로 서쪽에 있다고 해서 섯알오름으로 부르며 높이는 60.7m다. 일제시대에는 비행장, 탄약고, 격납고 시설 등이 자리했고, 한국전쟁 직후 보도연맹 사건에 휘말린 민간인 200여 명이 학살된 현장이다. 오름 분화구에 당시의 참혹한 현장을 그대로 보존하고 위령비를 세웠다. 능선에는 일제고사포진지가 남아 있다.

J 알뜨르비행장

제주에서 가장 넓은 들인 알뜨르 들판에 일제가 건설한 공군 비행장이다. 2002년에 근대문화유산 제39호로 지정됐다. 알뜨르는 송악산, 단산, 모슬봉, 산방산 아래에 자리 잡은 '아래쪽 뜰'이라는 뜻이다. 일본군은 1926년부터 1930년대 중반까지 이곳에 해군항공대비행장과 격납고를 만들었다. 비행장은 이후 만주사변·중일전쟁·태평양전쟁 등을 거치며 규모가 커졌다. 특히 제2차 세계대전 중에 이름을 날렸던 구 일본군의 자살공격기인 가미카제의 조종사들이 훈련을 받은 곳으로 알려져 있다. 이곳에서 출격한 전투기들이 중국 난징을 폭격했다.

섯알오름 가는 길의 언덕에서 자라는 조랑말. ●
송악산은 바다로 툭 튀어나온 지형 덕분에 산방산과 한라산 조망이 일품이다. ● ●

누렇게 익어가는 보리밭 너머 바다가 펼쳐지고, 제주 본섬의 산방산이 우뚝하다.

가파도 올레

상동포구 → 장택코 정자(1km) → 가파초등학교(2.2km) → 상동포구(3.2km) → 옹진물 정자(4km) → 하동포구(5km)

거 리 5㎞
시 간 2시간
난이도 누구나 편하게 걸을 수 있어요
출발지 서귀포시 대정읍 가파리 상동포구
종착지 서귀포시 대정읍 가파리 하동포구

'보리밭 흔드는 바람' 느끼며 쉬는 올레

가파도는 작고 낮은 섬이다. 해발 최고점이 20.5m로 우리나라 유인도 중 가장 낮고, 오르막이 거의 없기에 누구나 쉽게 걸을 수 있다. 상동포구를 출발하면 마을 돌담이 눈길을 끈다. 제주 본섬에서 보던 현무암 돌담이 아닌, 크고 거친 화강암으로 돌담을 쌓았다. 해안길은 보리밭으로 이어지는데, 5월 청보리가 물결칠 때 가장 아름답다. 가파초등학교를 지나 오른쪽 해안길을 따르면 종착점인 하동포구에 닿는다. 가파도 올레는 짧고 쉽다. 걷기보다는 머물며 쉬기 좋은 올레꾼을 위한 쉼표 같은 길이다.

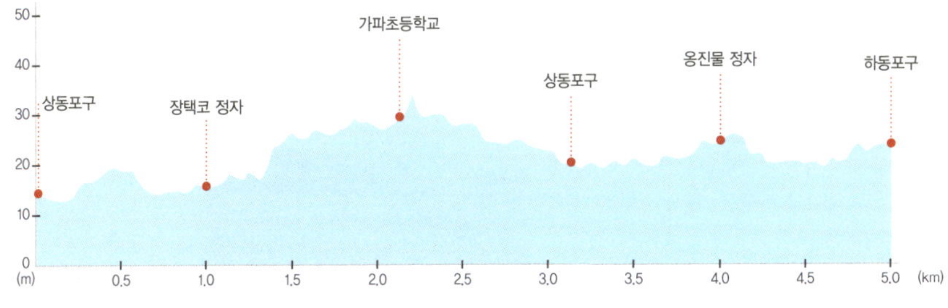

❶ 상동포구 모슬포에서 배를 타면 가파도까지 20분쯤 걸린다. 여객선에서 보는 모슬봉과 산방산, 그리고 한라산 풍경이 일품이다. 상동포구에 내리면 가파도 안내판 옆에 올레 시작점을 알리는 이정표가 서 있다. 오른쪽 해안을 따르면 상동마을 할망당이 나온다. 할망당은 바다 건너편 대정 지역을 바라보고 있다.

❷ 장택코 정자 할망당을 지나면 올레길은 마을 골목으로 들어선다. 가파도의 돌담은 제주 본섬에 비해 크고 거칠다. 이 돌들은 가파도 주민들의 고된 삶을 함축적으로 보여준다. 골목이 끝나면서 다시 바다를 만나고, 거대한 '큰 왕돌'(바람돌)을 지나면 장택코 정자가 나온다.

❸ 가파초등학교 잠시 정자에서 한숨 돌리고, 다시 해안길을 따르면 올레길은 내륙으로 방향을 틀어 청보리밭 산책로 B코스로 들어선다. 5월이면 청보리가 바람에 날리는 모습이 꿈길처럼 느껴지는 길이다. 보리밭을 나온 바람을 느끼다 보면 가파초등학교를 만난다.

❻ 하동포구 웅진물 정자를 출발하면 마을제단과 헬기장이 연속적으로 나온다. 헬기장에서 멀리 아스라한 마라도를 구경하고 발걸음을 옮기면, 용천수인 고망물과 동항개물을 지나 하동포구에 닿는다. 올레길은 여기서 마무리되고, 마을길을 따라 상동포구로 이동하면 가파도 구경이 끝이 난다.

❺ 웅진물 정자 상동포구에서 이어진 오른쪽 해안을 따르면 개엄주리코지 정자를 지나고, 해안 기암들이 바다 너머 한라산과 어울려 장관을 이룬다. 주민들과 올레꾼이 돌로 쌓은 소원탑을 구경하다 보면 웅진물 정자에 닿는다.

❹ 상동포구 가파초등학교를 지나면 청보리밭 산책로 A코스가 이어진다. 가파도를 통틀어 가장 아름다운 길로 보리밭 너머 물결치는 바다, 그 너머 산방산과 한라산이 펼쳐지는 모습이 일품이다. 산책로는 다시 상동포구로 이어진다.

출발점 찾아가기

모슬포항은 제주버스터미널에서 대정(모슬포)행 직행버스(평화로 경유)를 이용, 모슬포항 입구에서 내린다. 바다 쪽으로 10분쯤 걸어가면 가파도/마라도행 정기여객선 대합실이 있다. 서귀포시에서는 서귀포버스터미널에서 서회선 일주도로 버스를 이용해, 모슬포 농협사거리 정류장에서 내린다. 가파도 상동포구행 여객선은 09:00~16:00까지 매시 정각에 출발한다. 시간은 10~20분쯤 걸린다. 삼영해운 064-794-7083. 날이 굳으면 배가 뜨지 못하므로 전화로 출항 여부와 시간을 꼭 확인해야 한다.

제주시/서귀포시로 돌아오기

가파도 상동포구에서 모슬포행 여객선이 09:15~16:15까지 매시 15분에 출발한다. 모슬포여객터미널에서 제주행 버스(평화로 경유)는 농협사거리 정류장 앞에 선다. 서귀포는 서회선 일주버스를 이용한다.

패스포트 스탬프 확인 장소

시작 상동포구

중간 하동포구

종점 상동포구

유용한 전화번호

모슬포 콜택시
064-794-5200

삼영해운
064-794-7083

A 가파도

제주 본섬과 최남단 마라도 사이에 자리 잡은 작은 섬으로 모슬포항에서 5.5㎞ 떨어져 있다. 면적 2.41㎢, 해안선 길이 4.2㎞, 최고점 20.5m다. 섬 이름은 가오리처럼 생겼다 하여 '가파섬', 파도가 섬을 덮었다는 뜻에서 '가파도', 물결이 더한다는 뜻에서 '가파도', 섬의 모습이 덮어진 모양이어서 '더바섬' 등 다양한 설이 있다. 1653년 네덜란드인 하멜이 제주도 부근에서 표류하여 조선에서 14년을 생활하다가 귀국한 뒤에 쓴 〈하멜표류기〉에는 '케파트(Quepart)'라는 지명으로 소개되고 있다.

조선 중기까지만 해도 무인도로 버려진 곳이었고, 1751년(영조 27)에 목사 정연유가 소를 이 섬에 방목하면서 본격적으로 사람이 들어와 살았다. 섬 전체가 접시 모양의 평탄한 지형을 이루고 토양의 풍화도가 높아 농사짓기에 유리하며, 제주도 부속 섬 중에서 용수조건이 가장 좋다. 주변 해역에서는 전복·소라·옥돔·자리돔·자리젓 등이 많이 잡힌다. 유적으로는 조개무지·선돌·고인돌군 등이 있고 해녀 노 젓는 소리, 방아질 소리, 맷돌질 소리 등의 민요가 전해진다.

B 할망당

상동마을과 하동마을에 하나씩 있는 마을 본당이다. 가파도 주민들은 신당으로 여겨 각별하게 생각한다. 이곳에서 풍어와 타 지역에서 생활하는 형제자매의 무사안녕을 기원하며 제를 올린다.

C 큰 왕돌(바람돌, 까마귀돌)

가파도는 해안의 수석이 거칠면서 아름답다. 그중 가장 큰 돌을 '큰 왕돌'이라 하는데, 바위 위에 사람이 올라가면 바람이 불고 파도가 높아진다고 한다. 그래서 주민들은 돌에 사람이 올라가는 것을 금기하고 있다.

D 보리밭과 고인돌

가파도는 17만 평에 이르는 보리밭이 장관이다. 겨울철에서 5월까지 푸른 보리가 넘실거리고, 6월에는 황금빛으로 익는다. 보리밭 안에는 고인돌 군락으로 추정되는 크고 작은 돌들이 자리 잡고 있어 자연스럽고 평화롭다.

숙소

① 바다별장
064-794-6885/상동포구
상동포구에 자리한 민박집 겸 식당. 회에서 죽까지 다양한 메뉴가 있다. 소라죽 1만원. 숙박비 3만원.

맛집

① 가파도올레길민박식당
064-794-7083/상동포구
성게칼국수와 소라죽을 잘하는 집. 성게칼국수 8천원. 정식 7천원. 최근에 개장해 시설이 깔끔하다. 숙박비 3만원.

② 가파도민박식당
064-794-7083/하동포구 근처
주민들이 애용하는 35년쯤 된 집으로 오직 정식 한 가지 메뉴만 있다. 성게미역국, 옥돔구이, 보말무침 등이 나온다. 정식 6천원. 숙박비 3만원.

진우석의 팁

10-1코스 놓칠 수 없는 명풍경
5월 섬 전체가 청보리로 물결치는 모습. 특히 보리밭 산책로 A코스에서 바라보면 보리밭, 시퍼런 바다, 산방산과 한라산이 어우러져 장관을 이룬다.

매점

상동포구, 하동포구

화장실

상동포구 여객터미널, 가파초등학교, 웅진물

제주의 허파 역할을 하는 곶자왈은 생태계의 보고다

모슬포~무릉

하모체육공원(모슬포항) → 산이물(800m) → 대정여고 앞(2.2km) → 모슬봉(5.6km) → 정난주 마리아 성지(9km) → 신평곶자왈(11.5km) → 무릉곶자왈(14.1km) → 무릉2리 제주자연생태문화 체험골(17km)

거 리 17㎞
시 간 5~6시간
난이도 무난하게 완주할 수 있어요
출발지 서귀포시 대정읍 하모리 하모체육공원(모슬포항)
종착지 서귀포시 대정읍 무릉2리 제주자연생태체험골

생명 공존의 철학을 배우는 곶자왈 올레

모슬봉에 올라 대정읍 들판을 굽어보고 생태계 보고인 곶자왈로 들어가는 올레다. 해안에서 시작해 해안에서 끝나던 올레와는 달리 11코스는 곶자왈이 종착지다. 곶자왈 같은 제주의 아름다운 중산간의 숲을 소개하겠다는 숨은 의도 때문이다. 예전에는 20㎞가 넘는 먼 길이었지만, 코스 변동 덕분에 17㎞로 단축됐다. 대정읍 시내를 구경하다 모슬봉을 넘으면 정난주 마리아 성지다. 여기서 올레길은 신평과 무릉곶자왈의 신비로운 숲 터널로 들어간다.

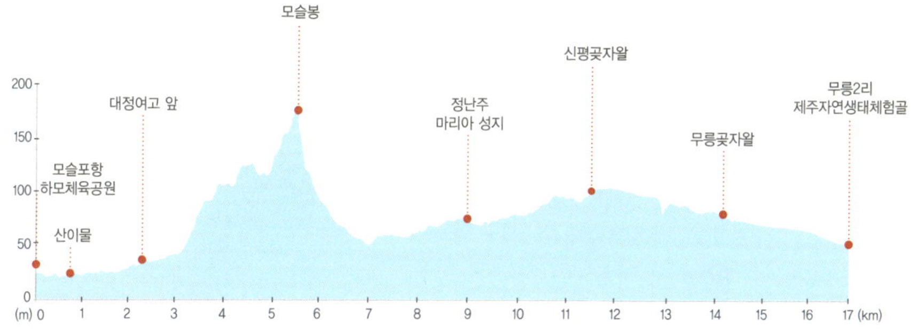

1 모슬포항 하모체육공원 하모체육공원 하모 올레안내소를 출발하면 홍마트 앞에서 길을 건너 모슬포항으로 들어간다. 예전에는 올레안내소 뒤편 대정중학교 쪽으로 이어졌다. 코스가 변경됐기에 주의해야 한다.

2 산이물 낚시꾼 벽화가 많이 그려진 모슬포항은 생각보다 크지 않고 항구 특유한 정취가 살아 있어 반갑다. 파랑도 다방 앞에서 골목으로 빠져 대정오일시장을 지나면 대정해수사우나를 만난다. 여기서 해변을 따르면 곧 산이물 공원과 용천수 산이물을 만난다.

3 대정여고 깨끗하게 단장한 산이물을 구경하고 출발하면 올레길은 마을길과 마늘밭 돌담을 구불구불 타고 돈다. 모퉁이를 돌 때마다 잘 생긴 모슬봉이 불쑥 고개를 내민다. 대정청소년수련관을 지나면 일주도로를 만난다. 도로를 건너 대정여고 앞에서 모슬봉 둘레길이 시작된다.

4 모슬봉 모슬봉 7~8부 능선으로 이어진 모슬봉 둘레길은 의외로 길고 아기자기하다. 길을 찾아 가는 재미가 쏠쏠한데, 대정여고 앞에서 모슬봉 정상 이정표까지 1시간쯤 걸린다. 모슬봉 정상 부근(정상은 출입 통제)은 조망이 일품. 산방산~송악산~모슬포로 이어지는 제주 남서부가 거침없이 펼쳐진다.

5 정난주 마리아 성지 한라산과 한동안 눈을 맞추다 하산하면 공동묘지 지대를 지난다. 보성농로를 통과하면 천주교 성지 정난주 마리아 묘소로 들어선다. 묘소는 성역화 작업을 거쳤기에 잘 꾸며졌고, 분위기도 경건하다.

❽ 무릉2리 제주 자연생태체험골 곶자왈 숲은 미로처럼 이어지기에 계속 걷게 된다. 잔디밭이 넓게 펼쳐진 곳을 지나면 한동안 숲이 이어지다가 '2008 제9회 아름다운 숲 전국대회 공존상 제주 무릉곶자왈 숲길' 안내판이 나타난다. 이 팻말을 만나면 곶자왈의 막바지다. 곧 곶자왈이 끝나고 올레길은 인향동 마을을 지나 무릉2리 자연생태체험골에서 마무리된다.

❼ 무릉 곶자왈 신평 곶자왈은 좀 밝은 느낌이 들지만, 무릉 곶자왈로 들어서면 대낮에도 컴컴하다. 그만큼 숲이 울창하다는 뜻이다. 길섶에는 고사리류가 지천으로 널려 원시적인 분위기를 물씬 풍기고, 검은 돌담과 각종 난대림이 어우러져 꼭 다른 세상에 들어선 느낌이다. 곶자왈에서는 방향을 알 수 없기에 길을 잃지 않도록 주의해야 한다. 이정표를 잘 따르면 문제없다.

❻ 신평 곶자왈 정난주 마리아 묘소를 지나 도로를 따라가면 신평삼거리 신평리 마을회관을 만나고, 조금 더 가면 신평 사거리에 이른다. 여기서 올레길은 곶자왈로 들어가는 농로로 이어진다. 숲이 점점 울창해지면서 신평 곶자왈이 시작된다.

 **출발지 찾아가기**

제주 시외버스터미널에서 대정행 직행버스(평화로 경유)를 타고 모슬포항 입구에 내려 하모체육공원까지 5분쯤 걸어가면 된다. 서귀포에서는 신시외버스터미널에서 서회선일주 버스를 타고 모슬포항 입구에서 내린다.

 **제주시/서귀포시로 돌아오기**

자연생태문화 체험골에서 무릉보건소 버스정류장까지 도보로 5분 거리. 보건소 앞에서 모슬포행 버스(12:20 14:10 15:40 16:05 17:00 19:00 19:25)를 탄다. 제주로 가려면 평화로를 경유하는 제주행 버스가 빠르고, 서귀포는 서일주 노선을 탄다.

 **패스포트 스탬프 확인 장소**

시작 하모 제주올레 안내소

중간 모슬봉 정상 앞

종점 무릉2리 제주자연생태체험골

유용한 전화번호

제주올레 콜센터
064-762-2190

모슬포 콜택시
064-794-5200

A 하모리

모슬봉 아래 광활한 해안 평야 지대에 자리한 유서 깊은 마을로 대정읍의 교통과 상권의 중심이다. 동쪽으로 송악산, 남쪽으로 가파도와 마라도를 마주하고 있다. 해안에 용

천수가 풍부하여 일찍이 마을이 형성되었다. 자연마을로는 상동, 당전동(堂田洞), 영수동 등이 있다. 당전동은 옛날 당이 있어 무당은 물론 동네 사람들까지 찾아와 소원을 빌었다고 하여 당밭이라 불리던 곳으로, 후에 한자표기에 의해 당전동이라 부르게 되었다.

B 모슬포항

제주도 남서부 지역의 대표적인 항구로 서귀포시 대정읍 하모리에 있다. 모슬봉(180.5m)과 가시악(106.5m)이 항구를 감싸는 천혜의 항구다. 모슬포항 앞바다로부터 마라도 남쪽 바다 사이에는 방어·도미·옥돔·감성돔·삼치·우럭·전갱이 등의 다양한 어족이 서식하여 예로부터 황금어장으로 소문이 나 있다. 이에 모슬포항은 연근해어업을 위한 어업 전진기지 역할을 했고, 강풍

이 불 때는 동중국해에서 작업하는 어선들이 모여 들어 피난항의 역할을 한다. 1918년에는 일본 오사카 항로가 개통되어 취항했었다. 당시 오사카행 배가 입항하는 날은 부두가 인파로 혼잡을 이루었다 한다. 1971년부터 가파도와 대한민국 최남단인 마라도를 연결하는 여객선이 운항하고 있다. 해마다 11월 중순에는 모슬포항 일원에서 '최남단 방어축제'가 열린다. 모슬포는 국내 최대의 방어생산지이자 방어의 상품 가치가 가장 높은 곳으로 10월부터 2월까지 마라도를 중심으로 방어 어장이 형성된다.

C 산이물

하모리 해안 근처에 솟는 용천수. 커다란 원형으로 깨끗하게 단장했고, 가운데 담장을 사이에 두고 남탕과 여탕이 나누어져 있다. 주민들은 여기서 빨래와 채소 등을 씻고, 여름철이면 목욕을 한다.

D 모슬봉

대정읍 모슬포 평야지대 한가운데 우뚝 솟은 오름으로 높이 180.5m. 모슬개(모슬포)에 있다고 하여 모슬봉이란 이름이 붙었다. 모슬은 모래를 뜻하는 제주어 모살에서 나온 말이고 개는 포구를 말한다. 상모리, 하모리, 보성리, 동일리 등 4개 동네의 경계가 오름 꼭대기에서 만난다. 조선시대에는 정상부

에 봉수대가 있었고, 지금은 군부대 레이더기지가 있다. 한국전쟁 당시에는 오름 기슭에 육군 제1훈련소가 있었다. 현재 오름에는 대정읍에서 가장 큰 공동묘지가 자리한다.

E 정난주 마리아 성지

정난주는 다산 정약용의 형인 정약전의 딸이고, '황사영 백서사건'으로 처형된 황사영의 아내다. 황사영은 열여섯 나이인 1790년 진사시에 급제한 신동이다. 황사영은 1801년(순조 1) 신유박해를 피

해 충청도 배론에 피신해 은거하던 중 베이징 주교에게 박해의 전말을 알리고 조선 교회의 재건책을 제시하는 편지를 써 보내려다 발각되어 처형당했다. 황사영이 처형되자 정난주는 두 살배기 아들 황경한을 품에 안고 제주 관노로 귀양길에 올라야 했다. 정난주는 추자도에 이르러 아들이 평생 죄인으로 살아가야 함을 걱정하여 예초리 물쌩이끝 바위에 아들을 내려놓고 떠났다. 갯바위에 놓인 황경한은 그 울음소리를 듣고 찾아온 어부 오씨에 의해 키워졌다. 정난주는 평생 자식을 그리워하다 66세의 나이로 병사했다. 1994년 제주도 천주교 신자들이 정난주의 묘를 성지로 조성했다. 정난주 만큼 올레와 인연이 깊은 사람도 드물다. 그의 아들 황경한은 추자도(올레 18-1코스)에 묘가 있다.

F 신평~무릉 곶자왈

곶자왈은 제주 고유어로 화산이 분출할 때 점성이 높은 용암이 크고 작은 바위 덩어리로 쪼개져 요철(凹凸)지형이 만들어지면서 나무, 덩굴식물 등이 뒤섞여 숲을 이룬 곳을 말한다. 곶자왈은 제주도의 동부, 서부, 북부에 걸쳐 넓게 분포하며, 지하수 함량이 풍부하고 보온, 보습 효과가 뛰어나 북방한계 식물과 남방한계 식물이 공존하는 세계 유일의 독특한 숲이다. 또한 한라산에서 중산간을 거쳐 해안선 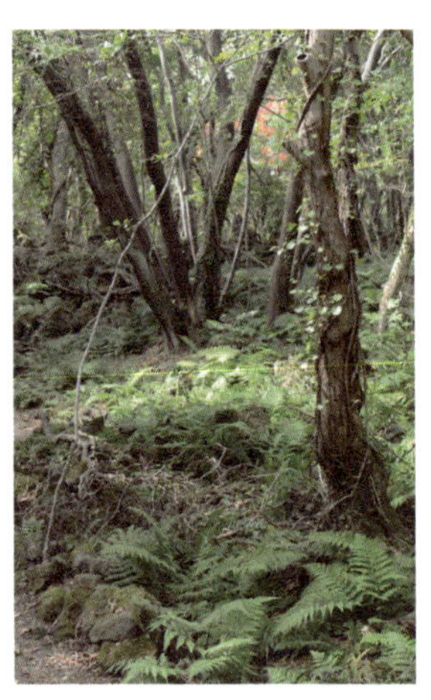 까지 분포함으로서 동·식물이 살아가는데, 완충 지대 역할을 해준다. 곶자왈이 제주 생태계의 허파 역할을 하기에 곶자왈공유화재단(www.jejutrust.net)은 중요 곶자왈을 매입하는 곶자왈 공유화 운동을 펼치고 있다.

G 무릉 2리

무릉도원이라 불리는 무릉2리는 제주 서남쪽 위치한 중산간 마을로 인향동, 좌기동, 평지동이 모여 있다. 비옥한 토양이 광활한 평야와 곶자왈이 아름답게 동네를 감싸고 있다. 정개밭, 왕개동산, 구남물, 구시흘못 등은 아름다운 생태환경을 그대로 보존하고 있다. 한라산 밀림지대에 인접한 이 지역에는 자연적으로 패인 웅덩이가 산재하여 예로부터 야생동물들이 많이 살았다. 예전에는 대정현감이 이곳을 수렵 처로 정하기도 하였다. '생명의 숲'과 산림청이 주최한 2008년 아름다운 숲 전국대회에서 이곳 곶자왈이 아름다운 공존상(우수상)을 받기도 했다.

H 제주 자연생태체험골

올레지기로 활동하는 강영식 촌장이 운영하는 곳으로 제주의 자연과 문화를 체험할 수 있다. 제주의 식물, 곤충, 조류, 해양 동식물 등 다양한 생물의 생태를 관찰할 수 있으며 제주 돌담쌓기, 장작패기, 도리깨 타작, 귤 따기 등 제주 조상의 생활상과 놀이도 시기별로 체험할 수 있다. 강 촌장은 11코스와 14-1 곶자왈 올레길을 개척하는데 큰 노력을 했다.

생이기정에서 본 차귀도 일몰.

제주자연생태문화체험골–도원연못(4.2km) → 녹남봉(5.6km) → 신도포구(9.3km) → 수월봉(12.8km) → 자구내포구(14.8km) → 생이기정(16.2km) → 용수포구(17.4km)

거 리 17.4㎞
시 간 5~6시간
난이도 무난하게 완주할 수 있어요
출발지 서귀포시 대정읍 무릉2리 제주자연생태문화체험골
종착지 제주시 한경면 용수포구

제주 서쪽 끝에서 만난 축복 같은 풍경들

들, 오름, 바다를 오르내리며 제주 서부의 절경을 감상하는 올레다. 그동안 서귀포 해안을 따라온 올레길은 제주시 구간으로 바통을 넘겨준다. 무릉2리 중산간 지대를 내려온 길은 마늘밭이 풍요로운 신도리를 지나 수월봉으로 이어진다. 제주 서쪽의 끝 지점인 수월봉 정상에 서면 한라산이 먼 나라처럼 아득하고, 짙푸른 바다에는 차귀도 여러 섬이 보석처럼 빛난다. 수월봉을 내려오면 엉알길을 따라 자구내포구로 들어선다. 용수포구 직전 당산봉 생이기정이 12코스의 하이라이트. 차귀도 너머로 노을이 지는 모습은 가슴을 뭉클하게 적신다.

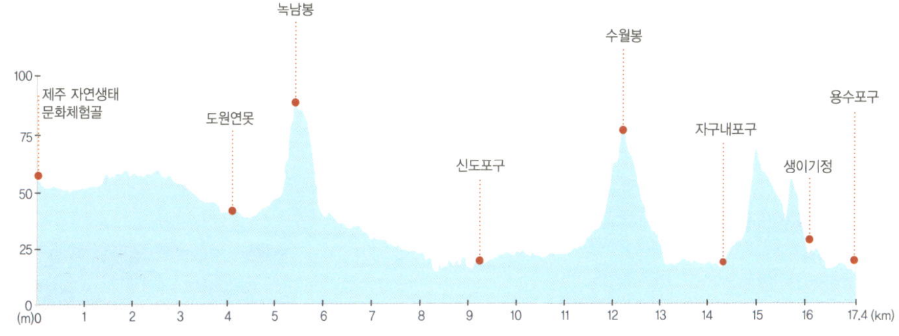

❶ 제주 자연생태문화체험골 제주 자연생태문화체험골을 출발한 올레길은 무릉2리 마을을 구석구석 돌아본다. 마을은 무릉도원처럼 평화롭다. 특히 5월에는 마을 전체가 황금빛 보리 물결로 출렁거린다.

❷ 도원연못 평지교회를 지나 마을을 벗어나면 아담한 습지인 도원연못에 이른다. 연못의 둑길은 한가하고 날아드는 새들의 모습이 평화롭다.

❸ 녹남봉 연못을 벗어나면 녹남봉을 바라보며 마늘밭 가운데로 난 돌담길을 걷는다. 녹남봉 입구에서 정상까지 15분쯤 걸린다. 정상의 아담한 분화구를 주민들이 밭으로 일궜다. 정상에서 내려오는 길에 소나무 사이로 가야할 수월봉이 아스라하다.

❹ 신도포구 녹남봉을 내려오면 폐교된 초등학교 건물에 들어선 산경도예를 만난다. 건물 앞에 내놓은 도자기로 만든 주전자와 망태버섯 등이 앙증맞다. 산경도예를 나오면 토지가 비옥하기로 유명한 신도2리 마을을 가로질러 도원횟집 앞에서 바다를 만난다. 이곳 바닷가 거친 현무암 지대에 낸 길을 '신도바당올레'라고 부른다. 현무암 지대에 연못처럼 물이 고인 도구리알, 방사탑 등이 이어져 지루하지 않다.

❽ 용수포구 생이기정은 차귀도 일대의 눈부신 바다를 바라보며 해안절벽 위를 걷는 멋진 길이다. 바다는 물론 한라산과 중산간 일대 조망이 좋다. 특히 가을철에는 수북한 억새가 키를 넘기고, 하늘거리는 억새 사이로 노을이 지는 모습이 일품이다. 생이기정이 끝나는 지점에서 도로를 좀 따르면 절부암이 있는 용수포구에 도착한다.

❼ 생이기정 자구내포구를 나와 이어진 도로를 500m쯤 더 가면 '섬풍경 펜션'이 나오는데, 이곳이 당산봉 입구다. 당산봉 정상 일대는 군부대가 있어 잠시 시멘트 도로를 따르다가 왼쪽 산길로 방향을 튼다. 당산봉 능선에 오르면 시야가 넓게 열리면서 12코스의 압권인 당산봉 '생이기정'이 시작된다.

❻ 자구내포구 바다에 펼쳐진 차귀도를 감상하고 수월봉을 내려오면, 화산 퇴적구조를 감상할 수 있는 '엉알길'이 이어진다. 이 길은 제주올레를 통해 세상에 알려진 또 하나의 숨겨진 비경이다. 용운천과 수월봉 전설에 나오는 '녹고의 눈물 샘'을 지나면 차귀도가 가까운 자구내포구로 들어선다.

도원연못
❸ Ⓐ ❷
녹남봉

❶ 제주 자연생태체험골

❺ 수월봉 '신도바당올레'가 끝나는 지점이 신도포구다. 여기서 올레길은 바다를 벗어나 내륙으로 방향을 돌린다. 밭길을 가로질러 만나는 한장동 마을회관에서 좀 더 오르면 수월봉 정상이다. 정상 부근의 특이한 건물은 고산기상대다.

 **출발지 찾아가기**

제주시외터미널에서 평화로를 경유하는 모슬포행 버스를 타 모슬포에서 내린다. 여기서 신창-모슬포 순환버스로 갈아타 무릉2리로 간다. 서귀포시외 버스터미널에서 서회선 일주 버스를 타고 모슬포에 내려 신창-모슬포 버스로 갈아탄다.

 **제주시/서귀포시로 돌아오기**

용수포구에서 13코스 방향으로 20분쯤 걸으면 일주도로를 만난다. 이곳이 충혼묘지 버스정류장이다. 여기서 제주시와 서귀포시로 가는 일주버스를 이용한다.

 **패스포트 스탬프 확인 장소**

시작
무릉2리 제주자연생태문화체험골

중간 산경도예

종점 용수 어촌계 편의점

유용한 전화번호

제주올레 콜센터
064-762-2190

모슬포 콜택시
064-794-5200

한경 콜택시
064-772-1818

150

A 녹남봉

대정읍 신도리를 수호하는 오름으로 높이 100.4m. 예전에 녹나무가 많아 녹남봉, 농남봉 등으로 부른다. 오름에 울창했던 녹나무는 일제시대와 4.3사건을 거치면서 벌채되거나 불태워져 지금은 거의 남아 있지 않다.

녹나무는 귀신을 물리치는 나무로 믿어져왔으며 천연 항균기능이 있는 것으로 알려졌다. 최근에 옛 녹남봉의 모습을 되찾기 위해 녹나무를 심는 작업이 진행 중이다. 오름 능선을 따라 산책로가 조성되었고, 체력단련장이 있다. 소나무 잡목 사이로 한라산을 비롯한 사방 조망이 좋은 편이다. 정상의 원형 굼부리는 개관되어 밭으로 이용되는데, 가마솥처럼 생겼다고 해서 가메창이라고 부른다. 신도리 주민들은 마을의 안녕과 오곡이 풍성하기를 기원하는 농포제를 녹남봉에서 지낸다.

B 신도리

제주에는 '일강정, 이도원, 삼번내'라는 말이 있다. 제주에서 토양이 비옥하기로 소문난 세 곳으로 일강정은 강정동, 이도원은 신도리, 삼번내는 화순리를 말한다.

신도리의 원래 이름은 도원이었는데, 새 도원이란 뜻으로 신도리로 바꾸었다. 신도리는 쌍둥이가 많은 것으로 유명하다. 산경도예 건너편에 두 개의 바위가 쪼개진 모양으로 붙어 있어 쌍둥이바위로 불린다. 이 바위와 나란히 하고 있는 12가구가 모두 쌍둥이를 출산했다고 한다. 그리고 바위 뒤로 이사 온 사람도 역시 쌍둥이를 낳았다고 하니, 가히 쌍둥이 마을이라 해도 과언이 아니다.

C 도구리알

신도리 바닷가를 따르는 '신도바당올레'에는 도구리가 4개 있다. 도구리는 나무나 돌의 속을 둥그렇게 파낸 돼지나 소의 먹이통을 말한다. 신도바당올레에는 현무암이 만든 도구리처럼 넓은 공간이 있는데, 주민들은 도구리알이라 부른다. 알은 아래를 뜻하는 제주 방언이다. 운이 좋으면 도구리알 속에서 파도에 쓸려온 물고기나 문어 등을 볼 수 있다. 이곳에 도구리알이 아직까지 남아있는 것은 주민들이 바다를 깨끗하게 보존하기 위해 양식장 설치를 반대했기 때문이라고 한다.

D 수월봉

한경면 고산리 드넓은 고산평야 서쪽에 남북으로 길게 누운 높이 78m의 오름으로 예로부터 영산으로 알려졌다. 오름 기슭의 해안단구는 선사시대 유적이고, 2000년 11월에는 오름 중턱에서 1757년(영조 33) 제주 목사 남지훈이 세운 조선영산비가 발견됐고, 같은 해에 이를 복원해 정상에 수월봉영산비를 세웠다. 이름 유래는 오름 기슭에 노꼬물이라는 샘이 있어 노꼬물오름,

벼랑에서 물이 떨어져 내리므로 물놀이오름, 오름 모양이 물 위에 뜬 달과 같다 하여 수월봉 등으로 불린다.
수월봉에는 지명 유래와 관련된 슬픈 전설이 전해진다. 고산리

❶ 신도 고인옥 할망집
064-792-1542/신도1리
할망의 정을 느낄 수 있는 숙소. 1인 2만원, 2인 이상 1인당 1만원.

❷ 차귀도 펜션
064-772-5545/자구내포구
시설 깔끔한 숙소로 가볍게 산책하면서 당산봉 일몰을 감상할 수 있다. 1박 4~5만원. 게스트하우스 2인 2만5천원.

❸ 용수노을이 아름다운 펜션
064-772-5587/용수포구
숙소에서 바라보는 바다 풍경이 멋지다. 1박에 올레꾼 4만원.

❶ 도원횟집

011-639-4119.
녹남봉을 내려와 바다를 만나
는 신도2리에 위치해 점심 먹기
에 좋은 곳이다. 올레꾼보다 토
박이들이 더 많지만 점점 입소
문을 타고 올레꾼도 많이 찾는
다. 활어는 전부 자연산만을 취
급한다. 회덮밥 8천원.

❷ 차귀도달래식당

064-773-2244/자구내포구
배낚시체험으로 잡은 고기로
튀김과 매운탕을 끓여주는 집.
낚시체험 1인 2만5천원. 매운탕
1인 6천원.

152

마을에 누나 수월이와 남동생 녹고가 홀어머니와 살고 있었다. 어느 날 홀어머니가 중병에 걸렸는데, 백약을 써봐도 효험이 없었다. 마침 지나가던 스님이 남매에게 처방을 말해 주었다. 남매는 스님이 말해 준 100가지 약초를 구하려 사방을 돌아다녔다. 그렇게 해서 드디어 99가지 약초는 구했는데, 한 가지 약초, 즉 오갈피를 구할 수 없었다. 남매는 바닷가를 지나다가 낭떠러지 절벽 중간에 오갈피가 있는 것을 찾아냈다. 남매는 단숨에 산 위로 올라갔다. 그런데 아무리 찾아봐도 절벽 중간으로 내려갈 방법이 없었다. 할 수 없이 누나가 동생의 팔을 잡고 내려가기로 하였다. 다행히 누나는 약초를 캐어 동생에게 건넸는데, 마지막 약초를 캤다는 기쁨에 동생이 그만 누나의 손을 놓고 말았다. 그 순간 누나는 절벽 밑으로 떨어져 죽고 말았다. 녹고는 죽은 누이를 생각하며 눈물을 흘렸는데, 그 눈물이 샘이 되어 지금도 흐르고 있다. 그래서 봉우리 이름을 수월봉, 이곳에 흐르는 약수를 '약수 녹고물'이라 부른다.

E 엉알길

수월봉 아래 바다 쪽에는
깎아지른 절벽이 펼쳐지
는데, 이곳에 난 길을 엉
알길이라 한다. 엉알은
큰바위, 낭떠러지 아래라
는 뜻이다. 수월봉 아래
절벽에서 시루떡을 쌓은

것 같은 화산쇄설암 퇴적구조를 잘 관찰할 수 있다.

F 자구내포구

당산봉을 등지면서 차귀
도가 코앞인 천혜의 포구
다. 여기서 차귀도를 오
가는 여객선이 다닌다.
한치와 오징어가 맛있기
로 유명하고 길을 따라
오징어와 한치를 말리는

모습이 이색적인 풍광을 연출한다. 포구 옆에는 1930년에 세워진 작은 도댓불이 원형 그대로 잘 보존되어 있다.

G 차귀도

자구내포구에서 배로 10분쯤 걸리는 차귀도는 제주에 딸린 무인
도 가운데 가장 큰 섬이다. 죽도, 지실이섬, 와도의 세 섬과 작
은 부속섬을 거느리고 있다. 섬은 깎아지른 해안절벽과 기암괴석
이 절경을 이루며 섬 중앙은 평평하다. 제주에서 일몰이 가장 아
름다운 곳으로 유명하다.

차귀도는 제주도에서 아
열대성이 가장 강한 지역
이다. 섬에는 시누대, 들
가시나무, 곰솔, 돈나무,
도깨비고비, 해녀콩, 갯
쑥부쟁이 등 총 82종의

식물이 자란다. 주변 바다는 수심이 깊어 참돔, 돌돔, 흑돔 등 어
족이 풍부하다. 또한 홍조식물, 해면동물, 극피동물 등이 다양해
우리나라 해조류 분포에 매우 중요한 지역이다. 차귀도 일대는
2000년에 천연보호구역으로 지정됐다.

차귀도에는 호종단과 얽힌 전설이 내려온다. 호종단은 제주의 수
맥과 지맥을 끊고 고산 앞바다에서 돌아가는 길에 날쌘 매를 만
났다. 매가 돛대 위에 앉자 별안간 돌풍이 일어 배가 가라앉았다.
이 매가 바로 한라산의 수호신이고 지맥을 끊은 호종단이 돌아가
는 것(歸)을 막았다(遮)하여 대섬(죽도)과 지실이섬을 합쳐서 차
귀도라 불렀다고 한다.

H 당산봉과 생이기정

한경면 용수리 자구내포구 뒤에 솟은 오름으로 높이 148m. 예
전에 이곳에 당이 있었다 해서 당오름과 당산봉, 당에서 섬긴 신
이 뱀이라 부르던 사귀(蛇鬼)가 차귀로 와전되어 차귀오름 등으
로 불린다. 주봉인 남쪽 봉우리에 삼각점이 있고, 서쪽 봉우리에

당산봉수(차귀봉수)가 있었
다. 북쪽은 말굽형 굼부리
가 크게 열린 형상이고, 바
다를 접한 서북쪽은 아찔한
해안절벽을 이룬다. 이 절
벽에 뚫린 동굴을 저승굴

혹은 저승문으로 부른다. 또한 겨울철에는 철새들의 낙원으로 가
마우지, 재갈매기, 갈매기 등이 떼지어 산다. 생이기정은 새가 많
은 것에 착안해 제주올레에서 붙인 이름이다. 생이는 새, 기정은

12코스 놓칠 수 없는 명풍경
엉앙길에서 본 수월봉 아래의 화
산 퇴적 구조
당산봉 해안절벽에 뚫린 저승굴
생이기정에서 본 차귀도

전망 좋은 곳
수월봉에서 본 한라산 일대와 차
귀도

매점
수월봉 정상 밑, 자구내포구, 용
수포구 등

화장실
무릉2리 제주자연생태체험골,
평지교회, 도원횟집, 수월봉 정
상, 자구내포구, 용수포구 등.

153

절벽이란 뜻으로 많은 새를 볼 수 있고, 새처럼 날아가는 기분을
느낄 수 있기에 그런 이름을 지었다고 한다.

I 김대건 신부 표착기념관

한국 최초의 천주교 신부인 김대건
(1822~1846)은 1845년 중국 상하
이에서 사제 서품을 받은 뒤 귀국하
다 풍랑을 만나 표착하였는데, 그
표착지점이 바로 용수포구(용수항)
다. 천주교 제주교구는 1999년 9월 용수리포구를 성지로 선포하
고 2006년 11월 포구 앞에 김대건신부 표착기념관을, 2008년 9월
기념관 옆으로 등대 모형의 기념성당을 건립했다.

J 용수포구

12코스의 종착점인 용수포구는 전형적인 어촌마을의 소규모 어항
이다. 옛 이름은 쇠머리코지(쉐머리코지, 소머리코지, 우두곶) 자
락에 있는 포구라 하여 우두포, 기와를 굽던 도요지가 있다고 해
서 지서개(기와를 뜻하는 제주어) 등으로 불렀다. 포구를 낀 쇠머
리코지 정상에는 조선시대에 횃불과 연기를 피워 정치 · 군사적으
로 급한 소식을 전하던 우두연대(牛頭煙臺)가 있었지만, 지금은
형체가 모두 사라졌다. 포구 왼편과 오른편으로는 마을의 액운을
막기 위해 세운 방사탑이 하나씩 서 있다. 바다에서 시신이 자꾸
올라오자 바다 쪽의 허한 기를 보강하기 위해 세웠다 하며, 탑 위
에 새의 부리 모양과 비슷한 돌이 놓여 있어 탑 이름을 '매주제기'
라고도 한다. 북탑은 '새원'이라는 암반 위에 있어 '새원탑'이라 하
고, 남탑은 '화성물'이 주변에 있어 '화성물탑'이라고 한다.

생이기정에서 날아오른 새와 차귀도 일몰. ●
자구내포구와 용수포구 일대에서는 오징어를 널어 말린다. ● ●
물질 나가는 신도리 해녀들. 활짝 웃음꽃을 피웠다. ● ● ●

저지오름의 신비로운 숲길로 오솔길이 이어져 있다.

용수~저지

용수포구 → 용수저수지(3.2km) → 특전사 숲길(4.8km) → 고목 숲길(6.8km) → 낙천리 아홉 굿 마을(8.7km) → 뒷동산 아리랑길(11.9km) → 저지오름(13.8km) → 저지마을회관(15.8km)

거 리 15.8km
시 간 4~5시간
난이도 무난하게 완주할 수 있어요
출발지 제주시 한경면 용수포구
종착지 제주시 한경면 저지마을회관

저지오름 향한 그윽한 숲길 올레

중산간 지대의 평화로움과 저지오름의 울창한 숲이 어우러진 올레다. 줄곧 해안가를 따르던 올레길은 내륙으로 방향을 틀어 중산간 지대에서 끝맺는다. 용수포구를 출발하면 용수저수지, 특전사 숲길, 고목 숲길, 고사리 숲길이 연달아 나타난다. 천여 개의 의자가 설치미술처럼 자리한 낙천리는 올레꾼들의 '쉼팡'마을. 전국숲대회 대상에 빛나는 저지오름의 숲은 깊고 짙다. 오름 전망대에 서면 한라산과 비양도 일대의 웅대한 조망이 감동적으로 펼쳐진다.

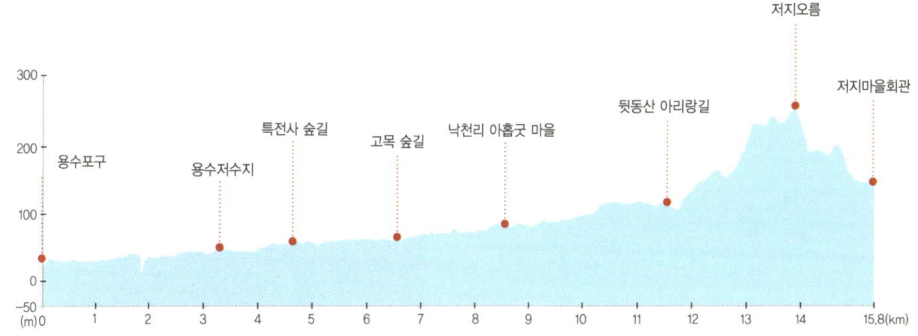

❶ 용수포구 포구를 출발하기 전에 절부암을 구경하자. 포구 맞은편 숲속에 펼쳐진 깎아지른 기암 오른쪽에 있다. 절부암이 새겨진 작은 바위다. 포구를 출발해 20분쯤 마을을 지나면 충혼묘지 사거리에 닿는다.

❷ 용수저수지 충혼묘지사거리에서 일주도로를 건너면 용수저수지 간판을 따라 중산간 지대로 이어진다. 돌담 사이 '복원된 밭길'을 휘적휘적 건너면 용수저수지다. 저수지 둑길은 호젓하다. 철새들이 날아들어 먹이를 쪼는 모습이 풍요롭고 평화롭다.

❸ 특전사 숲길 저수지 둑길은 특전사 숲길로 이어진다. 미로처럼 이어진 이 길은 키 큰 돌담과 곶자왈 숲이 어우러져 독특하다. 제주올레의 요청으로 공수특전여단 병사들이 기꺼이 팔을 걷어붙이고 길을 만들었다고 한다.

❹ 고목 숲길 특전사 숲길이 끝나면 나물밭과 귤밭이 한동안 이어진다. 소나무 고목이 많은 고목 숲길은 걷는 맛이 좋고, 고사리가 많은 고사리 숲길은 짧지만 원시림 분위기를 물씬 풍긴다.

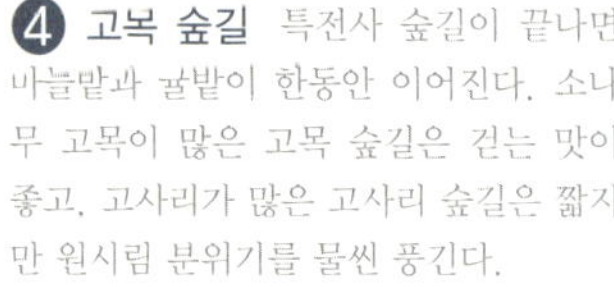

⑧ 저지마을회관 저지오름은 오름 능선을 한 바퀴 돌아 다시 입구로 돌아오게 된다. 호젓한 오름 숲길 산책로 따라 내려가면 '2007년 전국 아름다운 숲 대회 대상(생명상)–저지오름'이란 안내판을 만난다. 올레길은 저지리 마을로 내려와 저지마을 회관에서 마무리된다.

⑦ 저지오름 오름 입구의 삼나무 터널을 지나면 종가시나무, 예덕나무 등이 우거진 능선 숲길로 들어선다. 정상 전망대에 오르면 시야가 넓게 열리며 한라산의 품이 웅장하고, 반대쪽으로 산방산과 비양도 등이 시원하게 펼쳐진다.

⑥ 뒷동산 아리랑길 마을을 나오면 그윽한 돌담길인 낙천잣길을 만나고, 뒷동산 아리랑길로 이어진다. 그 이름처럼 구불구불 아리랑 고개를 오르는 느낌이다. 완만한 오르막을 한동안 걸으면 드디어 저지오름 입구다.

⑤ 낙천리 아홉굿 마을 하동 숲길이 끝나고 낙천리 마을이 가까워지면 앙증맞은 작은 나무 의자들이 보이기 시작한다. 중산간 지대의 평화로운 낙천리는 올레 섬팡마을. 마을의 체험마당에 이르면 3층 높이의 의자탑이 서 있다. 낙천리의 상징물인 의자탑 다리 사이로 들어서면 다양한 천여 개의 의자가 반긴다.

출발지 찾아가기

제주시외터미널에서 출발하는 서회선 일주버스를 타 충혼묘지 정류장에 내린다. 출발지는 여기서 용수포구 쪽으로 15분 거리에 있다. 서귀포 신시외버스터미널에서 출발하는 서회선 일주버스를 타 충혼묘지 정류장에서 내리면 된다.

제주시/서귀포시로 돌아오기

저지마을회관 건너편에 신창으로 가는 버스 정류장이 있다. 신창에서 제주행 버스로 갈아탄다. 서귀포로 가려면 저지마을회관 앞의 버스정류장에서 모슬포행 버스를 타 모슬포에서 서귀포행으로 갈아탄다.

패스포트 스탬프 확인 장소

없음

유용한 전화번호

제주올레 콜센터
064-762-2190

한경 콜택시
064-772-1818

숙소

❶ 낙천리 체험마을 민박
064-773-1947/낙천리
낙천리 사무소에서 민박을 소개시켜 준다. 1인당 1만5천원~2만원.

❷ 저지리 마을 민박
070-7098-4111/저지리
낙천리 사무소에서 민박을 소개시켜 준다. 1박 3만원(4인까지). 식사 5천원.

A 용수포구와 절부암

용수리 포구 뒤편에는 후박나무, 동백나무 등 난대식물 군락을 이루고 있는 일명 '엉덕동산'(엉덩동산)이 있고 그 안에 절부암(節婦岩)이란 바위가 있다. 1981년 8월 26일에 제주도 기념물 제9호로 지정된 이 바위에는 한 절부의 비통한 사연이 깃들어 있다. 조선후기 죽세공품을 만드는 강사철이 차귀도에서 대나무를 베어 돌아오다가 풍랑을 만난 실종됐다. 그의 부인 고씨가 시체라도 찾기 위해 며칠 밤낮 동안 해안가를 뒤졌으나 찾을 수 없었다. 이에 고씨는 남편을 따라 엉덕동산 숲 나무에 목을 매어 자살

했다. 고씨가 목을 맨 자리 가까운 바닷가에 남편의 시체가 떠오른 건 당연지사. 이 소문을 들은 신재우는 고씨의 묘소를 찾아가 참배한 후에 과거에 급제했다. 대정현감이 된 신재우는 열녀비를 세우고 부부 시신을 당산봉 서쪽 양지바른 곳에 합장해 제사를 올리고, 고씨가 죽은 바위를 절부암이라 명명했다.

B 용수저수지

한경면 용수리에 있는 인공 저수지로 가뭄에 대비하기 위하여 1957년 4월 30일에 만들었다. 일부 낚시꾼만 찾는 평화로운 저수지로 겨울철에는 많은 철새들이 찾아온다.

C 낙천리 아홉굿 마을

낙천리는 제주시 한경면 소재지인 신창리에서 동쪽으로 7km 지점의 중산간에 위치하고 있다. 동쪽으로 저지리와 청수리, 남쪽으로 산양리와 수룡동, 서쪽으로 고사리, 북쪽에는 조수리와 접해있다. 낙천리의 지명은 예전에는 서사미(西思味) 또는 서천미(西泉味) 등으로 불려왔다. 이는 조수리 기짐으로 서쪽의 샘을 뜻한다. 또한 '낙세미'라고도 불렀는데, 이는 샘이 풍부한 고을이란 의미를 갖는다. '아홉굿'이란 아홉 샘을 말한다. 마을이

분지를 이루고 토질이 점토질이어서 물이 잘 고인다. 350여 년 전 낙천리는 제주에서 처음으로 불미업(대장간)이 생긴 마을이다. 원시림이 우거진 이곳에 송가금씨가 두 아들을 데리고 양

질의 점토를 찾아 안착한 후 제주에서는 처음으로 불미업(대장간)을 이뤘다고 한다. 불미(대장간)가 시작되면서 뎅이(틀)에 필요한 흙을 채취 하다 보니 물통이 여러 곳에 생성되어 지금의 아홉굿 연못을 이루고 있다. 낙천리 마을회관 앞의 체험마당에는 천 개의 다양한 의자들이 자리했다. 마치 현대 설치미술의 한 장면을 연출하는데, 이 의자들은 마을 주민들이 모여 나무를 자르고 다듬어 만들었다.

D 저지오름

한경면 저지리에 위치한 오름으로 높이 239.3m, 둘레 2,542m. 오름 모양이 전체적으로 원형을 이룬다. 산 정상에는 둘레 약 800m, 깊이 약 60m에 달하는 깔때기 형태의 분화구가 있다. 오

름의 모양새가 새의 주둥이를 닮아 새오름, 오름에 닥나무가 많아 닥몰오름, 이를 한자로 대역하여 저지악(楮旨岳) 등으로 부른다. 생달나무, 청미래덩굴, 참빗살나무, 예덕나무, 먼나무, 육박나무 등 220여 종 2만여 그루의 나무가 자라 자연 학습 생태장으로 각광받고 있다. 저지오름의 깊고 짙은 숲은 2007년 아름다운 전국 숲 대회에서 대상을 받았다.

E 저지리 예술인마을

한경면에서 가장 높은 중산간 지대에 위치한 저지리는 저지오름을 중심으로 촌락이 형성된 마을이다. 현재 수동, 중동, 남동, 명리동, 성전동 등 5개 동으로 이루고 북동쪽에는 한림읍, 남쪽에는 대정읍과 안덕면에 접해있다. 마을에는 저명한 문화예술인들이 예술인촌을 형성해 예술인마을로 부른다. 2007년 개장한 제주현대미술관에서는 한글서예전시, 국악공연 등이 수시로 펼쳐지며 돌조각공원, 제주분재예술원 등이 마을에 자리 잡고 있다.

잉크를 풀어놓은 듯한 바다와 눈부신 백사장, 그리고 비양도가 어울리진 금능해수욕장

저지마을회관–큰소낭 숲길(2.5km) → 무명천 산책길(6.7km) → 월령포구(10.3km) → 금능등대 (12.2km) → 협재해수욕장(14.2km) → 옹포포구(16km) → 한림항 비양도 도항선 선착장(19.2km)

거 리 19.2km
시 간 6~7시간
난이도 무난하게 완주할 수 있어요
출발지 제주시 한경면 저지마을회관
종착지 제주시 한림읍 한림항 비양도 도항선 선착장

비양도와 어깨동무 하고 걷는 올레

고요한 중산간 지대에서 내려와 눈부신 금능·협재해변을 만나는 올레다. 평화로운 들판, 곶자왈처럼 무성한 숲길, 무명천 둑길을 지나면 선인장 가득한 월령해안을 만난다. 올레길은 13코스부터 중산간 지대를 돌았기에 금능·협재해변의 옥빛 바다가 더욱 눈부시게 아름답다. 해안길은 한림항까지 작고 아름다운 섬 비양도와 나란히 이어진다. 걸을수록 조금씩 돌아앉는 비양도는 오래된 친구처럼 친근하게 느껴진다.

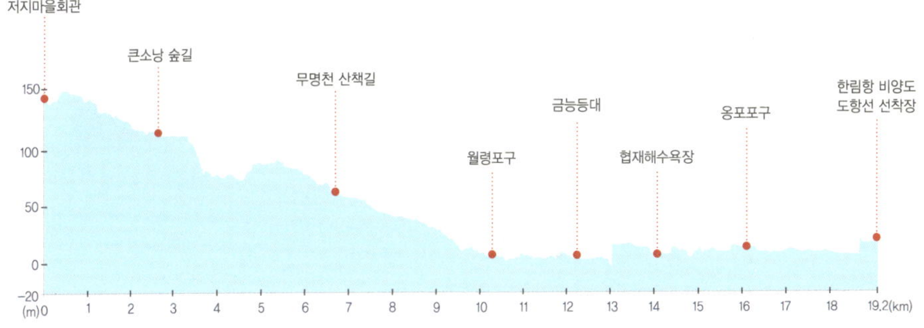

❶ 저지마을회관 저지마을회관 바로 앞 이정표를 따르면 14코스가 시작된다. 길 건너편으로 14-1 코스가 출발하기에 헷갈리지 말자. 저지리 마을을 둘러본 올레길은 나눔허브제약을 만난다.

❷ 큰소낭 숲길 소나무 고목이 많아 이름 붙은 큰소낭 숲길을 통과하면 오시록헌 농로를 만난다. 소박한 돌담과 나란한 길은 이름처럼 아늑하다. 짧고 호젓한 굴렁진 숲길을 지나면 선인장이 들어찬 선인장 숲길이 나타난다. 선인장이 사라지면서 월령 숲길로 들어선다.

❸ 무명천 산책로 건천인 무명천 둑방을 따라 한동안 내려가면 대규모 선인장 군락을 만난다. 이곳이 선인장 마을로 유명한 월령리다. 마을 돌담과 선인장이 어우러진 정겨운 모습을 감상하며 내려가면 일주도로다. 그 너머 시퍼런 바다가 아스라하다.

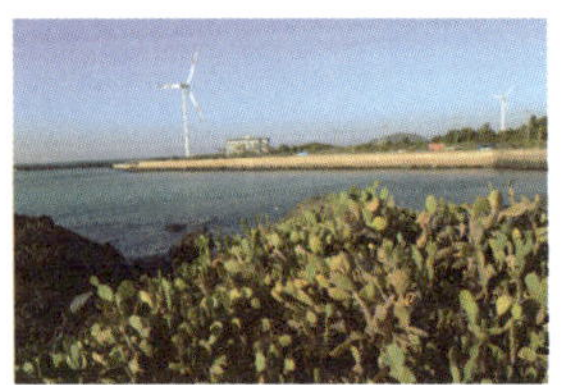

❹ 월령포구 백년초라 불리는 부채선인장(손바닥선인장)이 월령리 해안에 빼곡하다. 신기하고 이국적이다. 특히 노을이 질 때면 그 풍광이 멋지다. 선인장 해안을 나온 길은 풍력발전기가 서 있는 월령포구로 이어진다.

❺ 금능등대 해녀콩 자생지를 지나 모퉁이 돌면 드디어 비양도가 눈에 들어오고, 일성비치콘도 건물을 오른쪽으로 끼고 해안길을 걸으면 곧 금능등대가 나온다. 등대 옆에 경찰 초소가 있지만, 등대를 둘러보는 데 지장 없다. 등대 앞에서 보는 비양도와 바다 풍광이 멋지다.

한림항 비양도 도항선 석착장

비양도
G

협재해수욕장
금능해수욕장
금능등대
금능리

옹포포구

월령포구

무명천 산책로

큰소낭 숲길

저지마을회관

8 한림항 비양도 도항선 선착장 옹포마을을 나선 길은 한림항 입구를 거쳐 한림읍으로 이어진다. 한림읍은 지금까지 거쳐 온 올레길 중에서 가장 번화가다. 정박한 선박, 널어놓은 생선 등 항구의 평화로운 풍광을 감상하며 비양도 도항선 선착장에서 길었던 14코스를 마무리한다.

7 옹포포구 협재해수욕장을 빠져나와 다리를 건너면 협재리 마을로 들어서고, 마을 골목길을 따라가다 보면 옹포포구에 닿는다. 포구 앞에 잘 쌓은 방사탑이 우뚝하고, 그 뒤로 비양도가 펼쳐진다.

6 협재해수욕장 등대를 지나 멀리 신화처럼 솟구친 한라산을 바라보며 걷다 보면 금능마을이다. 마을을 구경하며 금능포구를 통과하면 드디어 금능해수욕장. 흰 백사장과 옥빛 바다, 그리고 비양도가 어우러져 장관이다. 야자수 늘어선 모래 언덕을 따르면 협재해수욕장으로 넘어간다. 중산간 지대에서 오랜만에 내려온 탓에 옥빛 바다는 더욱 황홀하게 보인다.

제주버스터미널에서 출발하는 노형~중산간 버스(06:40 07:40 09:30 15:30 17:30 18:50)를 타 저지리 마을회관에서 내리면 된다. 또는 서회선 일주버스를 타 신창에서 내린 후에 한경면사무소 후문 맞은편의 버스정류장에서 신창~모슬포 버스(06:25 07:07 09:10 10:10 11 12 13:20 14:50 15:40 16:40 18:10 19:04 20:57)를 타 저지마을 회관에서 내린다. 서귀포에서는 신시외버스터미널에서 출발하는 서회선 일주 버스를 타 모슬포에서 내린다. 모슬포 농협 앞 버스정류장에서 모슬포~신창 버스(06:48 07:40 10:10 14:20 17:50 19:50)를 타고 저지리 마을회관에서 내린다.

제주시/서귀포시로 돌아오기

한림항 비양도 선착장에서 시내 쪽으로 5분 거리에 수협 앞 버스정류장이 있다. 여기서 제주시 혹은 서귀포시로 가는 일주버스를 타면 된다.

패스포트 스탬프 확인 장소

없음

유용한 전화번호

제주올레 콜센터
064-762-2190

한경 콜택시
064-772-1818

한수풀 콜택시
064-796-9191

A 큰소낭 숲길, 오시록헌 농로, 굴렁진 숲길

저지마을을 벗어나면 등장하는 중산간 지대의 여러 길은 대부분 제주올레에서 새로 개척했다. 따라서 이름 없는 곳이기에 지형 생김새를 고려해 제주올레에서 일일이 이름을 붙였다.

'큰소낭 숲길'에서 낭은 제주어로 나무를 뜻한다. 큰 소나무가 많은 숲길이란 뜻이다. '오시록헌 농로'에서 오시록헌은 아늑하다는 의미다. '굴렁진 숲길'에서 굴렁진은 음푹 패인 지형을 뜻한다.

B 월령리 선인장 자생지

월령리는 한림읍 가장 서쪽에 위치한 마을이다. 옛 이름은 감은질, 즉 검은 길이란 뜻이다. 1990년대 초반에 한자 표기로 월령(月令)이라 하였다. 지형이 반달형이라서 월령이라 했다. 월령리에서는 돌담과 밭, 해안의 바위틈에서 자란 대규모 선인장 군락을 볼 수 있다. 관상용으로 많은 종이 재배되고 있는 선인장 종류 중 유일한 자생종이다. 원산지는 멕시코이며 흔히 형태가 손바닥과 같아서 제주도에서는 '손바닥 선인장'이라고 부르고 있다. 이 선인장은 쿠로시오 난류를 타고 남방에서 밀려와 해변의 바위틈에 기착한 것으로 추측한다. 선인장은 예로부터 민간약으로서 소

담제나 해열제로 쓰이며, 뱀이나 쥐의 침입을 방지하기 위하여 집의 경계인 돌담에 심었다고 한다.

선인장은 건조에 견디는 성질(내건성)이 매우 강하여 가뭄에도 좀처럼 고사하는 일이 없다. 여름철에 노란 빛깔의 꽃이 피고 11월엔 무화과 비슷한 빨간 열매가 맺는데, 이를 백년초라 한다. 선인장에서 두꺼운 잎처럼 보이는 부분은 줄기이고, 가시는 잎이 변형된 것이다. 최근에는 선인장의 열매가 약재로 쓰이고 있어서 재배면적이 증가하고 있다. 천연기념물 제429호.

C 금능리

한림읍 금능리는 제주시 중심지에서 서쪽 일주도로를 따라 35km 떨어진 해변에 위치한 마을이다. 동쪽으로 협재리, 서쪽으로는 월령리, 남쪽으로는 월림리와 접해 있다. 옛 이름은 베렝이다. 베렝이가 벌레의 뜻인지는 확실하지 않으며, 마을 안에 있는 속칭 금동산이라는 이름에서 따와 배령리(盃令里)라 하였다고도 한다. 협재해수욕장 옆에 있는 금능해수욕장이 유명하다.

D 금능해수욕장과 멸치후리기

'금능으뜸원해변'으로 부르는 금능해수욕장은 현무암층 위에 모래가 퇴적한 곳이다. 해수욕장 너머 북쪽에는 비양도가 있고 주변에는 광활한 사방조림지대로 무성한 송림지대가 있어 푸른 숲과 맑은 물이 어우러진다. 협재해수욕장의 유명세에 가려 있어 사람들이 적은 편이라 상대적으로 호젓한 해수욕을 즐길 수 있다. 비양도 너머로 지는 일몰이 아름다운 것으로 유명하다. 백사장에는 다른 해수욕장에 비해 해초들이 많다.

금능해수욕장은 협재해수욕장과 더불어 멸치후리기 전설이 내려

❶ 선인장국수
064-796-8881/월령리
저지리에서 출발했다면 중산간
지대에서 내려와 바다를 만나
면서 배는 더욱 고파진다. 월령
리 선인장 자생지를 지나면 월
령어촌계에서 운영하는 선인장
국수집이 반갑다. 이 집의 국수
는 백년초를 넣어 국수 색깔이
빨갛다. 백년초 멸치국수 5천
원. 백년초 해물짬뽕 6천원. 잡
어회 3만원.

❷ 제암식당
064-796-2858/협재해수욕장
버스정류장 앞
해물뚝배기가 올레꾼들에게 유
명하다. 해물뚝배기 7천원.

❸ 영일만 식당
064-796-3875/한림읍 제주은
행 뒤편
된장찌개, 생선구이, 간장게장
등이 푸짐하게 나오는 간장게
장 정식이 유명하다. 간장게장
정식 6천원.

온다. 과거 이곳 백사장은 멸치가 많이 잡혔다고 한다. 이곳에(선
지터) 그물을 보관했다가 매년 음력 6~7월이면 밤중에 물때에
맞춰 무동력선으로 그물을 놓고 사람들이 밧줄을 잡아당기면 멸
치 10석(150말)의 어획고를 올렸다고 한다. 잡은 멸치는 각 개인
에게 나누어 어린배추를 넣어 국을 끓여 먹도록 했고 남은 멸치
는 거름으로 썼다고 전한다.

E 협재리

한림읍 협재리는 동쪽으
로 옹포리, 서쪽은 금능
리, 남쪽은 상명리와 월림
리와 이웃해 있으며, 북
쪽은 바다를 사이에 두고
비양리를 마주보고 있다.
옛 이름은 섶나무가 많아
서 섶재라고 불렀다. 협은 민간에서 섶이라 하는데 협이 구개음
화한 제주도 방언이다. 협재해수욕장과 천연기념물로 보호하고
있는 소천굴·황금굴이 있으며, 한림공원 안에 종유굴과 쌍용굴
등의 많은 용암 동굴이 분포하고 있다.

F 협재해수욕장

조개껍질이 많이 섞인 은모
래가 펼쳐지는데, 수심이 얕
고 경사가 완만하기 때문에
아이들과 해수욕을 즐기기에
좋다. 백사장 길이 약 1.5㎞,
너비 약 50~300m쯤 된다.
북쪽으로 약 2㎞ 떨어진 곳에 있는 비양도와 협재해수욕장 사이
는 수심 7m 이하의 얕은 바다다.

G 비양도

제주시 한림읍에 속하는 섬으로 한림항에서 북서쪽으로 5㎞,
협재리에서 북쪽으로 3㎞ 떨어져 있다. 면적 0.5㎢, 동서길이
1.02㎞, 남북길이 1.13㎞, 인구 171명(2000년)이다. 섬의 형태
는 전체적으로 타워형이며, 섬 중앙에는 높이 114.7m의 비양봉
과 2개의 분화구가 있다. 오름 주변 해안에는 '애기 업은 돌'이라
고도 하는 부아석(負兒石)과 베개용암 등의 기암괴석들이 형성

되었으며, 오름 동남쪽 기슭에는 '펄낭'이라 불리는 염습지가 있다. 북쪽의 분화구 주변에 한국에서는 유일하게 비양나무(쐐기풀과의 낙엽관목)가 무리지어 자라고 있다.

고려시대인 1002년(목종 5) 6월 제주 해역 한가운데에서 산이 솟아 나왔는데, 산꼭대기에서 4개의 구멍이 뚫리고 닷새 동안 붉은 물이 흘러나온 뒤 그 물이 엉키어 기와가 되었다는 〈신증동국여지승람〉의 기록으로 보아 이 시기에 비양봉에서 화산활동이 있었던 것으로 추정된다. 고려시대 중국에서 한 오름이 날아와 비양도가 되었다는 전설이 전해지며, 한림읍 한림항에서 하루 두 번 배편이 운항된다. 2002년 비양도 탄생 천년을 맞이하여 축제가 열리기도 했다.

H 옹포리와 옹포포구

한림읍 옹포리의 옛 이름은 옛 이름은 독개 또는 덕개다. 제주방언 덕은 바위 너설로 이루어진 포구 또는 하나뿐인 포구라는 뜻을 가진다. 옹포포구의 옛 이름은 명월포로 삼별초 항쟁과 목호의 난 때 상륙전을 치른 전적지다. 1270년(고려 원종 11) 이문경 장군이 삼별초의 선봉군을 이끌고 이곳으로 상륙, 고려 관군에 승리를 거둠으로써 처음으로 제주를 점거했다. 1374년(고려 공민왕 23)에는 최영 장군이 314척의 전선에 2만5천명의 대군을 이끌고 상륙, 몽고의 목호 3000기를 격퇴했다.

I 한림읍

제주시 서쪽의 읍으로 동쪽으로 애월읍, 서쪽으로 한경면, 남쪽으로 서귀포시 안덕면, 북쪽으로 제주해협을 접한다. 한림의 옛 이름은 한술 또는 한수풀이다. 한술의 한은 큰의 뜻을 가진 고유어이고 술은 수풀 또는 덤불의 뜻을 가진 제주도 방언으로, 한자로 대림(大林)으로 표기된다. 한림(翰林)이라는 표기는 19세기 말 자료인 〈제주군읍지〉 등에 나타난 이후 현재까지 사용되고 있다. 1970년대 매일시장의 개장과 더불어 동쪽으로 애월읍 일대의 산간 마을과 서쪽으로 한경면 일대에 이르기까지 생활권의 중심이 되고 있다. 오일장은 대림리 대림반석아파트 인근에서 매 4일과 9일에 열린다. 한림항 바로 앞에 상설 재래시장인 매일시장이 있다.

J 한림항

한림항은 일제강점기부터 어업 전진 기지로 사용됐다. 제주시 한림읍 한림리 및 한수리에 있으며 제주항 서쪽 29.9㎞ 지점에 위치한다. 여름철에는 남서풍과 태풍의 영향을 받고 겨울철에는 강한 계절풍의 영향을 받으나 북쪽 3.5㎞에 위치한 비양도가 방파제 역할을 해줌으로써 천연적인 피난항이 되고 있다. 최근 한림항을 이용하는 관광객들을 위한 편의 시설로 협재해수욕장 관리사무소 2층과 한림항 도선대합실 2층에 '바다와 섬풍경'이라는 전망대 휴게실 2개소를 운영하고 있다. 한림항의 도항선으로는 비양도를 운항하는 비양호가 있다. 평일에는 2회 왕복 운항하며, 성수기에는 토요일과 공휴일에 3회 왕복 운항한다.

협재해수욕장 백사장에 고운 무늬가 그려져 있다.

금능해수욕장 올레를 걷는 가족들. 야자수, 백사장, 비양도가 어우러져 이국적이다.

금능등대에서 금능리로 가는 길에 만난 한라산.

드넓은 녹차밭과 오름이 어우러진 오설록 서광다원.

저지마을회관 → 강정동산(2.7km) → 문도지오름 정상(5.1km) → 저지곶자왈 입구(6.9km) → 오설록(9.6km) → 무릉곶자왈 입구(13.5km) → 인향동 마을회관(17.1km) → 무릉2리 제주자연생태문화 체험골(18.4km)

거 리 18.4km
시 간 6~7시간
난이도 무난하게 완주할 수 있어요
출발지 제주시 한경면 저지리 마을회관
종착지 서귀포시 대정읍 무릉2리 제주자연생태문화 체험골

이보다 멋진 제주 숲길은 없다

제주의 허파인 곶자왈 숲길을 원 없이 걸을 수 있는 올레다. 오름, 곶자왈, 녹차밭을 두루 거치면서 중산간 지대의 풍요로움을 만끽할 수 있다. 말이 한가롭게 풀을 뜯는 문도지오름에 오르면 한라산을 비롯한 크고 작은 오름들과 빽빽한 곶자왈 지대가 거침없이 펼쳐진다. 오름을 내려온 길은 식생 상태가 가장 양호한 저지곶자왈을 미로처럼 따르다, 잠시 오설록 녹차밭에서 숨을 고르고, 다시 무릉곶자왈로 들어간다. 곶자왈을 나온 길은 11코스와 합류되는 인향동을 지나, 무릉2리 제주자연생태문화 체험골에서 마무리된다.

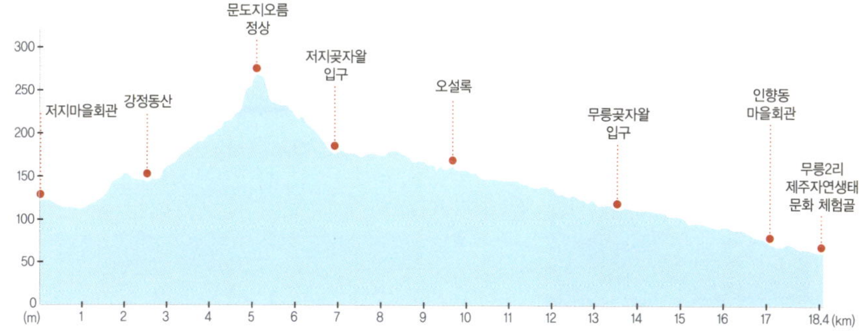

❶ **저지 마을회관** 저지마을회관 앞에서 곧장 길을 따르면 12코스가 시작되고, 길을 건너면 14–1코스 간세 이정표가 서 있다. 여기서 올레길은 오른쪽 골목길로 이어진다. 간혹 들머리를 못 찾아 헤매는 올레꾼이 있는데, 주의 깊게 살펴보면 길 찾기가 어렵지 않다.

❷ **강정동산** 마을 골목을 따르던 길이 버스가 다니는 도로를 만나면 '저지리 알못' 버스 정류장이 보인다. 자그마한 알못을 구경하고 다시 골목을 따르면 마중오름 앞을 지나 강정동산에 이른다. 뒤를 돌아보면 저지리의 상징인 저지오름이 든든하다.

❸ **문도지오름 정상** 강정동산을 지나면 시멘트 포장길이 한동안 지루하게 이어지지만, 왠지 깊은 숲으로 들어가는 느낌이 든다. 길은 어느새 비포장으로 바뀌고, 말 목장이 보이면서 문도지오름이 나타난다. 목장 옆을 스쳐 문도지오름 정상에 서면 한라산이 오름들을 거느리며 신비롭게 나타난다.

❹ **저지곶자왈 입구** 문도지오름은 빽빽한 곶자왈 숲과 중산간 오름들을 바라보는 맛이 일품이고, 말들이 한가롭게 풀을 뜯는 모습이 평화롭다. 오름을 내려오면 천연 잔디가 깔린 길이 한동안 이어진다. 이 길은 말의 산책로로 운이 좋으면 말과 마주치게 된다. 푹신한 잔디길이 끝나면서 저지곶자왈 입구에 닿는다. 곶자왈 입구를 간세 모양으로 만들어 재미있다.

8 무릉2리 제주자연생태문화 체험골 인향동 마을을 지나 만나는 도로 앞에 인향동 버스정류장이 있다. 이곳을 지나 도로를 좀 따르면 무릉로터리가 나오고, 종착지인 무릉2리 제주자연생태문화 체험골 앞에 닿는다.

7 인향동 마을회관 무릉곶자왈을 걷다 보면 물이 고인 웅덩이 영동케(봉근물)를 만난다. 본래 곶자왈은 물을 품지 못하기에 더욱 신비롭다. 산새와 들짐승들이 이곳에서 목을 축인다. 드디어 곶자왈이 끝나면 인향동 마을이 나타난다. 잠시 딴 세상에 갔다 돌아온 기분이다. 두꺼비 돌비석이 선 연못 앞에서 11코스와 합류하고, 곧 인향동 마을회관을 지난다.

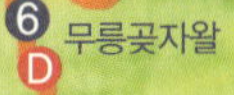

6 무릉곶자왈 입구 올레길은 녹차박물관인 오설록티뮤지엄과 광활한 서광다원 녹차밭을 한 바퀴 돌게 된다. 녹차박물관에서 녹차와 녹차아이스크림을 먹으며 잠시 숨을 돌린다. 초록 물결 일렁거리는 녹차밭은 오름들과 어우러져 더욱 근사하다. 녹차밭 앞 사거리에서 '서귀포 구억마을' 방향을 따르다가 다시 임도 숲길로 들어서면 무릉곶자왈 입구가 나온다.

5 오설록 곶자왈로 들어서면 칡덩굴 같은 것이 덮은 나무들에서 열대우림 분위기가 나고, 이끼 가득한 돌담과 고사리류의 양치식물은 원시적 느낌을 물씬 풍긴다. 방향을 가늠할 수 없기에 진행 방향을 생각하면서 올레 표식을 따라간다. 곶자왈이 끝나는 지점에서 갑자기 녹차밭이 펼쳐져 눈이 휘둥그레진다.

 **출발점 찾아가기**

제주버스터미널에서 출발하는 노형~중산간 버스(06:40 07:40 09:30 15:30 17:30 18:50)를 타 저지리 마을회관에서 내리면 된다. 또는 서회선 일주버스를 타 신창에서 내린 후에 한경면사무소 후문 맞은편의 버스정류장에서 신창~모슬포 버스(06:25 07:07 09:10 10:10 11 12 13:20 14:50 15:40 16:40 18:10 19:04 20:57)를 타 저지마을 회관에서 내린다. 서귀포에서는 신시외버스터미널에서 출발하는 서회선 일주버스를 타 모슬포에서 내린다. 모슬포 농협 앞 버스정류장에서 모슬포~신창 버스(06:48 07:40 10:10 14:20 17:50 19:50)를 타고 저지리 마을회관에서 내린다.

 **제주시/서귀포시로 돌아오기**

자연생태문화 체험골에서 무릉 보건소 버스정류장까지 도보로 5분 거리. 보건소 앞에서 모슬포행 버스(12:20 14:10 15:40 16:05 17:00 19:00 19:25)를 탄다. 제주로 가려면 평화로를 경유하는 제주행 버스가 빠르고, 서귀포는 서일주 노선을 탄다.

패스포트 스탬프 확인 장소

시작 저지마을회관 건너편
중간 오설록 녹차박물관
종점 인향동 녹차풀내음 식당 앞

유용한 전화번호

제주올레 콜센터
064-762-2190

한경 콜택시
064-772-1818

모슬포 콜택시
064-794-5200

A 문도지오름

한림읍 남쪽 가장자리에 자리한 오름으로 서쪽 한경면, 남쪽은 안덕면과 경계를 이룬다. 높이 260.3m, 둘레 1,335m, 정상에 삼각점이 있다. 풍수지리에 따르면 남송이오름(서광리)은 솔개, 새오름(저지리)은 닭, 그리고 이 오름을 죽은 돼지 형국이라 문돗지, 문도지악(文道之岳) 등으로 부른다고 한다. 남북으로 길게 휘어져 초승달처럼 생긴 능선에 서면 제주 서부 지역이 시원하게 펼쳐진다. 오름 주변이 온통 곶자왈 지대인 것이 놀랍고, 북쪽으로 잘 생긴 금오름, 동쪽으로 한라산이 시원하게 조망된다. 오름 등성이에서 문도지목장에서 방목한 말들이 한가롭게 풀을 뜯는 모습이 평화롭다.

B 저지 곶자왈

곶자왈은 나무·덩굴 식물·암석 등이 뒤섞여 수풀처럼 어수선하게 된 곳을 일컫는 말이다. 화산 분출시 점성이 높은 용암이 크고 작은 덩어리로 쪼개지면서 분출되어 요철 지형을 이루며 두텁게 쌓인 곳이다. 예전에는 몹쓸 땅으로 치부해 골프장 등으로 무분별한 개발이 이루어졌다. 곶자왈은 열대 북방한계 식물과 한대 남방한계 식물이 공존하는 생태계의 보고다. 또한 빗물이 그대로 지하에 유입되어 맑고 깨끗한 지하수를 함양하고 있다. 저지곶자왈은 올레를 통해 비로소 그 존재가 알려지게 되었다. 제주시에서는 보존 가치가 높은 곶자왈 지대를 사들이고 있다. 2009년부터 2011년까지 약 181억 원을 투입해 제주시 조천읍 선흘 곶자왈(동백동산)과 한경면 저지·청수리 곶자왈 259ha를 매입했다.

C 오설록 녹차박물관

(주)아모레퍼시픽이 서귀포시에서 운영하고 있는 국내 최초, 최대 규모의 녹차 박물관으로 정식 명칭은 오'설록 티 뮤지엄 (o'sulloc tea museum)이다. 박물관에는 차 문화실, 세계의 찻잔, 티샵, 티 클래스, 티 하우스, 야외 테라스 등으로 구성돼 있다. 차 문화실은 차의 역사와 함께 삼국시대부터 조선시대까지 우리나라의 다양한 다구를 전시하고 있고, 세계의 찻잔 코너에서는 일본, 중국은 물론 서양까지 전 세계의 찻잔을 볼 수 있다. 티 하우스에서 차와 함께 녹차를 이용한 베이커리, 아이스크림 등을 판매한다. 박물관 주변, 녹차밭 사이로 난 산책로는 가족 나들이 코스로 인기가 좋다. 올레길은 녹차박물관과 녹차밭 구석구석을 구경하게 나 있다.

D 무릉 곶자왈

무릉 곶자왈은 제주올레에 의해 처음으로 공개됐다. 여러 곶자왈 중에서도 숲이 빽빽한 것으로 유명하다. 2월 말~3월까지는 이곳에서만 볼 수 있는 백서향 향기가 진동하고, 4월에는 고사리가 지천으로 자란다.

E 제주자연생태문화 체험골

올레지기 활동하는 강영식 촌장이 운영하는 곳으로 제주의 자연과 문화를 체험할 수 있다. 제주의 식물, 곤충, 조류, 해양 동식물 등 다양한 생물의 생태를 관찰할 수 있으며 제주 돌담쌓기, 장작패기, 도리깨 타작, 귤 따기 등 제주 조상의 생활상과 놀이도 시기별로 체험할 수 있다. 강 촌장은 11코스와 14-1코스 곶자왈 올레길을 개척하는 데 큰 역할을 했다.

❶ 현순여 할망집
010-6660-3446,
064-792-3446/인향동
무릉 곶자왈 끝지점에 자리한 할망 민박집. 집 뒤가 곶자왈이라 마치 곶자왈 한가운데서 하룻밤 묵는 기분이다.

❷ 제주생태문화체험골
064-792-2333/무릉2리
올레지기인 강영식 촌장이 운영하는 집으로 폐교를 생태학교로 리모델링했다. 교실 반만 한 온돌방을 갖추고 있다. 픽업과 인터넷, 아침 식사 가능.

저지리 마을을 떠나면 중산간 지대 곶자왈로 들어가기에 점심 먹을 식당이 전무하다. 도시락, 김밥, 빵 등을 미리 준비해 문도지오름이나 곶자왈 숲에서 먹는 것이 좋다.

❶ 안당네풀내음
064-792-4525/인향동
흑돼지를 잘하는 집으로 정식, 순댓국 등도 저렴하고 맛있다. 흑돼지 1인 1만2천원. 정식 6천원.

빽빽한 곶자왈 지대와 오름들이 펼쳐지는 문도지오름 정상. ●
싱그러운 녹차밭이 펼쳐지는 오설록. ● ●

금산공원 울창한 난대림은 마을 아이들의 자연 학습장이자 놀이터다.

한림~고내

한림항 비양도 도항선 선착장 – 영새생물(2.8km) → 선운정사(6.5km) → 버들못 농로 (7.6km) → 납읍초등학교 금산공원 입구(10.5km)) → 도새기숲길(13.8km) → 고내봉 (16km) → 고내포구(18.6km)

거 리 18.6km
시 간 6~7시간
난이도 무난하게 완주할 수 있어요
출발지 제주시 한림읍 한림항 비양도 도항선 선착장
종착지 제주시 애월읍 고내리 고내포구

숲의 향기, 올레길을 물들이다

바다에서 시작해 중산간을 거쳤다가 다시 바다에서 마무리하는 전형적인 올레다. 특히 납읍리 난대림이 주는 평화와 숲 향기가 걷는 내내 기분을 좋게 한다. 한림항을 출발해 기러기 솟대가 정겨운 한수리 마을을 구경하면 길은 내륙으로 방향을 튼다. 양배추, 무, 브로콜리 등이 모자이크처럼 수놓은 들판을 지나면 납읍리다. 작고 예쁜 금산 초등학교 뒷동산에 금산공원이 있다. 신성함 가득한 숲에서 잠시 명상에 빠져보는 것도 좋겠다. 고내봉을 내려온 길은 고내포구에서 마무리된다.

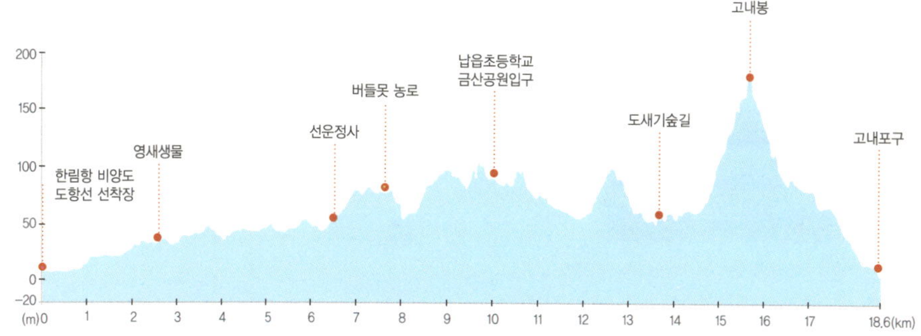

❶ 한림항 비양도 도항선 선착장 한림항을 출발하면 기러기 솟대들이 늘어선 한수리 마을 해안에 닿는다. 이곳은 한림항에 사는 갈매기들의 놀이터로 심심하면 날아와 기러기들과 놀다 돌아가곤 한다.

❷ 영새생물 한수리 해안에서 내륙으로 방향을 튼 올레길은 수원리 마을을 지나 중산간 지대로 들어선다. 바람 부는 들길을 걷다보면 거대한 양배추밭 앞의 영새생물 연못에 닿는다.

❸ 선운정사 영새생물부터 무와 양배추 밭이 구불구불 이어진다. 성로동 마을과 호젓한 귀덕농로를 지나면 선운정사다. 선운정사를 앞두고 길이 헷갈려 십중팔구 길을 잃는다. 올레길은 선운정사 앞을 지나므로 이정표를 잘 확인하고 반드시 절 방향으로 가야한다.

❹ 버들못 농로 버들못 농로 들판은 양배추, 무, 브로콜리 등으로 빚어놓은 거대한 모자이그 같다. 그 색과 조형미는 농부와 자연이 합작한 위대한 예술작품이다. 올레길에서 30m 떨어진 버들못을 구경하고 떠나자.

❺ 납읍초등학교 금산공원 입구 잠시 도로를 따르던 올레길은 혜린교회를 지나 납읍리로 들어선다. 동화 속에 나올 듯한 예쁜 납읍초등학교 뒤편이 금산공원이다. 이곳 울창한 난대림은 학생들의 자연 학습장이자 놀이터다. 공원을 한 바퀴 돌며 신성한 숲이 주는 신비로움과 평화를 만끽하자.

⑧ 고내포구 고내봉을 내려와 바다를 바라보며 종착지로 가는 맛이 괜찮다. 일주도로를 건너 농로를 따라 내려오면 철썩거리는 파도소리와 함께 분위기 좋은 고내포구를 만난다. 포구 앞 우주물에서 15코스가 마무리된다.

⑦ 고내봉 도새기 숲길을 나온 올레길은 슬그머니 고내봉으로 이어진다. 오르는 길에 아스라한 한라산과 오름들이 시원하게 펼쳐진다. 고내봉 정상은 통신탑이 놓여 볼품없고 조망도 열리지 않는다.

⑥ 도새기 숲길 평화로운 납읍 마을을 지나면 목백일홍 나무가 많은 백일홍길, 부드러운 과오름 둘레길, 솔숲 우거진 도새기 숲길이 연달아 나타난다. 운이 좋으면 도새기숲길에서 방목해 키우는 흑돼지를 만날 수 있다.

출발지 찾아가기

제주버스터미널에서 서회선 일주도로행 버스를 타고 한림읍 천주교회 앞에서 내린다. 서귀포에서는 서귀포신시외버스터미널(월드컵경기장 옆)에서 서회선 일주도로 버스를 타고 한림 천주교회에서 내린다.

제주시/서귀포시로 돌아오기

고내포구에서 5분쯤 가면 일주도로를 건너기 전에 고내리 버스정류장이 있다. 서귀포시로 가려면 그곳에서 서일주노선 버스를 타고, 제주시로 가려면 일주도로 건너에 있는 버스정류장에서 서일주노선 버스를 타고 제주시로 돌아온다.

패스포트 스탬프 확인 장소

없음

유용한 전화번호

제주올레 콜센터
064-762-2190

애월 콜택시
064-799-9007

한수풀 콜택시
064-796-9191

A 한수리

한림읍에 속한 리로 한림항 북쪽으로 이어진다. 옛 이름은 하물개와 연뒷개다. 하물개는 큰 물의 포구를, 연뒷개는 연대가 있는 포구를 뜻한다. 1595년(선조 28)에 처음으로 사람이 들어와 살기 시작했다고 전해진다. 1953년 한림리 일부인 연뒷개와 수원리 일부인 하물개를 통합해 만든 마을이다. 1002년(목종 5) 해상에서 화산폭발로 분출한 비양도가 형성되었을 때, 모래가 마을을 덮어 주민들이 수몰됐다고 한다.

B 영새생물

암반 위에 물이 고인 연못으로 깊은 곳의 수심은 1m가 넘는다. 옛날 이 자리에서 찰흙을 파내다가 자연스럽게 물이 고였다. 제비들이 노니는 모습을 보려고 주민들이 자주 찾는다고 한다. 염세서물, 영서생이물, 영새성물 등으로 불린다. 연못 주변은 널따란 양배추밭이다. 연못은 연꽃이 피는 여름철에 아름답다.

C '곽금8경올레'와 버들못

'곽금8경올레'는 제주 서북쪽 곽지리와 금성리에 있는 명소들을 연결하는 길이다. 제주올레에서 개장한 길이 아니라 곽지리 곽금초등학교 학생들과 교사들이 만들었다. 곽지리와 금성리는 고려시대 탐라 17현 중 하나였다. 당시 마을 명소 8 곳이 곽금8경으로 불려 구전돼 왔는데, 학생들이 탐구수업 활동의 일환으로 마을을 돌아다니며 8경을 찾아냈다. 이를 바탕으로 2010년 7월, 과오름·곽지해수욕장 등 곽지리 일대를 둘러볼 수 있는 곽지코스(5.1km)와 금성 뒷동산·정자천 등을 만날 수 있는 금성코스(5.8km)를 만들었다.

곽지해수욕장이 있는 해안산책로인 '옥빛바닷길'은 3경인 치소기암(솔개가 날갯짓을 하는 모양의 바위) 풍광이 일품이고, 금성리 마을 쪽에서 8경인 유지부압(철새가 노니는 버들못)으로 향하는 '머을왓길'은 소박하고 정겨운 맛이 있다. 유지부압은 버들못이라 부르는데, 15코스 올레길에서도 만날 수 있다. 본래 곽지리 상동 사람들이 소나 말의 물먹이용으로 만든 연못이었는데, 지금은 보호 수생식물인 창포군락의 자생지이며 맹꽁이의 서식지가 되었다. 곽금8경올레는 길이 순해 3~4시간이면 완주할 수 있고, 곽금초등학교에서 지도를 얻을 수 있다.

D 금산공원

납읍리의 금산공원은 주민들이 재해를 막고 마을 경관을 아름답게 할 목적으로 만들었다. 본래 명칭은 나무를 보호한다는 의지를 담아 금산(禁山)이라 했다. 수백 년 동안 철저히 보호 관리해 난대림을 비롯한 다양한 종의 수목이 자라났다. 그 결과 울창한 숲이 이루어졌고, 그 모습이 마치 비단처럼 아름답다고 해서 금산(錦山)으로 이름을 고쳤다. 공원에는 후박나무, 생달나무, 식나무, 종가시나무, 아왜나무, 동백나무, 메일잣밤나무 등이 빽빽한 숲을 이루고 있다. 이 숲은 평지에 남아 있는 보기 드문 상록수림으로 학술적 가치가 높아 천연기념물 제375호로 지정됐다. 여름에는 시원하고 겨울에는 따듯해 지친 발걸음을 멈추고 쉬어가기에 좋다.

E 납읍리 포제단

금산공원 안에는 동제(洞祭)를 지내는 포제단(포祭壇)이 있다. 납읍리는 전통적인 유림촌으로 포제도 전통적인 유교적 제법으로 행해진다. 1684년(숙종 10) 거듭되는 흉년과 우마 전염병이 만연

 숙소

❶ 금산민박
064-799-0400
납읍초등학교 옆. 15코스 중간쯤에 있는 숙소로 깔끔하고 고향의 정을 듬뿍 느낄 수 있다. 아주머니의 요리 실력도 환상적이다. 2인 2만~3만원.

❷ 바다하우스
064-799-6192/고내리
10평형 방을 올레꾼에게 3만5천원(일반가 5만원)에 제공한다.

❸ 화연이네 펜션
064-799-7551/고내리
올레꾼에게는 7평형을 4~5만원 받는다. 15코스를 끝내고 16코스를 시작할 때 좋다.

❹ 비치펜션
064-799-9910/고내리
방 2개와 거실이 있는 가족룸을 올레꾼에게 9만원 받는다. 15평형 원룸은 4만5천원.

제주시의 숙소

15~19코스는 제주시에 숙소를 잡고 다녀올 수 있다. 교통이 편리한 제주버스터미널 근처에는 싸고 깨끗한 숙소와 맛난 음식점들이 많다.

유정모텔

064-753-6331/제주버스터미널 근처
컴퓨터가 있는 특실은 3만5천원.
보통실 3만원.

185

하자 주민들이 협의해 된밭(금산공원)의 중앙에 제단을 마련하고 봄, 가을에 산천신제를 지낸 것이 그 유래다. 납읍리의 유교는 종교라기보다 일상생활의 규범과 예절로서 내려오고 있다. 가까운 집안끼리는 물론이요 이웃이나 향인 중에 관혼상제나 기타 큰일이 닥치면 온 마을 사람들이 참여해 위문과 경축을 주고받았다. 납읍리에서 매년 거행되는 마을 포제는 무형문화재로 지정되어 보존되고 있다. 포제단에는 포신지위와 토신지위 및 서산지위 등 세 신시위를 모신다. 포신은 인물재해, 토신은 마을의 수호신, 서신은 홍역이나 마마신을 의미하는 신위다. 매년 음력 초정일에 통제를 지낸다.

F 백일홍길과 도새기숲길

백일홍길은 배롱나무(목백일홍)가 많아 붙여진 이름이다. 배롱나무는 뿌리가 얕아 무덤가에 많이 심었고, 여름에 피는 붉은 꽃이 장관이다. 배롱나무는 줄기를 살짝 간질이면 몸을 부스스 떨기에 간즈럼나무라고도 부른다. 도새기 숲길에는 인근 축사에서 풀어놓은 돼지가 다닌다. 키우는 돼지라서 위험하지는 않다. 단, 음식을 주면 안 된다.

G 과오름

애월읍 곽지 마을을 대표하는 오름으로서 높이 155m. 크고 작은 세 봉우리로 이루어져 주봉을 큰오름, 둘째를 샛오름, 막내를 말젯오름이라고 부른다. 이를 일컬어 곽

태삼경(郭岳三台)이라 부르고 곽지팔경의 하나로 꼽는다. 3개의 화산체로 이루어진 복합형 화산체로 과오름은 대개 큰오름을 가리킨다. 올레길은 과오름 정상으로 이어지지 않고, 둘레길을 타고 돈다.

H 고내봉

고내리 남동쪽에 있는 오름으로 높이 175.3m. 크고 작은 다섯 개의 봉우리가 고내리, 상·하가리까지 뻗어 있다. 이 봉우리가 한라산을 가리고 있어 고내리는 한라산이 보

이지 않는 몇 안 되는 마을 중 하나가 되었다. 고내리 마을 이름에서 따와 고내봉, 고니오름 등으로 불린다. 고내리가 선정한 고내팔경 중에 고내봉은 경배목적(鯨背牧笛)이다. 고내봉 등허리가 고래(鯨) 등(背)과 같이 둥글고 넓고, 거기서 소를 치는 목동들의 피리(笛) 소리가 시율(詩律)의 소재가 되었다는 의미다. 오름 중턱에 1920년대 창건한 보광사가 자리 잡았고, 정상에는 이동통신중계기가 있다. 등성이 군데군데 체력단련 시설이 설치되었는데, 이곳에서 한라산 조망이 열린다. 고내봉은 2종류의 구성물질로 이루어진 매우 드문 형태의 오름으로도 유명하다. 오름 북사면(바다 쪽)과 그 골짜기에는 수중화산 쇄설성퇴적층(碎屑性堆積層)의 노두(路頭) 단면이 잘 발달되었다. 오름 정상에는 조선시대 때 봉수대를 설치했던 흔적이 있다.

I 하가리 연화못과 초가집

하가리는 고내봉을 내려와 만나는 큰 도로에서 오른쪽으로 500m 가면 나오는 마을이다. 올레길이 지나지는 않지만, 볼거리

가 많은 아름다운 마을이
라 들러보는 것이 좋다.
이 마을의 옛 이름은 알
더럭이다. 더럭은 고유어
로 보이는데 그 뜻은 확
실하지 않다. 18세기 초
반 이전부터 더럭못 아래

쪽을 알더럭이라 했다. 하가리는 집집의 담장을 옛 돌담으로 바
꾸어 전통 올레를 복원해 놓아 운치 있다. 마을 중앙에는 제주에
서 가장 큰 연못인 연화못이 있다. 그 넓이가 3,780평인 거대한
연못으로 여름이면 수련, 연꽃, 쇠무릎 등 각종 수생식물이 풍성
하다. 고려 충렬왕(1275~1309) 때 기록에 따르면, 이 연못 한가
운데 야적(세도가라는 기록도 있다)이 고래등 같은 기와집을 짓
고 살면서 주민들을 약탈했다고 한다. 이에 관군이 출동해 야적
들을 소탕했으며, 17세기 중엽 대대적인 수리 공사를 해 지금에
이르렀다고 한다. 마을 안에 말방아와 오래된 초가가 보존되어
있다.

J 고내포구와 우주물

고내포구는 15코스 종착지로 고내리의 작은 포구다. 이 주변에
남당이라는 신당을 거느리고 있는 남당알코지(생이코지), 우물이
있던 우주물, 자지릿여, 어로 시설인 상뒷원(상뒤는 향도의 뜻을
지닌 제주어로 마을 여러 사람들이 공동으로 만든 '원'이라는 의
미를 지님), 상뒤코지 등이 있다. 용출샘인 우주물은 포구가 가까
워 들물 때면 짠샘이 된다. 주위에 인가가 많아 예로부터 마을의
주요한 생활용수였다. 지금은 마을의 빨래터 역할을 한다. 우주
물은 한자로 '언덕 사이 물 우'자이고 '물노리 칠 주'자이다. 언덕
사이로 흘러나와 이 샘에서 물노리를 친다는 뜻이다.

한수리의 기러기 솟대 ●
고내봉의 호젓한 숲길 ● ●

구엄포구의 소금빌레. 질 좋은 소금을 만들던 곳으로 자연과 인간이 공동 작업한 예술작품처럼 보인다.

고내포구 → 신엄포구(1.5km) → 중엄새물(3.8km) → 구엄포구(4.8km) → 수산저수지 곰솔
(7km) → 장수물(11.3km) → 항파두리 항몽유적지(12.6km) → 광령1리사무소(17km)

거 리 17km
시 간 5~6시간
난이도 무난하게 완주할 수 있어요
출발지 제주시 애월읍 고내리 고내포구
종착지 제주시 애월읍 광령리 광령1리사무소

삼별초 애환과 전설이 깃든 길

드라이브 명소로 소문난 애월해안도로와 항파두리성을 둘러보는 올레다. 바닷길과 중산간 지대가 반반씩 펼쳐진다. 고내포구에서 중엄포구까지 이어진 해안길은 도로 옆으로 오솔길이 많아 풍경을 즐기기 좋다. 넓은 소금빌레가 펼쳐진 구엄포구를 지나면 길은 내륙으로 방향을 튼다. 수산봉 둘레길과 수산저수지 둑길을 걷는 맛도 좋다. 항파두리 토성에서 바라보는 한라산이 웅장하다. 토성 지나 은밀한 숲길을 이리저리 빠져나오면 종착지 광령에 다다른다.

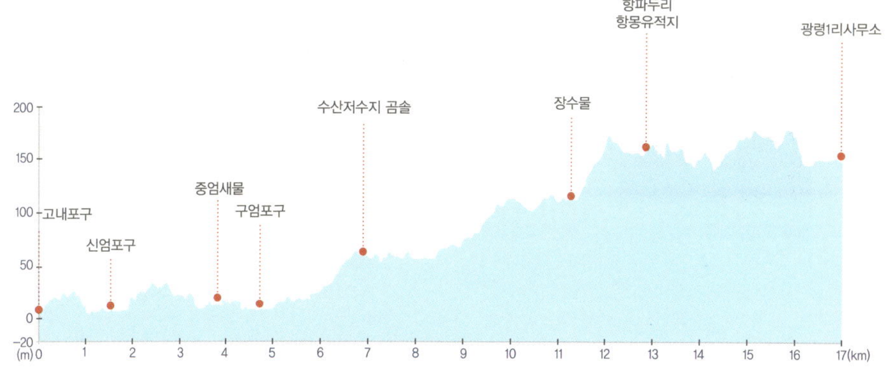

구간 한눈에 보기

❶ 고내포구 고내포구를 출발하면 곧 다락쉼터를 만난다. 이곳은 드라이브 코스로 유명한 애월해안도로 중에서 풍경이 가장 빼어난 곳이다. 쉼터는 잔디가 깔린 작은 동산으로 전망대에서 바라보는 바다 풍경이 일품이다.

❷ 신엄포구 다락쉼터 언덕에서 내려와 구불구불 도로를 따르면 신엄포구로 들어선다. 전망 좋은 포구 언덕에는 신엄 도댓불과 해녀상이 놓여 있다.

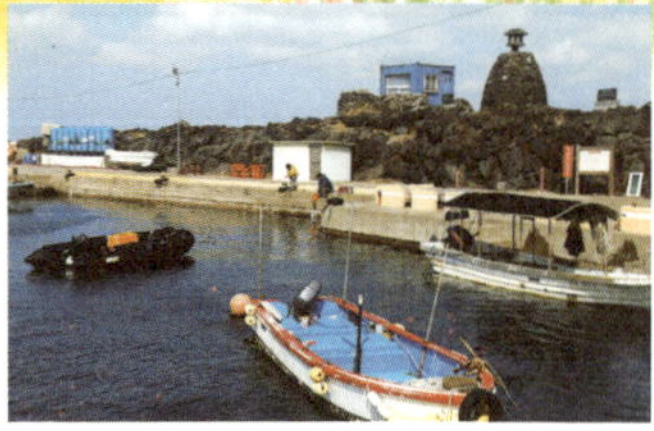

❸ 중엄새물 도댓불부터 호젓한 오솔길이 한동안 이어지고 남두연대를 지나면 다시 도로를 따른다. 해변에 깔린 몽돌이 거친 현무암으로 바뀌면 중엄에 들어선 것이다. 주상절리를 연상시키는 검은 바위 뒤편에서 용천수 새물이 펑펑 샘솟는다.

❹ 구엄포구 중엄새물을 지나면 걷기 좋은 해안 잔디밭을 따르다가 구엄의 소금빌레에 닿는다. 드넓은 검은 현무암 위에 황토로 테두리를 두른 소금빌레는 인간과 자연이 빚어낸 예술작품이다.

❽ 광령1리사무소 항몽유적지를 지나면 올레길은 항파두리성 발굴지 사이를 이리저리 휘돈다. 그 길에서는 붉은 흙이 인상적이고, 한라산 조망이 좋다. 길이 오묘하게 이어지는 숲길을 빠져나가면 청화리가 나오고, 작은 언덕을 넘으면 광령리다.

❼ 항파두리 항몽유적지 장수물을 지나면 오르막이 지루하게 이어지다가 느닷없이 항파두리 토성이 나타난다. 토성에 올라 걷는 맛이 특별하다. 토성을 빠져나오면 항파두리 항몽유적지 앞이다.

❻ 장수물 저수지 둑방길은 왼쪽으로 바다, 오른쪽으로는 멀리 한라산이 아스라한 멋진 길이다. 수산리 마을을 가로질러 예원동을 지나면 중산간도로를 만나고, 계곡 옆에서 삼별초 김통정 장군의 전설이 서린 장수물이 솟아난다.

❺ 수산저수지 곰솔 구엄포구에서 올레길은 바다를 떠나 내륙으로 방향을 튼다. 일주도로를 건너면 수산봉 둘레길이 시작되고, 수산저수지가 보이면서 거대한 곰솔이 나타난다. 곰솔 뒤로 한라산이 시원하게 펼쳐진다.

출발지 찾아가기

제주버스터미널에서 서회선 일주 시외버스를 타고 고내리에서 내린다. 고내포구 방향으로 5분쯤 걸어가면 된다. 서귀포 시외버스터미널에서 서회선 일주 시외버스를 타고 고내리에서 내린 후, 고내포구 방향으로 5분 정도 걸어간다.

제주시/서귀포시로 돌아오기

제주 시내로 가려면 광령1리사무소 앞에서 887번 시내버스(노형로터리-제주공항 입구-시청-아라동)를 탄다. 제주 시외버스터미널로 가려면 '한림-노형-제주' 중산간 버스를 탄다. 16코스 종착지에서 17코스를 따라 10분쯤 걸으면 무수천 다리 앞이다. 여기서 길을 건너면 제주로 가는 버스가 많다. 서귀포시로 가려면 무수천 다리 앞 정류장에서 서귀포행 서부관광도로(평화로) 시외버스를 탄다.

패스포트 스탬프 확인 장소

없음

유용한 전화번호

제주올레 콜센터
064-762-2190

제주 콜택시
064-743-7009

VIP 콜택시
064-711-6666

A 애월해안도로

제주 북서부 해안을 따라 형성된 도로로 하귀리에서 애월리까지 9km 이어진다. 굴곡진 해안선을 따라 해안절벽, 하얀 파도, 드넓게 펼쳐진 맑고 푸른 바다 등의 절경을  감상하기 좋다. 해안도로 옆을 따라 자전거 전용 도로가 나 있어 드라이브뿐만 아니라 자전거 타기, 산책 등도 즐길 수 있다. 주변에는 이국적인 분위기의 레스토랑, 카페, 호텔, 민박이 많다. 올레길 16코스는 고내포구에서 중엄포구까지 애월해안도로를 따른다.

B 다락빌레(다락쉼터)

다락쉼터 앞 바위지대로 마치 부엌 다락처럼 암반이 널려 있다고 해서 붙은 이름이다. 빌레는 평평하고 넓은 바위를 뜻한다. 암반과 바다가 어우러진 모습이 장관으로 애  월해안도로 최고의 절경으로 꼽힌다. 뱃머리 형상의 전망대 앞에 서면 마치 배를 타고 항해하는 느낌이 든다.

C 신엄 도댓불

신엄리 해안 언덕에 현무암으로 쌓아 올린 제주의 전통 등대. 해질 무렵 뱃일 나가는 어부들이 생선 기름 등을 이용해 불을 밝히고 아침에 돌아오면 그 불을 껐다고 한다. 신엄 도댓불은 1960년대 

이전까지 있었으나, 이 후에 훼손되어 방치되었던 것을 고증을 거쳐 복원했다.

D 남두연대

애월읍 신엄리에 있는 연대로 경관이 수려한 해안 절벽 위에 높이 3.9m로 축조했다. 연대는 봉수와 같이 적의 침입이나 위급한 일이 있을 때 빠르게 연락을 취하기 위한 통신망 중의 하나다. 오름 정상부에 있었던 봉수와는 달리 연대는 대부분 해안 구릉에 위치하고 있다. 제주도에는 38개소의 연대가 있었는데, 이들은 낮에는 연기로, 밤에는 불빛으로 연락을 했다. 1977년에 고증을 거쳐 개축했다. 제주도기념물 제23-7호.

E 볼래낭기정

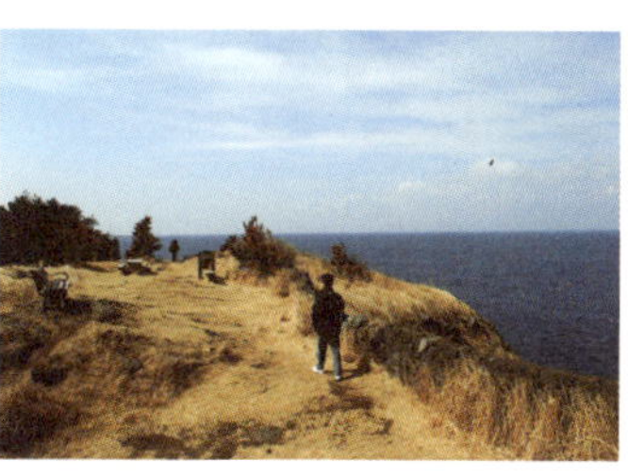

남두연대가 있는 40m 높이의 언덕은 해안절벽을 이뤄 풍광이 빼어나다. 이곳을 볼래낭(보리수나무)이 있다 해서 볼래낭기정이라 부른다. 신엄리 옛 사람들은 이 기정으로 미역을 지고 오르내렸다고 한다. 그 때에도 매우 위험했지만 지금에는 돌들이 부식되어 사람은 다닐 수 없다.

F 오성돌(오손돌)과 장수물

오성돌은 신엄마을에서 북쪽으로 1km를 가면 나오는 일대를 일컫는 지명이다. 그 유래는 정확하지 않지만, 오성돌이 있기 때문에 붙여진 이름으로 추측한다. 오성돌은 신엄리에 있는 가로 110cm, 세로 150cm, 길이 70cm인 네모 모양의 평석이다. 여기에 사람이 손가락으로 찍은 것 같은 자국이 있다. 엄지손가락 자국은 둥그렇게 깊이 파였고, 검지손가락 자국은 길쭉하면서 깊게, 나머지 상지·약지·새끼손가락 자국이 연이어 찍혀 있다. 전설에 의하면 삼별초 대장 김통정 장군이 정부군에 패해 쫓기면서 고성리 냇가에 장수 발자국(장수물)을 남기고, 이곳 오성돌에

❶ 마녀가 탄 빗자루
064-799-7749/다락쉼터 근처 언덕에 자리해 조망이 좋은 고급 숙소로 올레꾼에게 2인1실 5만원에 제공한다.

❷ 노루물 민박
064-748-8250/광령1리 마당이 넓은 시설 좋은 콘도로 올레꾼을 위해 도미토리를 만들었다. 주인장 내외의 인심이 정겨운 집이다. 도미토리 1인 1만5천원.

제주시의 숙소

15~19코스는 제주시에 숙소를 잡고 다녀올 수 있다. 교통이 편리한 제주버스터미널 근처에는 싸고 깨끗한 숙소와 맛난 음식점들이 많다.

유정모텔

064-753-6331/제주버스터미널 근처
컴퓨터가 있는 특실은 3만5천원. 보통실 3만원.

❶ 수산식당
064-713-5806
물메초등학교 근처
16코스 중간쯤에 있어 점심 먹기에 좋은 집이다. 돼지고기 쌈과 생선을 곁들인 정식이 5천원으로 저렴하고 맛있어 올레꾼에게 인기가 좋다. 위치는 물메초등학교 근처. 올레길에서 200m쯤 떨어져 있다.

❷ 손두물식당
064-747-7333/광령1리
생멸치에 야채를 넣어 담백하게 끓인 멜국(멸치국)과 톳과 돼지고기를 넣은 몸국을 잘하는 집이다.

❸ 광령식당
064-745-8877/광령1리
흑돼지 두루치기가 맛있는 집. 두루치기 6천원. 흑돼지근고기 1만원.

제주시의 맛집

현옥기사식당
064-757-3439/제주버스터미널 근처
시외버스 기사들의 단골식당으로 돼지 두루치기가 일품이다. 두루치기 6천원, 정식 3천원.

또오라정식
064-756-7078/제주버스터미널 근처
저렴하면서 맛있어 주변에서 인기 좋은 집. 백반 5천원.

있는 평석을 힘껏 짚고 도망가면서 찍힌 자국이라고 전해진다.

G 새물

중엄리 해안에 있는 용천수로 새로 만들어진 물이라고 해서 새물이라고 한다. 용출지점은 거대한 용암류 하부로 해안도로보다 약 10m 저지대에 위치하고 있다. 새물은 예전에는 안방물과 함께 마을 주민들의 식수원으로 사용되었지만, 지금은 생활용수와 빨래터로 이용된다. 여름철에는 피서객과 어린이들의 물놀이 장소로 활용되고 있다. 1930년 주민의 식수를 확보하기 위해 바다 쪽에 방파제를 쌓아 만들었다.

H 구엄리 돌염전과 도댓불

구엄리에서는 바닷가 넓은 빌레(평평하고 넓은 바위)에 바닷물을 증발시켜 소금을 만들었다. 이를 흔히 소금빌레라고 하는데, 그 넓이가 무려 1,500여 평에 달한다. 이곳에서 생산된 돌소금은 넓적하고 굵을 뿐만 아니라 맛과 색깔이 뛰어나 인기가 있었다고 한다. 구엄리 선창은 엄장포라 불리는데, 이 선창 동쪽의 해안 암반 위에 도댓불이 세워져 있다. 이 도댓불은 1950년대에 상자형 도댓불을 축조하고 상단에 철제탑을 세워 호롱불로 불을 밝혔다. 조업을 나가든 나가지 않던 매일 불을 켰다가 새벽녘에 껐다. 선창 주변은 바다를 관망하기에 아주 좋은 위치다.

I 수산봉

수산리에 위치한 오름으로 높이 121.5m. 오름 정상부에 연못이 있어 예로부터 물메로 불렀다. 이곳에 기우제를 지내던 치성터가 있어 예로부터 영산 대접을 받았고, 조선시대에는 오름 정상에 물메봉수가 있었다. 오름 남동쪽에 수산저수지, 남서쪽에 충혼묘지, 동쪽에 대원정사가 자리 잡고 있다. 오름 전체에 해송이 울창하고, 산책로가 조성되어 걷기 좋다.

J 수산리 저수지와 곰솔

수산봉 남동쪽에 조성한 인공 저수지다. 식량 생산을 목적으로 속칭 답단이내를 막아 1960년에 조성했다. 수산리 저수지 옆에는 마을을 지키는 수호목인 소나무 한 그루가 있다. 높이 10m, 둘레 4m인 거목으로, 4개의 큰 가지가 뻗어 있다. 400여 년 전, 수산리 설촌 당시 심은 것으로 전해진다. 눈이 내려 수관 윗부분이 덮이면 마치 백곰이 저수지 물을 마시는 모습처럼 보인다고 해서 곰솔이라고 부른다. 제주도 천연기념물 제441호.

K 항파두리성과 항몽유적지

1271년 삼별초군의 진도 근거지가 함락되자, 김통정 장군이 잔여 부대를 이끌고 제주로 건너와 항파두리성을 세웠다. 이 토성은 해안에서 좀 올라온 지역에 위치해 있지만 자연적으로 형성된 가파른 입지, 비교적 풍부한 음용수, 질 좋은 진흙이 많은 양호한 토양 등 조건을 두루 갖췄다. 성의 길

이는 대략 6㎞, 면적은 113만 5,476㎡로 규모가 매우 크다. 구조는 외성과 내성을 갖춘 이중성으로 외성은 흙으로 만들어진 토성이고, 내성은 외성 안 중심부에 돌을 쌓은 둘레 750m의 정사각형 석성이다. 1273년 고려 개경 정부의 김방경과 몽골의 홍다구 장군 등의 연합군에 의해 함락, 3년여 동안 이어진 제주 삼별초의 항몽 활동은 종식되었다. 토성 일대는 1978년부터 복원 사업이 계속되고 있다. 항몽유적지 입장료 어른 500원.

어느 바람 몹시 불던 날의 이호테우해변. 끓어오르듯 물결치는 바다 너머로 도두봉이 봉긋하다.

광령1리사무소 → 무수천 숲길(2.3km) → 외도 월대(5.1km) → 이호테우해변(7.2km) → 도두봉(10.2km) → 용두암(15.6km) → 제주목관아(17.1km) → 동문로터리 산지천(18.7km)

거 리 18.7km
시 간 6~7시간
난이도 무난하게 완주할 수 있어요
출발지 제주시 애월읍 광령리 광령1리사무소
종착지 제주시 건입동 산지천 앞

올레가 귀띔하는 제주 시내 명소들

중산간에서 내려와 이호테우해변을 거쳐 제주시 명소를 구석구석 둘러보는 올레다. 숨은 절경인 무수천을 따라 내려오면 옛 선비들이 달빛 아래 풍류를 즐겼다는 외도 월대, 백사장이 아름다운 이호테우해변, 제주의 머리라 일컫는 도두봉, 제주 관광의 상징인 용두암을 차례로 만난다. 제주목관아를 지나면 제주 시내 구석구석을 누빈다. 옛 다섯 성현들의 위패를 모신 오현단, 제주 최대 재래시장인 동문시장을 구경하면 종착지인 산지천 앞이다.

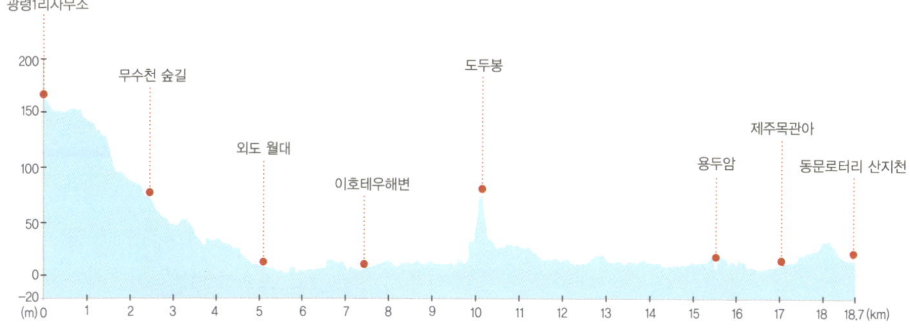

❶ 광령1리사무소 광령1리사무소에서 중산간도로(1136번 도로)를 따라 700m쯤 내려오면 무수천사거리를 만나고, 왼쪽으로 무수천휴게소가 보인다. 무수천다리를 건너면 올레길은 무수천을 따라 내려간다.

❷ 무수천 숲길 난대림이 울창한 강변길을 따르다 보면, 나뭇가지 사이로 무수천의 수려한 풍광이 들어온다. 올레길은 알려지지 않은 무수천의 비경을 보란 듯, 잠시 숲 사이로 들어가 거센 물살이 깎아낸 바위들의 기기묘묘한 형상을 보여준다.

❸ 외도 월대 무수천을 지나 외도천교를 건너면 외도 월대로 접어든다. 외도천변의 월대는 팽나무와 소나무들이 냇물에 그림자 드리운 분위기 좋은 곳이다. 외도천은 은어가 많이 올라오는 곳으로도 유명하다.

❹ 이호테우해변 월대를 지나면 외도천이 바다와 합류하는 모습을 감상하면서 해안을 걷게 된다. 파도에 쓸려가는 몽돌 소리가 예쁜 내도 알작지를 지나 한라산이 살 보이는 길을 한동안 따르면 이호테우해변으로 들어선다.

❽ 동문로터리 산지천 제주 시내의 정겨운 골목들을 지나면 옛 다섯 성현들의 위패를 모신 오현단을 만난다. 오현단 앞이 제주 최대 재래시장인 동문시장이다. 시장에서 사람 사는 냄새를 물씬 맡고 나오면 생태하천으로 거듭난 산지천 앞이다.

❼ 제주목관아 용두암은 중국 관광객이 많아 좀 번잡하다. 용머리를 확인하고, 서둘러 길을 나서면 용연이다. 용연의 시퍼런 강물을 바라보며 구름다리를 건너는 맛이 짜릿하다. 해변을 벗어나면 위풍당당한 관덕정이 우뚝한 제주목관아 앞이다.

❻ 용두암 도두봉을 내려오면 올레길이 좀 헷갈린다. 길은 곧장 해안을 따르는 것이 아니라, 관음정사 앞에서 들판으로 들어선다. 들판을 지나면 용두암까지 해안도로가 이어진다. 차가 많은 길이므로 각별히 조심해야 한다.

❺ 도두봉 백사장에서 한숨 돌렸다가, 한가로운 이호동 마을을 굽이굽이 돌면 '도두추억愛거리'를 만난다. 굴렁쇠 굴리기, 고무줄놀이, 팽이치기, 말뚝박기 등을 하는 인형들의 모습에서 유년 시절이 떠오른다. 도두항을 지나면 조망 좋은 도두봉에 올라선다.

제주 시외버스터미널에서 출발하는 '한림-노형-제주' 중산간 버스를 타고 광령1리사무소 앞에서 내린다. 제주 시내에서는 887번 버스를 타고 광령1리사무소 앞에서 내려도 된다. 서귀포 신시외버스터미널에는 서부관광도로(평화로) 시외버스를 타고 무수천 정류장에서 내린다. 광령1리사무소 방향으로 10분쯤 걸어야 한다.

종착지인 동문로터리에서 제주버스터미널, 제주시 방향으로 가는 버스가 많다. 서귀포시로 가려면 일단 제주버스터미널을 경유한다.

없음

유용한 전화번호

제주올레 콜센터
064-762-2190

제주 콜택시
064-743-7009

VIP 콜택시
064-711-6666

A 무수천

한라산 서쪽 장구목 서북벽 계곡에서 발원해 외도동 앞바다까지 장장 25km를 흐르는 하천이다. 대부분 건천이면서도 상류 지역에 용출하는 구간이 비교적 길고 수량이 풍부해 제주시의 주요 식수원으로 이용된다. 기암절벽과 작은 폭포, 맑은 호수가 절경을 이루고 해골 바위 등 갖가지 기묘한 형상의 바위들이 많다. 명칭은 물이 없는 건천 무수천(無水川), 지류가 수없이 많아서 무수천(無數川), 계곡에 들어서면 모든 근심 걱정이 사라진다 하여 무수천(無愁川)이라고도 한다.

B 외도 월대

제주 지역에서는 보기 드물게 사철 내내 냇물이 흐르는 도근천 하류에 자리한 누대. 조선 시대 시문을 즐기던 선비들이 모여 시회와 연회를 베풀던 유서 깊은 장소다. 도근천은 고려 시대와 조선 시대에 관아에서 조공을 실어 날랐다 하여 조공천이라 불렀다. 월대는 수백 년 된 해송들과 팽나무들이 우거진 곳에 자리해 풍광이 수려하다. 신선이 하늘에서 내려와 '동쪽 숲 사이로 떠오르는 달이 맑은 물가에 비쳐 밝은 달그림자를 드리운 장관을 구경하며 즐기던 누대'라는 의미에서 '월대'라고 불렀다. 이곳 도근천에서 나는 은어는 조선 시대 진상품의 하나였기 때문에 고기잡이를 금했다고 전해진다.

C 내도 알작지

내도동의 알작지는 반질반질한 둥근돌(먹돌)로 이루어진 해안으로 바닷물이 들고 날 때 '챠르르~'하는 고운 소리를 낸다. '작지'는 작은 자갈을 일컫는 말이고, 알작지는 마을 아래에 있는 자갈

해안이라는 뜻이다. 2003년 제주시 문화유산으로 지정됐다.

D 이호동 원담

이호해수욕장에 있는 원담. 밀물과 썰물의 차를 이용해 고기를 잡을 수 있게 쌓아 만든 돌담을 '원', 또는 '개'라고 한다. 돌로 만든 그물인 셈이다. 조천읍 조천리에 서부터 구좌읍 하도리까지는 '개', 그 외의 지역에서는 '원'이라고 한다. 이 원담은 2006년 이호테우해변 축제를 위해 주민들이 300m 정도 복원한 것이다.

E 오래물

도두동에서 솟아나는 용천수로 마을을 상징하는 명물이다. 무더운 여름에는 얼음처럼 차갑고 겨울에는 따뜻해 예부터 마을 사람들이 식수와 생활용수로 요긴하게 사용했다. 수량이 풍부하고 수질이 좋기로 유명하다. 지금은 입장료(어른 1천원, 아이 5백원)를 내고 목욕탕으로 이용한다. 오방(五方)에서 솟는다고 하여 오래물 이라는 명칭이 붙었는데, 도두동에서는 길이나 마당 등 아무 곳에서나 땅을 파면 샘이 솟았다고 한다.

F 도두봉

도두마을을 대표하는 원추형 오름으로 높이 65.3m. 둘레 1,092m다. 도도리산, 도도리악, 도원봉 등으로 불리다 마을 이

❶ 외도식당
064-743-7733/외도 월대 앞
정식으로 돼지고기와 옥돔구이
를 푸짐하게 내놓는 집이다. 정
식 6천원.

❷ 해녀와바다
17코스의 중간쯤인 도두항에서
점심 먹으며 한숨 쉬기 좋은 집
이다. 도두어촌계 해녀들이 직접
잡은 해산물을 사용해 재료가 싱
싱하다. 단골인 제주 시민들도 많
고, 최근에 말끔한 건물을 지어
시설도 좋다. 해물뚝배기 1만원,
각종 물회 1만원. 064-711-3837.

❸ 돌하루방식당
064-752-7580/일도2동
제주시에서 알아주는 맛집으로
각재기국이 유명하다. 각재기국
6천원. 오전 10시부터 오후 3시
까지만 영업.

❹ 동문시장 횟집골목
064-752-3001/동문시장 내
싱싱한 해산물을 직접 사서 시장
안에 있는 소박한 횟집에서 저렴
하게 먹을 수 있다.

제주시의 맛집

현옥기사식당
064-757-3439/제주버스터미널
근처
시외버스 기사들의 단골식당으로
돼지 두루치기가 일품이다. 두루
치기 6천원, 정식 3천원.

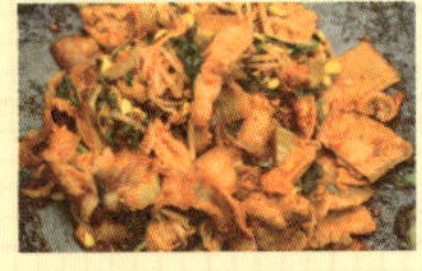

또오라정식
064-756-7078/제주버스터미널
근처
저렴하면서 맛있어 주변에서 인
기 좋은 집. 백반 5천원.

름이 도두동으로 정착되면서 도두봉으로 굳어졌다. 오름 정상에
남아 있는 조선시대 도원봉수(道圓烽燧)터는 동쪽으로 사라봉수,
서쪽으로 수산봉수와 교류했다. 도두봉 남사면 기슭에 관음정사
라는 절이 있으며, 해질 무렵 오름 정상에서 바라보는 낙조가 유
명하다.

G 수근연대

제주시 용담3동 어영마
을 해변에 있는 연대. 어
영마을이 생기기 전 지명
인 '다끄내(수근동)'를 따
서 수근연대라고 했다.
어영마을 사람들은 '큰언
디' 또는 '어연연디'라고 
부른다. 제주특별자치도 기념물 제23-8호.

H 용두암과 용연

용이 머리를 쳐들고 있는 모양의 바위라고 하여 용머리바위, 용
이 사는 연못이라 하여 용연이라 부른다. 높이 약 10m의 용두암
은 용암이 위로 뿜어 올라가면서 만들어진 것으로 보인다. 용왕
의 심부름꾼이 한라산에 불로장생의 약초를 캐러왔다가 산신이
쏜 화살에 맞아 몸은 바다에 잠기고, 머리만 물 위에서 바위로 굳
어버렸다는 등 다양한 이야기가 전해 내려온다. 한천 하류에 형
성된 깊은 소(沼)인 용연은 영주 12경중의 하나인 '용연야범(龍淵
夜泛)'의 장소로 '취병담(翠屛潭)'이라고도 한다. 조선시대 제주도
에 부임한 목사들이 용연에서 여름밤 뱃놀이를 풍류로 즐겼다.

매년 여름밤 '용연야범'을 재현한 선상음악회가 열린다. 용연 입구에 구름다리가 설치되어 있으며, 조명 시설을 설치해 야경이 아름답다. 제주도기념물 제57호.

I 무근성

삼도2동에 있었던 성터. 제주목관아 서북쪽에 위치해 있는 옛 읍성. 탐라국 시대에 고(高), 문(文), 강(康)의 세 성씨의 부호가 살던 곳으로 알려져 있다. 그들이 살던 집터는 거의 원형을 잃었고 사람들도 흩어져 있어 지금은 무근성에 대한 내력을 알기가 어렵다. 새로 축조한 성 이전의 것이라고 하여 묵은 성이라고 부른다.

J 관덕정

조선 시대 대표적인 정자로 병사들을 훈련시키기 위해 세종 30년(1448) 신숙정 목사가 세웠다. 활쏘기 시합이나 과거시험, 진상용 말 점검 등 다양한 행사가 이루어진 곳이다. '활을 쏘는 것은 높고 훌륭한 덕을 보는 것' 이라는 〈예기〉의 문구를 따와 관덕이라는 이름을 지었다고 한다. 창건 당시의 현판 '관덕정'은 제주 지역 출신 고득종의 간청으로 안평대군이 썼으나 불타 없어지고, 선조 때 우의정을 지낸 아계 이산해가 쓴 액자가 남아 있다. 제주도에 남아 있는 전통건축물 중 가장 크며 보물 제322호로 지정되어 있다.

K 제주목관아(濟州牧官衙)

조선시대 제주 지방 통치의 중심지로 지금의 관덕정을 포함하는 주변 일대에 들어서 있던 관아 시설을 말한다. 이곳에는 탐라시대부터 주요 관청 건물이 있었던 것으로 추정되며, 1434년 화재로 관아 건물이 모두 불에 타자 재건축을 시작해 다음해 다시 관아의 모습을 갖추게 되었다. 일제강점기에 관덕정만 남기고 대부분 훼손되었으며, 이후 발굴을 통해 그 흔적을 확인하고 탐라순력도(1702)와 탐라방영총람(1760)을 기초도면으로 활용해 조선 후기의 모습으로 최근에 재현했다. 그러나 그 전체 모습을 정확하게 파악하기 어려워 일부 구역은 복원하지 못했다. 제주목관아는 관덕정을 포함하여 사적 제380호로 지정됐다. 관람료 성인 1,500원, 청소년 800원.

L 오현단

조선시대 제주에 유배되었거나
방어사로 부임해 이 지방 발전
에 공헌한 김정, 송인수, 김상
헌, 정온, 송시열 등을 배향했던
옛 터다. 제주기념물 제1호.

M 동문시장

해방 이후 제주 상업의 근거지
를 이루었던 상설시장으로 오늘
에 이르고 있다. 서문시장, 민속
오일장과 함께 제주시를 대표하
는 3대 전통재래시장 중 하나이
며, 제주 내에서 가장 큰 규모의
시장으로 꼽힌다.

N 산지천

한라산 북사면 해발 약 720m 지점에서 발원해 제주시의 아라
동, 이도동, 일도동을 차례로 흘러 하구인 건입동의 제주항을 통
해 바다로 나가는 하천이다. 과거에 산짓내(山地川), 산젓내(山低
川) 또는 가락천(嘉樂川)이라고도 불렸으며, 제주의 역사를 기록
한 여러 고문헌에도 많이 등장하는 하천 중 하나다. 예로부터 산
지천 하구는 '산포조어(山浦釣魚)'라 하여 낚시를 즐기는 것 자체
가 영주10경에 속할 정도로 운치 있는 장소로 유명했다.

바닷속의 원담이 무지개처럼 보이는 이호테우해변

시비코지에서 닭머르에 이르는 기정길은 제주올레의 숨은 비경이다.

산지천마당 → 제주여객터미널(1km) → 사라봉 정상(2.5km) → 화북포구(6.6km) → 삼양검
은모래해변(9km) → 불탑사(10.7km) → 닭머르(13.2km) → 조천만세동산(17.5km)

거 리 17.5km
시 간 6~7시간
난이도 무난하게 완주할 수 있어요
출발지 제주시 건입동 산지천 앞
종착지 제주시 조천읍 조천리

제주시 역사와 자연이 어우러진 유서 깊은 올레

제주시의 역사와 자연, 문화가 어우러진 올레다. 동문로터리 앞 산지천은 과거 제주
읍성 민초들의 젖줄이었다. 산지천을 따라 내려가면 제주항을 스쳐 사라봉을 오른
다. 사라봉은 제주항 일대 조망이 탁월하며, 이어지는 별도봉 산책로는 바다 풍경이
시원하다. 삼양검은모래해변과 불탑사 오층석탑을 지나면 올레길은 숨은 비경인 시
비코지로 향한다. 시비코지에서 닭머르로 이어지는 시원한 해안길은 18코스가 주는
선물이다. 올레길은 연북정을 지나 항일 만세운동이 펼쳐졌던 조천만세동산에서 마
무리된다.

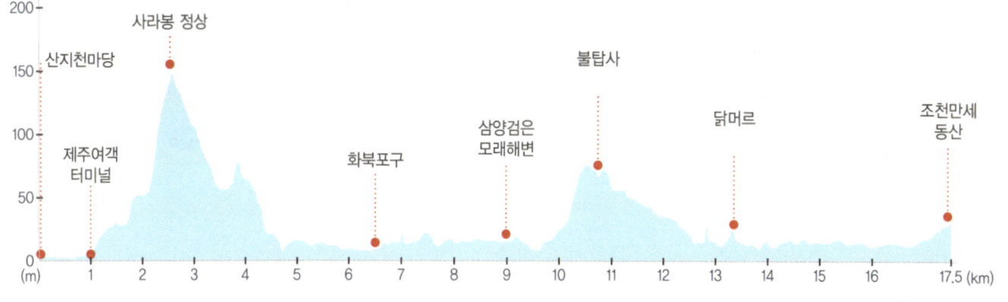

① 산지천마당 동문시장 앞 산지천마당을 출발하면 산지천을 따라 바다로 내려간다. 첫 번째 다리 앞에 '조천석 제사터' 안내문이 있고, 개천 안에 조천석이 보인다. 산지천은 곧 바다와 의녀 김만덕 객주터를 지나 제주여객터미널 앞에 이른다.

② 제주여객터미널 제주여객터미널 앞에서 올레길은 오른쪽 언덕으로 이어진다. 손바닥만 한 작은 공원을 지나면 주택가를 지나 사라봉 입구를 만난다. 울창한 숲길 사이로 이어진 계단을 한동안 오르면 제주항과 제주 시가지가 시원하게 펼쳐진 정상에 선다.

③ 사라봉 정상 오래된 왕벚나무가 가득한 사라봉 정상 일대는 동네 주민들이 애용하는 공원이다. 바다를 바라보며 운동하는 모습이 평화롭다. 사라봉 봉수대 앞에는 일제가 판 진지동굴도 볼 수 있다. 산책하는 주민들을 따라 사라봉을 내려오면 그윽한 해송 숲이 펼쳐진다.

④ 화북(별도)포구 사라봉을 내려오면 별도봉 허리를 둘러가는 해안산책로가 이어진다. 어미가 아이를 업은 형상인 애기업개돌을 지나면 시원한 바다를 바라보며 걷는다. 별도봉 아래 4·3의 아픔을 간직한 곤을동 마을 터가 있고, 화북 비석거리를 지나면 유서 깊은 화북포구에 닿는다.

❽ 조천만세동산 닭머르에서 내려와 신촌 포구를 지나면 대섬에 이른다. 작은 섬을 징 검다리처럼 밟고 지나는 맛이 신기하다. 이 어 연북정에 올라 바다를 내려다보고 조천 시내를 통과하면 대망의 조천만세동산에 닿 는다. 한라산이 잘 보이는 만세동산은 웅장 하며 성스러운 기운이 감돈다.

❼ 닭머르 신촌농로를 따라 내려 서면 호젓한 시비코지 해안이 나타 난다. 시비코지에서 닭머르까지 이 어진 기정길은 18코스에서 가장 아 름다운 구간이다. 가을철에는 바다 와 억새, 그리고 현무암 기암이 어 우러져 장관을 이룬다.

❻ 불탑사 모래찜질로 유명한 검은모래해변에 서 잠시 한숨 돌리고, 다시 길을 나서면 바다와 헤어져 원당봉으로 향한다. 올레길은 원당봉을 오르지 않고 그 품에 안긴 불탑사(원당사)의 오 층석탑을 구경하고 신촌 가는 옛길로 이어진다.

❺ 삼양검은모래해변 화북포구에는 올레 쉼터 가 올레꾼을 반갑게 맞는다. 제주의 옛 관문이었던 화북동은 볼거리가 많다. 포구 옆의 해신사를 구 경하고 별도환해장성을 따르면 별도연대가 우뚝하 다. 마을의 초가집을 구경하며 걷다 보면 어느덧 삼양검은모래해변에 이른다.

출발점 찾아가기

제주공항에서 100번 버스를 타면 제주버스터미널을 거쳐 동문로터리에서 내린다. 서귀포시에서는 구터미널에서 5.16도로 버스를 타고 제주시청에서 하차한 후, 시내버스 1번이나 2번, 10번 등을 갈아타고 동문로터리에서 내린다.

제주시/서귀포시로 돌아오기

조천만세동산 앞 버스정류장에서 제주행 또는 서귀포행 버스를 탄다.

패스포트 스탬프 확인 장소

없음

유용한 전화번호

제주올레 콜센터
064-762-2190

조천 함덕 콜택시
064-783-8288

조천만세 콜택시
064-784-7477

A 산지천

한라산 북사면 관음사 남쪽 약 720m 지점에서 발원하여 제주시의 아라동, 이도동, 일도동을 거쳐 건입동의 제주항을 통해 바다로 흘러드는 하천이다. 병문천(屛門川) 및 한천과 더불어 제주시의 3대 하천으로 통한다. 예로부터 산지천 하구는 '산포조어(山浦釣魚)'라 하여 낚시를 즐기는 것 자체가 영주10경에 속할 정도로 운치 있는 장소로도 유명했다.

B 산지천 경천암과 조천석

산지천에 세워진 조천석과 경천암(擎天岩)은 재앙을 막아달라고 하늘에 제사를 지내던 조두석(俎豆石)이다. 조천석은 자연석 위에 세워져 있었는데, 이 바위를 경천암이라 한다. '경천'이란 '하늘을 받친다'는 의미로서, '하늘을 받쳐 하늘에서 쏟아져 내리는 재앙을 막는다'는 뜻을 지니고 있다. 석물 앞면에는 '조천석', 뒷면에는 '경자춘우산서(庚子春牛山書)'라 음각되어 있다. 이로 보아 어느 경자년 봄에 '우산(牛山)'이라는 아호를 가진 이가 조천석을 세웠을 것으로 여겨진다.

C 사라봉

제주 시내에 위치한 대표적인 오름으로 바로 옆으로 이어진 별도봉과 더불어 오랫동안 제주 시민들의 공원으로 널리 이용됐다. 높이는 148.2m, 둘레는 1,934m, 모양은 북서쪽으로 벌어진 말굽형이다. 사라(紗羅)는 '해질 녘의 햇빛에 비친 산등성이가 마치 황색 비단을 덮은 듯한 형상', '동쪽 땅', '슬'(신성한 땅이라는 의미) 등에서 나왔다는 설 등이 분분하다. 정상에는 망양정이라는 정자가 있고, 봉수대가 복원되어

있다. 사라봉 정상부에는 오래된 왕벚나무가 많아 봄철 풍경이 선경이다. 봉수대 앞에 일제진지 동굴이 뚫려 있다. 사라봉 입구의 해송 숲은 2010년 아름다운 전국 숲 대회에서 어울림상을 받았다. 사라봉에서 별도봉으로 이어진 공간에 칠머리당 영등굿 터가 있다. 예로부터 사라봉에서 바라보는 저녁노을은 사봉낙조라 하여 영주10경 중 하나다.

D 별도봉

제주시 화북동에 자리한 오름으로 사라봉과 이어져 있다. 높이 136m, 둘레는 2,236m다. 제주시 최고의 산책로로 평가받는 장수산책로가 둘레를 감싸고 있어 제주 시민에게 각별한 사랑을 받고 있다. 이름은 화북악, 베리오름 등으로도 불린다. '베리'는 바닷가의 낭떠러지를 뜻하는 '벼루"의 변음이라는 설이 있다. 북쪽 사면은 급경사를 이루는 가파른 절벽인데, 이곳에 유명한 바위인 애기업은돌과 자살바위가

있다. 바다와 맞닿은 곳에는 곤을동 주민들이 길어다 먹는 안드렁물과 고래라도 드나들 수 있을 만큼 커다란 해식 동굴인 고래굴이 있다.

별도봉 정상에 오르면 한라산과 제주항, 아름다운 해안 등이 한눈에 내려다보인다. 올레길은 별도봉 정상으로 이어지지 않고 별도봉 해안산책로(장수산책로)를 따른다.

E 곤을동

항상 물이 고여 있는 땅이라는 의미의 곤일동은 화북1동에 위치하며 4·3 당시 초토화되어 터만 남았다. 곤을동은 화북천이 바다를 향해 흐르다 별도봉 동쪽에서 두 갈래로 나뉘는 곳의 하천 안쪽에 있던 안곤을, 하천과 하천

사이에 있던 가운데곤을, 그리고 밧곤을 등으로 이루어진 마을이었다. 당시 주민들은 농사를 주로 했으며, 바다를 끼고 있어 어업도 겸하면서 43호가 소박하고 평화롭게 살았다. 그러나 4·3사건의 와중인 1949년 1월 4일 아침 9시경 군 작전으로 마을 전체가 불탔고 주민 30여 명이 희생됐다.

❶ 서부두식당
064-783-6153/
건입동 제주항 근처
조림과 구이 등을 파는 집으로
현지인들이 많이 이용한다. 갈
치조림(중) 3만원.

❷ 만인칡칼국수
064-755-5959/
삼양검은모래해변
18코스 중간쯤에 있어 점심 먹
기 좋은 맛집이다. 칡칼국수는
양도 푸짐하고 서비스로 나오
는 부침개도 맛있다. 칡칼국수
6천원.

❸ 화성식당
064-755-0285/
삼양동 버스정류장 앞
제주 토속음식인 접작뼈국을
잘하는 집이다. 푹 곤 사골국물
에 메일을 넣고 다시 끓인 국물
은 걸쭉하면서 담백해 해장으
로 인기가 좋다. 이 식당은 기
본찬으로 나오는 젓갈도 유명
하다. 접작뼈국 6천원.

❹ 북카페 시인의 집
070-4318-5439/조천리
손세실리아 시인이 운영하는 분
위기 좋은 집. 안에서 바라보는
바다 풍경이 소박하다. 다양한
커피와 주스, 맥주 등을 판다.

F 화북 비석거리

화북포구 근처에 자리한 비
석거리로 제주도기념물 제
30호다. 제주도에는 역사
가 오래된 마을마다 비석거
리가 존재한다. 화북지방은
예로부터 제주와 육지를 잇

는 첫 관문으로 많은 관리가 이곳을 거쳐 갔다. 제주목사나 판관
등 지방 관리들의 부임 또는 이임 시 이들의 공적과 석별의 뜻을
기리는 의미에서 비를 세워놓았다.

G 화북포구

화북은 조천과 더불어 조선시대 제
주해상 교통의 관문으로 제주목의
내륙 출입 포구였다. 관영포구로
관리들과 유배인들이 이용했다. 추
사 김정희와 우암 송시열 등 대부분

의 유배인도 이곳으로 제주에 들어왔다. 문헌으로 확인되는 유배
인의 입도는 16명, 출륙 20여 명에 이른다. 추사 김정희는 환풍
정에 대한 시를 남기도 했다. 포구 옆에는 해신사(海神祠)라는 조
그만 당(堂)이 있다. 용왕신을 모시는 곳으로 순조 20년(1820년)
에 제주 목사였던 한상묵이 세웠다. 김정희도 제주를 떠나면서
이곳에서 제를 지내고 떠났다고 한다.

H 별도연대

화북진에 소속된 별도연대(화북연대)는 화북동 동쪽 별도환해장
성 옆 연대동산에 있다. 동쪽으로 조천연대(직선거리 6.7㎞), 서
쪽으로 수근연대(직선거리 6.5㎞)와 교신했다. 예전에는 화북진
소속 별장 6인과 봉군 12명이 배
치되었다. 연대는 횃불과 연기를
이용하여 정치·군사적으로 급한
소식을 전하던 통신수단을 말한
다. 봉수대와는 기능면에서 차이
가 없으나 연대는 주로 구릉이나

해변지역에 설치되었고 봉수대는 산 정상에 설치하여 낮에는 연
기로, 밤에는 횃불을 피워 신호를 보냈다.

I 별도환해장성

'탐라의 만리장성'이라 부르는 환해장성은 배를 타고 들어오는 외적의 침입을 막기 위해 해안선을 따라가며 성을 쌓았다. 현재 성벽이 남아 있는 곳으로는 온평리, 행원리, 한동리, 동복리, 북촌리, 애월리, 고내리 등 14곳이다. 별도연대 앞의 별도환해장성은 안벽과 바깥벽을 갖춘 2중성으로, 주변의 크고 작은 돌을 이용하여 벽을 쌓았다. 현재 남아 있는 성벽의 길이는 약 640m쯤 된다.

J 삼양검은모래해변

제주 시내와 가까운 삼양동의 검은모래 백사장이다. 철분이 함유된 검은 모래로 찜질하면 신경통 · 관절염 · 비만증 · 피부염 · 감기예방 · 무좀 등에 효과가 있다고 한다. 모래찜질로 뜨겁게 달궈진 몸은 해변에서 솟는 차가운 용천수로 식힐 수 있다. 2002년부터 청년회 주관으로 매년 여름에 삼양검은모래축제가 열린다.

K 불탑사 오층석탑

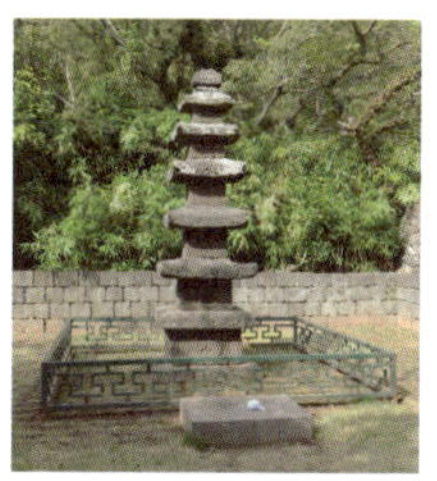

제주도에 현존하는 유일한 석탑으로 보물 제1187호로 지정됐다. 충렬왕 때 창건되었던 원당사(元堂寺) 터에 세워졌고, 현재는 1914년 새로 지은 불탑사에 자리 잡고 있다. 탑은 제주도 현무암으로 만들어졌으며, 높이는 약 4m에 이른다. 1층 기단에서 5층 탑신에 이르면서 급격히 좁아지며, 탑의 체감 비율을 극대화하는 고려시대 석탑의 특징을 지니고 있다. 전하는 바에 따르면 태자가 없어 고민하던 원나라 순제의 제2황비였던 기황후(奇皇后)가 북두의 명맥이 비치는 삼첩칠봉에 탑을 세우면 아들을 얻을 수 있다는 말을 들었다 한다. 이에 따라 이곳 원당사와 함께 불탑을 세워 불공을 드린 결과 아들을 얻었다는 이야기가 전해진다.

L 닭머르와 시비코지

닭머르(닭머리)는 바닷가로 돌출한 바위의 모습이 닭이 흙을 걷어내고 들어앉아 있는 모습과 비슷하다고 해서 붙어진 이름이다.

18코스 놓칠 수 없는 명풍경
사라봉의 제주항 일대 조망과 별도봉의 시원한 해안산책로, 시비코지에서 닭머르에 이르는 기정길.

전망 좋은 곳
사라봉과 별도봉

매점
산지천, 화북포구, 삼양검은모래해변.

화장실
산지천, 사라봉, 삼양검은모래해변, 불탑사, 조천만세동산 주차장 앞.

시비코지는 닭머르 직전, 바위에 세워진 시비다. 어느 제주 시인이 먼저 간 친구를 그리워하며 세웠다고 한다. 시비에는 '바다를 좋아하던 이야/바다를 밤낮없

이/새색시처럼 껴안고 살던 이야/바다를 꽃밭처럼 거닐더니/바다를 그림처럼 아끼더니/이제 바다를 실컷 말할 수 있게 되었구나…'하는 시가 새겨져 있다. 시비코지에서 닭머르에 이르는 해안길은 현무암 기암과 바다가 어우러진 멋진 기정길이다.

M 연북정

초천리 바닷가 평지에 자리 잡고 있는 조선시대 정자다. 1590년 조천관 건물을 새로 지은 후 쌍벽정이라 했고, 1599년 건물을 보수하고 이름을 연북정으로 바꾸었다. '연북'이란 이름은 제주도로 유배 온 사람들이 한양의 기쁜 소식을 기다리면서 북쪽에 계시는 임금을 사모한다는 충정의 뜻을 담고 있다. 사람의 키보다 훨씬 높게 축대를 쌓고 다진 기단 위에 정자를 세웠다. 앞면 3칸 · 옆면 2칸의 구조가 지붕은 팔작지붕이다.

N 조천만세동산과 제주 3 · 1운동

조천만세동산은 제주도에서 맨 처음 독립만세의 함성이 울린 유서 깊은 곳이다. 서울 휘문고등학교 재학 중 3·1만세운동에 참여하여 활약하다가 뜻을 품고 고향인 조천리로 내려온 김장환이 김시범 등 14명의 동지와 더불어 이곳에서 독립만세운동을 전개했다. 3월 21일 조천만세동산(미밋동산)에 태극기를 꽂은 김시범은 독립선언서를 낭독하고, 김장환의 선창으로 대한독립만세를 외

치며 조천 비석거리까지 행진하였다. 이를 시작으로 3월 24일까지 4차례에 걸쳐 만세시위를 벌였다. 만세동산 내에는 애국열사 위패가 모셔진 창열사, 3·1독립만세운동기념탑, 제주항일기념관 등이 있다.

18코스의 절경인 시비코지〜닭머르 해안. ●

사라봉은 제주 시민들이 가장 애용하는 산책로다. ● ●

돈대산 정상에서 바라본 하추자도 신양항과 물개 형상의 수덕이섬.

추자도 올레

추자항 → 봉글레산 정상(1.3km) → 추자등대(3.1km) → 묵리 고갯마루(5.4km) → 신양항 (8.1km) → 예초리포구(11.6km) → 돈대산 정상(13.4km) → 추자항(18.3km)

거 리 18.3㎞
시 간 7~8시간
난이도 노약자에게는 무리일 수 있어요
출발지 제주시 추자면 대서리 추자항(신양항)
종착지 제주시 추자면 대서리 추자항(신양항)

제주와 남도의 행복한 만남

'제주도의 작은 다도해'라고 불리는 추자도의 독특한 아름다움을 만끽할 수 있는 올레다. 제주 본섬과 전남의 중간쯤에 자리한 추자도는 상·하추자도, 추포도, 횡간도 등 4개의 유인도와 38개의 무인도로 이루어진 군도다. 1946년 제주로 편입되기 전까지 전남에 속했기에 남도의 풍습은 물론 자연환경도 남도에 가깝다. 올레길은 상추자도와 하추자도의 마을, 언덕, 봉우리들을 거치면서 추자도의 역사와 절경을 모두 들춰낸다. 특히 봉우리를 넘을 때마다 추자도가 거느리는 기기묘묘한 섬들이 펼쳐지는 장면은 잊지 못할 감동이다.

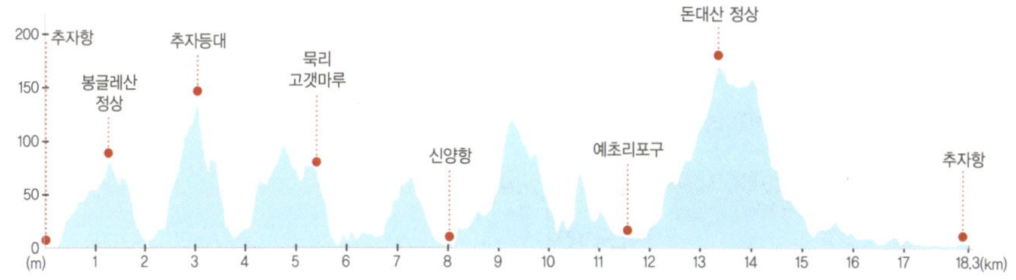

① 추자항 추자항에 내리면 여객터미널 앞에 올레 안내판이 서 있다. 항구를 따라나오면 면사무소 뒤편에 파출소가 보인다. 그 골목으로 올레길이 이어지고 곧 추자초등학교가 나온다. 만약 진도와 완도에서 배를 타고 하추자도 신양항에 내렸으면 버스를 타고 추자항으로 오거나 그곳에서 걷기를 시작한다.

② 봉글레산 정상 추자초등학교 뒤편의 그윽한 솔숲 안에 최영장군 사당이 있다. 최영장군에게 인사를 올리고 언덕을 오르면 능선에 올라붙는다. 오른쪽으로 바다를 낀 호젓한 길이다. 파도소리를 들으며 능선을 따르면 일몰전망대를 지나 봉글레산 정상에 올라선다. 봉글레산은 일몰 명소이며 추자항 조망이 기막히다.

③ 추자등대 봉글레산을 내려와 마을 골목길을 빠져나오면 순효각이고, 다시 골목길에 들어서 추자도 주민들 살림살이를 구경하다 보면 처서각에 닿는다. 처서각 앞에서 펼쳐지는 추자항과 추포도 등 섬 풍경이 일품이다. 처서각 왼쪽 숲으로 들어서 한동안 산길을 오르면 나바론절벽 정상을 지나 추자등대에 올라선다.

④ 묵리 고갯마루(묵리 교차로) 상추자도의 가장 높은 산에 자리한 추자등대는 하추자도 돈대산과 함께 가장 조망이 좋은 곳이다. 2층 등대 전망대에 오르면 추자항이 동화 속 마을처럼 예쁘게 보이고, 상·하추자도가 거느린 섬들이 한눈에 들어온다. 등대에서 내려와 추자교를 건너면 하추자도이고, 한동안 산길을 오르면 사거리인 묵리 고갯마루에 닿는다. 이 고개는 하추자도를 둘러보고 돈대산을 내려올 때 다시 만나게 된다.

❽ 추자항 돈대산 능선을 좀 타면 산불감시 초소가 나오는데, 그 뒤로 상추자도의 모습이 멋지게 펼쳐진다. 그 모습을 감상하고 내려오면 다시 묵리 고갯마루를 만난다. 여기서 담수장을 거쳐 내려오면 추자교 앞이다. 다리를 건너 도로를 따르면 시나브로 추자항이 가까워지며 변화무쌍했던 추자도 올레길은 마무리된다.

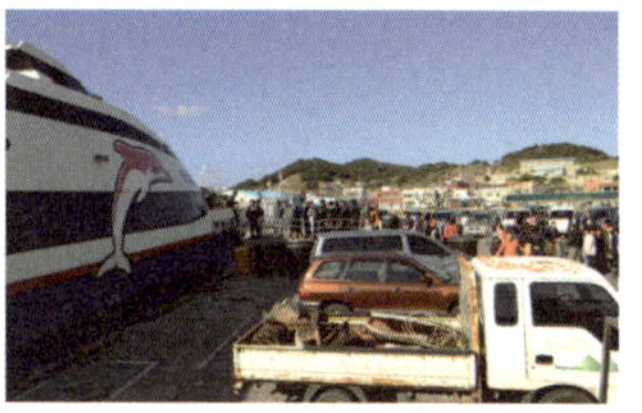

❼ 돈대산 정상 예초리 포구에서 도로를 따르면 곧 엄바위장승이다. 장승 앞에서 뒤돌아본 아담한 예초리 포구는 정감 넘친다. '학교 가는 샛길'을 따르면 돈대산 입구이고, 기지국 철탑을 지나면 정자가 선 돈대산 정상에 오른다. 날이 좋은 날에는 신양항 오른쪽 수덕도 뒤로 한라산이 선명하게 보인다.

❻ 예초리 포구 정자에서 내려오면 넓은 몽돌해안인 신대리 해변이 펼쳐진다. 추자도 해안은 모래가 없고 전부 자갈밭이다. 여기서 신대산 전망대 가는 길은 시멘트 도로를 그냥 따라도 되고, 구불구불한 해안길을 선택해도 된다. 신대산 전망대에서 보길도와 섬들을 조망하고 내려오면 수려한 예초리 기정길이 펼쳐진다. 가을철에는 길섶에 만개한 화사한 해국을 볼 수 있다.

❺ 신양항 고개를 내려오면 돈대산 아래 자리한 예쁜 묵리 마을이다. 묵리 버스정류장 앞에서 잠시 처녀당을 구경하고 돌아와 가을철엔 억새가 지천인 들길을 걸어간다. 들길과 산길을 굽이굽이 돌아가면 신양항이 나타난다. 이어 모진이 몽돌해안 앞에서 언덕길을 타고 넘으면 황경한('황경헌'이란 설도 있다.) 묘소다. 묘소 위의 정자에 서면 바다 위로 화강암 섬인 구멍섬, 큰딜섬, 작은딜섬, 보름섬이 반짝반짝 빛나고 그 뒤로 보길도가 아스라하다.

출발점 찾아가기

추자도는 제주, 완도, 진도와 목포에서 갈 수 있는데, 제주에서 가는 것이 가깝고 편하다. 쾌속선 핑크돌핀호 노선은 제주(09:30)→추자(10:40)→진도(11:50)→목포(12:40). 목포(14:00)→진도(14:50)→추자(16:10)→제주(17:20). 제주에서 추자까지 1시간 10쯤 걸린다. 064-758-4234. 한일카페리3호 노선은 제주(13:40)→추자(16:00)→완도(18:40). 완도(07:30)→추자(10:30)→제주(12:30). 시간은 2시간쯤 걸린다. 064-751-5050. 제주에서 09:30 핑크돌핀호를 타고 추자도에 들어가, 다음날 신양항에서 10:30 한일카페리3호로 나오는 일정이 깔끔하다. 주의할 점은 핑크돌핀호는 상추자도 추자항, 한일카페리3호는 하추자도 신양항에서 타고 내린다는 점이다. 제주공항에서 제주여객터미널은 한 번에 가는 버스가 없어 택시를 타는 게 좋다.

제주시/서귀포시로 돌아오기

추자항에서 핑크돌핀호(16:10) 또는 신양항에서 한일카페리3호(10:30)를 이용해 제주로 돌아간다. 진도, 완도, 목포로 갈 수도 있다.

A 추자항

추자도의 관문이자 주민들이 가장 많이 모여 사는 항구로 상추자 대서리에 있다. 제주항과의 거리는 45km, 목포항과는 96km 떨어져 있다. 추자도 대부분의 편의 시설이 몰려  있기에 이곳에서 숙박하는 것이 좋다. 봉글레산과 추자등대에서 바라본 추자항의 모습이 매우 아름답고, 항구의 야경도 빼어나다. 항구가 작아 배가 큰 한일카페리3호는 신양항을 이용한다.

B 최영장군 사당

사당은 추자초등학교 북서쪽 언덕 위에 작지만 옹골차게 서 있다. 1374년(고려 공민왕 23년) 목호의 난을 진압하러 가던 최영장군은 심한 풍랑을 만나 추자도에 머물게 된  다. 이때 장군은 이곳 주민들에게 그물 짓는 법을 비롯해 선진 어업 기술을 가르쳐 생활에 커다란 변혁을 가져다주었다. 그 후 주민들은 장군의 고마운 마음을 잊지 않기 위해 사당을 짓고 풍어와 풍농을 빌며 제사를 지내고 있다. 제사는 음력 2월 보름에 지내는데, 이를 장군제 또는 당제라고 부른다. 사당 내부에는 영정과 함께 '조국군통대장최영장군'이라는 글씨가 음각된 위패가 돌로 만들어져 세워져 있다.

C 처사각

처사 박인택을 추모하기 위하여 그 후손들이 지은 사당이다. 전하는 이야기에 따르면, 후손이 병에 걸려 갖가지 약으로도 고치지 못하였는데 꿈에 박인택이 나타나 사당을 짓고 공을 들이면 나을 것이라 하여 그렇게 하자 병이 바로 나았다고 

한다. 박인택은 조선 중기에 추자도로 유배와 불교적 생활을 하면서, 주민들의 병을 치료해 주고 불교 교리도 가르치면서 살았다고 한다. 처사각은 영흥리에서 추자등대로 가는 산 중턱에 자리해 추자항 일대 조망이 좋다.

D 나바론 절벽

상추자도 추자등대 서쪽의 깎아지른 절벽으로 이루어진 해안. '나바론'은 영화 '나바론 요새'(1961)에서 독일군 야포 진지가 있던 절벽을 닮았다는 뜻에서 지어진 이름이다. 웅장한

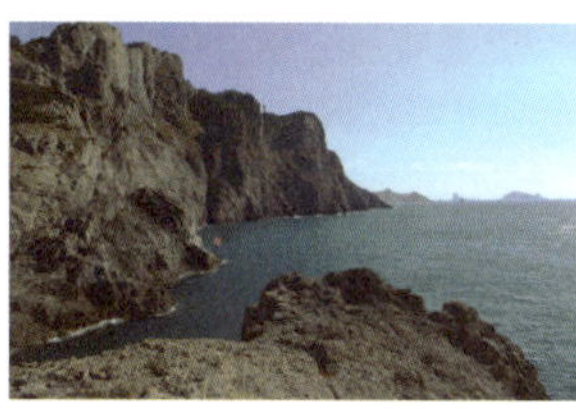

절벽과 거친 바다가 어우러진 모습이 이름과 잘 어울린다. 이 절벽은 올레 코스에서는 볼 수 없고, 용등봉 아래인 용둠벙에서 잘 보인다. 또한 낚시 포인트로 유명해 사철 낚시꾼이 끊이질 않는다. 올레길에서 용둠벙을 가려면 봉글레산에서 내려와 오른쪽 후포 방향으로 15분쯤 가면 된다.

E 용둠벙

용이 살던 연못인 용둠벙은 용등산 아래, 나바론 절벽이 잘 보이는 지점에 있다. 용둠벙 근처에는 작은 굴이 있는데, 이는 용굴이라 한다. 옛날 용이 되고 싶었던 이무기(왕지네)가 추자 앞바다에 살았다. 이무기는 바다에서 나와 동굴 속에서 햇빛을 보지 않고 인내를 해야만 용으로 될 수 있었다. 이무기가 가까스로 발견해낸 곳이 용둠벙과 용굴이다. 어느 날 산신이 나타나 도만 닦는다고 용이 되는 것이 아니라, 착한 일을 해야 용이 된다고 일러

당일 추천 코스

추자항 → 봉글레산 → 추자등대 → 묵리 교차로 → 돈대산 → 예초리 포구 8.3km

시간 여유가 없어 당일로 추자도 올레를 즐기려면 코스 단축이 필요하다. 제주여객터미널에서 오전 9시 30분 핑크돌핀호로 타고 들어가면 추자항에 10시 40분쯤 도착한다. 그리고 오후 4시 10분 핑크돌핀호를 타고 나와야 한다. 따라서 시간 여유는 약 5시간. 준족들은 이 시간에 전 구간을 주파할 수 있지만, 일반인은 무리다. 따라서 상대적으로 지루하고 볼거리가 적은 하추자도 구간을 줄이면 된다. 추천 코스는 상추자도는 전 구간을 잇고, 하추자도는 추자교를 거쳐 묵리 고 갯마루까지 간 다음, 여기서 곧장 돈대산을 오른 후에 예초리 포구로 내려오면 된다. 예초리에서 15:30분 버스를 타고 추자항으로 돌아온다.

1박 2일 추천 코스

신양항 → 봉글레산(일몰) → 추자항(1박) → 추자등대(일출) → 신양항 18.3km

1박 2일 코스라면 오전 9시 30분 핑크돌핀호로 추자도에 들어가 다음날 오전 10시 30분 신양항에서 한일카페리3호를 타고 나오면 된다. 이 일정은 추자도 올레 전 구간을 주파할 수 있지만, 그렇다고 일출과 일몰을 모두 즐길 수 있는 시간은 아니다. 추천 코스는 추자항에서 버스로 신양항으로 이동, 이곳에서 올레를 시작하는 것이다. 그러면 하추자도를 돌아 봉글레산에서 일몰을 맞고 추자항에서 1박 한다. 그리고 다음날 새벽에 출발해 추자등대에서 일출을 감상하고, 오전 10시 30분까지 신양항에 도착하면 된다. 이 코스는 선택하면 알차게 일몰과 일출을 모두 즐기며 추자도 올레를 완주할 수 있다.

223

준다. 이에 이무기는 서로 멀리 떨어졌던 상·하추자도를 가까이 끌어당겨 다정히 지낼 수 있게 하고, 여기저기 아무렇게나 흩어진 40여 개의 작은 섬들도 모두 상·하 추자도와 배열이 맞게 가지런히 놓아 주었다. 이렇게 착한 일을 한 덕분에 이무기는 용이 되어 승천했다고 한다.

F 추자등대

추자도 등대는 상추자도 영흥리 125m 높이의 산 정상에 있다. 1980년 2월 27일 처음 점등되었고, 2006년 사무실과 홍보관 등을 갖춘 현재의 등대가 신설됐다. 회전식 대형 등명기를 설치하여 광달거리를 기존 38km에서 48km로 증강했으며 광도도 3배로 높였다. 등대 건물 2층의 등대 전망대에서는 추자

군도가 한눈에 내려다보인다. 특히 일출 속에 드러나는 추자군도의 모습은 일품이다. 등대 홍보관에는 세계 7대 불가사의로 꼽히는 알렉산드리아 파로스 등대 모형이 있으며 42개 유인도·무인도로 구성된 추자도의 모형도 설치되어 있다.

G 묵리 마을과 처녀당

하추자도 묵리는 평화로운 전통어촌 마을로 돈대산이 포근하게 감싸고 있다. 이름은 마을이 산으로 둘러싸여 낮의 길이가 짧아 '묵이', '무기' 등으로 불리다 '묵리'가 되었다고 한

다. 마을 남쪽 해안가의 당목재에는 해신당인 처녀당이 있다. 옛날 제주에서 해녀들이 물질 왔을 때에 아이들 돌봐 줄 처녀를 데려왔는데, 그만 사고로 처녀가 죽었다. 이에 마을에서 처녀의 원혼을 달래기 위해 당을 짓고, 매년 음력 2월 초에 당제를 지낸다. 처녀당은 올레길에 50m쯤 떨어져 있다. 묵리 버스정류장에서 바다 쪽으로 처녀당이 보인다.

H 모진이 몽돌해안과 신대리 몽돌해안

추자도에는 모래 해변이 없다. 대신 몽돌밭이 있는데, 특히 모진이 몽돌해안은 작은 몽돌로 이루어진 해안이 약 100m나 이어져

해수욕을 즐길 수 있다. 올레길은 모진이 몽돌해안으로 내려가지 않지만, 이어지는 신대리 몽돌해안은 직접 만나게 된다.

I 황경한 묘

1801년 신유박해 때 순교한 황사영과 제주 관노로 유배된 정난주 마리아 부부의 아들인 황경한이 묻힌 곳이다. 하추자도 예초리 남쪽 나지막한 산등성이에 자리 잡고 있다. 올레 11코스가 정난주 마리아의 무덤을 지나기에 올레길과 정난주 모자는 인연이 깊다. 황사영은 열여섯 나이인 1790년 진사시에 급제한 신동이고, 정난주는 정약용의 형 정약전의 딸이다. 신유박해로 황사영이 처형되자 정난주는 두 살배기 아들 황경한을 품에 안고 제주 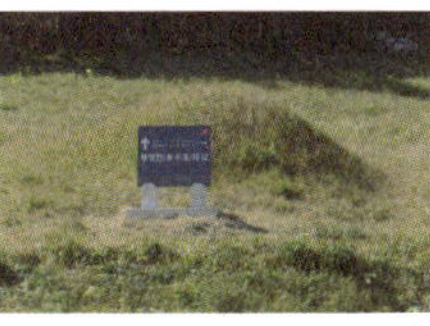 관노로 귀양길에 오른다. 정난주는 추자도에 이르러 아들이 평생 죄인으로 살아가야 함을 걱정하여 예초리 물쌩이끝 바위에 내려 놓고 떠났다. 갯바위에 놓인 황경한은 그 울음소리를 듣고 찾아온 어부 오씨에 의해 키워졌으며, 성장한 뒤에 혼인하여 두 아들을 낳았다. 지금 그의 후손들이 하추자도에 살고 있다. 추자도에서는 황씨와 오씨가 결혼하지 아니하는 풍습도 이 때문에 생겨났다고 한다. 황경한 묘에서 30m쯤 내려가면 졸졸졸 약수가 나오는데, 이를 '황경한의 눈물'이라고 한다.

J 예초리

신대산 전망대에서 내려오면 추자도의 해안 절경을 두 눈에 가득 담고 걸을 수 있는 해안 절벽길인 예초리 기정길이 펼쳐진다. 기정길의 끝 지점이 예초리 포구다. 예초리 기정길 일대에는 가을

❶ 제일식당
064-784-8940/추자항
추자항의 대표적인 횟집. 삼치회와 돌돔 등 다양한 활어회를 맛볼 수 있고, 조기매운탕도 일품이다. 회 5만원. 조기매운탕 1만원.

❷ 중앙식당
064-742-3735/추자항
굴비정식을 잘하는 집. 굴비정식 7천원.

❸ 맛식당
064-742-5158/추자항
부담 없이 백반과 국수 등을 먹을 수 있는 집.

18-1코스 놓칠 수 없는 명풍경
봉글레산에서 내려다보는 예쁜 추자항. 이곳에서 보는 일몰과 추자항 야경도 일품이다. 추자등대 전망대에서 내려다본 추자군도. 상·하추자도는 물론 추포도, 횡간도 등 여러 섬이 보석처럼 반짝인다. 날이 좋을 때는 북쪽 멀리 진도 앞의 조도군도까지 조망된다. 이곳에서는 감상하는 일출이 장관이다.

전망 좋은 곳
봉글레산
추자등대 전망대
돈대산

매점
추자항, 묵리, 신양항.

화장실
추차항 여객터미널, 추자면사무소, 추자등대, 신양항 여객터미널, 예초리 포구, 담수장.

철이면 해국이 화사하게 핀다. 추자도에서 가장 동쪽에 자리한 예초리는 예로부터 예의범절을 잘 지키는 마을이라 하여 '예초'(禮草)라는 명칭이 유래됐다. 약 300여 년 전 함안조씨가 들어와 살면서 마을이 형성된 것으로 전해진다. 포구에는 돌담으로 쌓은 방파제가 조금 남아 있다. 엄바위장승 쪽에서 바라보면 예초리의 아름답고 정겨운 모습을 볼 수 있다.

K 엄바위 장승(예초리 장사)

예초리 엄바위 아래의 장사(억발장사) 형상의 장승이다. 1940년 경에는 장승 2기에 세워졌는데, 썩어버리자 1992년쯤 마을 청년회 주관으로 다시 만들었다. 장승이 처음 만들어졌던 시기는 아무도 모르며, 예로부터 계속 세워져 있었다고 한다. 또한 나무가 썩으면 새롭게 만들어 세웠다. 높이 270㎝, 지름 20㎝ 정도의 통나무를 이용하여 얼굴 부분만 조각했고, 눈꼬리가 올라가 있고, 이빨이 드러나도록 입을 벌리고 있다. 주민들은 '예추 장석'이라 부르며 거대한 엄바위가 마을의 수호신 역할을 한다고 믿었다. 엄바위 밑에서 태어난 억발장사는 인근 바다에 있는 '장사공돌'이라는 바윗돌로 공기놀이하곤 했는데, 어느 날 횡간도까지 뛰어넘다가 그만 미끄러져 바다에 빠져 죽었다. 이때부터 예초리와 횡간도 사람이 결혼하면 청상과부가 된다고 해서 결혼하지 않는 풍습이 생겼다고 한다.

L 돈대산

하추자도에 있는 돈대산은 높이 164m로 추자군도에서 가장 높은 산이다. 신양1리에 속하며 산 정상에 2005년에 완공한 팔각형의 아담한 정자가 세워져 있다. 예전에는 봉화대가 있었으며 기우제와 해신제도 지냈다고 한다. 조망은 남쪽으로 신양항이 시원하게 펼쳐지며, 수덕도(사자섬) 뒤편으로 구름 속에 잠긴 한라산이 정상 부분만 드러나는 모습은 가히 일품이다.

봉글레산에서 맞은 추자항의 아름다운 풍경. ●

돈대산 산불감시초소 앞에서 본 상추자도. ● ●

폭풍우가 지나는 어느 날의 함덕서우봉해변. 사진작가 김영갑이 말한 '삽시간의 황홀'을 뼈저리게 느꼈다.

조천~김녕

조천만세동산 → 관곶(2.3km) → 함덕서우봉해변(6.1km) → 서우봉 일몰 전망대(7.3km) → 너븐숭이 4·3 기념관(8.8km) → 북촌 등명대(북촌포구, 10km) → 동복리 마을운동장(12.7km) → 김녕 서포구(김녕 어민복지회관, 18.7km)

거 리 18.7km
시 간 6~7시간
난이도 무난하게 완주할 수 있어요
출발지 제주시 조천읍 조천리 조천만세동산
종착지 제주시 구좌읍 김녕리 어민복지회관(서포구)

오름 바다 곶자왈 어우러진 올레 '종합선물세트'

제주시 조천과 김녕의 자연과 역사가 한바탕 어우러진 올레다. 조천만세동산을 출발하면 구불구불 돌담을 지나 신흥리해수욕장으로 이어진다. 함덕 마을길을 따르던 올레길은 물빛 곱기로 유명한 함덕서우봉해변에 이른다. 서우봉에 오르면 두 날개를 활짝 펼친 한라산과 함덕서우봉해변의 쪽빛 바다가 기막히게 펼쳐진다. 오름을 내려오면 일몰이 유명한 다려도가 손에 잡힐 듯하고, 북촌포구를 지나면 수풀이 우거진 곶자왈이 시작된다. 동복리 마을운동장과 현무암 공터인 '벌러진 동산'을 지나면 종점인 김녕 서포구에 닿는다.

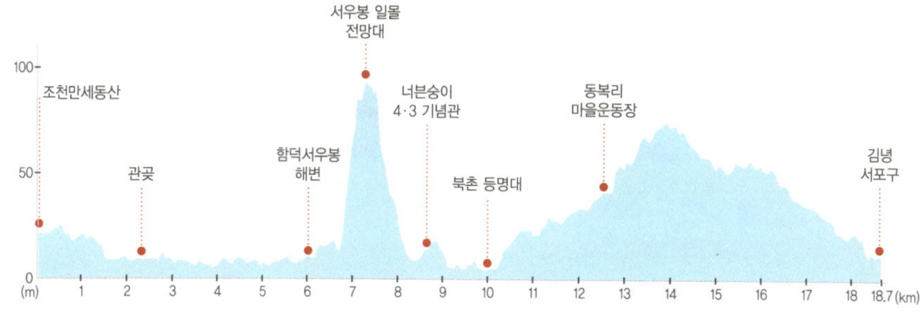

❶ 조천만세동산 만세동산을 출발하면 우선 제주항일기념관을 구경한다. 올레길은 기념관 뒤편으로 이어진다. 한동안 구불구불 이어진 돌담을 따르는데, 가을철에는 억새 물결이 장관이다. 돌담길은 바다와 만나고, 한동안 해안 도로를 따르면 관곳에 닿는다.

❷ 관곳 관곳은 해남 땅끝마을과 가장 가까운 거리라고 한다. 안내판에 나온 위치를 참고하면 등대 앞쪽의 현무암 바위가 관곳이다. 관곳에서 올레길은 서우봉을 바라보면서 이어지고, 방사탑이 나타나며 신흥 해수욕장에 닿는다. 알려지지 않은 아담한 해수욕장이 정겹다.

❸ 함덕서우봉해변 고기잡이 배 두어 척이 정박한 아담한 포구 앞에서 올레길은 마을로 접어든다. 제주대해양연구소를 지나면 다시 바다를 만나고 함덕서우봉해변으로 이어진다. 이곳에 가까울수록 물빛은 시나브로 짙은 에메랄드빛으로 변신한다. 흰 모래와 푸른 바다가 어우러진 백사장이 일품이다.

❹ 서우봉 일몰 전망대 함덕서우봉해변 위의 언덕은 바다 풍광과 한라산 조망이 일품인 드넓은 동산이다. 올레길은 이곳을 거쳐 작은 백사장인 일명 '시크릿 해변'을 지나 서우봉에 오른다. 오름길 초반은 다소 가파르지만, 중턱쯤에서 부드러운 둘레길을 따르다가 일몰 전망대에 닿는다.

❽ 김녕 서포구(김녕 어민복지회관) '벌어진 동산'을 지나 곶자왈 숲길을 빠져나오면 한동안 마을길, 농로길이 지루하게 이어진다. 농로길은 일주도로를 만나면서 반가운 바다가 눈에 들어온다. 도로를 건너 버스정류장이 있는 백련사 뒷길을 따르면 19코스의 종착점인 김녕포구다. 김녕 어민복지회관 앞의 '김녕 서포구' 팻말 앞에서 마무리된다.

❼ 동복리 마을운동장 북촌포구를 나와 일주도로를 건너면 수풀 우거진 곶자왈이 시작된다. 아직 개방하지 않은 북촌동굴을 지나면 동복교회 앞이다. 이어 한동안 숲길을 걷다 보면 느닷없이 거대한 운동장이 나타난다. 동복리에서 만든 마을운동장이다. 운동장을 지나 다시 숲길을 따르면 용암이 굳어진 너른 공터인 '벌어진 동산'이 나온다.

❻ 북촌 등명대(북촌포구) 4·3기념관을 나온 올레길은 북촌 마을을 둘러보고 옛 도댓불인 북촌 등명대에 닿는다. 이 앞에서 거센 물결 뒤로 다려도가 손에 잡힐 듯 가깝다. 북촌포구에서 올레길은 내륙으로 방향을 튼다.

❺ 너븐숭이 4·3기념관 서우봉 전망대 벤치에 앉아 시원한 조망을 감상하고 길을 떠나면, 일몰로 유명한 북촌 다려도를 바라보며 내려오게 된다. 북촌 마을로 들어서면 오른쪽으로 특이하게 생긴 건물이 눈에 띄는데 이곳이 너븐숭이 4·3기념관이다. 그냥 지나칠 수 있으니 주의하자.

 **출발점 찾아가기**

제주시외버스터미널 혹은 서귀포시외버스터미널에서 동회선 일주 버스를 타고 조천만세동산에서 내린다.

 **제주시/서귀포시로 돌아오기**

김녕 백련사 앞 남흘동 버스정류장에서 제주 혹은 서귀포로 가는 시외버스를 탄다.

 **패스포트 스탬프 확인 장소**

없음

유용한 전화번호

제주올레 콜센터
064-762-2190

함덕 콜택시
064-784-8288

김녕 콜택시
064-782-2777

A 관곶

'조천포구로 가는 길목의 곶'이란 뜻으로, 제주도 중에서 해남 땅끝 마을까지의 거리가 83㎞로 가장 가깝다. 이곳은 '제주의 울돌목'이라 불리며 지나가는 배가 뒤집힐 정도로 파도가 거세다고 한다.

B 신흥리 방사탑

관곶에서 신흥리로 들어오면 내륙 쪽으로 동그랗게 들어앉은 넓은 백사장이 눈에 띈다. 이 백사장에 방사탑이 세워져 있다. 이는 조선시대에 건립된 것으로 바닷가 방파제와 북서쪽 바닷가에 각 1기씩 2기가 있다. 새들이 자주 날아와 앉기 때문에 '생이답'이라 불리기도 한다. 바닷가에 있는 것을 '큰개답', 북쪽의  것을 '오다리답'이라 부른다. 마을 사람들은 탑이 세워진 방향이 풍수지리상 허하기 때문에 탑을 세웠다고 하며 제주도 민속자료로 지정됐다.

C 함덕서우봉해변

곱고 흰 백사장과 쪽빛 물빛이 어우러진 아름다운 해변이다. 본래 바다였던 곳이 바다가 얕아지면서 10~15m의 패사층이 넓게 형성되었다. 이 패사층의 밑바닥을 이룬 지질은 현무암으로 그

암초가 군데군데 드러나 있다. 백사
장 오른쪽으로는 나지막한 서우봉의
언덕이 이어지는데, 드넓은 초지가
형성되어 풍광이 더욱 좋다.

D 서우봉

예로부터 서모 또는 서모오름·서모롬 등으로 불렀으며 한자 차
용 표기에 따라 서산(西山) 또는 서산악(西山岳) 등으로 표기했
다. 조선시대에 서모오름의 북쪽 봉우리에 봉수를 설치하면서 서

산봉이라 불렀다. 조선 후
기부터 서산봉을 서우봉(犀
牛峰)이라 하면서 오늘날
서우봉으로 더 많이 알려졌
다. 해발 113.3m이며 높이
는 106m, 모양은 원추형이
다. 역사적으로는 진도에서
거제로 피신해온 삼별초군이 마지막으로 저항하였던 곳으로 김
방경 장군과 삼별초군의 전투가 벌어진 지역이다. 오름 사면의
해안 절벽에는 일제가 뚫은 23기의 동굴 진지가 있는데, 접근이
힘들어 보존상태가 좋다. 서우봉은 동쪽 바다를 바라보는 조망이
좋아 해마다 서우봉일출제가 열린다.

E 너븐숭이 4·3 위령성지

현기영의 소설 〈순이삼촌〉의 배경이 된 북촌리는 1949년 1월 17
일, 북촌초등학교 일대의 들과 밭에서 400명이 넘는 대규모 민
간 학살이 일어났다. 순식간에 들이닥친 군인들은 남녀노소를
가리지 않고 주민들에게 총부리를 겨누며 무자비한 학살을 자
행했다. 그래서 이 마을에는 같은 날 제사를 지내는 집이 많다.
훗날 소설가 현기영은 자신의 소설이 북촌리를 배경으로 한 것
에 대해 "내 고향인 노형이 희생자가 더 많았음에도 북촌을 택
한 것은 한날한시 400여 명 희생자가 났기 때문이다. 수난의 비

극을 집중적으로 보여주기 위
해 북촌을 택했다."고 술회하기
도 했다. 너븐숭이 4·3 위령성
지에는 위령비, 4·3기념관, 문
학기념비, 휴게소, 산책로 등이
조성되어 있다.

제주 시내의 숙소를 이용한다.

제주시의 숙소

15~19코스는 제주시에 숙소를
잡고 다녀올 수 있다. 교통이
편리한 제주버스터미널 근처에
는 싸고 깨끗한 숙소와 맛난 음
식점들이 많다.

유정모텔

064-753-6331/제주버스터미
널 근처
컴퓨터가 있는 특실은 3만5천
원. 보통실 3만원.

❶ 다래향

064-782-9499/함덕서우봉 해변 근처

속풀이짬뽕을 잘하는 중식집. 짜장면도 괜찮다.

❷ 탐라흑돼지

064-784-1534/함덕 우체국 근처

주인이 직접 흑돼지를 잡는다. 저렴한 가격에 제주 흑돼지의 진수를 맛볼 수 있다. 1인분 1만 1천원.

❸ 북촌다려전복

064-784-1312/북촌리

19코스 중간쯤에 있어 점심 먹기 적당하다. 식당과 음식 모두 깔끔하다. 전복죽 1만원. 보말국 7천원.

❹ 동복해녀촌

064-783-5438

올레길에서 좀 떨어져 있지만, 회국수를 처음 개발한 유명한 맛집이다. 계절에 따라 다양한 횟감이 국수와 함께 나온다. 회국수 7천원.

F 북촌리 도대불(등명대)

조천읍 북촌리 뒷개마을 선창 서쪽 높은 암반 위에 있는 도대불로 거의 원형에 가까운 형태로 남아 있다. 규모는 높이 260㎝, 하단 240㎝, 상단 193㎝. 남쪽으로는 점등할 때 위로 올라갈 수 있도록 계단을 만들어놓았다. 윗부분 오른쪽에 도대불을 만들 때 세운 비가 있다. 이 비의 앞면에 '어즉 등명대 대정4년 십이월진'이라고 기록되어 있는 것으로 보아 1915년 12월에 제작되었고 '등명대'라 했음을 알 수 있다. 도대불 꼭대기에 등피를 걸 수 있는 목대가 있었으나 4·3사건 당시 소실됐다. 그 후 유리 상자를 올려놓고 카바이드 등을 넣었고, 리사무소의 급사가 어부들에게 위임을 받아 점화했다고 한다.

G 다려도

제주도 북부 끝의 북촌리 마을 해안에서 400m 정도 거리의 앞바다에 떠 있는 작은 무인도다. 섬의 모습이 물개를 닮았다고 해서 달서도(獺嶼島)라고도 한다. 현무암으로 이루어졌고, 3~4개의 독립된 작은 섬이 모여 다려도를 이룬다. 거센 파도와 해풍에 의해 바위가 갈라지는 절리(節理) 현상을 곳곳에서 볼 수 있으며, 작은 섬과 섬 사이는 소규모의 모래벌판으로 연결되어 있다. 원앙(천연

기념물 제327호)의 집단 도래지이며, 섬 동쪽에는 무인등대도 세워져 있고 마을 어촌계의 물건을 저장하는 시설이 들어서 있다. 수려한 경관과 해산물, 물고기가 풍부하여 낚시터로도 유명하다. 다려도 뒤로 지는 일몰이 유명하다.

H 북촌동굴

북촌리 해안에서 내륙 곶자왈 지대로 들어가는 입구에 자리한 용암동굴로 제주도 기념물이다. 1998년 북촌리에서 농지 개간을 위한 작업을 하던 중 천장이 함몰되면서 발견됐다. 총 길이 120m의 동굴 내부에는 용암이 마치 둥근 모양의 공처럼 굳어서 생긴 용암구, 용암이 바닥 면으로부터 솟아올라서 생긴 석순, 동굴 천장

에 마치 고드름처럼 매달려 있
는 종유석 등 다양한 생성물이
형성되어 있다. 이 동굴은 용암
동굴의 특징을 잘 보여주고 있
어 지질학적 가치뿐만 아니라
학술적 가치도 높은 것으로 평
가되며 출입은 금지되어 있다.

I 벌러진 동산

동복리 마을운동장을 지나면 만나는 현무암 공터. 가운데가 벌어
진 곳, 혹은 두 마을로 갈라지는 곳이라 해서 그런 이름이 붙었다.
곶자왈 숲 속에 용암이 굳어 만들어진 넓은 공터가 이색적이다.

J 백련사

김녕 서포구로 내려가기 전에 자리한 백련사는 조계종 제23교구
말사다. 1926년 창건되었으며 1946년에는 항일 운동가 김석윤
을 비롯해 인수, 오영무, 이화선, 고선봉 등이 백련사를 이끌며
포교 활동에 전념했다. 이화선은 4·3사건이 끝난 후 1950년대
초에 17세기 관음보살상을 조성 봉안했다. 이 보살상은 현재 백
련사 대웅전에 모셔져 있다. 대웅전 내부의 후불탱화는 화려하
며 장엄하다.

235

북한산둘레길

1코스 우이동~정릉
소나무숲길~순례길~흰구름길~솔샘길(1~4구간)

2코스 정릉~불광동
명상길~평창마을길~옛성길(5~7구간)

3코스 불광동~효자동
구름정원길~마실길~내시묘역길(8~10구간)

4코스 효자동~우이령
효자길~충의길~우이령길(11~13구간)

5코스 우이령~호원동
왕실묘역길~방학동길~도봉옛길~다락원길~보루길
(20~16구간)

6코스 호원동~교현리
안골길~산너미길~송추마을길(15~13구간)

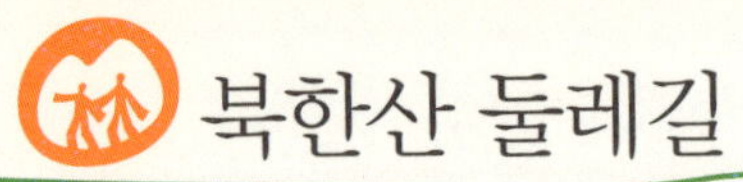

북한산 둘레길

서울 사는 또 하나의 행복

　북한산 둘레길은 북한산과 도봉산을 크게 한 바퀴 도는 길이다. 이처럼 원을 그리는 트레일(트레킹)을 라운딩 혹은 서킷이라 부르는데, 세계적으로 유명한 것이 안나푸르나 라운딩 트레킹이다. 라운딩은 핵심 봉우리를 중심에 두고 한 바퀴를 돌기 때문에 변화무쌍한 풍경을 즐길 수 있는 것이 특징이다.

　북한산 둘레길은 기존의 샛길을 연결하고 다듬어서 만들었기 때문에 환경친화적이고, 저지대를 따르기에 체력 부담이 적다. 무엇보다 연간 약 1천만 명이 찾는 북한산 국립공원의 등산 인구를 분산시키는 효과가 탁월하다. 북한산 둘레길은 수도 서울을 대표하는 트레일 코스이자, 전국 국립공원 중에서 첫 번째 생긴 둘레길이다. 이 길의 폭발적인 인기와 효과는 전국 국립공원으로 퍼져나갈 것으로 보인다.

　북한산 둘레길은 정확하게 말하면 '북한산국립공원 둘레길'이다. 따라서 북한산은 물론 도봉산도 포함된다. 2009년 9월 북한산 구간 45.7㎞가 먼저 개통됐고, 2011년 6월 말에 도봉산 구간 26.1㎞가 열렸다. 앞으로 북한산 둘레길은 서울 외사산(관악산, 북한산, 용마산, 덕양산)과 내사산(남산, 인왕산, 북악산, 낙산)을 연결하는 서울 둘레길(총 178㎞)과 이어질 예정이다.

　북한산 둘레길도 약점이 있다. 주로 저지대의 산책로와 마을, 숲길 등을 따르기에, 화려한 암릉을 자랑하는 북한산의 역동적인 맛을 느끼기에는 다소 부족하다. 따라서 둘레길을 통해 북한산의 절경을 맛보려는 것은 욕심이다. 북한산에는 정상인 백운대, 주능선, 북한산성 일주, 비봉능선 등 기막힌 산길이 수두룩하다. 따라서 북한산 산길과 둘레길을 연결해 즐기는 것이 좋겠다.

코스 현황

북한산 둘레길은 우이동에서 시작해 시계방향으로 북한산과 도봉산을 크게 돈다. 북한산에 이어 도봉산 구간이 뒤에 개통하면서 기존 13구간이었던 우이령길은 21구간으로 바뀌었다. 둘레길의 인기는 폭발적이다. 개통 3개월 만에 무려 100만 명이 둘레길을 밟았고, 지금은 서울과 의정부 시민들의 부담 없는 걷기 코스로 정착되었다.

영역	구간	구간명	지역	거리	소요시간	개장
북한산	1구간	소나무숲길	우이동	3.1km	1시간 30분	2010년 9월
	2구간	순례길	우이동~수유동	2.3km	1시간 10분	
	3구간	흰구름길	수유동	4.1km	2시간	
	4구간	솔샘길	수유동~정릉	2.1km	1시간	
	5구간	명상길	정릉~평창동	2.4km	1시간 10분	
	6구간	평창마을길	평창동~구기동	5km	2시간 30분	
	7구간	옛성길	구기동~불광동	2.7km	1시간 40분	
	8구간	구름정원길	불광동~진관외동	4.9km	2시간 30분	
	9구간	마실길	진관외동	1.5km	45분	
	10구간	내시묘역길	진관외동~효자동	3.5km	1시간 45분	
	11구간	효자길	효자동	2.9km	1시간	
	12구간	충의길	효자동	2.7km	1시간	
도봉산	13구간	송추마을길	교현동~호원동	5.2km	2시간	2011년 6월
	14구간	산너머길	호원동	2.3km	1시간	
	15구간	안골길	호원동, 가능동	4.7km	2시간	
	16구간	보루길	호원동	3.1km	1시간30분	
	17구간	다락원길	호원동	3.3km	1시간30분	
	18구간	도봉옛길	호원동~도봉동	3.1km	1시간30분	
	19구간	방학동길	도봉동~방학동	3.1km	1시간30분	
	20구간	왕실묘역길	방학동~우이동	1.6km	40분	
	21구간	우이령길	우이동~교현동	6.8km	3시간	
합	21개 구간			71.8km		

북한산 둘레길은 1년 365일 아무 때나 찾아도 좋다. 산행 부담이 적어, 눈이 온 다음 날에 설렁설렁 둘레길을 밟는 중장년층도 많다. 둘레길은 우이·수유·정릉·구기·송추·산성·교현지구로 구분해 총 21개 구간으로 만들었다. 총 거리 71.8㎞에 비해 구간이 많고 걷다보면 헷갈리기 마련이다. 책에서는 사람들이 3~4개 구간을 묶어 하루 코스로 잡는 것을 참고해 총 6개 코스로 나누었다. 북한산 구간이 먼저 개통한 관계로 1~12와 21구간(우이령)이 1~4코스, 13~20구간이 2개 코스로 나누어진다.

둘레길을 즐기는 요령은 북한산의 명소를 느긋하게 둘러보는 것이다. 1코스는 둘레길 근처의 여러 순국선열의 묘역과 국립4.19묘역 등을 둘러볼 수 있다. 2코스는 둘레길에서 1㎞ 떨어진 형제봉에 올라 시원한 조망을 만끽할 수 있고, '북악하늘길'과 연결해 북악산 걷기를 즐길 수 있다. 3코스는 서울 근교에서 가장 호젓하고 계곡 좋은 진

관사와 삼천사를 둘러보는 맛이 일품이다. 4코스의 우이령길 구간은 석굴암을 구경하거나, 공단에서 운영하는 숲해설 프로그램을 신청하면 길에 얽힌 역사와 생태적 특징을 더욱 잘 이해할 수 있다. 5코스는 문화유적 가장 많은 구간으로 도봉서원과 도봉계곡 흩어진 각석군을 찾아보는 재미가 쏠쏠하다. 6코스는 걷는 맛이 아기자기하고 송추계곡과 왯골의 계곡미가 빼어난 구간이다.

안내 표식

북한산 둘레길은 제주올레보다 표식이 많고 다양하다. 제주올레 표식이 소박한 것에 비하면, 둘레길은 다소 화려하다. 덕분에 길 잃을 염려는 거의 없다. 첫째는 종합안내판이다. 일반적으로 시작점, 종착점, 눈에 잘 띄는 곳 등에 종합안내판을 비치해 전체 코스를 알려준다. 둘째는 장미 아치. 대체로 구간이 시작하는 곳에 아치형 대문을 설치했다. 셋째는 곳곳에 세워진 지도 안내판과 거리 이정표. 지도 안내판은 주변 지도과 버스정류장 등이 기록되어 유용하고, 거리 이정표는 여러 산길이 교차하는 구간에서도 정확한 길을 일러준다. 남은 거리는 알려주는 둘레길 거리표도 유용하다. 그밖에도 나무, 전봇대, 담벼락 등에서 안내 표식을 만날 수 있다. 산길에서는 목책과 로프 목책도 둘레길을 알리는 표식이다.

북한산둘레길 한눈에 보기

송추마을길
거리 5.3km
시간 2시간
교현 우이령길 입구
교현탐방
지원센터
충의길
거리 2.7km
시간 1시간 20분
고양시
사기막골 입구
효자길
거리 2.9km
시간 1시간 30분
효자동 공설묘지

진관동
내시묘역길
거리 1.5km
시간 1시간 45분
북한산
방패교육대 앞
마실길
거리 1.5km
시간 45분
진관 생태다리 앞
구름정원길
거리 2.9km
시간 1시간 30분
평창마을길
거리 5.0km
시간 2시간 30분
북한산 생태공원 상단
옛성길
거리 5.0km
시간 2시간 30분
평창동
홍지동
탕춘대성
암문 입구
구기동

도봉산
원각사 입구
안골계곡
안골길
거리 4.7km
시간 2시간
회룡탐방지원센터
보루길
거리 2.9km
시간 1시간 30분
산너미길
거리 2.3km
시간 1시간 10분
원도봉 입구
다락원길
거리 3.1km
시간 1시간 30분
우이령길
거리 6.8km
시간 3시간 30분
도봉옛길
거리 3.1km
시간 1시간 30분
다락원
우이탐방지원센터
무수골
방학동길
거리 3.1km
시간 1시간 30분
왕실묘역길
거리 1.6km
시간 45분
우이 우이령길 입구
정의공주묘
소나무숲길
거리 2.9km
시간 1시간 30분
솔밭근린공원 상단
순례길
거리 2.3km
시간 1시간 10분
이준열사묘소 입구
수유동
흰구름길
거리 4.1km
시간 2시간
북한산 생태숲 앞
정릉주차장
솔샘길
거리 2.1km
시간 1시간
정릉동
형제봉 입구
명상길
거리 2.4km
시간 1시간 10분

구름전망대는 넓고 깊은 조망이 시원하게 펼쳐진다.

우이령길 입구(소나무숲길 시작점) → 만고강산 옹달샘(1.7km) → 솔밭공원(1구간 종착지, 2.6km) → 4.19묘지 전망대(3.5km) → 북한산 둘레길 홍보센터(3코스 시작점 4.8km) → 구름 전망대(8km) → 북한산 생태숲(9.5km) → 정릉 탐방안내소(11km)

거 리 11km
시 간 5~6시간
난이도 무난하게 완주할 수 있어요
출발지 서울시 강북구 우이동 우이 치안센터 앞 우이령 입구
종착지 서울시 성북구 정릉동 정릉 탐방안내소 주차장

북한산 일번지 우이동과 수유동을 잇다

우이동은 북한산 일번지 마을이라 해도 과언이 아니다. 정상인 백운대로 향하는 최단 코스가 나 있고, 북한산과 도봉산을 오르는 등산로가 거미줄처럼 뻗어 있다. 둘레길 역시 이곳에서 첫발자국을 내딛는다. 1코스는 우이동에서 수유동을 거쳐 정릉을 잇는 구간으로 솔향 그윽한 소나무숲길(1구간), 이준 열사와 이시영 선생 묘소 등을 스치는 순례길(2구간), 멋진 조망이 펼쳐지는 흰구름길(3구간), 호젓한 산책로인 솔샘길(4구간)을 차례로 지나 정릉 탐방안내소에서 마무리된다.

❶ 우이령 입구 우이동 우이 치안센터(먹거리 고을) 앞에 있는 '미니스톱' 편의점 정면에 '우이령 입구' 이정표가 서 있다. 여기서 우이계곡으로 들어서면서 둘레길이 시작된다. 공사 중인 옛 그린파크호텔 뒤로 북한산의 상징인 백운대, 인수봉, 만경대가 우뚝하다.

❷ 만고강산 옹달샘 호젓한 우이계곡을 500m쯤 오르면 봉황각을 만난다. 여기서 둘레길은 손병희선생 묘소 앞을 지나면서 1구간 장미아치를 통과한다. 솔향 은은한 숲길을 20분쯤 가면 만고강산 옹달샘이 나온다.

❸ 솔밭공원 옹달샘을 지나면 미끈한 소나무들이 쭉쭉 뻗은 오솔길을 만난다. 1구간 소나무숲길 중에서 가장 소나무가 좋은 길이다. 여기서 작은 고개를 넘으면 자수박물관을 만나고 우이동의 명물인 솔밭공원에 닿는다.

❹ 4 · 19묘지 전망대 솔밭공원을 나오면 둘레길은 오른쪽 보광사 방향 골목길을 따른다. 2구간 순례길 입구인 장미아치를 통과하면 완만한 오르막이 한동안 이어지다가 4.19묘지가 한눈에 보이는 전망대를 만난다.

❺ 북한산 둘레길 홍보센터 4.19묘지 전망대를 지나면 보광사 앞이다. 잠시 절 구경을 하고 나오면 신숙선생과 김도연선생 묘소를 연달아 지난다. 여기서 20분쯤 더 가면 섶다리를 만나고, 이준 열사 묘역 앞을 지난다. 3구간으로 들어서면 둘레길 홍보센터가 왼쪽으로 보인다.

❽ 정릉 탐방안내소 주차장 북한산 생태숲을 지나면 정릉중앙하이츠 아파트를 만나면서 둘레길은 도로로 내려온다. 정릉 시내를 따라 500m쯤 오르면 정릉 탐방안내소를 만나면서 솔샘길이 마무리된다.

❼ 북한산 생태숲 전망대를 내려오면 빨래골 입구다. 여기서 언덕을 오르면 작은구름전망대. 시원한 도심 조망을 감상하고 내려오면 4구간 솔샘길이 시작된다. 아파트 뒷길을 따르면 체육공원을 지나 북한산 생태숲으로 들어선다.

❻ 구름전망대 둘레길 홍보센터는 휴식과 약속 장소로 좋다. 홍보센터를 나와 작은 고개를 넘으면 한전 강북지점을 만나고, 20분쯤 더 가면 화계사 입구다. 절 구경을 하고 제법 가파른 오르막을 오르면 둘레길의 최고 명물인 구름전망대를 만난다.

출발지 찾아가기

1구간 소나무숲길-우이동 우이령 입구
지하철 4호선 수유역 3번 출구로 나와 120번, 153번 버스를 타고 우이동 종점 하차.

2구간 순례길-솔밭공원
지하철 4호선 수유역 3번 출구로 나와 120번, 153번 버스를 타고 덕성여대 입구 하차. 길 건너면 솔밭공원.

3구간 흰구름길-북한산 둘레길 홍보센터
지하철 4호선 수유역 1번 출구로 나와 01번 마을버스 타고 통일교육원 하차.

4구간 솔샘길-북한산 생태숲
지하철 4호선 길음역 3번 출구로 나와 1014번, 1114번 버스를 타고 종점 하차.

종착지에서 돌아오기

북한산 정릉 탐방안내소에서 시내 쪽으로 200m쯤 내려오면 버스정류장이 있다. 여기서 143번, 110B 버스를 타면 4호선 길음역으로 갈 수 있다.

유용한 전화번호

북한산 둘레길 탐방안내센터
02-900-8085

A 우이동

서울 강북구에 있다. 서쪽으로는 경기도 고양시 신도읍, 동쪽으로는 도봉구 방학동과 쌍문동, 남쪽으로는 수유동과 접해 있다. 조선시대 우이동은 도성에서 꽤 먼 거리에 위치한

마을이었다. 당시에도 '우이(牛耳)'라는 이름을 썼는데, 소의 귀처럼 생긴 봉우리(우이암)의 아래에 있는 마을이라는 뜻이다. 우이동은 산에서 흘러 내려오는 계곡을 따라 마을이 만들어졌고, 생태하천으로 거듭난 우이천이 흐른다. 사찰로는 도선사, 보광사, 용덕사 등이 있다.

B 봉황각(鳳凰閣)

의암 손병희 선생이 1912년 6월 19일에 세운 천도교의 수도원과 교육시설이다. 일제에 빼앗긴 국권을 찾기 위해 천도교 지도자를 훈련한 곳으로 의창수도원이라고도 부른다. 손병희 선생은 1910년 우리나라가 일본의 식민지가 되자 천도교의 신앙생활을 심어주는 한편, 지도자들에게 역사의식을 심어주는 수련장으로 이 집을 지었다. 1919년 3·1운동의 구상도 이곳에서 했으며, 이곳을 거쳐 간 지도자들이 3·1운동의 주체가 되었다. 봉황각은 총 7칸 규모로 목조 기와로 된 2층 한옥이며 건물은 을(乙)자형이다. 봉

황각 현판의 '鳳'자와 '凰'자는 각각 중국 명필 안진경과 미불이 쓴 것을 채자한 것으로 알려졌다.

C 손병희선생 묘역

봉황각에서 약 50m 떨어진 언덕에 손병희선생 묘소가 자리 잡고 있다. 손병희(1861~1922)는 천도교 지도자로 3대 교주를 지냈고, 3·1운동 때 민족대표 33인 중 한 명이었던 독립운동가다. 묘는 나지막한 담에 둘러싸여 있으며, 봉분에는 화강암 호석(護石)으로 띠가 둘려 있다. 호석 중앙에는 천도교를 상징하는 표시가 새겨져 있으며 묘 좌우에는 망주석 1쌍이 서 있다.

D 우이동 솔밭공원

북한산 동쪽, 우이동 덕성여대 맞은편에 있으며 100년생 소나무 1천여 그루가 숲을 이룬 공원이다. 면적은 3만 4,955㎡로 예전에는 사유지였다. 서울의 개발 붐이 이곳까지 이어져 1990년에는 아파트 개발지로 선정되기도 했다. 자칫 사라질 위기에 처한 숲을 주민과 지방자치단체가 앞장서 보존운동을 벌였고, 1997년 서울시와 강북구가 땅을 매입해 2004년에 솔밭근린공원으로 개장했다. 우이동 주민의 휴식 장소로 애용되고, 봄과 가을이면 문화행사가 열린다. 또한 공원에는 노루오줌, 비비추, 창포, 옥잠화 등 27종의 야생화와 수생식물이 자란다. 소나무 외에도 느티나무, 상수리나무가 있어 아이들의 자연학습에도 좋다. 북한산 둘레길 1구간 '소나무숲길'의 마지막 지점이다.

E 수유동

동쪽으로 번동·쌍문동, 서쪽의 경기도 신도읍, 남쪽의 미아동, 북쪽의 고양시와 접해 있다. 동 이름은 북한산 골짜기에서 흘러내려온 물이 마을에 넘쳤기 때문에 '무너미', '무네미'라 부른 데

맛집

❶ 곤드레이야기
02-994-5075/둘레길 홍보센터 근처
강원도 정선에서 먹는 것처럼 곤드레나물밥을 잘하는 집이다. 안주로는 숯불돈제육이 좋고, 여름철에는 오이소박이국수도 별미다. 북한산 둘레길 홍보센터에서 아래로 50m쯤 내려가면 나온다. 곤드레나물밥 7천원. 숯불돈제육 1만2천원.

❷ 원석이네 식당
02-906-4059/우이동 버스정류장 근처
산꾼 단골이 많은 집이다. 아주머니 인심이 넉넉해 음식이 푸짐하다. 김치찌개 1인분 6천원. 부추전 9천원.

❸ 우리콩순두부
02-995-5918/우이동 버스정류장 근처
우이동에서 유명한 집으로 파주 콩밭에서 직접 재배한 콩을 사용한다. 콩비지 6천원. 두부김치 1만원.

❹ 샘터마루
02-902-6456/강북청소년수련원 근처
육개장이 유명한 집으로 저렴한 가격에 고기가 넉넉하게 들어 있다. 개울을 끼고 있어 막걸리 한잔하는 분위기도 좋다. 육개장, 김치전골 5천원.

249

서 유래했다. 이를 한자로 옮긴 것이 수유(水踰)다. 조선시대에
는 우이동과 더불어 도성 밖 먼 마을이었고, 경기도에 속하다가
1949년부터 서울에 편입됐다. 1960년대부터 도심 철거민들이 이
곳으로 이주하여 저소득층 집단부락을 이루었으며, 특히 수유1
동 빨래골 일대 고지대에 많이 모여 살았다. 빨래골은 궁중의 무
수리들이 빨래하러 온 곳이라 해서 붙은 이름이다. 사찰로는 화
계사와 삼성암이 있고, 선열 묘역인 국립 4·19민주묘지가 자리
하고 있다.

F 국립 4·19민주묘지

강북구 수유동에 있는
4·19 혁명 희생 영령
199인의 신위를 모신
국립묘지다. 둘레길 2
코스 순례길 중 4.19
전망대에서 묘지를 조
망할 수 있다. 1963년

9월 20일 약 3천 평으로 건립되었고, 1990년대에 김영삼 정부가
성역화 작업을 추진해 조형물을 추가하고 약 4만 평으로 확장했
다. 목조 건물인 유영봉안소와 묘지, 4·19혁명기념관, 사월학생
혁명기념탑, 상징문 등으로 이루어져 있다.

G 신숙선생 묘소

신숙(1885~1967)은 가평
출생 독립운동가다. 호는
강재(剛齋). 1903년 천도교
입교, 1905년 문창학교(文
昌學校) 설립. 1919년 보성
사(普成社)에서 독립선언
서를 인쇄할 때 이를 교정·

배포했다. 1925년에는 북만주에서 민족유일당운동을 전개했고,
1933년에는 한국독립당이 편성한 한국독립군의 참모장으로 난
징·상하이 등지에 파견되어 국민당 정부와 협력했다. 1963년
건국훈장 국민장을 받았다.

H 김도연선생 묘소

김도연(1894~1967)은 대한민국 초대 재무부장관 겸 정치가다.

경기 김포 출신으로 호는 상산(常山). 1942년 조선어학회 사건에 관련되어 함흥형무소에서 2년간 옥고를 치렀다. 광복 후 한국민주당 총무로 정계에 투신, 1948년 5월 제헌국회 입법선거 때에는 서대문구에 한민당원으로 출마해 당선됐고, 같은 해 8월 초대 재무부 장관에 취임했다. 1991년 건국훈장 애국장을 받았다.

I 이준열사 묘역

애국선인 묘소 중에서 가장 호젓하고 분위기 있는 묘역으로 꼽힌다. 묘소로 들어가는 입구에 특이하게 홍살문(궁전, 능, 관아 등 앞에 세우던 붉은색을 칠한 나무문)이 서 있고, 길을 따라  울창한 나무들이 도열해 있다. 묘역에 들어서면 이준의 흉상부조가 부착된 벽체 아래에 태극기가 새겨진 석판이 놓여 있는데, 그 석판 밑에 이준열사가 묻혀 있다. 독립운동가 이준(1859~1907)은 1907년 을사조약이 일제의 강압에 의해 체결된 것임을 세계에 알리기 위해 이상설, 이위종 등과 함께 네덜란드 헤이그에서 열린 헤이그평화회의에 특사로 파견됐다. 하지만 일제의 압력과 방해로 결국 목적을 이루지 못한 채 1907년 7월 14일 숙소 호텔에서 갑작스러운 죽음을 맞았다. 그는 숨을 거두며 '나라를 구하시오. 일본이 끊임없이 유린하고 있소.'라는 말을 남겼다고 한다. 그의 사인은 정확히 밝혀지지 않았는데, 자결설, 병사설, 분사설(분을 못 이겨 죽음)을 둘러싸고 오랫동안 논란이 있었다.

J 화계사

북한산에 있는 사찰 중에서 진관사와 더불어 가장 유명하고 고풍스러운 절이다. 고려 광종 때 법인대사가 부허동에 보덕암을 지었고, 1522년(중종 17) 신월 스님이 지금의 자리로 옮겨 크게 짓고 화계사라 이름 지었다. 1618년(광해군 10) 큰 화재와 오랜 세월 탓에 건물이 퇴락하자, 1866년(고종 3) 흥선대원군의 시주로 다시 건립됐다. 1870년(고종 7)에 새로 지은 대웅전은 앞면 3칸·옆면 3칸 규모이며, 지붕 옆면이 여덟 팔(八)자 모양인 팔작지붕집이다. 화계사는 1933년 조선어학회 주관으로 한글맞춤법 통일안을 위해 이희승, 최현배 등의 국문학자 9인이 기거하며 집필한 역사의 현장이기도 하다. 절에는 흥선대원군과 얽힌 전설이 내려온다.

흥선군이 재야에 있을 때 화계사에서 아버지 남연군의 묘를 이장하라는 말을 듣고 그대로 행했으며, 이로 인해 아들이 왕위에 오르게 되었다는 이야기다.

K 구름전망대

3구간 흰구름길 중간쯤에 있는 전망대로 북한산 둘레길을 통틀어 가장 조망이 좋은 곳이다. 약 140m 고도의 언덕에 20m 높이의 전망대를 세워 조망을 확보했다. 전망대에 서면 동쪽으로 북한산 주릉이  손에 잡힐 듯하고, 북쪽으로 도봉산이 품을 활짝 열어놓는다. 서쪽으로는 강북구와 노원구의 도심 뒤로 수락산과 불암산이 우뚝하고, 그 뒤로 멀리 남양주시의 천마산까지 조망된다.

L 북한산 생태공원

성북구 정릉초교 뒤편에 조성된 공원으로 참나무 생태복원지, 전망쉼터, 야외 북카페, 성북 생태 체험관 등의 시설을 마련했다. 다양한 프로그램을 통해 아이들이 숲  공부하기에 좋다. 둘레길 걷는 시민들은 화장실 등의 편의 시설을 이용할 수 있다. 성북 생태체험관의 프로그램 신청은 체험관 블로그(http://cafe.naver.com/sbgreensharing)를 참조한다.

풍만한 화강암이 일품인 북한산 최고봉 백운대 ●
둘레길 최고 조망을 선사하는 구름전망대 ● ●

옛성길 조망 명소에서 본 북한산 비봉능선. 왼쪽 향로봉에서
오른쪽 끝 보현봉까지 일필휘지로 펼쳐진다.

정릉 탐방안내소 주차장(명상길 시작점) → 형제봉 입구(평창마을길 시작점, 2.2㎞) → 해원사 (4.6㎞) → 구기동 버스정류장(6.6㎞) → 탕춘대성 암문(옛성길 7.3㎞) → 조망 명소(헬기장, 8.3㎞) → 장미공원(9㎞) → 북한산 생태공원 상단(옛성길 끝 지점 9.6㎞)

거 리 9.6km
시 간 4~5시간
난이도 무난하게 완주할 수 있어요
출발지 서울시 성북구 정릉동 정릉 탐방안내소 주차장
종착지 서울시 은평구 불광동 북한산 생태공원 상단(불광사 앞)

탕춘대성 넘어 불광동 가는 길

성북구 정릉에서 출발해 종로구 평창동과 구기동, 은평구 불광동을 잇는 길이다. 정릉에서 형제봉 능선을 넘으면 평창동이다. 이 길은 그동안 군사보호 구역으로 통제된 덕분에 고요한 숲길로 남아 있다. 평창동은 전통적인 부촌으로 산과 단독주택이 어우러진 모습이 예쁘다. 사자능선 전망대에서 가야 할 길을 굽어보고 내려오면 구기동이다. 여기서 탕춘대성을 오르면 북한산 능선 중 가장 수려한 비봉능선과 서울 도심이 활짝 열린다. 성을 내려오면 북한산 서부 지역인 불광동이다.

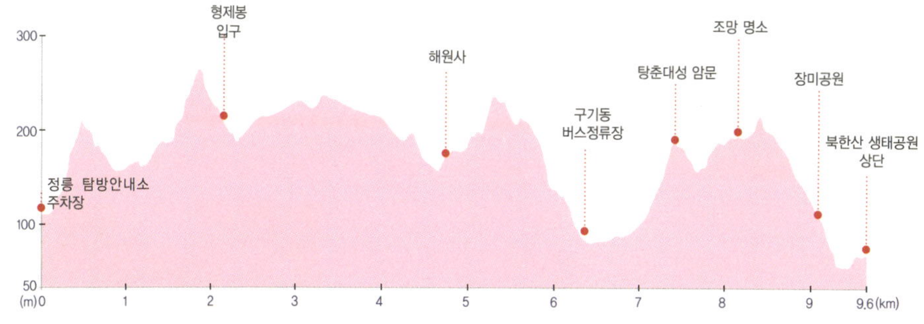

255

구간 한눈에 보기

❶ 정릉 탐방안내소 주차장(명상길 시작점) 정릉 탐방안내소 뒤편 주차장에서 명상길이 시작된다. 등산로는 계곡을 따라 올라가지만, 둘레길은 왼쪽으로 방향을 튼다. 완만한 오르막길을 따르면 호젓한 계곡을 지나고, 은근슬쩍 형제봉 능선에 올라선다

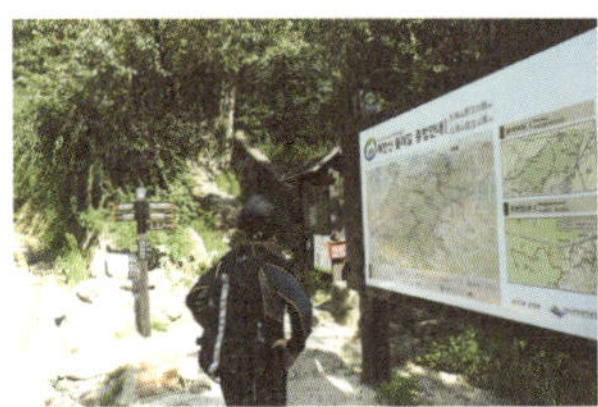

❷ 형제봉 입구(평창마을길 시작점) 형제봉 능선에 올라서면 북악산 갈림길이 나온다. 여기서 북악산으로 이어진 길이 '북악하늘길'이다. 따라서 둘레길과 북악하늘길을 연결해 걷기를 즐길 수 있다. 형제봉 갈림길을 지나 내려오면 형제봉 입구다.

❸ 해원사 형제봉 입구부터 평창동 골목길이 시작된다. 선운정사와 평창마을지킴터(보현봉·대성문 등산로 들머리)를 지나면 모퉁이를 돌 때마다 수려한 보현봉이 불쑥 고개를 내민다. 평창마을길의 중간쯤에 해당하는 해원사는 잠시 쉬었다 가기 좋다.

❹ 구기동 버스정류장 한국여자신학대학원과 청련사를 지나면 산길이 시작된다. 10분쯤 오르면 사자능선에 올라붙는다. 능선을 타고 내려오는 길에 시야가 넓게 열린 전망대가 있다. 가야 할 탕춘대성을 굽어보고 내려오면 구기동이다.

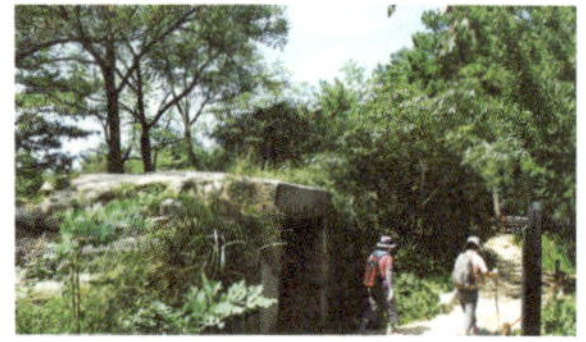

❺ 탕춘대성 암문 구기동 버스정류장을 지나면 둘레길은 구기터널 앞에서 오른쪽 골목으로 방향을 튼다. 여기서 언덕을 오르면서 평창마을길은 옛성길로 바뀌고, 10분쯤 더 오르면 탕춘대성에서 유일한 암문(독박골 암문)을 만난다.

❽ 북한산 생태공원 상단 장미공원 거북 약수를 들이켜고 도로를 건너면, 래미안아 파트 앞 북한산 생태공원이다. 여기서 골 목길을 굽이돌아 오르면 불광사 앞이 나오 고 옛성길이 마무리된다.

❼ 장미공원 헬기장에서는 그동안 조금씩 얼굴을 드러 내던 비봉능선 전 구간이 시원하게 펼쳐진다. 향로봉~비 봉~문수봉~보현봉으로 이어진 비봉능선은 북한산에서 가장 역동적인 암릉이다. 거대한 암봉인 족두리봉(수리 봉)을 바라보며 내려오면 장미공원이다.

❻ 조망 명소(헬기장) 암문을 빠져나오면 본격적 인 능선이 시작된다. 소나무 가득한 이 길은 둘레 길을 통틀어 가장 조망이 좋고 긴 능선이다. 정자를 지나 15분쯤 더 가면 조망 명소인 헬기장에 오른다.

출발지 찾아가기

5구간 명상길–북한산 정릉 탐방안내소 주차장
길음역 3번 출구로 나와 143번, 110B 버스를 타고 정릉 종점 하차.

6구간 평창마을길–형제봉 입구
길음역 3번 출구에서 153번, 7211번 버스를 타고 롯데아파트 하차해 도보 10분.

7구간 옛성길–구기동 버스정류장
길음역 3번 출구에서 7211번 버스 타고 구기동(한국고전번역원) 하차. 또는 불광역 인근 질병관리본부 사거리에서 7211번 버스 타고 구기동(한국고전번역원) 하차.

종착지에서 돌아가기

북한산 생태공원 앞에서 질병관리본부 사거리 방향으로 15분쯤 걸으면 불광역이다. 공원 앞에서 7211번 버스를 타면 불광역이 한 정거장이다. 2코스 혹은 옛성길은 장미공원에서 끝내면 교통이 편리하다.

유용한 전화번호

북한산 둘레길 탐방안내센터
02-900-8085

A 정릉동

서울시 성북구에 속한 동으로 북동쪽의 강북구 미아동, 서쪽의 종로구 평창동, 남쪽의 돈암동과 접해 있다. 이름은 태조 이성계의 계비인 신덕왕후 강씨의 정릉이 있어 붙여졌다.

처음 지명은 사을한리(沙乙閑里)로 살한리를 한자음으로 옮긴 것인데, 줄여서 사아리(沙阿里)라고 부르기도 했다. 조선 초에는 한성부에 속했다가, 1914년 고양군 숭신면, 1949년에 성북구에 편입됐다. 북한산 등산로 입구인 정릉3동은 맑은 물이 흐르는 것으로 유명하다. 여기서 청수(淸水)라는 마을 이름이 나왔다. 사찰로 경국사가 있고, 문화재로 정릉이 유명하다.

B 청수장

물놀이 명소로 풍광이 좋은 정릉계곡에 자리한 청수장은 1910년대에 일본인이 지어 별장으로 사용했다. 1945년 해방이 되자 민간인이 인수해 사용하던 중 한국전쟁이

터지자 특수부대 훈련을 위한 강의실 및 숙소로 쓰이기도 했다. 그러다가 전쟁이 끝난 후 요정 '청수장'으로 탈바꿈하면서 정비석의 소설 〈자유부인〉의 무대로 등장해 세인의 눈길을 끌었다. 1974년 이후 일반 음식점 및 여관으로 바뀌어 운영되던 중 1983년 북한산이 국립공원 영역에 포함, 2001년 6년 건물의 외형을 최대한 보존하는 방식으로 북한산국립공원 정릉탐방안내소로 탈바꿈했다.

C 북악하늘길

형제봉 능선인 북악산 갈림길(정릉 탐방안내소에서 약 2km)에서 북악하늘길로 접어들 수 있다. 여기서 북악하늘길을 따르면 하늘전망대를 만난다. 북악산에 난 걷기 코스인 북악하늘길은 기존

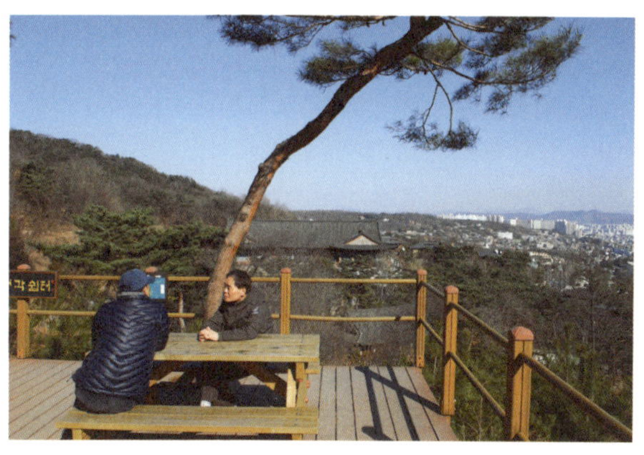

의 제1산책로(1.4km)와 제2산책로(1.9km)에 이어, 2010년 2월 마지막으로 제3산책로(0.64km)가 열렸다. 이로써 북악산은 1968년 1월 21일 북한의 무장간첩 김신조 일당이 이곳을 통해 청와대로 가려고 시도한 이후, 폐쇄된 지 42년 만에 완전히 시민의 품으로 돌아왔다. 북악팔각정부터 말바위쉼터로 이어지는 제1산책로는 서울 시내를 바라보며 걷기에 좋고, 하늘교와 성북천 발원지를 잇는 제2산책로는 아늑한 숲속 산책길이다. 제3산책로는 북악스카이웨이와 나란히 제2산책로 하늘전망대까지 이어진다.

D 형제봉

둘레길이 지나는 형제봉 능선에서 형제봉 정상까지는 불과 1km. 따라서 시간과 체력이 있는 사람들은 형제봉에 다녀오는 것도 좋다. 형제봉은 두 개의 봉우리가 형제처럼 나란히 있어 붙여진 이름이다. 두 봉우리 중 먼저 만나는 작은형제봉은 암반과 기암괴석이 널려 있어 풍광이 빼어나다. 평창동과 북악산, 멀리 서울 시내 조망이 탁월하다.

E 평창동

서울시 종로구에 있다. 동쪽은 성북구 정릉동, 서쪽으로 구기동, 남쪽은 부암동·삼청동, 북쪽은 경기도 고양시와 접해 있다. 이름은 광해군 때 조세를 관리하던 선혜청 중에서 가장 큰 창고인 평창에서 유래했다. 1914년에는 경기도 고양군 은평면에 속했고,

❶ 옛날민속집
02-379-6100/구기동 큰 도로 근처
구기동의 옛날민속집은 15년째 국산 콩을 직접 갈아서 만든 손두부, 콩비지, 청국장 등을 내놓는 유명한 한식집이다. 추천하는 메뉴는 보리밥정식. 10여 가지 반찬과 청국장, 콩비지, 누룽지 등이 푸짐하게 나온다. 위치는 둘레길이 구기동 큰 도로를 만나는 지점 근처에 있다. 보리밥정식 7천원. 청국장 6천원.

❷ 한우향기
02-379-2001/구기동 이북5도청 가는 길
평창의 질 좋은 한우를 내놓는 집으로 고기 맛이 한결같다. 한우생등심 150g 2만6천원. 한우 따로국밥 5천원.

❸ 구기동오면
02-396-9755/구기동 버스정류장 근처
간판이 예쁜 국수집으로 김치말이 국수와 비빔국수를 잘한다.

2코스 놓칠 수 없는 명풍경
단독주택과 보현봉, 형제봉이 어울린 평창동 골목
북한산과 서울 시내 조망이 시원한 사자능선
옛성길에서 만난 탕춘대성과 암문
헬기장 조망 명소에서 비봉능선 감상하기

전망 좋은 곳
연화정사 마당에서 본 평창동 마을과 북악산
사자능선 전망대
옛성길 조망 명소

1949년 서울 서대문구에 편입되었다가 1975년 종로구 관할로 변경됐다. 북악터널과 구기터널을 통해 외부와 연결되고, 형제봉 아래는 고급 주택가가 들어섰다. 사찰로 승가사와 문수암이 유명하고, 민속자료는 보현산신각이 있다. 산신각 오르는 길에 역사소설가 월탄 박종화가 살았던 고택 한옥이 눈길을 끈다. 그의 집 필실을 조수루(釣水樓)라고 한다.

F 사자능선

보현봉에서 남쪽인 구기동으로 약 3㎞쯤 뻗어내린 능선으로 풍광이 빼어나다. 보현봉 앞의 두 암봉이 마치 한 쌍의 사자처럼 보인다고 해서 쌍사자봉이라 부른다. 사자능선의  이름은 여기에서 나온 것으로 추측된다. 둘레길에서는 사자능선 거의 끝 부분을 밟고 구기동으로 내려간다. 그곳에 전망대가 있는데, 사자능선과 비봉능선, 평창동과 구기동, 북악산 너머 서울 시내 등이 시원하게 펼쳐진다.

G 구기동

서울시 종로구에 속한다. 동쪽은 평창동, 남쪽으로 홍지동 · 부암동, 서쪽으로는 서대문구 홍제동과 접해 있다. 1949년 서울시 서대문구에 편입되었다가, 1975년 종로구 구기동으로 관할이 변경됐다. 법정동인 구기동은 행정동인 평창동 관할 하에 있다. 가는 굴, 먹정굴, 문수동, 매박골, 독박골, 구텃골 등의 자연마을이 있었다. 사찰로 문수사 등이 있다.

H 탕춘대성

1715년(숙종 41)에 서울의 도성과 북한산성의 방어시설을 보완하기 위해 만든 성곽으로, 서성(西城)이라고도 한다. 인왕산 정상의 서울 성곽에서부터 능선을 따라 족두리  봉까지 4㎞ 이어진다. 이 성은 숙종이 병자호란 직후에 북한산성을 재축성하면서 쌓았다. 북한산성이 높아서 군량 운반이 어렵자 세검정 부근에 있던 탕춘대(蕩春臺) 일대에 군사를 배치하고 군량을 저장하기 위해 이 성을 축성했다고 한다. 탕춘대는 연산군이 세검정 근처 현재 세검정초등학교 자리에 풍류를 즐기기 위해 만들었던 건물을 말한다. 상명대학교 앞에 있는 홍지문(弘智門)이 탕춘대성의 출입문이다. 탕춘대성을 따라 이어진 능선을 탕춘대능선이라 하는데, 비봉능선으로 오르는 가장 쉬운 등산로다. 둘레길은 탕춘대성의 유일한 암문(독발골 암문)을 통과한다.

I 헬기장 조망 명소와 비봉능선

헬기장이 있는 226m봉은 서울시에서 선정한 조망 명소다. 사방으로 시야가 넓게 열리는데, 특히 북한산 비봉능선 조망이 탁월하다. 비봉능선은 산성 주능선과 함께 북

한산의 뼈대를 이루는 주릉이다. 서쪽 족두리봉(수리봉)에서 향로봉과 비봉을 거쳐 문수봉까지 이르는 거리는 약 3㎞ 비봉능선은 아기자기한 암릉 타는 재미가 좋고, 조망이 일품이다. 서울 시내가 손금 들여다보듯 훤히 보이고 북한산 전체를 입체적으로 조망할 수 있다. 진흥왕이 순수비를 세운 비봉, 사모바위, 문수봉 등 빼어난 절경이 능선 내내 이어진다.

J 비봉과 진흥왕순수비

비봉(碑峰)은 진흥왕이 555년 한강 일대를 평정하고 그 업적을 기리기 위해 비석을 세운 봉우리다. 북한산 32개 봉우리 중에서 진흥왕이 점찍은 비봉은 거대한 화강암 덩어리로 크고 작은 바위들이 켜켜이 쌓여 독특한 바위미를 자

랑한다. 높이는 560m로 그다지 높지는 않지만 주변 봉우리를 압도하는 위엄이 느껴진다. 동서남북 사통팔달 막힌 데가 없어 북한산 여러 봉우리, 서울 시내, 한강과 그 너머 서해 조망이 빼어나다. 2006년 10월 문화재청에서 진흥왕순수비 모형을 원형복제비로 바꾸었기에 원형비석의 생김새를 구경할 수 있다.

진관생태다리 근처에서 본 북한산. 가운데 의상봉을 중심으로 왼쪽이 원효봉, 오른쪽 뾰죽한 봉우리가 용출봉이다.

북한산 생태공원 상단(구름정원길 시작점) → 스카이워크(600m) → 불광중학교 후문(2.1km) → 진관 생태다리 앞(마실길 시작점, 4.6km) → 내시묘역길 입구(6km) → 백화사(7.4km)) → 북한산성 탐방지원센터(8.2km) → 효자동 관세농원 앞(내시묘역길 종착점, 9.4km)

거 리 9.4km
시 간 4~5시간
난이도 무난하게 완주할 수 있어요
출발지 서울시 은평구 불광동 북한산생태공원 상단(불광사 앞)
종착지 경기도 고양시 덕양구 효자동 관세농원 앞

구름 타고 내시묘역 마실 가는 길

불광동에서 출발해 진관동을 지나 경기도 고양시 효자동까지 이어지는 길이다. 북한산 생태공원에서 언덕을 오르면 구름정원길의 명물인 전망대와 '스카이워크'가 연달아 나온다. 전망대에서는 은평구 일대가 시원하게 열리고, 60m에 이르는 나무데크 길은 허공을 걷는 기분을 느끼게 한다. 은평뉴타운을 지나 기자촌 언덕을 우회하면 명상길이 시작된다. 진관사와 삼천사 앞 갈림길을 지나면 내시묘역길로 바뀐다. 호젓한 백화사와 산꾼들 북적이는 북한산성 입구를 지나면 효자동이다.

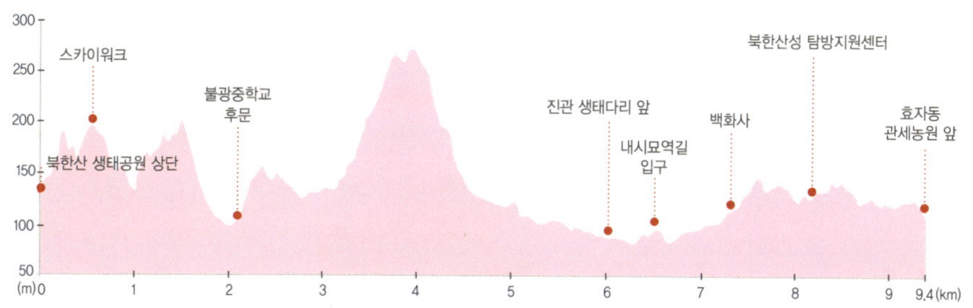

❶ 북한산 생태공원 상단(구름정원길 시작점)
북한산 생태공원 상단에서 불광사 옆을 스쳐 언덕을 오르면 전망대를 만난다. 나무데크를 깔아 놓은 넓은 쉼터다. 난간에 서면 은평구 도심이 시원하게 펼쳐진다.

❷ 스카이워크 전망대 앞으로 둘레길의 명소인 60m 길이의 '스카이워크'가 시작된다. 나무 데크 덕분에 암봉 사이를 편안하게 걷는다. 국립공원관리공단 측에 의하면 둘레길 은평 구간을 만드는 데 가장 애를 먹고 공사비도 많이 들었다고 한다.

❸ 불광중학교 후문 아파트 뒤편으로 이어진 오솔길을 따르면 정진공원지킴터 앞을 지나 불광동 골목으로 들어선다. 이곳은 서민들이 많이 사는 곳이라 분위기가 정겹다. 불광사 갈림길을 지나면 불광중학교 후문 앞이다.

❹ 진관 생태다리 앞(마실길 시작점)
불광중학교 후문에서 야산을 넘으면 느닷없이 은평뉴타운 3지구가 나온다. 선림사 옆 계곡을 따르면 기자촌 언덕을 우회하게 된다. 이 길이 호젓하고 북한산 조망도 빼어나다. 언덕을 내려오면 진관 생태다리 앞이고, 여기서 마실길이 시작된다.

❽ 효자동 관세농원 앞(내시묘역길 종착점)

산성 탐방지원센터를 지나면 북한산성계곡을 건너는 무지개다리를 만난다. 여기서 펼쳐지는 원효봉, 백운대, 만경대, 노적봉의 모습이 장관이다. 이어지는 원효암 입구와 효자농원을 지나면 도로로 나오면서 3코스가 마무리된다.

❼ 북한산성 탐방지원센터

백화사는 바위에 새겨진 삼존 마애불이 볼만하다. 내시묘는 백화사 뒤편에 숨어 있다. 운치 있는 오솔길을 따라 의상봉 들머리를 지나면 음식점과 아웃도어 매장들로 번잡한 북한산성 입구에 닿는다.

❻ 백화사 내시묘역길로 들어서면 호젓한 숲길을 이리저리 둘러간다. 미로 찾기처럼 재미있는 길이다. 여기소경로당 앞에서 아담한 골목길이 시작된다. 서울에서는 보기 힘든 시골 마을이 펼쳐지고, 고요한 백화사가 나타난다.

❺ 내시묘역길 입구 마실길 초입은 멀리 북한산 봉우리들이 기막힌 스카이라인을 그린다. 이곳은 원래 벚나무 고목이 많은 진관사 진입로였다. 진관사 갈림길에서 계곡을 건너면, 삼천사 입구를 지나 내시묘역길로 접어든다.

8구간 구름정원길–북한산 생태공원 상단(불광사 앞)
3호선 불광역에서 구기터널 방향으로 10분쯤 걷는다. 또는 불광역 2번 출구로 나와 7022, 7211번 버스를 타고 독박골 하차.

9구간 마실길–진관 생태다리 앞
3호선 연신내역 3번 출구에서 7211번 버스를 타고 진관사 입구 하차해 15분쯤 걷는다.

10구간 내시묘역길–방패교육대 앞
3호선 구파발역 1번 출구로 나와 704, 34번 버스를 타고 이곡삼거리 하차해 5분쯤 걷는다.

효자농원을 지나 도로를 만나는 지점(관세농원 앞)이 종착점이다. 이곳에서 길을 건너 704번 버스를 타면 3호선 구파발역으로 간다.

유용한 전화번호
북한산 둘레길 탐방안내센터
02-900-8085

A 불광동

서울특별시 은평구에 있는 동. 동쪽의 종로구 구기동, 서쪽의 대조동 · 갈현동, 남쪽의 녹번동, 북쪽의 진관외동과 접해 있다. 동 이름은 이곳에 있는 불광사에서 유래한다. 근처에 바위와 크고 작은 사찰이 많아 부처의 서광이 서려 있다 하여 붙여진 이름이다. 1914년 박석동 · 사정동 · 관동을 합하여 경기도 고양군 불광리라 했고, 1949년 서대문구, 1979년 은평구 관할로 되었다. 옛 지명으로는 박석고개, 독바위골, 수리봉, 돈노리, 연신내, 어수물터(어수정), 이감수, 관텃굴, 새장골 등이 있다.

B 스카이워크

3구간 흰구름길의 구름전망대와 더불어 둘레길을 대표하는 명소다. 산비탈에 다리 형태로 60m에 이르는 나무데크를 깔았다. 허공을 걷는 기분이 든다고 해서 '스카이워크'란 이름이 붙었다. 조망 좋고 걷기도 좋지만, 다소 인공적인 냄새가 나는 것이 흠이다.

C 불광사

불광동에는 불광사가 두 곳이
다. 수리봉 남쪽 기슭에 자리한
불광사는 둘레길을 걷다가 만난
다. 수리봉 서쪽에 자리한 불광
사가 좀 더 크고 오래됐는데, 족
두리봉과 향로봉 들머리로 많이
이용한다.

D 족두리봉(수리봉)과 독박골

족두리봉은 불광동 지역을 대표
하는 북한산의 한 봉우리다. 생
김새가 수리와 같다고 해서 수
리봉, 정상에 바위가 올려진 모
습이 족두리를 닮았다고 해서
족두리봉 등으로 불린다. 바위

전체가 암봉으로 이루어져 경관이 수려하고 몇 개의 암벽 등반
루트가 나 있다. 족두리봉 서쪽 계곡 일대를 독박골(독바위골)이
라 하는데, 독(항아리)과 같은 바위가 많아 그렇게 불렀다는 설,
인조반정의 일등공신인 원두표가 거사 직전까지 숨어 지냈던 독
바위굴에서 유래했다는 설 등이 전한다.

E 진관외동과 기자촌

진관외동은 서울시 은평구에 있
는 동으로 동쪽은 경기도 고양
시, 북쪽의 진관내동, 서쪽의 구
파발동, 남쪽의 불광동과 접해
있다. 동 이름은 응봉 기슭에 있
는 진관사에서 나왔다. 1914년

고양군 신도면 진관외리, 1973년 서대문구, 1979년 은평구 관할
로 바뀌었다. 북한산 깊숙이 자리한 고요한 마을이었는데, 은평
뉴타운이 건설되면서 옛 풍경이 사라졌다. 자연마을의 옛 지명
으로는 탑골, 삼천리골, 못자리골(못절터), 여기소, 마고정, 재각
말, 잿말, 폭포동 등이 있다.
기자촌은 한국기자협회가 무주택 기자들을 위해 지난 1969년 서
울 은평구 진관외동(당시 경기도 고양군 신도면 진관외리) 일대
국유지 5만 5천여 평에 조성한 주택조합단지다. 언론인 450여

명이 평당 2천원(당시 이 지역 밭 1평 3천원)을 주고 매입해 한때 특혜분양 시비가 일기도 했다.

F 진관사와 삼천사

진관외동에 위치한 두 절은 서울에서 보기 드물게 고요하면서 빼어난 계곡을 품고 있는 사찰이다. 진관사는 고려시대의 고찰로, 불암산 불암사, 관악산 삼막사, 보개산 심원사와 함께 한양 근교의 4대 사찰 중 하나였다. 고려 현종이 왕위에 오르기 전, 자신의 목숨을 구해준 진관조사의 은혜에 보답하고자 지은 절이다. 지금은 비구니 사찰로 꽃피는 봄철 풍광이 빼어나다. 삼천사는 661년 원효가 창건한 절로, 한때 3,000명이 수도할 정도로 번창했으며 절 이름도 이 숫자에서 나온 것으로 추측된다. 건물 중 산령각은 정면 2칸, 측면 3칸의 맞배지붕 건물인데, 다른 사찰의 산신각보다 규모가 커서 북한산의 산신을 적극적으로 수용했음을 알 수 있다. 이런 까닭에 삼천사를 '산신이 보좌를 튼 절'이라고도 부른다. 경내에 보물 제657호인 마야여래입상이 있다.

G 여기소

여기소경로당 앞에는 여기소 터를 알리는 작은 비석이 서 있다. 조선 숙종 때 북한산성 축성에 동원된 관리를 만나러 먼 고을에서 온 기생이 뜻을 못 이루자, 이곳의 작은 못에 몸을 던졌다는 전설이 내려온다. 여기소는 '너(汝)의 그 사랑(其)이 잠긴 못(沼)'이라는 뜻이다.

H 내시묘역과 백화사

백화사 뒤편 진관내동 중골마을에는 우리나라에서 가장 오래되고, 규모도 크며, 보존상태가 좋은 조선시대 내시의 집단묘역이 숨어 있다. 조선시대 내시파 가운데 이사문(李似文)을 파조(派祖)

로 하는 이사문공파의 내
시 무덤 45기로 비교적
최근인 2003년에야 발견
됐다. 이 가운데 가장 오
래된 것은 1621년(광해군
13)에 처음 묘비가 세워
진 정2품 자헌대부(資憲

大夫) 김충영의 묘다. 묘 가운데는 비석이나 상석에 관직이 기록
된 것만도 14기가 있는데, 내시부 최고 관직인 종2품 상선의 묘
5기, 종1품 숭록대부의 묘 2기가 포함된다. 이곳 비문의 기록을
통해 내시 부인도 사대부의 부인이 받는 정경부인에 봉작되었고
내시들이 자녀를 입양해 대를 이었음을 알 수 있다. 백화사는 내
력이 남아 있지 않지만, 내시묘역과 관계가 있을 것으로 추정된
다. 절 뒤편의 삼존마애불이 볼만하다.

| 북한산성

북한산성은 북한산이라는 천연의 요새를 최대한 이용했기에, 북
한산이 곧 북한산성이라 해도 과언이 아니다. 백제가 하남위례성
(河南慰禮城)에 도읍을 정했을 때 도성을 지키는 북방의 성으로
132년(개루왕 5)에 쌓았다. 이때 백제의 주력군이 이곳에서 고구
려의 남진을 막았다고 한다. 1711년 조선 숙종 때 대대적으로 증
축해 14개의 성문과 120칸의 행궁, 140칸의 군창, 동서남북의 장
대(將臺)가 등이 있어 유사시에 수도의 역할을 대신할 수 있었다.
그러나 이러한 증축은 소 잃고 외양간 고치는 꼴이었다. 병자호
란의 뼈아픈 굴욕을 당한 후에 수도 한양에 가까운 철옹성의 필
요성을 깨달은 것이다. 그렇게 완성된 북한산성은 안타깝게도 실
전에서는 한 번도 사용되지 못했다. 일제는 산성을 철저하게 파
괴했다. 산성이 항일무장투쟁의 본거지로 사용된다면 얼마나 진
압이 어려울지를 훤히 꿰뚫고 있었기 때문이다.

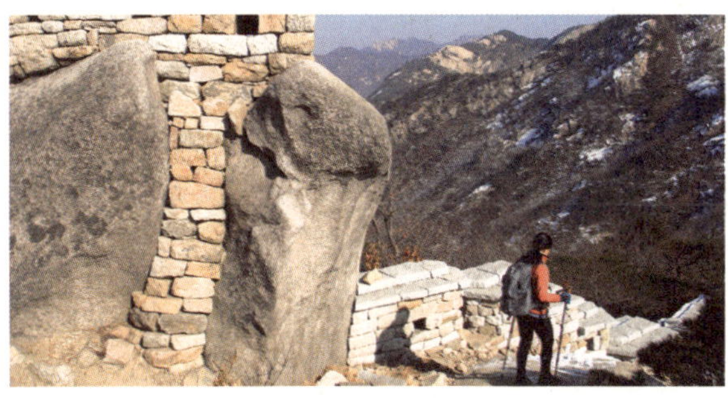

북한산은 예로부터 백두산,
원산, 낭림산, 두류산, 분수
치, 금강산, 오대산, 태백
산, 속리산, 장안산, 지리산
과 더불어 12 종산(宗山) 중
의 하나로 숭배되었다. 산
줄기는 한강 북쪽을 흐르는
한북정맥에 뿌리를 두고 있
다. 한북정맥은 백두대간에
서 남하한 49번째 봉우리인
분수령(북한지역 강원도 평
강군)에서 남쪽으로 뻗어내
려 휴전선을 넘어 백운산·
운악산을 지나 도봉산을 빚
어내고, 우이령을 지나 서쪽
상장봉을 거쳐 교하의 장명
산까지 이어진 산줄기다. 따
라서 북한산은 우이령과 상
장봉 일대만이 한북정맥에
직접적으로 걸쳐 있다.

우이령 오르는 길에 오봉이 고개를 내밀었다.

효자길 시작점(관세농원 앞) → 효자비(1.2km) → 사기막골 입구(충의길 시작점, 2.9km) → 솔고개(4.5km) → 우이령길 입구(우이령길 시작점, 5.6km) → 우이령 정상(9.1km) → 우이 탐방지원센터(10.3km) → 우이동 우이령길 입구(우이령길 종착점, 12.1km)

거 리 12.1km
시 간 4~5시간
난이도 무난하게 완주할 수 있어요
출발지 경기도 고양시 덕양구 효자동 관세농원 앞
종착지 서울시 강북구 우이동 우이 치안센터 앞 우이령 입구

효심 가득한 숲길 지나 우이령을 넘다

경기도 고양시 효자동을 출발, 솔고개와 우이령을 넘어 우이동으로 오는 길이다. 효자길과 충의길은 거의 도로를 따르기에 걷는 맛이 팍팍하다. 씽씽 차가 달리는 도로 옆을 20분쯤 가면 효자비 앞이다. 여기서 산길로 들어서 밤나무 많은 호젓한 밤골을 지난다. 사기막골 입구에서 다시 도로를 만난 둘레길은 솔고개를 넘어 우이령 입구에 이른다. 우이령 흙길을 만난 발걸음은 신이 나고, 오봉의 수려한 풍광에 눈이 즐겁다. 험준한 북한산과 도봉산 사이에 이렇게 순한 길이 있다는 사실이 참으로 경이롭다.

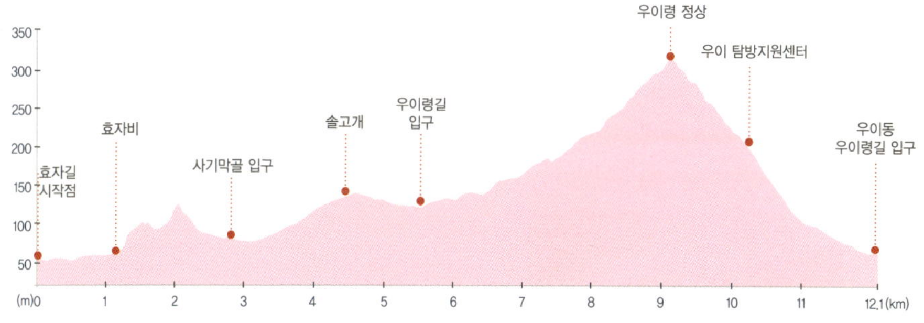

1 효자길 시작점(관세농원 앞) 효자길은 4차선 도로를 만나면서 시작한다. 관세농원 앞을 지나 15분쯤 가면 효자비 앞이다. 여기서 산길로 접어든다.

2 효자비(박대성 정려비) 효자마을의 유래를 낳은 효자비를 구경하고 가자. 눈에 잘 안 보여 그냥 통과하는 사람들이 많다. 호젓한 숲길을 지나면 북한산 국사당이 있는 밤골공원지킴터 앞이다. 밤골이란 이름처럼 밤나무가 많은 호젓한 숲길이다.

3 사기막골 입구(충의길 시작점) 밤골에서 작은 고개를 오르면 길이 갈린다. 오른쪽 백운대 등산로를 따르면 유명한 숨은벽을 만날 수 있다. 고개를 넘으면 사기막골이다. 수량 많고 풍광 좋은 계곡을 따라 내려오면 다시 도로를 만나면서 충의길이 시작된다.

4 솔고개 충의길은 둘레길 중에서 가장 짧고 전 구간 도로를 따른다. 예비군 훈련장인 용산교장과 마포교장을 지나면 솔고개 정상이다.

8 우이동 우이령 입구 우이 탐방지원센터를 지나면 번잡한 음식점 거리가 이어진다. 20분쯤 내려오면 우이령 입구를 만나면서 북한산 둘레길 한 바퀴가 마무리된다.

7 우이 탐방지원센터 우이령에서 내려가는 구간은 가을철 단풍이 빼어난 길이다. 모퉁이를 돌면 왼쪽 산비탈에서 우이령 이름을 낳은 우이암을 볼 수 있다. 우이 탐방지원센터를 만나면 흙길은 포장도로로 바뀐다.

6 우이령 정상 우이령 입구에서 300m쯤 들어가면 교현 탐방지원센터를 만난다. 우이령길은 인터넷 예약제가 시행 중이다. 신분증을 보여주고 출발하면 호젓한 흙길이 반긴다. 석굴암 삼거리와 오봉 전망대를 차례로 지나면 우이령 정상이다.

5 우이령 입구(우이령길 시작점) 솔고개는 도봉산 상장능선으로 가는 들머리지만, 그 길은 통제구역이다. 고개를 내려오면 오른쪽 멀리 도봉산 오봉이 슬쩍 고개를 내민다. 지루한 도로를 따라왔기에 마음이 더욱 설레고 발걸음이 빨라진다.

출발지 찾아가기

11구간 효자길-효자동 관세농원 앞
3호선 구파발역 1번 출구로 나와 704, 34번 버스를 타고 효자동 관세농원 앞 하차.

12구간 충의길-효자동 사기막골 입구
3호선 구파발역 1번 출구로 나와 704, 34번 버스를 타고 효자동 사기막골 입구 하차.

13구간 효자길-교현동 우이령 입구
3호선 구파발역 1번 출구로 나와 704, 34번 버스를 타고 우이령 입구 하차.

종착지에서 돌아오기

우이동에는 서울 시내로 가는 많은 버스가 있다. 전철을 이용하려면 버스를 타고 수유역에 내린다.

유용한 전화번호
북한산 둘레길 탐방안내센터
02-900-8085

우이령길 탐방로 예약
인터넷
북한산국립공원 홈페이지
(bukhan.knps.or.kr)

전화
우이탐방지원센터
02-998-8365
교현 탐방지원센터
031-855-6559

A 효자비(박대성 정려비)

고양시 덕양구 효자동(孝子洞)에 있는 조선후기 효자 박태성의 정려비. 박태성의 효행을 기리기 위해 1893년(고종 30)에 세웠다. 흑요석으로 만든 비는 대좌를 갖추고 있으며 높이 117cm, 폭 40cm, 두께 12cm 규모다. 비 앞면에는 '조선효자 박공태성 정려지비'라고 새겨져 있으며 비문은 증손 윤묵이 썼다. 묘는 정려비 뒤쪽으로 250m 떨어진 곳에 있는데, 그의 무덤 옆에는 호랑이의 무덤이라고 전해지는 민무덤이 남아 있다.

박대성(1679~1758)은 영조 때의 효자로 3살 때 아버지 박세걸을 여의고, 극진하게 어머니를 섬겼다. 아버지가 돌아가신 갑년(甲年)이 돌아오자 그때 박태성의 나이가 63세였는데, 상복을 입고 무덤 옆에 여막을 짓고 살면서 마치 초상을 당한 것 같이 슬퍼했다. 묘소에 올라가면 무덤을 끌어안고 울부짖으며 곡을 하곤 하였는데, 그때 이상한 새 한 마리가 무덤가 나무 위에 날아와 앉더니, 그와 함께 슬피 울기를 3년 동안 하루 같이 했다. 무덤이 있는 골에 호랑이가 자주 출몰했으나 박태성이 여막에 거처한 뒤로는 거의 사라져서 마을 사람들이 밤에도 돌아다닐 수 있게 되었다. 이러한 이야기는 '인왕산 호랑이와 박효자의 전설'로 전해지고 있다. 효자비와 무덤은 고양시 향토유적 제35호다.

B 밤골과 사기막골

밤골은 밤나무가 많아 붙여진 이름이고, 사기막골은 사기그릇을 굽는 움막이 있는 계곡이라는 뜻이다. 두 곳은 경기도 고양시 효자동에서 백운대를 오르는 들머리에 위치한

다. 서울에서 멀리 떨어져 사람들이 뜸하지만, 북한산의 비경으로 알려진 숨은벽을 만날 수 있다.

C 숨은벽

숨은벽은 백운대 뒤편에 숨어 있는 빼어난 암봉이다. 백운대와 인수봉 사이에 숨어 있다고 해서 그렇게 불리는데, 우이동 쪽에서는 볼 수 없다. 숨은벽은 밤골과 사기막골  을 들머리로 해야만 만날 수 있다. 이 길의 풍경은 인수봉과 백운대 후면, 그리고 숨은벽이 기막히게 어우러진다. 그 모습이 낯설고 아름다워 마치 외국의 산을 보는 것 같다. 밤골공원지킴터에서 숨은벽을 거쳐 백운대까지 2시간 30분쯤 걸린다.

D 우이령(소귀고개)

우이령은 서울시 강북구 우이동과 경기도 양주시 장흥면 교현리를 연결하는 고개다. 험준한 북한산과 도봉산 사이를 지나지만, 길은 의외로 평탄하다. 예로부터 양주와 서울을 이어주는 주요 교통로였다. 본래는 오솔길이었으나, 1950년 6·25전쟁 당시 미군 공병대가 작전도로로 뚫었다. 정상에는 아직까지 대전차 장애물이 흉측하게 남아 있다. 1969년 일어난 1·21 사태로 인해 우이령길이 폐쇄되면서 서울에서 양주까지 의정부를 거쳐 가야 한다. 우이령보존회를 비롯한 시민단체와 주민들의 요구로 2009년

❶ 송추가마골
031-826-3311/양주시 교현동 송추
송추 일대에서 양념갈비로 유명한 맛집이다. 가마골 갈비(6대) 3만2천원. 냉면 6천원.

❷ 우이산장 키토산 오리참숯불구이
02-999-9199/우이동 먹거리마을
키토산을 먹인 오리를 재료를 쓰는 것으로 유명한 우이동의 맛집이다. 오리 한 접시 2만5천원.

❸ 원석이네 식당
02-906-4059/우이동 버스정류장 근처
산꾼 단골이 많은 집이다. 아주머니 인심이 넉넉해 음식이 푸짐하다. 김치찌개 1인분 6천원. 부추전 9천원.

❹ 우리콩순두부
02-995-5918/우이동 버스정류장 근처
우이동에서 유명한 집으로 파주 콩밭에서 직접 재배한 콩을 사용한다. 콩비지 6천원. 두부김치 1만원.

275

진우석의 팁

4코스 놓칠 수 없는 명풍경
호젓한 우이령길
오봉과 관음봉 아래의 석굴암

전망 좋은 곳
우이령길 오봉전망대
석굴암 앞에서 본 오봉과 관음봉

우이령길 탐방로 예약 요령
우이령길은 탐방예약을 해야 걸을 수 있다. 하루 천 명으로 인원을 제한(우이 500명, 교현 500명)한다. 예약은 15일 전 오전 10시부터 하루 전 17시까지 가능하다. 예약 탐방자는 오전 9시부터 오후 2시까지만 들어갈 수 있다. 오후 2시가 지나면 예약자일지라도 탐방이 불가능하다. 예약은 북한산국립공원 홈페이지(bukhan.knps.or.kr)에서 한다. 65세 이상 노령자, 장애인, 외국인을 대상으로 양쪽 방향에서 각각 하루 100명씩 전화예약도 받는다. 우이탐방지원센터(02-998-8365), 교현탐방지원센터(031-855-6559). 인터넷 예약자는 예약확인증과 신분증을 꼭 지참해야 한다.

7월, 탐방객 수를 제한하는 조건으로 다시 우이령이 열렸다. 우이령길에서는 오봉과 우이암 등을 볼 수 있는데, 고개 이름은 우이암에서 따왔다. 우이령은 다른 이름으로 바위고개라고 한다. '바위 고개 언덕을 혼자 넘자니, 옛님이 그리워 눈물 납니다…'로 시작하는 이흥렬의 유명한 가곡 '바위고개'가 우이령을 말한다.

E 우이령과 1·21사태

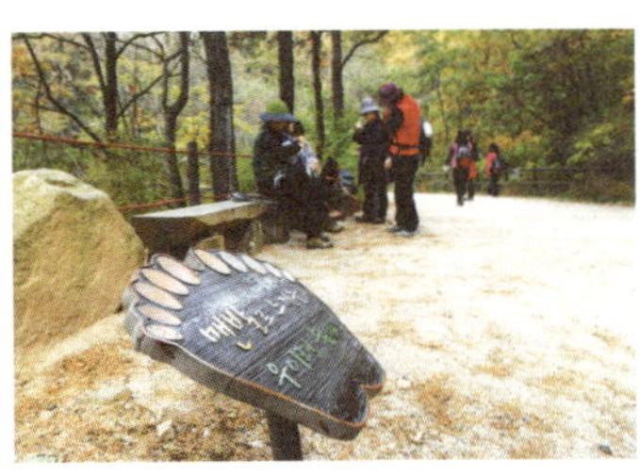

1968년 1월 21일 북한 민족보위성 정찰국 소속의 무장게릴라들이 청와대를 습격하기 위하여 서울 세검정고개까지 침투했던 사건이다. 김신조를 비롯한 31명이 한국군 복장과 수류탄 및 기관총으로 무장하고 1월 18일 자정을 기해 휴전선 군사분계선을 넘었고, 우이령을 넘어 수도권에 잠입했다. 청운동 세검정고개의 창의문을 통과하려다 비상근무 중이던 경찰의 불심검문으로 정체가 드러나자, 기관총을 무차별 난사하였으며, 그곳을 지나던 시내버스에도 수류탄을 던져 귀가하던 많은 시민들을 죽거나 다치게 하는 만행을 저질렀다. 군·경은 즉시 비상경계태세를 확립하고 현장으로 출동, 김신조를 생포하고 경기도 일원에 걸쳐 군경합동수색전을 전개해서 1월 31일까지 28명을 사살했다. 이 사건을 계기로 예비군이 창설됐고, 특수부대인 684부대(실미도부대)를 비밀리에 조직해 북한에 대한 보복성 공격을 계획하기도 했다.

F 오봉

도봉산의 대표적인 봉우리로 다섯 개의 봉우리가 형제처럼 나란히 서 있다. 워낙 생김새가 독특하고 풍광이 빼어나 다양한 전설이 내려온다. 옛날 다섯 명의 총각이 어여쁜 아가씨에게 장가들기 위해 상장능선에서 건너편 능선으로 바위 던지기 시합을 해 만들어졌다는 이야기, 부잣집 오형제가 이 고을 원님의 절세미인 딸을 얻기 위해 크고 아름다운 바위 올려놓기 시합을 하면서 만들어졌다는 전설 등이 내려온다. 오봉은 우이령길 오봉전망대와 석굴암 앞에서 특히 잘 보인다.

G 오봉산 석굴암

양주시에서는 도봉산 오봉을 오봉산이라 부른다. 오봉과 관음봉 아래의 암벽에 석굴암이 자리 잡고 있다. 조선시대 단종왕후가 왕세자를 위해 왕후원찰로 중수한 석굴암은 '나반존자'로 불리는 나한도량으로 유명하다. 석굴암은 우이령길 석굴암 삼거리에서 15분쯤 시멘트 도로를 올라야 한다. 절 앞에서 바라보는 오봉과 관음봉 풍광이 일품이다. 석굴암에는 나반존자와 관련한 신비로운 설화가 내려온다.

H 우이암

우이동 원통사 위에 있는 바위로 소 귀를 닮았다고 해서 붙여진 이름이다. 우이암에서 우이동과 우이령의 이름이 나왔다. 원통사에 올려보면 우이암을 비롯해 두꺼비, 호랑이, 학 등의 온갖 기묘한 형상의 바위들이 펼쳐진다. 독특한 형상 덕분에 우이암은 여러 이름으로 불린다. 원통사에서 보면 관음보살을 닮았다고 관음암, 원통사 중수기에는 그 바위가 층을 지어 있는 것이 사모관대 모자처럼 생겼다 하여 사모봉, 마을에서 보면 엄지손가락처럼 보인다 하여 엄지바위 등이 그것이다.

〈삼국사기〉에 의하면 백제의 시조 온조가 형 비류 등과 함께 고구려에서 새로운 정착지를 찾아 남행하여 서울 지역 한산(漢山)에 이른 후 도읍지를 물색하기 위해 부아악에 올라 살 만한 땅을 살폈다고 전해지는데 그 산이 지금의 북한산이다. 신라의 진흥왕은 한강 북쪽 지역을 점령하고 지금의 비봉에 순수비를 세웠다. 이성계는 백운대에 오른 후에 '만약 눈에 들어오는 세상을 내 땅으로 만든다면' 하는 시를 지었고, 결국 야망을 성취해 새로운 나라의 도읍을 북한산 아래 세웠다고 한다.

쌍둥이전망대에서 본 북한산 풍경.

우이동 우이령 입구 → 정의공주묘(방학동길 시작점 1.5㎞) → 쌍둥이전망대(3.6㎞) → 무수골 (도봉옛길 시작점 4.4㎞) → 도봉탐방지원센터(6.1㎞) → 다락원 입구(다락원길 시작점 7.4㎞) → 원도봉 입구(보루길 시작점 10.5㎞) → 회룡탐방지원센터(13.4㎞)

거 리 13.4km
시 간 5~6시간
난이도 약간 힘들지만 천천히 가면 무리 없어요
출발지 서울시 강북구 우이동 우이치안센터 앞 우이령 입구
종착지 경기도 의정부시 호원동 회룡탐방지원센터

도봉산 구석구석 숨은 절경 에두르는 길

북한산둘레길 도봉산 구간이 시작되는 코스로 도봉산 일대의 숨은 명소를 두루 거친다. 우이동을 출발해 작은 야산을 넘으면 방학동 은행나무와 연산군묘, 정의공주묘가 차례로 반긴다. 쌍둥이전망대는 북한산 인수봉과 도봉산 선인봉 일대가 시원하게 펼쳐진 조망 명소다. 북한산과 도봉산의 비슷하면서도 다른 오묘한 자태를 감상하고 내려오면 무수골이다. 잠시 탁족을 즐기다 옛 고개를 넘으면 도봉탐방지원센터가 나온다. 다락원을 지나 원도봉에서 제법 험한 고개를 넘으면 고구려 유적인 보루를 만난다.

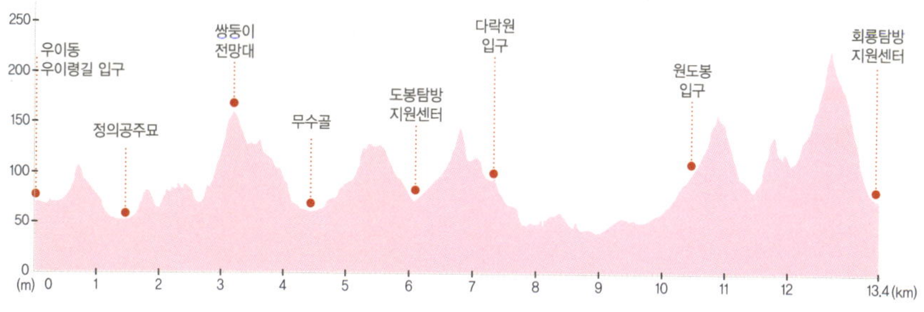

❶ 우이동 우이령 입구 우이치안센터 앞 우이령 입구를 출발해 네파 매장 앞에서 길을 건넌다. 공용주차장을 지나면 둘레길 이정표가 보인다. 여기서 뒤를 돌아보면, 북한산의 인수봉, 만경대, 백운대가 멋지게 펼쳐진다. 방학동 가는 도로를 150m쯤 따르다 이정표를 따라 산길로 접어들면서 왕실묘역길이 시작된다.

❷ 정의공주묘 잠시 야산을 타고 내려오면 원당샘, 방학동 은행나무, 연산군묘가 모여 있다. 은행나무의 나이는 무려 약 1천 년으로 북한산 역사의 산 증인이다. 아담한 연산군묘를 구경하고 골목길을 따르면 정의공주묘를 만나면서 방학동길로 이어진다.

❸ 쌍둥이전망대 방학동길은 다시 야산으로 이어지고 포도밭과 약수터를 연달아 지난다. 둘레길은 한동안 능선을 따르다가 쌍둥이전망대에 오른다. 두 개의 전망대가 붙어 있는 형태로 한쪽은 북한산, 다른 한쪽은 도봉산 조망이 좋다. 북한산 인수봉에서 오른쪽으로 마루금을 따라가면 왕관바위과 우이암을 거쳐 선인봉으로 이어지는데, 그 흐름이 기운차고 호방하다.

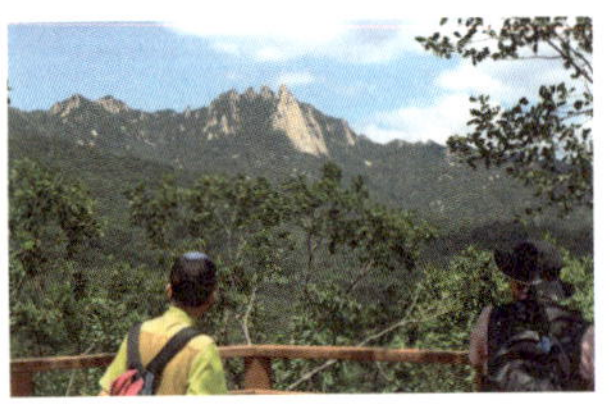

❹ 무수골 전망대에서 내려와 작은 계곡을 타고 내려가면 무수골이다. 여름철에는 아이들 물놀이 장소로 인기가 좋다. 잠시 등산화를 벗고 발을 담그니 '무수'란 이름처럼 근심이 사라진다. 세일교를 건너 능혜사 앞을 지나면 도봉옛길 구간으로 들어선다.

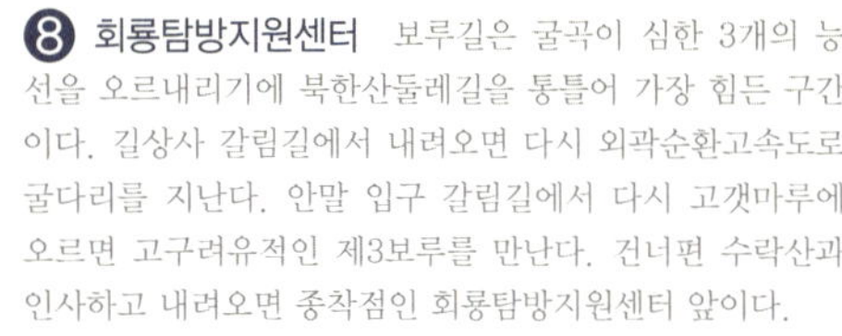

❽ 회룡탐방지원센터　보루길은 굴곡이 심한 3개의 능선을 오르내리기에 북한산둘레길을 통틀어 가장 힘든 구간이다. 길상사 갈림길에서 내려오면 다시 외곽순환고속도로 굴다리를 지난다. 안말 입구 갈림길에서 다시 고갯마루에 오르면 고구려유적인 제3보루를 만난다. 건너편 수락산과 인사하고 내려오면 종착점인 회룡탐방지원센터 앞이다.

❼ 원도봉 입구　미군부대 담벼락을 따라 내려오면 외곽순환고속도로 아래 차도를 지난다. 차량이 뜸한 도로를 따르면 호원고등학교를 지나 원도봉 지역으로 들어선다. 한동안 망월사 가는 길을 따르다가 원각사 앞에서 오른쪽으로 보루길이 시작된다.

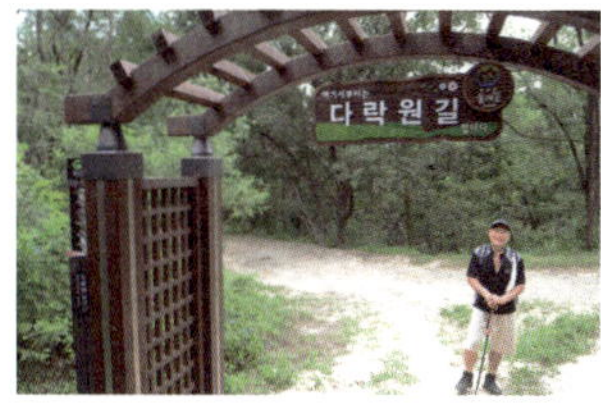

❻ 다락원길 입구　도봉서원을 구경하고 돌아와, 완만한 능선을 오르내리면 다락원길이 시작되고 곧 다락원캠프장을 만난다. 이제부터 서울시계를 벗어나 의정부 구간이 시작된다. 다락원은 예로부터 교통의 중심지였고, 지금은 그 앞쪽으로 외곽순환고속도로가 뚫려 차 소리가 씽씽 들린다.

❺ 도봉탐방지원센터　도봉옛길에서 인적 뜸한 옛 고개를 넘으면 도봉사를 만난다. 호젓한 도봉사 경내를 구경하고 내려오면 도봉산의 입구 격인 도봉탐방지원센터 앞이다. 우암 송시열이 새겼다는 도봉계곡 앞 '도봉동문' 바위를 구경하고 광륜사를 지난다. 여기서 둘레길은 도봉계곡을 벗어나는데, 잠시 도봉계곡을 따라올라 도봉서원을 구경하고 가는 것이 좋다.

출발점 찾아가기

16구간 보루길-회룡탐방지원센터
회룡역 2번 출구로 나와 길 건너에서 202, 202-1번 버스를 타고 개나리아파트 입구에 내린다. 회룡탐방지원센터까지 걸어서 10분쯤 걸린다. 회룡역에서 걸으면 20~30분쯤 걸린다.

17구간 다락원길-원도봉 입구
지하철 망월사역 3번 출구로 나와 신흥대학 방향으로 우회전, 다락원길 입구까지 10분쯤 걷는다. 차량은 북한산도봉사무소 원도봉주차장을 이용한다. 문의 031-873-2791~2.

18구간 도봉옛길-다락원
지하철 도봉산역 1번 출구로 나와 의정부방향(서울/경기도 경계지점)으로 500m쯤 간다. 차량은 도봉공영주차장(02-954-0859)을 이용한다.

19구간 방학동길-무수골
지하철 도봉역 1번 출구로 나와 길 건너 15분쯤 걷는다.

20구간 왕실묘역길-정의공주묘
지하철 쌍문역 3번 출구로 나와 130번 버스 타고 연산군·정의공주묘에 내린다.

종착지에서 돌아오기

우이동에는 서울 시내로 가는 많은 버스가 있다. 전철을 이용하려면 버스를 타고 수유역에 내린다.

유용한 전화번호
북한산 둘레길 탐방안내센터
02-900-8085

A 방학동

서울시 도봉구에 속한 동으로 동쪽의 상계동, 서쪽의 우이동, 남쪽의 쌍문동, 북쪽의 도봉동과 접해 있다. 대부분 북한산국립공원에 속했지만, 우이동처럼 등산로가 발달하지 않아 상대적으로 호젓하다. 이름 유래는 조선시대에 왕이 도봉서원 터를 정하기 위해 도봉산 중턱에 앉아 마을을 내려다보다가 학이 평화스럽게 노는 것을 보고 방학굴이라고 했다는 설이 내려오고, 이곳 지형이 학이 알을 품고 있는 것 같아서 붙여진 이름이라고 한다.

B 연산군묘

조선 10대 연산군(재위 1494~1506)과 부인 거창 신씨의 무덤이다. 연산군은 성종의 큰아들로 성종 7년(1476)에 태어나 1494년 왕위에 올랐다. 두 번씩이나 사화를 일으키는 등 성품의 광폭함이 드러나자 진성대군을 왕으로 추대하는 중종반정이 일어나, 1506년 왕직을 박탈당하고 연산군으로 강봉되어 강화 교동 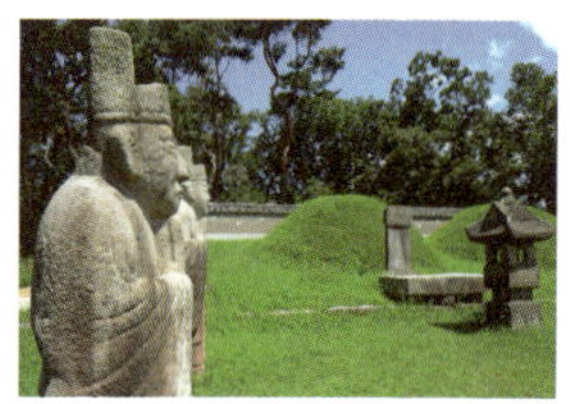 으로 추방되었고, 그 해 31세의 나이로 죽었다. 부인 신씨가 연산군 무덤을 강화에서 현재의 이곳으로 옮겨 달라 청하여 옮기게 되었다.

C 방학동 은행나무

연산군 묘역 앞 수령이 약 872년인 은행나무(서울지정보호수 1)다. 높이 25m, 둘레 10.7m로서 서울에서 가장 큰 나무로 알려졌다. 전해지는 말로는 나라에 변고가 있을 때면 이 나무에 원인  을 알 수 없는 불이 나는데, 박정희 대통령 시해 사건 때도 불이 났다고 한다. 이렇듯 영험한 나무로 알려지다 보니 과거에는 여기서 굿을 하는 사람들이 많았다.

D 원당샘

은행나무 옆의 원당샘은 인근 원당 마을에 모여 살던 파평 윤씨 일가가 식수로 사용했던 샘이다. 일명 '피앙우물'로 불리는데 가뭄에도 마른 적이 없고 혹한에도 얼지 않는다고 한다. 은행나무가 잘 자라는 것도 원담샘의 수맥과 연관이 있는 것으로 추정한다.

E 정의공주묘와 안맹담 신도비

조선 세종의 딸 정의공주와 부군인 양효공 안맹담(1415~1462)의 묘소와 신도비(왕이나 고관 등의 평생 업적을 기리기 위해 무덤 근처 길가에 세운 비). 정의공주(1415~1477)는 세종의 둘째 딸이며 세조의 누나다. 1469년 남편인 안맹담이 죽자 남편의 명복을 빌기 위해 지장보살 본원경 상·중·하를 간행한다. 이 책은 보물 966호로 지정되었다. 최근 정의공주가 세종의 훈민정음 창제에 도움을 준 것이 알려지면서 공주에 관련한 소설이 발간되기도 했다.

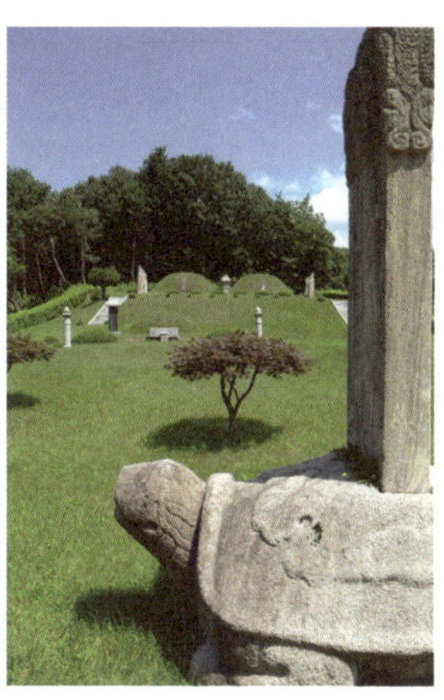

F 무수골

무수골은 도봉산에서 알려지지 않은 호젓한 계곡으로 '근심이 없는 골짜기'란 뜻이다. 무수골 일대는 본래 수철동, 무쇠골로 불리던 대장간이 많은 동네였다. 무수골이란 이름은 무쇠골에서 유래한 것으로 추측한다. 무수골 입구에는 대규모 주말농장이 자리 잡았고, 여름철이면 계곡을 찾는 피서객들이 많다.

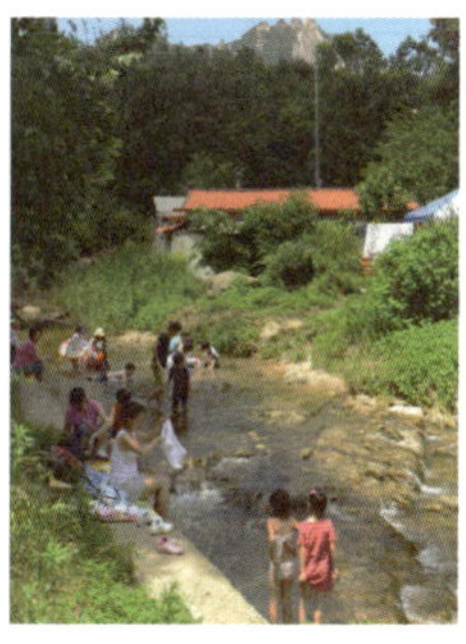

❶ **원석이네 식당**
02-906-4059/
우이동 버스정류장 근처
산꾼 단골이 많은 집이다. 아주머니 인심이 넉넉해 음식이 푸짐하다. 김치찌개 1인분 6천원. 부추전 9천원.

❷ **우리콩순두부**
02-995-5918/
우이동 버스정류장 근처
우이동에서 유명한 집으로 파주 콩밭에서 직접 재배한 콩을 사용한다. 콩비지 6천원. 두부김치 1만원.

❸ **할매동태찜**
031-873-1550/호원동
회룡탐방지원센터에서 마을길을 따라 200m쯤 내려오면 만나는 아담한 집이다. 40년 전통으로 하산주와 더불어 속을 든든하게 채우기 좋다. 저렴한 가격, 푸짐한 인심, 맛깔스러운 반찬과 술안주 등으로 산꾼 단골과 주민 단골손님이 두루 많다. 동태찜 2만5천원. 동태탕 6천원.

G 도봉사

도봉사는 유서 깊은 천년사찰이다. 고려 4대 임금 광종에 의해 국사로 임명된 혜거 스님이 창건했으며 8대 임금 현종이 거란의 침입으로 개경이 함락된 뒤 국사를 돌봤던 곳으로 유명하다. 이후 전쟁과 종교분쟁, 화재 등으로 여러 차례 수난을 겪다가 1961년 벽암 스님에 의해 복원됐다.

H 도봉서원

1573년에 양주목사 남언경이 세웠다. 조선 중종 때 신진 사림 세력을 배경으로 도학정치를 실현하고자 했던 정암 조광조를 모시고 기린 데서 출발했고, 1696년부터 우암 송시열(1607~1689)의 위패까지 함께 모셨다. 서원 자리는 조광조가 유난히 좋아해 자주 찾던 곳을 선택했다. 도읍에서 가장 가까운 곳에 있는 대표적 사액서원이기에 영조가 현판을 쓰고, 정조가 찾아와 제문을 내리기도 했다. 2009년 서울시기념물 제8호로 지정됐다.

I 침류대터와 도봉계곡 각석군

조선시대 도봉계곡 일대는 풍류의 무대였다. 침류대는(枕流臺) 유희경이 이곳 바위에 지은 누각 이름이다. 유희경(1545~1636)

은 부안의 기생 매창과 로맨스를 남긴 것으로도 유명하다. 도방탐방지원센터 바로 위의 도봉계곡 앞에는 우암 송시열이 쓴 도봉동문(道峯洞門)이 암각되어 있다. 송시열이 도봉서원을 참배하고 서원 앞 계곡에 남긴 글씨다. 이 외에도 총 14개의 글씨가 남아 있는데, 이를 각석군(글자나 시문을 새긴 바위 무리)이라 한다.

J 북한산 생태탐방연수원

북한산둘레길 도봉산 구간이 열리면서 함께 개원한 연수원이다. 연수원은 국립공원에 머물면서 자연생태와 환경에 대한 교육 등 각종 프로그램을 체험할 수 있는 생태관광 거점시설로 운영된다. 또한 아토피, 천식 등 환경성 질환을 앓고 있는 청소년 등을 대상으로 하는 숲치유 등 특화된 생태관광 프로그램을 제공할 예정이다.

K 엄홍길기념관

산악인 엄홍길의 히말라야 14좌 완등을 기리기 위해 의정부시청에서 세운 기념관이다. 내부에는 엄홍길이 등반 중에 쓰던 장비 등이 전시되어 있다. 히말라야 8,000미터급 봉우리 14좌를

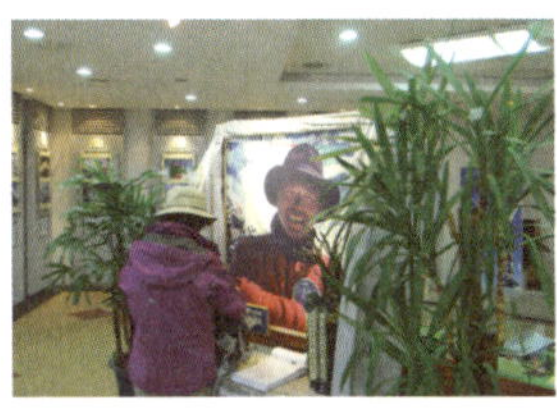

국내 최초로 완등한 엄홍길은 우리나라를 대표하는 산악인이다. 그가 유년 시절을 보낸 곳이 바로 원도봉계곡이다. 그의 부모가 원도봉유원지에서 식당을 했기에 엄홍길 대장은 자연스럽게 산과 산꾼들의 품에서 자랐다. 위치가 망월사역 앞에서 신흥대학 방면으로 가는 길 입구에 있어 산꾼들은 약속 장소로 애용한다.

L 망월사

도봉산의 대표 사찰로 예로부터 선원의 전통이 깊은 곳이다. 절 뒤편으로 도봉산의 선인봉, 만장봉, 자운봉과 어울린 사찰의 풍광이 특히 유명하다. 639년 해호(海浩)가 창건했고 문화재로 망월사혜거국사부도, 태흘의 천봉선사탑비 등이 있다. 천봉선사탑비에서 작은 문을 통과하면 천중선원(天中禪院)이다. 천중선원 앞에서 철계단을 오르면 영산전인데, 그 앞에서 조망이 시원하게 열린다.

도봉산 이름은 특별한 유래나 전설을 찾아보기 어렵다. 삼각산을 설명하는 부분에 그저 지나가듯 도봉산이란 이름이 나올 뿐이다. 기록상으로는 만장봉이라 이름이 먼저 나온다. 태조 이성계가 함흥을 오가는 길에 지은 한시에 도봉산은 만장봉으로 등장한다. 산세는 대부분 화려한 골산으로 이루어져 암봉들의 풍치가 뛰어나고 골골 사이에 도봉계곡, 원도봉계곡, 송추계곡 등 수려한 계곡이 발달했다. 주릉은 북쪽 사패산에서 남쪽 우이암까지 길게 이어지는데 순서대로 사패능선, 포대능선, 도봉주능선, 우이남능선으로 부른다. 그 중의 압권은 포대능선으로 설악산 공룡능선이 부럽지 않은 역동적인 바위미와 품격을 갖추었다. 주릉을 기점으로 동쪽 사면은 기암괴석이 발달해 급경사를 이루었고, 서쪽 사면은 완만하다.

M 다락원

다락원은 도봉1동 340번지의 안골마을을 부르는 이름으로 한자로는 누원이다. 조선시대 공용으로 여행하는 관원을 위한 원이 있었는데 원집이 다락으로 되어 있던 데서 이름이 유래되었다. 다락원은 18세기 후반 사상도고(대규모 민간 도매상)들이 커다란 장시를 이루어 도성에서 필요한 물자를 공급하던 중요한 거점이었다. 특히 이곳은 서울로 오는 곡식과 옷감 등을 나르는 길목이기에 상인들의 주요 활동 거점이 됐다. 지금은 옛날의 번성

했던 자취는 찾아볼 수 없다. 다락원 입구에는 도봉산을 배경으로 YMCA 다락원캠프가 자리 잡아 각종 모임과 수련회의 장소로 애용되고 있다. 다락원캠프 031-873-5624.

N 사패산 보루 유적

예로부터 교통의 요충지인 경기도 양주시는 삼국의 치열한 전투가 벌어져 차례로 주인이 바뀐 지역이다. 처음에는 백제 영토였다가 5세기 무렵 고구려의 남하정책 이후 고구려의 영토로 편입되었다가 6세기 들어 신라가 이곳을 차지한다. 양주에는 특히 고구려의 보루 유적이 많이 남아 있다. 양주와 서울 상계동이 이어지는 길목인 의정부시 사패산에서도 3개의 보루가 확인됐다.

살아 있는 북한산의 역사인 방학동은행나무. 나무는 연산군묘가 이곳으로 옮겨온 것을 지켜보았다.

안골전망대에서 내려오면 알려지지 않은 소박한 옛골이 이어진다.

회룡탐방지원센터(안골길 시작점) → 범골 입구(호암사 입구, 700m) → 직동공원(2.7㎞) → 안골계곡(산너미길 시작점, 4.1㎞) → 안골전망대(5.7㎞) → 원각사 입구(송추마을길 시작점, 7.7㎞) → 오봉탐방지원센터(10.3㎞) → 교현리 우이령 입구(12.6㎞)

거 리 12.6㎞
시 간 4~5시간
난이도 무난하게 완주할 수 있어요
출발지 경기도 의정부시 호원동 회룡탐방지원센터
종착지 경기도 양주시 장흥면 교현리 우이령 입구

사패산은 안골계곡, 오봉은 송추계곡

의정부 호원동에서 사패산 능선(한북정맥)을 넘어 양주시 교현리 우이령길 입구까지 이어진 코스로 북한산둘레길 중에서 가장 계곡미가 빼어난 길이다. 회룡탐방지원센터 앞을 출발, 호젓한 숲길을 지나면 의정부 직동공원을 구석구석 둘러본다. 산길로 들어서 안골계곡의 계곡미를 감상하며 오르면 조망이 시원하게 열린다. 안골전망대에서 의정부 시내를 구경하고 내려오면 아담한 왯골이 펼쳐진다. 원각사 입구를 지나면 송추계곡으로 들어서고 오봉탐방지원센터에서 작은 언덕을 넘으면 종점인 교현리 우이령길 입구다.

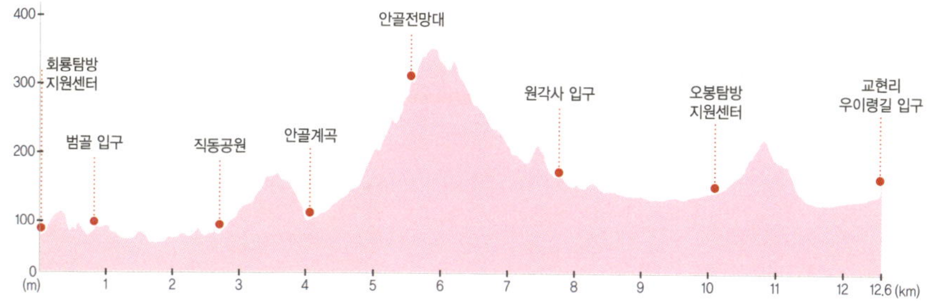

❶ 회룡탐방지원센터 회룡탐방지원센터 앞을 지나 계곡 건너편 산길로 올라붙으면서 안골길이 시작된다. 인적 뜸한 호젓한 숲길은 어느덧 철조망 옆길로 이어진다. 본래 이 구간은 산길을 따르는 것으로 설계했는데, 땅 주인이 길을 개방하지 않아 우회로를 따라온 것이다.

❷ 범골 입구(호암사 입구) 철조망이 끝나는 지점이 범골 입구다. 이곳은 사패산 등산로 중 하나로 범골을 따라 올라가면 호암사가 나온다. 둘레길은 국도 3호선 우회도로 옆길을 따르고 시청IC을 지나면 의정부시가 자랑하는 직동공원으로 향한다.

❸ 직동공원 국도 아래로 뚫린 굴다리를 지나면 직동공원이다. 공원 안에는 각종 체육시설과 편의시설이 놓여 있어 많은 시민들이 찾는다. 둘레길은 공원 구석구석 이어지다 직동축구장을 지나 산길로 올라붙는다.

❹ 안골계곡 범골능선 끝자락을 타고 오르는 길에는 예전 군인들이 사용하던 벙커들이 유난히 많다. 이 벙커들은 서울을 지키기 위한 마지막 방어선 역할을 했다. 불로약수에서 시원한 약수를 들이켜고 내려가면 안골계곡을 만나면서 산너미길이 시작된다. 직동공원~안골계곡까지는 이정표가 유독 적다. 불로약수 능선을 버리고 계곡으로 내려서는 것에 유의하자.

❽ **교현리 우이령길 입구** 오봉과 여성봉 등산로 입구인 오봉탐방지원센터 오른쪽으로 둘레길이 이어진다. 이 길은 군부대가 있어 사람들 통행이 뜸했던 곳이라 숲이 울창하다. 서어나무 군락지를 나오면 외곽순환고속도로 송추IC이고, 여기서 도로를 900m쯤 따르면 우이령 입구가 나오면서 둘레길은 마침표를 찍는다.

❼ **오봉탐방지원센터** 원각사 입구에서 계곡을 따라 내려오면 39번 국도를 만난다. 잠시 도로를 따르다 둘레길은 송추계곡으로 들어간다. 절경으로 유명한 송추계곡은 여름철이면 피서객들로 북적북적하다. 송추계곡에서 오봉교를 건너면 오봉탐방지원센터가 지척이다.

❻ **원각사 입구** 사패산 능선을 잠시 따르던 둘레길은 능선에서 오른쪽으로 방향을 튼다. 이 지점이 한북정맥을 만나는 지점이다. 능선에서 내려서면 자연 그대로의 계곡미가 살아 있는 아담한 왯골을 만난다. 잠시 탁족을 즐기며 피로를 풀기에 좋다. 왯골이 끝나는 지점이 원각사 입구다.

❺ **안골전망대** 한동안 수려한 안골계곡을 따르다 가파른 산길로 올라붙는다. 등에 땀이 송송 맺힐 무렵이면 거대한 바위 위의 안골전망대에 올라선다. 지나온 안골계곡이 넓게 펼쳐지고, 의정부 시가지와 수락산의 모습이 파노라마처럼 펼쳐진다.

 **출발점 찾아가기**

13구간 송추마을길–교현리 우이령 입구
3호선 구파발역 1번 출구로 나와 704, 34번 버스를 타고 석굴암 입구(우이령 입구) 하차.

14구간 산너미길–울대리 원각사 입구
1호선 의정부역 1번 출구로 나와, 길 건너에서 23번 버스를 타고 원각사 입구 하차.

15구간 안골길–안골계곡 입구
1호선 의정부역 1번 출구로 나와, 길 건너에서 1, 2, 5, 23번 버스를 타고 안골계곡 입구 하차.

종착지에서 돌아오기

우이동에는 서울 시내로 가는 많은 버스가 있다. 전철을 이용하려면 버스를 타고 수유역에 내린다.

유용한 전화번호
북한산 둘레길 탐방안내센터
02–900–8085

A 회룡골과 회룡사

의정부 지역에 속하는 회룡골은 계곡이 수려하고 산세가 완만하다. 도봉유원지와 원도봉유원지보다 찾는 사람들도 현저하게 적어 호젓한 산행을 즐길 수 있다. 다만 갈수기에 계곡이 쉽게 마르는 것이 흠이다. 회룡사 직전에 60m 높이의 회룡폭포는 갈수기에 그저 계곡으로 보이지만 수량이 풍부할 때는 우레와 같은 소리와 함께 폭포의 진수를 보여준다. 회룡사는 이성계와 무학대사의 전설이 내려오는 유서 깊은 절이다. 태조가 함흥에서 한양의 궁성으로 돌아오는 길에 무학을 방문했다. 당시 무학은 정도전의 미움과 시기를 받아 토굴에 몸을 숨기고 있었다. 태조는 이곳에서 며칠을 머물렀고, 무학은 절을 짓고는 임금이 환궁한다는 뜻으로 절 이름을 회룡이라 했다.

B 직동공원

2005년 10월 개장한 직동공원은 의정부시가 만든 대규모 근린공원이다. 예술의 전당과 의정부시청이 공원 바로 앞에 나란히 있다. 축구장, 야생화정원, 산책로가 있는 '휴양의 숲', 통나무집 등을 갖춰 의정부 시민들에게 인기가 좋다. 특히 8채의 통나무집은 전기밥솥 등 취사도구와 난방시설까지 갖추고 있어 의정부는 물론 서울시민들도 많이 찾는다. 중앙광장의 분수대와 연못, 산책로는 도심에서 자연과 호흡할 수 있는 공간이다. 산책로에는 조각공원과 계곡물, 인공암벽, X게임장, 미끄럼틀 등 놀이기구도 설치돼 있다. 직동공원의 또 하나의 자랑은 국제규격의 인조잔디축구장이다. 주변에는 게이트볼장과 체력단련시설 등이 설치돼 있다.

C 한북정맥과 안골전망대

조선시대 우리 조상들이 인식하였던 산줄기 체계는 하나의 대간(大幹)과 하나의 정간(正幹), 그리고 이로부터 가지를 친 13개의 정맥(正脈)으로 이루어졌다. 13정맥 중 하나인 한북정맥(漢北正脈)은 한강 북쪽을 흐르는 산줄기다. 백두대간의 추가령(楸哥嶺)에서 갈라져 남쪽으로 한강과 임진강에 이른다. 한북정맥이 흐르는 북한산국립공원 영역은 울대고개~사패산~포대능선~우이령~상장능선이다. 북한산 둘레길에서 우이령과 함께 한북정

맥을 넘는 구간이 산너미길에 있다. 원각사 입구를 지나 만나는 왯골에서 능선에 올라붙는 지점이 한북정맥 마루금이다. 여기서 100m쯤 가면 만나는 지점에 안골전망대가 있다. 전망대는 거대한 암봉으로 특히 의정부시 조망이 시원하다.

D 송추계곡(松楸溪谷)

경기도 양주시 장흥면 울대리, 도봉산 서쪽 오봉 기슭 약 4㎞에 걸쳐 펼쳐진 계곡이다. 오래전부터 사람들이 피서를 즐겼고, 1963년 8월 서울 교외선 철도가 개통되면서

본격적으로 개발되어 송추유원지가 생겼다. 송추란 이름은 소나무(松)와 가래나무(楸)가 많은 계곡이라 하여 붙은 이름이다. 울창한 숲과 기암괴석을 돌아 흐르는 송추폭포 등이 수려한 경관을 자랑한다. 지금은 북한산국립공원에 속하며 사패산, 여성봉, 오봉 등의 등산 코스가 이어진다.

도봉산은 '푸른 하늘에 깎아 세운 만 길 봉우리'라는 선인의 시구처럼 예로부터 소금강으로 불러왔다. 도봉산 최고의 절경인 자운봉·만장봉·선인봉 등이 빚어내는 조화는 가히 금강산이 부럽지 않다. 예로부터 시인, 묵객들이 도봉산을 드나들었다. 도봉서원 일대의 수려한 계곡에서 유희경, 송시열, 김수항 같은 문인들이 침류대, 침류당 등을 마련하고 시화를 즐겼다. 그 흔적이 계곡 곳곳 너럭바위에 새겨져 있는데, 도봉유원지 입구 바위에 우암 송시열의 친필이 새겨진 '도봉동문'이 대표적이다. 현대에 내려와서는 박두진 시인이 찾아와 저물녘에 산에서 내려오면서 '호오이 호오이 소리 높여 나는 누구도 없이 불러 보나… 생(生)은 오직 갈수록 쓸쓸하고 사랑은 한갓 괴로울 뿐…'이라는 절창을 남겼다.

E 여성봉

여성봉은 형형색색의 기암괴석이 즐비한 도봉산에도 신비스러운 봉우리다. 정상 직전 바위에 여성의 은밀한 부분이 새겨져 있어 여성봉이라 불린다. 마치 여성이 무릎을 벌리고 누운 것처럼 보인다. 그 중앙에는 체모를 연상케 하는 소나무 한 그루까지 버티고 있어 더욱 신비롭다. 드넓은 암반인 여성봉 정상은 도봉산 서쪽의 최고 전망대로 손색이 없다. 오봉 능선이 손에 잡힐 듯 가깝고, 송추계곡 깊은 골골이 손바닥의 손금 보듯 내려다보인다. 오봉탐방지원센터에서 여성봉까지 2.1㎞로 1시간쯤 걸린다. 여성봉에서 완만한 능선을 40분쯤 더 가면 오봉에 닿는다.

F 사패산

의정부 서쪽에 자리한 사패산(賜牌山, 552m)은 도봉산의 숨은 보물이다. 뒤에 '산'이란 이름이 붙어 도봉산과 별개의 산으로 생각하지 쉽지만 도봉산의 가장 북쪽 봉우리다. 사패산은 조선시대 선조가 여섯째딸인 정휘옹주를 유정량(柳廷亮)에게 시집보내면서 하사한 산이다. 당시 왕으로부터 임금이 왕족이나 공신에게 주던 토지 문서인 사패를 받았다 하여 사패산이라 불린다. 도봉산의 날카로운 암봉과는 대조적으로 사패산 정상은 펑퍼짐한 암반이 펼쳐진다. 거대한 제단 모양을 한 정상의 풍모도 빼어나지만, 무엇보다 조망이 탁월하다. 마치 도봉산의 기암괴석을 빚은 조물주가 자신이 만든 작품을 한눈에 감상하기 위해 만든 봉우리처럼 도봉산 전체와 북한산을 한눈에 감상할 수 있다. 특히 저물 무렵 노을이 한강과 도봉산 암봉들을 함께 물들이는 모습이 일품이다. 송추계곡과 함께 북한산국립공원 송추지구로 지정되었다.

안골전망대에서는 의정부 시내가 한눈에 펼쳐진다.

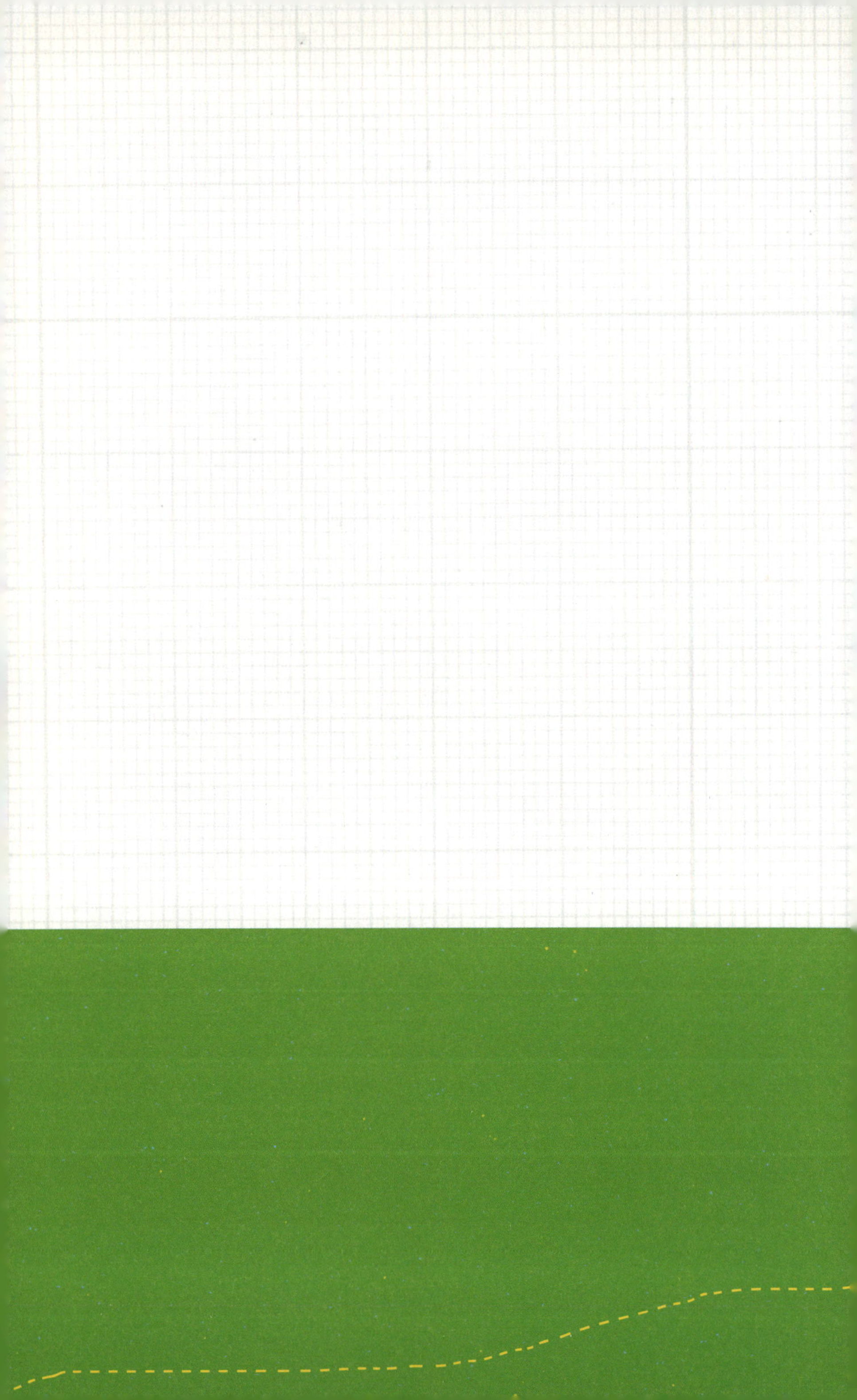

지리산둘레길

지리산 둘레길

생명평화의 지리산둘레길

지리산둘레길은 지리산 사람들이 다녔던 길과 다니고 있는 길을 잇고 보듬은 길이다. 마고할미의 전설을 품은 국립공원 1호 지리산의 기운을 받으며 한국전쟁과 왜구의 침입 흔적 등 곳곳에 남은 역사를 걷는 길이다. 무엇보다 산업화의 뒤안길에서 묵묵히 생명의 끈으로 농업을 이어가는 사람들의 삶이 고스란히 간직된 길이다. 우리 사회의 무한 경쟁과 질주하는 물질문명에 눈 멀고, 귀 먹어 향락과 소비가 마치 최고의 미덕처럼 되어버린 우리의 삶을 되돌아보자고, '온 세상의 평화를 원한다면 내가 평화가 되자'며 시작한 생명평화운동의 시작점에서 제안된 순례길이 지리산둘레길이다.

사라진 길을 찾아내기 위해 떠나는 여정은 간단치 않았다. 세대에 걸쳐 이어지던 장 보러 다닌 길, 이웃과 소통하던 길, 대처로 가기 위해 마련됐던 길들이 묻히고 버려진 데다 공동의 길이 사유화되어 새로 찾아 보듬는다는 게 쉽지 않았다. 그래도 인심은 남아 있어 마을사람들에게 동의를 구하고 개별 소유자를 만나 설득을 하며 찾은 길들이 농경지를 지나는 길, 마을을 지나는 길이다.

지리산 한 바퀴를 돌아 장장 700여 리를 가는 둘레길에서는 숲길, 농로, 시멘트로 포장된 임도, 아스팔트길을 걸어야 하고, 마을과 마을 숲, 당산나무, 조탑, 석장승 등 지리산자락의 문화유산들을 봐야 한다. 가파른 고갯길을 넘어야 하고 한참을 지나도 민가를 만나지 못하는 곳도 있다. 오르막과 내리막이 계속해서 이어지는 지루한 길도

있으며 길을 걷다 이게 무슨 길이야 투덜대기도 하고, 땡볕 속을 걷다가 다시 돌아가 버릴지도 모른다.

지리산둘레길은 길을 걸으려는 사람의 마음가짐에 따라 보이는 것도 다르고, 마음의 크기에 따라 느끼는 것도 다르다. '걷기'는 결국 지나 온 삶을 돌아보며 자신의 내면과 마주 대하는 시간이다. 지리산둘레길을 걸어본 사람들은 그 길에서 살아온 시간을 반추하며 앞으로 나아가야 할 길을 찾을 수 있었다고 한다. 걷기는 인류가 받은 가장 큰 선물이다. 걷는 행위를 통해 인간다운 삶을 찾아야만 한다.

지리산둘레길과 마을

지리산 자락에는 관광단지로 개발된 지역을 제외하고는 마땅한 숙식 장소가 없다. 미리 여정을 계획하면서 어디에서 쉴 것이고 머물 것인지를 결정하고 와야 한다. 남원시 인월면에 있는 사단법인 숲길의 '인월센터'를 통해 정보를 얻는 것과 해당 지자체에 문의하는 방법이 있겠지만 자신의 처지에 따른 계획을 잡는 게 우선이다. 무리하지 않고 지리산을 만날 마음가짐으로.

지리산둘레길은 처음부터 마을의 이해와 협조를 통해 길을 열었고 앞으로도 마을이 지리산둘레길의 안내 및 숙식제공 등의 역할을 일정 부분 담당할 것으로 본다. 그래서 오시는 분들이 가능하면 마을민박을 했으면 한다. 마을민박이란 마을공동체가 공동으로 민박의 형태를 정해서 운영하는 곳을 말한다. 소득의 일정 부분을 공동의 몫으로 하고 공동의 선을 위해 쓰도록 하는 것이다.

마을이 참여하지 않는 지리산둘레길은 의미가 없을뿐더러, 마을의 협조가 없으면 길이 막히는 경우도 생긴다. 농산물에 손대지 않는 원칙과 자연을 보존하는 가치를 이어나갔으면 한다. 가능하면 소비도 지역 농산물을 이용하고 이를 통해 도시와 농촌이 어울려 살아가는 여러 방법들이 찾아졌으면 좋겠다. 아름다운 여행은 결국 '지역과 관계'를 맺는 것이다.

지리산둘레길 조성 사업

지리산둘레길 제안은 산림청이 이곳에 녹색자금을 투입하기로 결정하면서 구체화되었다. 지리산에서는 '사단법인 숲길'을 만들어 2007년부터 2011년까지 5년 동안 길을 찾고 다듬는 일을 하기로 했다. 2012년 3월 현재 총연장 약 209㎞(전남 구려군 오미리~전북 남원시 주천면~경남 하동군 악양면 대축마을)는 조성이 완료되었다. 2012년에는 지리산을 한 바퀴 도는 지리산둘레길을 완성시켜 나갈 계획이다.

지리산둘레길에는 순서 매김이 없다. 그래서 1코스, 1구간의 개념이 없어 혼란스럽다고 한다. 사람들은 늘 첫 번째, 두 번째 등등 순서를 정하거나 누군가 정해준 순서를 따라 간다. 그래야 편하고 불안하지 않다.

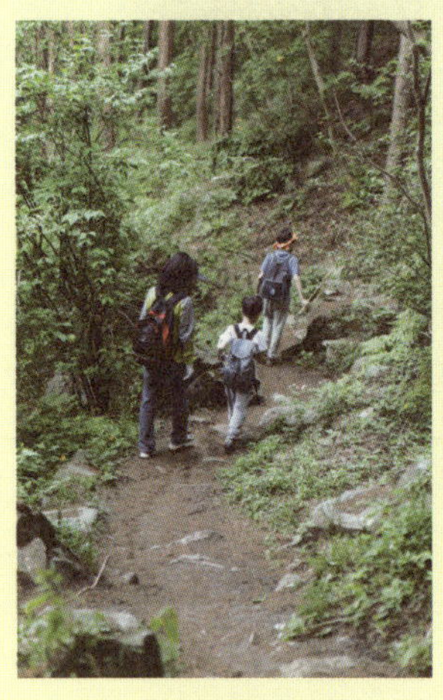

아쉽지만 지리산둘레길은 편리와 편익을 쫓지 않는다. 동그라미형태로 이어질 지리산둘레길 구간은 하루에 피곤하지 않을 정도의 여정을 감안해 구분 지었다. 특히 대중교통이 들고나는 곳을 중심으로 구분했다. 차를 두고 대중교통을 이용하는 것이 걷기 여행의 출발선이라는 생각과 아울러 이것이 환경오염을 줄이는 최소한의 방법이기 때문이다.

구간의 구분은 마을과 마을의 이름으로 한다. 주천~운봉, 운봉~인월, 인월~금계 등 마을 이름 구간 표시를 통해 지역을 더 많이 알게 되는 기쁨을 누렸으면 한다. 그리고 '한바퀴 걷는 길'이 완성되면 자신의 여정에 따라 원하는 방향으로 갈 수 있다. 시작점과 종점은 오롯이 여행자의 몫이다.

지리산둘레길의 표식

지리산둘레길은 민관 협의 사업이다. 그래서 표식도 다양하다. '산림청의 녹색기금으로 조성된 길'이란 표시판은 지리산둘레길 표식이라고 보면 된다. 해당 지자체별 표식에는 해당 시군의 이름이 들어 있다.

'이야기 표지판'과 '이정표'는 모두 나무로 제작되었다. 이야기 표지판은 현재 주천

~대축 159㎞구간에 있고, 이정표는 전 구간에 다 있으며 나무장승형으로 되어 있다. 장승의 날개는 방향을 나타낸다. 검정과 빨간색으로 방향을 구분해 놓았다. 검정방향을 따라 한 바퀴 돌면 자신의 출발지로 돌아 올 수 있다. 전체를 한 바퀴 도는 여행을 해 보고 싶은데 시간이 허락되지 않을 경우 다시 그만둔 지점에서 같은 방향으로 걸으면 된다.

지리산둘레길 전 구간 현황

구 간	거리	소요시간	지역	개통일
주천~운봉	15.7km	6시간	남원	2009년
운봉~인월	10.3km	4시간	남원	2009년
인월~금계	19.3km	8시간	남원·함양	2008년
금계~동강	11.5km	4시간	함양	2008년
동강~수철	12.3km	5시간	함양·산청	2009년
수철~어천	14.5km	5시간	산청	2011년
어천~운리	13.3km	4~5시간	산청	2011년
운리~덕산	13.1km	4~5시간	산청	2011년
덕산~위태	9.8km	4시간	산청·하동	2011년
위태~하동호	11.8km	5시간	하동	2011년
하동호~삼화실	9.3km	4시간	하동	2011년
삼화실~대축	16.9km	7시간	하동	2011년
하동읍~서당	7.1km	3시간	하동	2012년
대축~원부춘	8.6km	5~6시간	하동	2012년
원부춘~가탄	12.6km	7~8시간	하동	2012년
가탄~송정	11.3km	6~7시간	하동·구례	2012년
송정~오미	9.2km	6시간	구례	2012년
오미~난동	18.6km	6~7시간	구례	2011년
오미~방광	12km	6시간	구례	2011년
방광~산동	13.1km	6시간	구례	2011년
산동~주천	15.9km	7시간	구례·남원	2011년, 2012년

지리산둘레길 한눈에 보기

함양군
남원시
구례군
지리산국립공원
노고단
구례읍

운봉~인월 구간
거리 10.3km | 시간 4시간

인월~금계 구간
거리 19.3km | 시간 8시간

주천~운봉 구간
거리 15.7km | 시간 6시간

산동~주천 구간
거리 15.9km | 시간 6~7시간

방광~산동 구간
거리 13.1km | 시간 5~6시간

오미~방광 구간
거리 12.2km | 시간 5시간

송정~오미 구간
거리 9.2km | 시간 5~6시간

오미~난동 구간
거리 16.9km | 시간 4~5시간

송정~오미 구간
거리 9.2km | 시간 5~6시간

인월
운봉
운봉읍
금계
주천
산동
난동
방광
오미
송정

금계~동강 구간
거리 11.5km | 시간 4시간
동강
수철
수철~어천 구간
거리 14.5km | 시간 5시간
산청읍
산청군
동강~수철 구간
거리 12.3km | 시간 6시간
어천
어천~운리 구간
거리 11.3km | 시간 5시간
천왕봉
운리
운리~덕산 구간
거리 13.1km | 시간 5시간
덕산
덕산~위태 구간
거리 10.3km | 시간 4시간
위태
위태~하동호 구간
거리 11.8km | 시간 5시간
원부춘~가탄 구간
거리 12.6km | 시간 7~8시간
하동호
가탄
대축~원부춘 구간
거리 8.6km | 시간 4~5시간
하동호~삼화실 구간
거리 9.3km | 시간 4시간
원부춘
대축
하동군
서당
삼화실
삼화실~대축 구간
거리 16.9km | 시간 7시간
하동읍~서당 구간
거리 7.1km | 시간 2~3시간
하동읍
지리산둘레길 하동센터

솔숲에서 나를 만난다
'무사와 안녕을 빌며 오간 길'

지리산 서북 능선을 조망하면서 걷는 길이다. 해발 500m인 운봉고원의 너른 들과 6개 마을을 잇는 옛길과 제방길로 구성된다. 이 구간은 옛 운봉현과 남원부를 잇던 옛길이 지금도 잘 남아 있다. 회덕에서 남원으로 가는 길은 남원장을, 노치에서 운봉으로 가는 길은 운봉장을 보러 다녔던 길이다. 특히 10km의 옛길 중 구룡치와 솔정지를 잇는 회덕~내송까지의 옛길(4.2km)은 길 폭도 넉넉하고 노면이 잘 정비되어 있으며 경사도가 완만해 아이를 동반한 가족들이 솔숲을 즐기기에 더할 나위 없이 좋다.

주천~운봉
(운봉~주천)

주천(외평) → 내송(1.7km) → 개미정지(0.3km) → 솔정지(1.9km) → 구룡치(0.3km) → 사무락다무락(1.5km) → 회덕(1.2km) → 노치(1.2km) → 가장(2.2km) → 행정(2.7km) → 양묘사업장(1.5km) → 운봉(1.2km)

거 리 약 15.7km
시 간 6시간
난이도 아이들과 함께 즐겁게 걸을 수 있다
주 천 남원시 주천면 치안센터 옆 안내소
운 봉 남원시 운봉읍 운봉읍사무소에서 인월 방향으로 100m 앞

수많은 사연이 담긴 옛길이 시작되는 안솔치마을 (내송마을)의 개서어나무숲 개미정지.

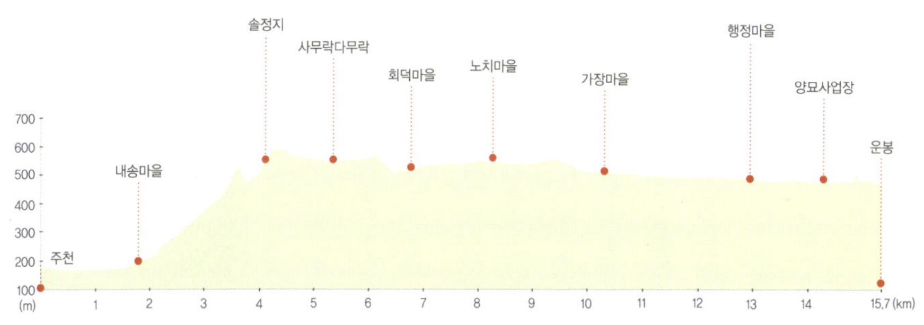

❶ 주천치안센터 주천 운봉 구간이 시작되고 끝나는 지점이다. 버스정류장에서 둘레길을 알리는 이정표가 눈에 띄지 않을 때 찾아가면 된다. 치안센터 옆에 남원시 둘레길 안내소가 있다.

❷ 개미정지 내송리 개서어나무숲. 내송마을을 지나 농로가 끝나면 개서어나무숲이 나오는데 개미정지다. 정지는 쉼터를 말한다. 여기서부터 산길이 시작된다. 시원한 그늘과 의자가 있어 잠시 쉬어가거나 도시락 먹기 좋다.

❸ 구룡치 구룡치와 솔정자 사이는 산길이다. 약간 힘이 드는 구간. 그렇다고 심한 경사는 아니다. 아기자기한 솔숲 사이를 걷는 맛이 좋다. 중간 중간 트이는 조망도 시원하다.

❹ 사무락다무락 사무락다무락과 구룡치 사이는 보기만 해도 기분이 상쾌해지는 평탄한 숲길이 이어진다. 길옆 돌탑들이 사무라다무락이다. 액운을 막고 무사하기를 바라는 마음을 돌에 담아 올렸다. 잠시 걸음을 멈춰 마음을 더하고 가는 것도 좋겠다.

⑨ 운봉읍 운봉읍사무소에서 인월 방향으로 100m 지점이 운봉 주천 구간의 시작과 끝이 되는 곳이다. 이곳에서 남원시로 가는 버스가 있다. 행정마을과 운봉읍 사이는 곧게 뻗은 제방길이 평탄하다.

⑧ 양묘장 제방길로 계속 걷다보면 양묘장이 나온다. 도란도란 이야기를 나누면서 걷기에 편안한 길이다. 시간이 허락되면 양묘장을 둘러보자. 볼거리가 많다. 지리산둘레길에 위치한 양묘사업소에서는 숲이 주는 혜택을 직접 체험하고 누릴 수 있도록 숲해설을 해준다.

⑦ 행정마을 덕산저수지와 행정마을 사이는 제방길이 이어진다. 넓고 곧은 흙길이 걷기에 좋다. 그늘이 부족해 모자가 필요한 구간이기도 하다. 행정마을에 들어서면 길은 다시 포장길이 된다.

⑥ 노치마을 백두대간과 둘레길이 만나는 마을이다. 멀리 지리산 서북능선이 보이는 풍광이 좋다. 쉼터를 지나면 포장길을 벗어나 논두렁길이 나온다. 이정표 방향으로 계속 걸으면 된다.

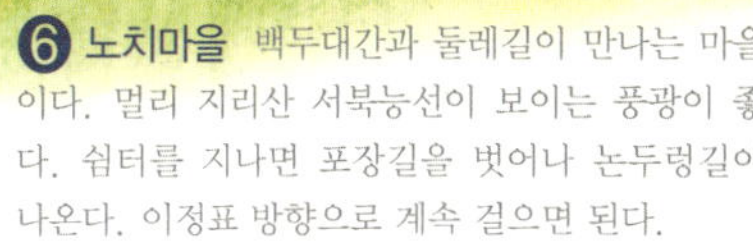

⑤ 회덕마을 회덕마을 입구에서 산길이 끝나고 포장된 길이 시작된다. 작은 개울을 지난 길은 들녘을 따라 노치마을까지 이어진다. 그늘이 없어 모자가 있으면 좋은 길이다.

주천 찾아가기

남원시외버스터미널 건너편에서 주천(육모)행 버스를 타 주천 장안슈퍼 앞에서 내리면 된다. 첫차는 06:35, 배차 간격은 약 40분, 막차는 20:10, 소요시간은 25분이다.

주천에서 돌아가기

주천 장안슈퍼 앞에서 남원시외버스터미널행 버스를 타 남원시외버스터미널에서 내리면 된다. 첫차는 06:10, 배차 간격은 약 40분, 막차는 20:40에 있고, 소요시간은 25분이다.

운봉 찾아가기

운봉은 교통이 편리하다. 남원터미널에서 운봉으로 가는 버스가 자주 있다. 남원시외버스터미널 건너편에서 운봉행 버스를 타 운봉우체국 앞에서 내리면 된다. 첫차는 05:47, 배차 간격은 약 20~40분, 막차는 20:45에 있다. 소요시간은 30여분이다.

운봉에서 돌아가기

운봉읍 운봉우체국 앞에서 남원시외버스터미널행 버스를 타 남원시외버스터미널에서 내리면 된다. 첫차는 06:40, 배차 간격은 약 20~40분, 막차는 21:35에 있다. 소요시간은 30여분이다.

자가용 이용

주천 전북 남원시 주천면 장안리 260-1
운봉 전북 남원시 운봉읍 동천리 464-3 운봉공영주차장

A 외평마을(주천)

주천~운봉구간은 주천면소재지인 외평마을에서 시작된다. 외평마을은 옛날 서울로 가는 큰 길에 위치한 마을이다. 구례사람들이 산동면 원달리를 거쳐, 용궁마을, 외평, 외송마을 앞을 지나 솔치고개를 넘어 서울로 갔다. 외평마을에는 면사무소, 보건진료소, 약국, 주유소, 농협하나로마트 등이 있어 준비물을 살 수 있다. 치안센터 옆에 있는 남원시 지리산둘레길 간이안내소에서 리플릿과 간단한 안내를 받으면 좋다.

B 내송마을과 개미정지

내송마을을 지나 농로가 끝나면 개서어나무숲이 나오는데 개미정지다. 정지는 쉼터를 말한다. 시원한 그늘과 의자가 있어 잠시 쉬어가거나 도시락을 먹기에 좋다. 옛날 남원장을 보러 가던 이들도 무거운 보따리를 풀고, 마을 사람들도 나뭇짐을 잠시 내려놓고 쉬어갔을 것이다. 아이들에게는 더 없이 좋은 자연놀이터가 되었을 거고. 조경남 의병장군의 전설이 서린 곳이기도 하다.

C 솔정자

마을 분들은 솔정자를 '솔정지'라고 한다. 솔정자는 20여 년 전만
해도 나무하러 지게를 지고 가다가 고개를 오르기 전에 땀을 식
히며 주천 들녘과 멀리 숙성치와 밤재를 바라보던, 아름드리 소
나무가 있던 곳이다. 내송 주막거리를 지나다 마신 술을 달래며
등에 짊어졌거나 손에 든 짐을 내려놓고 쉬었을 것이다. 옛 이야
기에 따르면 정유재란 당시 숙성치를 넘어 남원성을 향하는 왜군
을 향해 조경남 장군이 활시위를 당겼던 곳이라고도 한다.

D 구룡치

구룡치는 주천면의 여러 마을
과 멀리 달궁마을 주민들이
남원장을 가기 위해 지나야
하는 길목이었다. 달궁마을
에서는 거리가 멀어 남원장에
다녀오는데 2박3일이 걸렸다

고 한다. 구룡치를 장길로 이용하던 마을 주민들이 해마다 백중
(음력 7월 15일)이 지나면 마을별로 구간을 나누어 길을 보수해
이용해 왔다. 지금도 예전의 보수 흔적을 찾아볼 수 있다. 구룡
치는 숲길이 이어져 있어 걷기 정말 좋다. 소나무 숲길을 걷다 계
곡을 만나 손과 얼굴을 씻을 수 있고, 하늘로 승천하는 용을 닮은
소나무도 볼 수 있다. 가다보면 사무락다무락이 나오는데 갈 때
는 무사히 다녀오겠다고, 올 때는 잘 다녀왔다고 돌을 얹어 놓고
빌었던 곳이다.

유용한 전화번호
남원시내버스 063-631-3116
남원시외버스 063-633-1001
남원고속버스 063-625-5391
남원역 1544-7788
둘레길 주천안내소
063-625-8952

콜택시
남원(주천) 063-625-0480
운봉 063-634-0398
　　　063-634-0041
　　　063-634-0555

양묘장 숲 해설 문의
063-620-4642

지리산둘레길 인월센터
063-635-0850

마을 민박은 2~3인 기준 3만원이 보통이다. 1인 추가 요금은 1만원 정도. 민박에서 식사도 가능하다. 보통 1인 기준 5~6천원 정도. 다만 마을회관일 경우는 식사가 어렵다. 이런 곳은 별도로 표기했다.

❶ 주천, 호경마을
❷ 노치마을
❸ 가장마을(식사불가)
❹ 행정마을
❺ 삼산마을

＊자세한 민박문의는 인월센터로 문의
(063-635-0850)

E 회덕마을

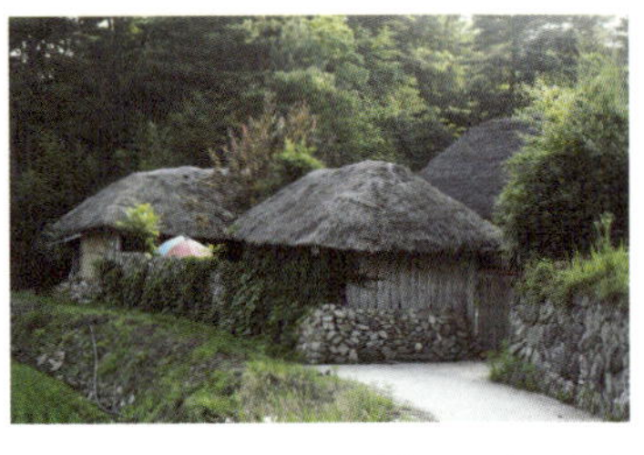

임진왜란 때 밀양 박(朴)씨가 피난해 살게 된 것이 마을을 이룬 시초라고 한다. 본래는 남원장을 보러 운봉에서 오는 길과 달궁에서 오는 길이 모인다고 해서 '모데기'라 불렀다. 풍수지리설에 따르면 덕두산(德頭山), 덕산(德山), 덕음산(德陰山)의 덕을 한 곳에 모아 마을을 이루었다는 뜻이다. 회덕마을은 평야보다 임야가 많아 짚을 이어 만들기보다 억새를 이용해 지붕을 만들었다. 현재도 두 가구가 그 형태를 보존하고 있다.

F 노치마을

조선 초에 경주 정(鄭)씨가 머무르기 시작했고, 이어 경주 이(李)씨가 들어와 지금의 마을이 형성됐다. 노치마을은 해발 500m 고랭지로서 서쪽으로 구룡폭포와 구룡치, 뒤로는 덕음산, 정면으로는 지리산의 관문이라고 말하는 고리봉과 만복대가 자리했다. 주민들은 마을 이름을 '갈재'라고 부르는데, 이는 높은 산줄기가 갈대로 덮인 것에서 유래한다. 현재는 고리봉에서 수정봉으로 이어지는 백두대간이 관통하는 마을로 널리 알려져 있다. 노치마을에 비가 내려 왼쪽으로 흐르면 섬진강이 되고 오른쪽으로 흐르면 낙동강이 된다.

G 덕산저수지

노치마을을 지나면 덕산저수지가 나온다. 둘레길은 저수지를 끼고 돈다. 솔숲과 시원한 저수지가 어울려 청량하다. 덕산저수지가 잘 보이는 심수정에서 땀을 식히고 가면 좋다. 덕산저수지가 끝나는 곳에서 숲길은 다시 시작된다.

H 행정마을과 개서어나무숲

행정마을은 숲이 아름다운 곳이다. 마을 숲은 마을의 역사, 문화, 신앙 등을 바탕으로 한다. 마을 사람들의 생활과 직접적인 관련을 가지며, 마을 사람들에 의해 인위적으로 조성되어 보호되고 유지된다. 그래서 단일 수종인 경우가 많다. 행정마을 숲은 개서어나무로 이뤄졌다. 마을 사람들은 지금도 주위에 나무를 심으며 숲을 보호하기 위해 많은 노력을 기울인다. 마을 숲은 당산제를 올리고, 주민 모두 모일 수 있고, 아이들의 놀이터가 되는 곳이다.

I 양묘장(운봉읍)

서부산림청 양묘연구시설로 다양한 체험프로그램을 운영하고 있다. 또한 다양한 수종의 식물들도 볼 수 있어 아이들과 함께하는 걸음이라면 둘러보자. 꽤 유익

하다. 둘레길을 걷는 이들에게 숲이 주는 혜택을 직접 체험하고 누릴 수 있도록 자생식물원에서 숲 해설도 실시하고 있다. 문의 063-620-4642

이 구간은 숲길 구간이 길고 중간에 편의시설이 없으므로 도시락과 물을 준비하면 편리하다. 민박집에서 아침 식사가 가능하다. 1인 기준 5천원 정도. 식당은 ❶주천면소재지(외평마을)와 ❷운봉읍으로 나가야 있다.

지역과 함께하는 둘레길 여행

오일장
운봉장(1. 6일)
운봉장은 지리산 정령치 방면을 통과하는 지점에 위치해 찾는 이들이 많았다. 하지만 최근 들어 인근 지역에 새로운 시장과 마트가 생기면서 계절별 산채류 등을 파는 상설 시장 역할로 축소됐다. 그래도 토속 농산물과 고랭지 채소, 약초 등 재래시장의 향수를 맛볼 수 있는 품목들이 있어 한번 쯤 찾아볼만 하다.

남원장(4. 9일)
남원공설시장에서 열린다. 최근에 7천여평 터에 원래 있던 한옥들을 없애고 콘크리트 상가를 새로 지어 옛 오일장의 모습이 많이 사라졌다. 하지만 지금도 장날이면 많은 사람이 모여들어 옛 풍류를 그대로 보여주고 있다. 해산물전, 포목전, 건어물전, 그릇전, 잡화전, 농기구전, 청과물전, 채소전, 곡물전, 약초전 등이 구색 맞춰 있다.

지역 생산물
오미자, 복분자, 곰취.

마을구판장
노치마을.

은행(농협), 우체국
주천면, 운봉읍.

매점
주천면, 운봉읍.

통영별로를 따라 역사와 옛길 찾아 걷는 길

오른쪽으로 바래봉과 고리봉을 잇는 지리산 서부능선을 조망하고 왼쪽으로는 수정봉, 고남산으로 이어지는 백두대간을 바라보며 운봉고원을 걷는 길이다. 조선시대 통영별로가 지나던 곳으로 숲길이 대부분을 차지한다. 운봉의 너른 들판에 시선을 주면서 호탕하게 걸을 수 있다.

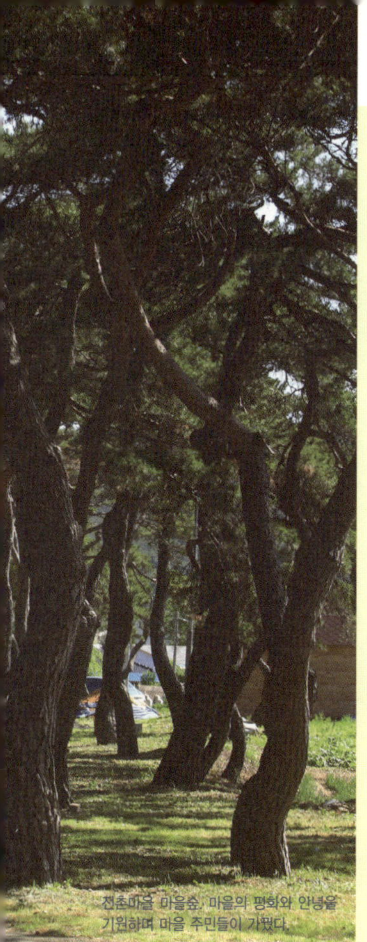

운봉~인월
(인월~운봉)

운봉 → 서림공원(0.4km) → 북천(0.8km) → 신기 (1.1km) → 전촌(1.7km) → 비전(0.2km) → 군화동 (0.9km) → 대덕리조트(0.7km) → 흥부골자연휴양 림(2.1km) → 달오름마을(1.7km) → 인월면 인월센터 (0.7km)

거 리 약 10.3km
시 간 4시간
난이도 남녀노소 누구나 걸을 수 있는 길
운 봉 남원시 운봉읍 운봉면사무소에서 인월방향으로 100m 앞
인 월 남원시 인월면 인월센터

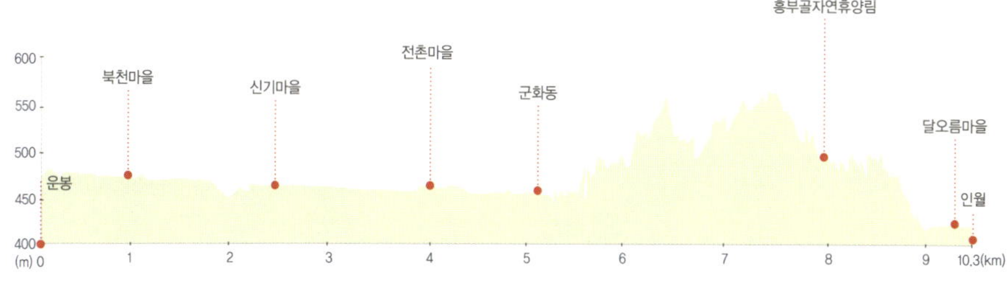

❶ 운봉읍 운봉읍내는 아직까지 옛날 모습이 많이 남아있다. 한국전쟁 이후 인월장을 보러가는 불편함을 덜기 위해 운봉장이 만들어져 지금도 오일장이 선다. 상가의 간판들, 이발소, 양조장 등에서 근대화의 상징들을 엿볼 수 있다.

❷ 서림공원 비전마을에서 서림공원으로 가는 둑길은 너른 운봉 들녘을 적시는 람천을 따라 5km 이어진다. 이 길에서는 천연기념물인 수달과 원앙 외에 여러 종류의 동식물을 볼 수 있다. 서림공원 그늘에서 휴식을 취하고 석장승도 둘러보면서 여행의 재미를 더해보자.

❸ 북천마을(북천리 석장승) 운봉 읍내의 북쪽 냇가 마을. 소나무가 우거진 마을이라 벽송동(碧松洞)으로, 객사가 있는 마을이라 객사마을로도 불리었다. 석장승 2개가 늠름하게 마을을 지키고 있다.

❹ 람천 지리산에서 흐르는 물은 낙동강과 섬진강을 이룬다. 람천은 운봉을 지나 인월, 용유담, 경호강, 남강으로 이어져 마침내 낙동강으로 흐른다. 람천은 철새와 수달이 즐겨 찾는 곳으로, 이 외에도 다양한 동식물들의 서식처가 되고 있다.

❾ 지리산둘레길 인월센터 (사)숲길에서 운영하는 공식 안내센터. 알찬 여행정보를 구할 수 있어 이용객들의 발길이 끊이지 않는다. 안내센터 앞으로 람천이 흐른다. 주차장을 갖추었고, 인근에 식당과 민박집들이 있다.

❽ 흥부골자연휴양림 지리산 국립공원과 연계된 곳으로 덕두봉(해발1,150m)자락에 위치했다. 수경 55년생 내외의 잣나무 군락이 피톤치드를 내뿜어 삼림욕에 최적의 조건을 갖추었다. 각종 편의 시설도 이용할 수 있다.

❼ 옥계호 흥부골자연휴양림을 지나 이어지는 임도를 따라가면 옥계호가 나온다. 24번 국도와 만나는 옥계호부터 운봉까지는 들길과 농로가 번갈아 나온다. 옥계저수지에 비치는 사계절 풍경이 황홀하다.

❻ 국악의 성지 동편제 소리의 발상지와 판소리의 유네스코 세계무형문화유산 등록을 기념하고, 국악의 보존·전승·발전의 기틀을 마련하기 위해 남원시가 설립했다. 각종 국악 관련 공연과 체험 프로그램을 운영하고 있어 방문하면 좋다.

❺ 송흥록생가, 황산 대첩비(비전마을) 서편제와 더불어 판소리 양대 산맥 중 하나가 동편제다. 동편제 창시자인 가왕 송흥록 명창이 이곳 비전마을에서 태어났으며 동편제 계보가 시작된 곳이기도 하다. 비 앞에 있다하여 비전마을. 고려 말 이성계의 업적을 기리는 황산대첩비가 세워지고, 비각을 관리하기 위해 사람들이 모여살기 시작하면서 마을이 형성됐다.

운봉 찾아가기

운봉은 교통이 편리하다. 남원 터미널에서 운봉으로 가는 버스가 자주 있다. 남원시외버스터미널 건너편에서 운봉행 버스를 타 운봉우체국 앞에서 내리면 된다. 첫차는 05:47, 배차 간격은 약 20~40분, 막차는 19:52에 있다. 소요시간은 30여분이다.

운봉에서 돌아가기

운봉읍 운봉우체국 앞에서 남원 시외버스터미널행 버스를 타 남원시외버스터미널에서 내리면 된다. 첫차는 06:40, 배차 간격은 약 20~40분, 막차는 20:35에 있다. 소요시간은 30여분이다.

인월 찾아가기

남원이나 함양에서 인월행 버스를 타 인월터미널에서 내려 둘레길 안내센터를 찾으면 된다.

남원에서 : 남원시외버스 터미널에서 인월행 버스를 탄다. 첫차는 06:01, 배차 간격은 약 10~20분, 막차는 20:45에 있다. 소요시간은 약 50여분이다.

함양에서 : 함양터미널에서 인월행 버스를 탄다. 첫차는 06:30, 배차간격은 20~30분, 막차는 21:40분 차가 있으며 약 30여분 걸린다.

인월에서 돌아가기

남원으로 : 인월버스터미널에서 남원행 버스를 타 남원시외버스터미널에서 내린다. 첫차는 06:40, 배차 간격은 약 10~20분, 막차는 21:35에 있다. 소요시간은 50여분이다.

A 운봉

그 옛날 이곳은 신라와 백제의 접경지대였다. 신라 영토였지만 경주까지 위협할 정도로 세력을 떨쳤던 의자왕 40년에 백제가 잠시 점령하기도 했다. 백두대간을 따라 노치산성, 수정산성, 준향리 음지, 양지산성, 아막산성 등 국경의 흔적들이 남아 있다. 남원과 장수, 운봉과 남원으로 장을 보러 다녔던 고갯길도 많다. 해발 500m 이상 되는 고지임에도 들이 넓다. 고원이라 1모작을 하고, 상추, 씨감자, 화훼 등 고랭지 농사를 짓는다. 추수도 빠르다. 바래봉에서 시범적으로 면양을 키우기도 했었다. 그만큼 일손이 많이 필요했던 곳이었다. 지금은 기계가 사람을 대신하고 있다.

B 서림공원

서천리 '선두숲'으로도 불렸다. 서림공원에 들어서면 석장승이 먼저 눈에 들어온다. 운봉 전체를 지키는 방어대장군과 진서대장군. 운봉 사람들이 각별히 아끼는 석장승들

이다. 운봉에는 유난히도 석장승이 많은데, 열악한 운봉의 자연조건과 연관이 깊다. 운봉은 해발고도가 높고 일교차가 심해 농사가 고되다. 농촌에서는 노동력이 생산력을 결정하고 생활의 질을 판가름 하기 마련인지라, 열악한 조건을 이겨내는 길은 공동체의 힘을 키우는 방법뿐이었다. 그 결과물이 바로 마을의 수호신, 석장승이다.

C 갑오토비사적비지

서림공원에 운봉 여기저기 흩어져 있던 비(碑)들을 모아 놓았다. 그중에 유난히도 큰 비가 갑오토비사적비다. 갑오농민전쟁 때 김개남과 농민군은 남원성을 점령하고, 집강소 설치를 끝까

지 반대하며 저항하고 있던 운봉현을 빼앗기 위해 산동면 부절리에서 장교리 방아치와 가동리 관음치를 공격한다. 그러나 민보군(관군)의 수장 박봉양에게 패한다. 돌아와 남원성에서

배수진을 쳤으나 이마저도 함락당하고 만다. 이 민보군의 전적을 기리는 비가 커다란 갑오토비사적비다. 그 때나 지금이나 민중의 소원을 담은 것은 소박함을 지니고 권력은 힘을 상징하듯 커다랗게 세우나 보다.

D 북천리 석장승

북천마을에도 석장승이 마을을 지키고 서 있다. 동방축귀대장군과 서방축귀대장군이다. 이 둘은 개성이 뚜렷한 얼굴을 가졌다. 유난히 귀가 커 후덕한 인상인 동방축귀대장군은 언뜻 미륵의 생김새와 겹쳐지고, 서방축귀대장군은 '만복사지' 석상과 형상이 닮았다.

E 신기마을

선조 28년(1595), 임진왜란이 휴전상태에 접어들어 왜적이 잠시 철수하고, 영남이 아직은 안정을 찾지 못하고 혼란스런 때 이곳에 터를 잡은 입향조는 인동 장씨 장덕복(長德福)이었다. 그가 보기에 이곳은 지리산이 바라보이는 자리에 우뚝 솟아 마을을 보호하고 만복이 자손대대로 이어지는 천혜의 명당터였다. 그래서 새 삶을 시작하는 터전이란 뜻으로 '새터(신기,新基)'라 이름 짓고 살

함양으로 : 인월버스터미널에서 함양 행 버스를 타 함양터미널에서 내린다. 첫차는 07:50분, 배차간격은 20~30분, 막차는 20:20분 차가 있으며 약 30여 분 걸린다.

자가용 이용
운봉 전북 남원시 운봉읍 동천리 464-3 운봉공영주차장
인월 전북 남원시 인월면 인월리 198-1 (지리산둘레길 인월센터)

유용한 전화번호
남원시내버스 063-631-3116
남원시외버스 063-633-1001
남원고속버스 063-625-539
남원역 1544-7788
인월버스터미널
063-636-200
함양버스터미널
055-963-3281

콜택시 전화번호
운봉 063-634-0398
      063-634-0041
      063-634-0555

인월 개인택시
063-636-5033
063-636-5123
063-636-5512
063-636-5563

남원교통
063-636-2162

국악의 성지 체험문의
063-620-6905

지리산둘레길 인월센터
063-635-0850

마을 민박은 2~3인 기준 3만원이 보통이다. 1인 추가 요금은 1만원 정도. 민박에서 식사도 가능하다. 보통 1인 기준 5~6천원 정도. 다만 마을회관일 경우는 식사가 어렵다. 이런 곳은 별도로 표기했다.

❶ 운봉읍
인월센터 063-635-0850
❷ 북천마을(식사 불가)
마을민박대표 011-653-5419
❸ 전촌마을
마을민박대표 018-452-4179
❹ 비전마을
인월센터 063-635-0850
❺ 흥부골자연휴양림
063-636-4032
❻ 월평마을
인월센터 063-635-0850
❼ 인월면
인월센터 063-635-0850
❽ 달오름마을
인월센터 063-635-0850
❾ 중군마을
인월센터 063-635-0850

❶ 운봉읍과 ❷ 인월면소재지에 식당이 있다. 두 곳을 지나면 이 식당이나 구판장이 많지 않으므로 도시락과 물을 미리 준비하면 편리하다. 마을민박에서 식사가 가능하다. 1인 기준 5천원 정도.

도시락 먹기 좋은 곳
서림공원, 흥부골자연휴양림, 비전마을 앞 쉼터

318

기 시작했다고 한다. 소(牛) 형국인 마을 북쪽 쇠잔등(고개)이 잘려나간 자리에 쇠한 기운을 막고자 마을 주민들이 직접 토성(土城)을 쌓았다.

F 비전마을

황산대첩비가 세워지고 이를 관리하기 위해 사람들이 모여 살기 시작하면서 마을이 형성됐다. 마을이 비(碑) 앞에 있다 하여 비전(碑前)마을로 불린다. 마을 5리 전에는

하마정이 있었다. 이곳에서 말을 내려 걸어와 비 앞에서 절을 했다. 하마정은 구한말까지 2층 정자가 있어 주변 주막의 기녀(기생)와 소리꾼, 가마꾼(轎軍)이 상주했다고 한다. 그래서 비전을 역촌이라 부르기도 했다. 또한 이곳은 조선말 동편제의 가왕(歌王)이라 일컫는 송흥록과 송만갑이 태어났고, 명창 박초월이 성장한 동편제의 고향이다. 이를 기념해 국악의 성지가 세워졌다. 비전 마을이 동편제의 발상지가 된 게 이곳 하마정과 무관하지 않다고 한다.

G 국악의 성지

동편제 소리의 발상지이자 춘향가와 흥부가의 배경지인 것을 기념하고, 판소리의 유네스코 세계무형문화유산 등록을 시작으로 국악의 보존 · 전승 · 발전의 기틀을 마련하기 위해 남원시가 설립했다. 각종 국악 관련 공연과 체험 프로그램을 운영하고 있어 방문하면 좋다. 문의 063-620-6905

H 군화마을(군화동)

1961년 대홍수 때 소멸된 화수리 이재민들의 이주가옥을 군인들이 지었다. 이주 후 마을 이름을 '군인들이 지은 화수 마을'이란 뜻인 군화동(軍花洞)이라 부르게 되었다.

I 월평마을

1800년대 후반 천석꾼이었던 운봉 박씨가 이곳에 터를 잡고 사람들을 모아 마을을 형성했다. 새마을이란 의미를 담아 신촌으로 불리다가 후에 마을 형국이 반월형을 닮아 월평(月坪)이라 불렸다. 마을 터가 동쪽 팔랑치를 마주하고 있어 '달이 뜨면 바로 보이는 언덕'이란 뜻도 있다.

J 신기마을

신기마을은 들판 가운데 있는 마을이다. 낮은 구릉인 마을 뒷산 가운데가 움푹 들어가 북동풍을 막지 못하고, 풍수지리적으로도 좋지 않아 이곳에 주민들이 낮은 곳을 돋아 토성을 쌓고 숲을 조성했다. 이 숲은 마을당산제를 올리는 당산숲이기도 하다.

K 지리산둘레길 인월센터

(사)숲길에서 운영하는 공식 안내센터. 지도와 지역정보 등을 제공하고, 둘레길 관련 영상을 상영하며, 지역 축제와 체험 프로그램 등을 소개하는 지역 교류의 장이자 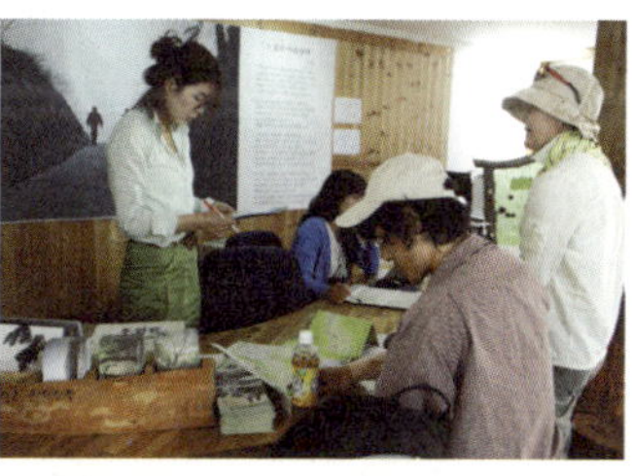 지리산둘레길을 찾는 이들의 쉼터다. 오전 9시 30분에 문을 열어 오후 6시까지 운영한다. 월요일은 정기 휴무일. 문의 063-635-0850

오일장

운봉장(1. 6일)
운봉장은 지리산 정령치 방면을 통과하는 지점에 위치해 찾는 이들이 많았다. 하지만 최근 들어 인근 지역에 새로운 시장과 마트가 생기면서 계절별 산채류 등을 파는 상설 시장 역할로 축소됐다. 그래도 토속 농산물과 고랭지 채소, 약초 등 재래시장의 향수를 맛볼 수 있는 품목들이 있어 한번쯤 찾아볼만 하다.

인월장(3,8일)
조선말부터 전라도와 경상도 주민들이 이용하던 전통시장이다. 5일마다 농축산물 판매는 물론 생활필수품을 물물교환 하면서 시작됐다. 현재는 상가 68채가 있는 상설장이다. 인월. 아영. 산내. 마천. 운봉. 함양 사람들이 주로 이용해 영호남 주민들의 화합의 장이 되고 있다. 지리산 입구에 위치하고 있어 지리산에서 채취한 약초와 산채류, 지리산 흑토종돼지가 유명하다.

지역 생산물
감자, 남원목기, 김부각, 포도, 사과, 느타리버섯, 방울토마토 등.

은행(농협), 우체국, 매점, 식당
운봉읍, 인월면소재지

창원마을 당산나무. 마을 주민 모두를
품을 만큼 크고 넓다.

인월센터 → 중군마을(1.4km) → 수성대(2.9km) → 배너미재(0.8km) → 장항마을(0.9km) → 서진암(2.6km) → 상황마을(3.5km) → 등구재(0.9km) → 창원마을(2.9km) → 금계마을 (3.4km)

거 리 약19.3km
시 간 8시간
난이도 긴 구간이지만 중간 중간 쉬면서 걸으면 된다
인 월 남원시 인월면 인월센터
금 계 함양군 마천면 금계마을 버스정류장

성찰과 상생의 길, 그리고 생명 평화를 꿈꾸는 길

지리산 둘레길의 첫 싹이 움튼 곳이다. 남원시 산내면 상황마을과 함양군 마천면 창원마을을 잇는 옛 고갯길이 시범구간으로 열리면서 둘레길의 멋과 정취를 세상에 알렸다. 이 구간은 지리산 북부 지역의 산촌 마을을 지나 엄천강으로 이어진다. 제방길, 농로, 차도, 임도, 숲길 등이 전 구간에 골고루 섞여 있어 긴 구간임에도 지루하지 않다. 또한 제방, 마을, 산과 계곡 등 다양한 풍경을 감상하고 느끼며 걸을 수 있는 풍성한 길이다.

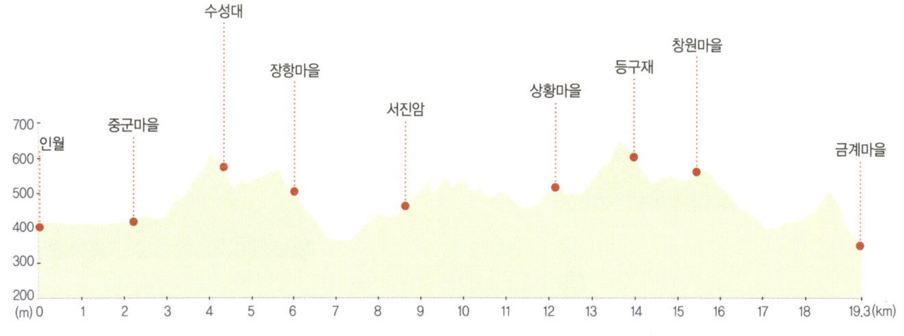

1 **인월** 인월에서 월평마을로 가는 1.5km 제방길은 들판에서 지리산으로 들어서는 기분을 느끼게 한다. 저 멀리 언뜻대는 천왕봉 자락을 향해 나아가다 보면 월평마을을 지나 중군마을에 들어선다.

2 **황매암, 삼신암 갈림길** 이 곳에서 황매암 쪽의 숲길 또는 삼신암 쪽의 임도 길을 선택해 원하는 길을 걸을 수 있다.

3 **수성대** 중군마을 농로를 따라 오르다 보면 황매암이라는 작은 암자를 지나 숲길을 걸어 수성대에 이른다. 수성대 계곡 물은 중군마을과 장항마을의 식수원으로 이용될 만큼 맑고 깨끗하다. 비가 많이 올 경우에는 물이 불어나 건너기 어렵다.

4 **배너미재** 수성대에서 산길을 오르다 내리막이 시작되는 곳으로 전설에 의하면 운봉이 호수일 때 배가 넘나들어 배니미재가 되었다고 한다. 운봉의 배마을(주촌리), 배를 묶어두었다는 고리봉과 함께 지리산 깊은 산속에 전해지는 배 전설이 깃든 지명이다.

❾ 금계마을 본래 이름은 '노디목'이었다. 노디는 징검다리라는 이 지방 사투리다. 칠선계곡에 있는 마을(추성, 의중, 의탄, 의평) 사람들이 엄천강 징검다리(노디)를 건너는 물목마을이라 부른 데서 유래했다고 한다. 산촌 사람들의 정을 징검징검 날랐을 노디가 세월에 씻겨 나가고 지금은 그 위에 의탄교가 들어서 있다.

❽ 등구재 상황마을에서 다랑논을 마주보며 오르막길을 걷다 보면 숲길이 이어지고 등구재가 나온다. 이 고개를 넘으면 창원마을로 가는 숲길이다. 발걸음이 한결 가벼워지는 구간이다. 등구재에 있는 너른 길들은 벌목한 나무들을 운반하기 위한 운재로다.

❼ 상황소류지쉼터 소류지를 지나 농로를 걷다보면 길 밑으로 다랭이 논들이 펼쳐진다. 꽤 너른 들이라 산내면 논 가운데 반은 중황마을에 있는 것 같다. 지리산 주능선을 보며 걸을 수 있다.

❻ 매동마을 장항교를 지나 60번 지방도를 건너 둘레길 이정표를 보고 걸으면 매동마을 뒷길이 이어진다. 마을 앞을 흐르는 만수천변 풍광이 뛰어나다.

❺ 장항당산 (노루목 당산 소나무), 장항쉼터 장항마을에서 만나는 당산 소나무는 지금도 당산제를 지내고 있는 신성한 장소다. 천왕봉을 배경으로 아름다운 자태를 드리우고 있어 감탄을 자아낸다. 당산에서 내려오면 쉼터가 있다. 목을 축일 수 있는 간단한 음료와 간식을 판다. 왼쪽으로 매동마을 입구가, 오른쪽으로는 뱀사골이 보인다.

인월 찾아가기

남원이나 함양에서 인월행 버스를 타 인월터미널에서 내려 둘레길 안내센터를 찾으면 된다.

남원에서 : 남원 시외버스 터미널에서 인월행 버스를 탄다. 첫차는 06:01, 배차 간격은 약 10~20분, 막차는 20:45에 있다. 소요시간은 약 50여분이다.

함양에서 : 함양 시외버스터미널 건너편에서 인월행 버스를 탄다. 07:00, 08:40, 13:10, 15:40, 17:40 차가 있으며 약 50여분 걸린다.

인월에서 돌아가기

남원으로 : 인월버스터미널에서 남원행 버스를 타 남원시외버스터미널에서 내린다. 첫차는 06:40, 배차 간격은 약 10~20분, 막차는 21:35에 있다. 소요시간은 50여분이다.

함양으로 : 인월버스터미널에서 함양행 버스를 타 함양터미널에서 내린다. 첫차는 07:50분 배차간격은 약 20~30분, 막차는 20:20분 차가 있으며 약 30여분 걸린다.

금계 찾아가기

함양버스터미널에서 금계(등구)행 버스를 타 금계마을에서 내리면 된다. 06:30, 09:10, 14:30, 17:20, 19:00 차가 있고 소요시간은 45여분이다. 또는 함양터미널 길 건너 군내버스 정류장에서 유림방면(주성행) 버스를 타 금계에서 내린다. 소요시간은 50여분이다.

금계에서 돌아가기

금계마을에서 함양행 버스를 타 함양버스터미널에서 내리면 된다. 07:50, 10:25, 16:15, 18:55, 20:05 차가 있고 소요시간은 45여분이다. 또는 유림방면(함양행) 버스를 타 터미널에서 내린다. 소요시간은 50여분이다.

A 인월장

조선시대 때부터 전라도와 경상도 주민들이 이용해 온 재래시장이다. 아영, 인월, 산내, 마천 등 지역경계를 넘는 큰 장이다. 직접 채취한 약초와 겨울철 간식거리로 제격인 인월장 할매표 곶감, 지리산의 명물 토종흑돼지 등이 유명하다.

B 중군마을

조선시대 전투 군단은 전군(前軍), 중군(中軍), 후군(後軍)과 선봉부대로 편성됐다. 임진왜란 때 이곳에 중군(中軍)이 주둔한 연유로 마을 이름이 중군리(中軍里) 또는 중군동(中軍洞이)라 불리어졌다고 한다. 본업인 농사 외에도 잣과 송이 채취로 부수입을 올리고 있다. 마을에는 하지를 지나도 비가 오지 않으면 동네 부인들이 머리에 키를 쓰고 마을 앞 냇가에서 통곡을 하면서 무제를 지내던 풍습이 있었다.

C 황매암

출가해 50년째 선(禪)수
행(修行) 중인 일장(日藏)
스님이 2004년에 창건해
조용히 참선 정진하고 있
는 암자다. 일장스님은
현대의 고승으로 성철스
님의 스승인 범어사 동산

스님의 막내 상좌다. 황매암이란 이름은 주변에 노란 매화(황매)
가 많이 피어서 붙였다고 한다.

D 장항마을 당산나무

1600년경 마을 뒤 덕두
산 사찰에 수양하러 왔던
장성 이(李)씨가 처음 정
착했다. 이후 각 성씨가
들어와 마을이 형성됐다.
산세가 노루의 목과 같은
형국이라 하여 노루 장

(障)자를 써 '장항'이라 했다. 지금도 매년 신성하게 당산제를 지
낼 만큼, 전통이 살아 숨 쉬는 마을이다. 마을에 들어서면 웅장
한 소나무를 만나게 되는데, 바로 마을 윗당산이다. 당산제는 윗
당산과 가까운 숲 속 두 그루 소나무 아래서 산신제를 지낸 다음,
윗당산에서 본제를 올리고, 마을 앞 아래당산에서 마무리 제를
올리는 순서로 진행된다. 옛날 사람들은 당산제를 지내는 것으로
마을 공동체의 결속과 안녕을 기원했다. 지금은 대부분 사라지고
장항마을처럼 일부만 남아 있다.

E 매동마을

고려 말과 조선 초·중기
에 걸쳐 네 개의 성씨(서,
김, 박, 오) 일가들이 들
어와 일군 씨족마을이다.
마을 형국이 매화꽃을 닮
은 명당이라서 매동(梅
洞)이란 이름을 갖게 되
었다. 각 성씨의 오래된

자가용 이용
인월 전북 남원시 인월면 인
　　월리 198-1 (지리산둘레
　　길 인월센터)
금계 경남 함양군 마천면 의
　　탄리 870

유용한 전화번호
남원시내버스 063-631-3116
남원시외버스 063-633-1001
남원고속버스 063-625-5391
남원역 1544-7788
인월버스터미널 063-636-2000
함양버스터미널
　055-963-3281
함양지리산고속
　055-963-3745
마천버스정류소
　055-962-5017
둘레길 함양안내소
　055-964-8200

콜택시 전화번호
마천택시 055-962-5110

 숙소

마을민박은 2~3인 기준 3만
원이 보통이다. 1인 추가 요금
은 1만원 정도. 민박에서 식사
도 가능하다. 보통 1인 기준
5~6천원 정도. 다만 마을회관
일 경우는 식사가 어렵다. 이
런 곳은 별도로 표기했다.

❶ 중군마을
인월센터 063-635-0850
❷ 장항마을
❸ 매동마을
❹ 산내마을
인월센터 063-635-0850
❺ 원천마을
인월센터 063-635-0850
❻ 중기마을
인월센터 063-635-0850
❼ 상황마을
인월센터 063-635-0850
❽ 중황마을
인월센터 063-635-0850
❾ 창원마을
❿ 금계마을
인월센터 063-635-0850

실상사 템플스테이
063-636-3031

가문과 가력을 말해주듯 네 개의 재각과 각 문중 소유의 울창한 송림이 마을을 둘러싸고 있다. 마을 앞을 흐르는 만수천변에는 조선 후기 공조참판을 지낸 매천(梅川) 박치기가 심신 단련을 위해 지은 퇴수정(退修亭)과 그 후손이 지은 밀양 박씨 시제를 모시는 관선재(觀善齋)가 자리했다. 뒤로는 우거진 소나무들이 울창하고, 앞으로는 만수천이 흐르며 발밑에는 흰 너럭바위들이 어우러져 뛰어난 풍광을 자랑한다. 박치기 생존 당대에는 일년에 한 번씩 족히 백여 명이 넘는 시인 묵객들이 정자 밑 너럭바위, 세진대(洗塵臺)에 모여 풍류를 즐겼다고 전해진다. 불과 삼사십 년 전만 해도 저녁이면 마을 사람들 모두 이곳에 모여 맑은 물 위에 달이 떴다 지도록 놀았다고 한다. 지금은 시대가 바뀌어 산내면의 대표적인 생태농촌 시범마을로 지정돼 전통과 개발이라는 새로운 변화를 모색하고 있는 중이다.

F 실상사

남원시 산내면 지리산 자락에 자리 잡은 신라시대 고찰이다. 신라 흥덕왕 3년(828)에 증각대사가 구산선문을 개산하면서 창건했다. 통일신라시대 작품으로 국보 제10호인 백장암 3층석탑과 보물 11점을 포함해 다수의 문화재를 보유하고 있다.

G 등구재

마천면 창원마을 사람들이 인월장을 보기 위해 남원 산내로 넘어가던 고개다. 이 고개를 경계로 전라도와 경상도가 나뉜다. 상황마을에서 다랑논을

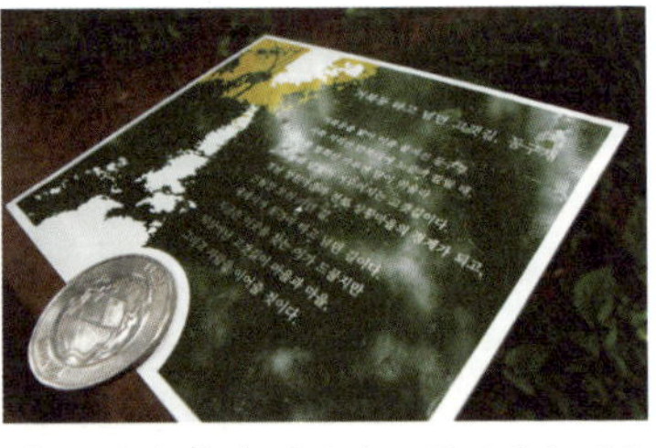

마주보며 오르막길을 걷다 보면 숲길이 이어지고 등구재가 나온다. 이 고개를 넘으면 창원마을로 가는 숲길이다. 발걸음이 한결

가벼워지는 구간이다. 등구재에 있는 너른 길들은 벌목한 나무들을 운반하기 위한 운재로다.

H 창원마을

조선시대 마천면에서 각종 세로 거둔 물품들을 보관한 창고가 있어 '창말(창고 마을)'이었다가 이웃 원정마을과 합쳐져 창원이 되었다. 넉넉한 창고마을이란 유래처럼 현재도 경제적 자립도가 높다. 다랑이 논과 장작담, 마을 골목, 집집마다 줄지어 선 호두나무와 감나무가 만들어 내는 풍경이 정겹다. 마을 어귀에는 수령이 300여 년 된 너덧 그루의 느티나무와 참나무가 둥그렇고 널찍한 당산 터를 이루고 있다. 함양으로 가는 오도재 길목마을로 재를 넘어가는 길손들의 안녕을 빌고 쉼터를 제공하던 풍요롭고 넉넉한 농심의 산촌마을이다. 마을에는 아직도 닥종이 뜨는 집이 있다.

오일장
인월장(3,8일)
조선말부터 전라도와 경상도 주민들이 이용하던 전통시장이다. 5일마다 농축산물 판매는 물론 생활필수품을 물물교환 하면서 시작됐다. 현재는 상가 68채가 있는 상설장이다. 인월. 아영. 산내. 마천. 운봉. 함양 사람들이 주로 이용해 영호남 주민들의 화합의 장이 되고 있다. 지리산 입구에 위치하고 있어 지리산에서 채취한 약초와 산채류, 지리산 흑토종돼지가 유명하다.

함양장(2, 7일)
함양장에는 팔랑재 고개를 문턱 삼아 넘나드는 전라도 장꾼들도 많다. 그래서 전라도와 경상도 사투리가 뒤섞인 새로운 언어를 접할 수 있다. 그렇게 자연스러운 화합의 장이 되는 곳이 장터다. 농산물, 칡, 옻나무 껍질, 산나물, 사과, 밤, 양파, 단감, 잡화 공산물 등이 판매된다.

지역 생산물
사과, 고사리, 송이버섯, 곶감, 흑돼지, 목기, 지리산토종꿀, 한지 등.

은행(농협), 우체국, 매점, 식당
인월면소재지

보건진료소
창원마을

★ 비가 많이 오는 기간에는 수성대 물이 넘칠 수 있으니 안내센터에 문의하고 걷는다.

★ 눈이 많이 오는 기간에는 수성대~ 배넘이재~ 장항마을구간이 미끄러우니 조심해야 한다.

★ 농작물 보호구간: 배넘이와 장항마을, 상황에서 창원마을 사이의 고사리밭 등.

민초들 삶의 흔적과 아픔을 어루만지며 걷는 길

지리산 자락 깊숙이 들어온 6개의 산중 마을과 사찰을 지나 엄천강을 만나는 길이다. 사찰로 가는 고즈넉한 숲길, 등구재와 법화산 자락을 조망하며 엄천강을 따라 걷는 옛 길과 임도 등으로 구성된다. 지리산 빨치산 이야기에 나오는 벽송사가 주변에 있고, 지리산댐 예정지로 살다 죽다를 반복하는 용유담을 지난다. 조선의 사대부들이 지리 산을 찾아들던 곳이기도 하다. 그들의 풍류를 베껴 유람하듯 걸을 수 있는 길이다. 금 계, 의중, 의평, 모전, 세동, 운서, 동강마을을 지나며 의중마을 뒤 당산에서 서암정사, 벽송사로 갈 수도 있다.

❶ 금계마을 → 의중마을(0.7km) → 용유담(모전)·(3.7km)
→ 세동마을(2.3km) → 송문교(1.6km) → 운서마을(1.5km)
→ 구시락재(1.1km) → 동강마을(0.6km)
❷ 금계마을 → 의중마을(0.7km) → 서암정사(2km) → 벽
송사(0.6km) → 의중마을

거　리　11.5km
시　간　4시간
난이도　남녀노소 누구나 걸을 수 있다
금　계　함양군 마천면 금계마을 버스 정류장
동　강　함양군 휴천면 동강마을 엄천교 앞 버스정류장

조선의 사대부들이 지리산을 찾아들며
잠시 쉬었을 느티나무 그늘.

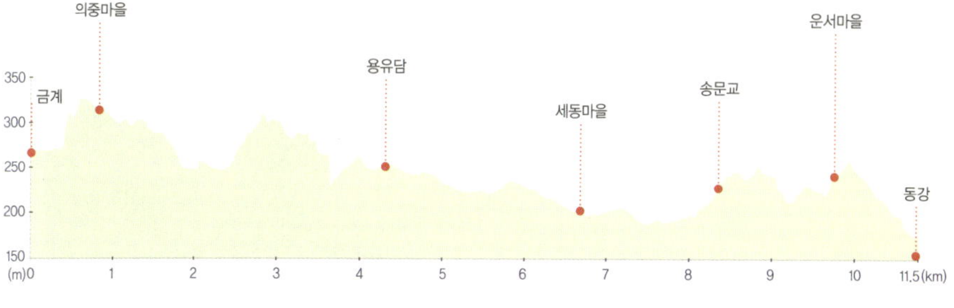

❶ **금계마을** 본래 노디(징검다리)를 건너기 전 마을이라 하여 노디목이라 불렸다. 요즘은 의탄교를 건너 의중, 의평, 추성으로 가지만 전에는 노디나 섶다리를 건너야만 했다.

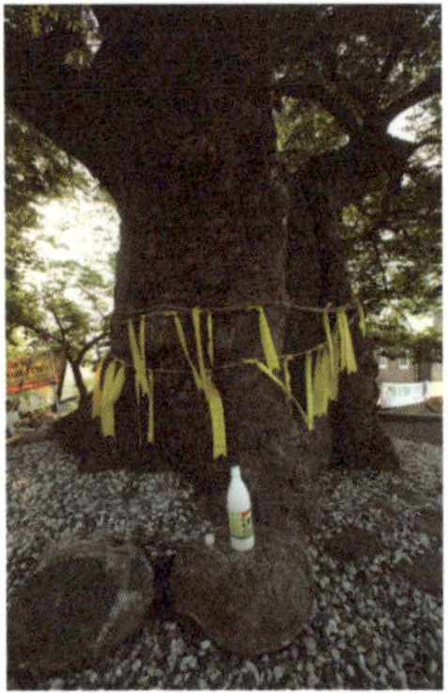

❷ **의중마을** 마을 어귀에 의중, 의평, 추성 마을을 지키고 이어주는 600년 묵은 느티나무 당산목이 있다. 마을 윗당산에서 벽송사와 용유담 가는 길이 갈라진다.

❸ **서암정사** 지리산 능선 위에 앉아 천왕봉을 멀리 바라보고, 한국의 3대 계곡으로 유명한 칠선계곡을 마주하는 천혜의 절경에 자리했다. 주위의 천연 암석과 조화를 이룬 풍경이 좋다.

❹ **벽송사** 의중마을에서 벽송사 가는 숲길은 마을 사람들이 초파일에 부처님을 찾아 가거나, 추성마을 아이들이 학교를 다녔던 길이다. 옛길의 정취와 그리움이 듬뿍 묻어있는 고즈넉한 숲길을 따라 벽송사를 들렀다 가는 것도 좋다.

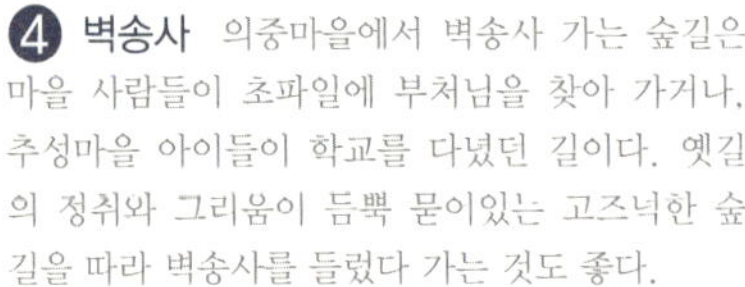

❾ 동강마을 동강쉼터 동강(桐江)마을 앞 엄천교에서 금계~동강 구간이 끝나고 시작한다. 강과 산이 함께 흐르는 풍경이 아름답다. 동강마을 당산쉼터에서 쉬어가면 좋다.

❽ 구시락재 운서에서 구시락재를 넘어 동강마을에 이르는 길은 조선초 유학자인 김종직 선생이 지리산을 오르고 쓴 '유두류록'에 나오는 옛길이다.

❼ 운서마을 운서쉼터 세동마을에서 농로를 따라가면 작은 산골마을인 운서마을에 다다른다. 마을 전체 면적의 1/3 이상이 지리산국립공원 구역 내에 있다. 지리산을 닮은 포근한 인심을 맛볼 수 있는 곳이다.

❻ 소나무쉼터 송전마을 가는 길 중간 너른 바위 사이에 400년 된 소나무가 법화산 자락과 저 멀리 넘어온 등구재를 보고 서 있다. 용유담과 엄천강이 내려다보이는 조망이 시원하다.

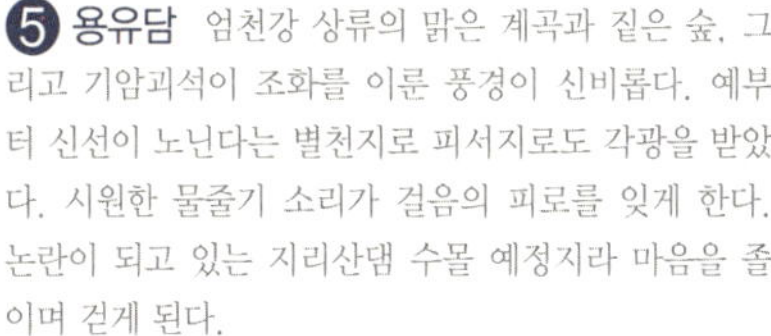

❺ 용유담 엄천강 상류의 맑은 계곡과 짙은 숲, 그리고 기암괴석이 조화를 이룬 풍경이 신비롭다. 예부터 신선이 노닌다는 별천지로 피서지로도 각광을 받았다. 시원한 물줄기 소리가 걸음의 피로를 잊게 한다. 논란이 되고 있는 지리산댐 수몰 예정지라 마음을 졸이며 걷게 된다.

 **금계 찾아가기**

함양버스터미널에서 금계(등구)행 버스를 타 금계마을에서 내리면 된다. 06:30, 09:10, 14:30, 17:20, 19:00 차가 있고 소요시간은 45여분이다.

금계에서 돌아가기

금계마을에서 함양행 버스를 타 함양버스터미널에서 내리면 된다. 07:50, 10:25, 16:15, 18:55, 20:05 차가 있고 소요시간은 45여분이다. 또는 유림방면(함양행) 버스를 타 터미널에서 내린다. 소요시간은 50여분이다.

동강 찾아가기

함양버스터미널에서 금계(추성)행 버스를 타 원기마을에서 내린다. 첫차는 06:20, 배차 간격은 약 30분, 막차는 19:40에 있다. 소요시간은 45여분이다.

동강에서 돌아가기

동강마을 앞에서 함양행 버스를 타 함양버스터미널에서 내리면 된다. 첫차는 07:00, 배차 간격은 약 30분, 막차는 20:15에 있다. 소요시간은 45여분이다.

자가용 이용

금계 경남 함양군 마천면 의탄리 870

동강 경남 함양군 휴천면 동강리 366

A 의중마을

마천면은 천연재료이자 약용으로 쓰이는 옻칠 생산으로 유명했던 곳이다. 지금은 많이 사라지고 없지만 의중, 금계, 원정마을에 옻칠 농

가가 몇 가구 남아 있다. 고려시대 의탄소(義灘所, 숲)라는 지방특산물을 중앙에 공납하기 위해 만들어진 특수행정구역인 소(所)의 가운데 있는 마을이라 의중이라는 이름이 붙었다고 한다.

B 의탄리

의중, 의평, 금계를 합쳐 의탄이라 한다. 고려시대에 의탄소(所)가 있었다 하여 의탄이라 부른다. 의탄은 옻칠로 유명하다. 지금도 겨울이 되면 옻칠을 채취하는 농가가 있다. 일반 칠들은 건조해

야만 잘 마른다. 하지만 옻칠은 습도가 있어야 오히려 잘 마른다. 의평마을 당산나무(느티나무)에서 마을의 평안과 풍년을 비는 당산제를 지냈다. 또한 망부의 한이 서린 나무라 하여 제사를 지내기도 했다.

C 서암정사

지리산 능선 위에 앉아 천왕봉을 멀리 바라보고, 한국의 3대 계곡으로 유명한 칠선계곡을 마주하는 천혜의 절경

에 자리했다. 벽송사로부터 서쪽으로 600m 지점에 위치한 벽송사의 부속암자였다가 지금은 사찰로 승격했다. 주위의 천연 암석과 조화를 이루어 풍광이 훌륭하다.

D 벽송사

조선 중종 15년(1520) 3월 벽송 지엄대사가 개창했다. 숙종 30년 (1704)에 실화로 불타버린 것을 환성대사가 중건했으나 6.25때 다시 법당만 남기고 소실

되었다. 1963년 원응 구환스님이 다시 짓기 시작했으며 1978년 봄에 종각이 완성돼 오늘에 이르고 있다. 벽송사는 6.25 당시 인민군 야전병원으로 이용되었는데, 국군이 야음을 틈타 불시에 기습해 불을 질러 당시 입원 중이던 인민군 환자가 많이 죽었다고 전해진다. 지금도 절터 주변을 일구면 인골이 간혹 발견된다고 한다. 벽송사는 실상사와 더불어 지리산 북부 지역의 대표적인 사찰이다. 판소리 '변강쇠전'의 무대이기도 하다.

E 용유담

지리산을 유람하던 옛 선인들이 호연지기와 여흥을 즐기던 곳이다. 마적도사와 아홉 마리 용 전설은 용유담의 신비로운 풍경을 대변해준다. 용유당이라는 당집이 있었고, 지금도 굿당이 남아 있다. 또한 용유담 맑은 물에는 등에 스님의 가사를 닮은 무늬가 있어 '가시어'라 불리는 물고기가 산다. 가시어는 지리산 계곡에

 숙소

마을민박은 2~3인 기준 3만원이 보통이다. 1인 추가 요금은 1만원 정도. 민박에서 식사도 가능하다. 보통 1인 기준 5~6천원 정도. 다만 마을회관일 경우는 식사가 어렵다. 이런 곳은 별도로 표기했다.

❶ 의평마을
인월센터 063-635-0850
❷ 의중마을
인월센터 063-635-0850
❸ 세동마을
인월센터 063-635-0850
❹ 운서마을
인월센터 063-635-0850
❺ 한남마을
인월센터 063-635-0850

밥집

이 구간은 인가가 드문 산중마을이기 때문에 매점 및 편의시설이 없다. 지리산둘레길을 걷기 전에 미리 필요한 준비물 (도시락, 간식, 물등)을 챙겨야 한다.

도시락 먹기 좋은 곳
세진대, 동강쉼터

서만 산다고 한다. 그리고 용유담은 늘 말썽이 되고 있는 지리산 댐 예정지이기도 하다.

F 송대마을

독가촌이 몇 집 없어 마을이라 하기엔 너무 작다. 1970년대 산속 여기저기 흩어져 살던 화전민들을 강제로 소개해 집을 지어주어 형성된 마을이 독가촌이다. 지리산 자락마다 그 흔적이 남아 있다. 이곳에 빨치산 전시관이 있고, 지리산 마지막 빨치산으로 불리던 누군가가 머물렀다는 선녀굴과 독바위가 있어 역사의 한 장면을 실감하게 한다.

G 세진대(소나무 쉼터)

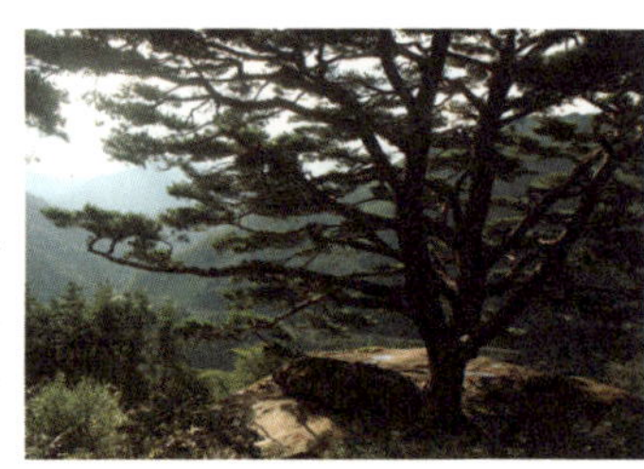

마적도사가 지리산 산신령과 장기를 두었다는 바위다. 옆에는 돌을 던져 바위 위에 얹히면 아픈 병이 낫는다는 장독바위도 있다. 수백 년을 살아온 세진대 소나무 앞으로 펼쳐지는 조망이 너무 좋다.

H 세동마을

전형적인 지리산 산촌마을로 한 때는 전국에서 가장 유명한 조선종이(닥종이) 생산지였다. 주변 산에는 닥나무가 지천이어서, 닥나무를 삶고, 종이를 뜨는 일로 분주한 마을이었다. 불과 50년 전만 해도 이 마을의 모든 가옥은 산과 계곡에서 자라는 억새를 띠로 이어 얹은 샛집이었다. 종이 뜨는 일상과 샛집 지붕의 아름다운 산촌 풍경을 지금은 볼 수 없지만, 바위를 담으로 이용

한 집, 너럭바위에 앉은 집, 바위틈으로 솟는 우물 등 '자연 속에 세 들어 사는' 산촌마을의 모습은 지금도 변함없다.

I 새우섬

송문교와 운서쉼터 사이 엄천강 가운데 섬 아닌 섬으로 자리했다. 조선 시대 한남군이 유배 왔던 섬이다. 한남군에 대한 기록은 정확하지 않으나 단종복위 사건인  계유정란에 연루되어 함양 휴천으로 유배 왔다고 전해진다. 지금도 유배와 살았던 마을을 한남이라 부르고 마을 숲을 한남숲이라 한다.

J 운서마을

운서마을은 운암동, 장동, 소연동, 노장동으로 이루어진 작은 산촌마을이다. 휴천면에서 사람이 살 수 있는 가장 좁은 마을로 지금은 많은 사람들이 귀농해 잘 지내고 있  다. 마을 숲이 정겨운데 옛날 김종직 선생이 지리산 유람을 할 때 이곳을 지나 중봉, 천왕봉으로 갔다고 한다.

K 동강마을 동강쉼터

동강(桐江)마을 앞 엄천교에서 금계~동강 구간이 끝나고 시작한다. 강과 산이 함께 흐르는 풍경이 아름답다. 동강마을 당산 쉼터에서 쉬어가  면 좋다. 이곳에서 1970년대 중반까지 음력 섣달 그믐날 저녁에 마을의 안녕을 기원하는 당산제를 지냈다고 한다.

오일장
함양장(2, 7일)
함양장에는 팔랑재 고개를 문턱 삼아 넘나드는 전라도 장꾼들도 많다. 그래서 전라도와 경상도 사투리가 뒤섞인 새로운 언어를 접할 수 있다. 그렇게 자연스러운 화합의 장이 되는 곳이 장터다. 농산물, 칡, 옻나무 껍질, 산나물, 사과, 밤, 양파, 단감, 잡화 공산물 등이 판매된다.

주유소, 매점
금계마을.

지역 생산물
벌꿀, 곶감, 된장, 흑돼지 등.

★ 농작물 보호구간 : 의중, 세동, 운서마을.

치유 받을 영혼, 함께하는 우리
사랑으로 보듬는 길

동강~수철 구간은 아름다운 계곡을 따라 산행하는 즐거움을 누리며 걷는 길이다. 동
강마을을 출발해 4개의 마을을 지나 산청에 이른다. 이곳은 한국현대사의 아픔을 고
스란히 보듬고 있다. 좌우 이념의 투쟁 속에서 속절없이 사라져 간 사람들의 이야기가
마을 속 아픔으로 남아있는 현장을, 그 역사의 상처를 치유하기 위한 추모공원을 지나
는 길이다. 이루지 못한 사랑 이야기가 전하며 지리산 자락 장꾼들이 함양, 산청, 덕산
을 오고 가며 그 무거운 소금가마를 지고 생을 이어갔던 길이기도하다.

쌍재에서 바라본 수철마을이 손에 잡힐 듯 가깝다.

동강~수철
(수철~동강)

동강 → 산청·함양추모공원(2.9km) → 상사폭포(1.5km) → 쌍재(2km) → 산불감시초소(0.9km) → 고동재(1.4km) → 수철마을(3.6km)

거 리 12.3km
시 간 약 6시간
난이도 쌍재~고동재 오르막구간을 제외하고는 무난하다
동 강 함양군 휴천면 동강마을 앞 엄천교
수 철 산청군 금서면 수철리 수철마을회관 앞

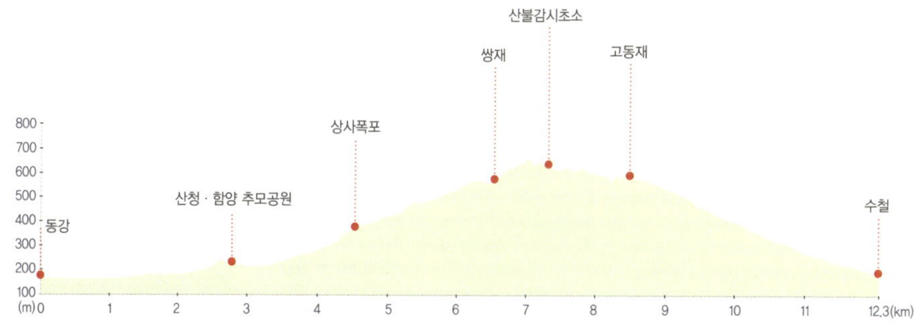

❶ 동강마을 동강(桐江)마을 앞 엄천교에서 동강~수철 구간이 시작되고 끝난다. 강과 산이 함께 흐르는 풍경이 아름답다. 마을 어귀에서 짚신을 만들 때 사용하던 틀을 닮아 '신틀바위'라는 이름이 붙은 큰 바위를 볼 수 있다.

❷ 산청·함양사건 추모공원 방곡마을에 도착하면 산속에 자리한 커다란 시설을 만나게 된다. '산청·함양사건추모기념관'이다. 한국전쟁 중 양민을 학살했던 한국 현대사의 비극이 고스란히 남아 있는 현장으로 마음이 숙연해진다.

❸ 상사폭포 방곡마을에서 상사폭포까지 2km 숲길이 이어진다. 계곡을 따라 핀 온갖 야생화와 바위를 타고 내리는 물줄기를 보며 걷는 길이 즐겁다. 상사폭포는 사랑하는 이에 대한 절절함이 담긴 전설이 깃들어 있는 작은 폭포다.

❹ 쌍재쉼터와 쌍재 상사폭포에서 쌍재로 걷다보면 비닐하우스가 있는데, 쌍재쉼터이다. 약초재배를 하는 부부가 핸드폰 번호를 남겨놓고 농사일을 한다. 간단한 음료 등을 판매하는데, 이곳은 옛 주막터 자리였다. 쌍재는 예전에 함양 휴천 쪽에서 산청으로 가던 길이다. 상당히 큰 대로와 주막, 그리고 제법 큰 마을이 있었다고 한다.

❽ 수철마을 마을 숲이 좋아 쉬기 좋다. 지역 특산물을 파는 구판장과 최근에 새롭게 지은 마을회관이 있다. 하루 7대정도 버스가 들어온다. 버스를 타면 산청읍까지 10분이면 갈 수 있다.

❼ 왕산, 필봉 쌍재에서 고동재 구간은 왕산과 필봉산을 보며 걸을 수 있다. 왕산보다 75m가 낮은 필봉산이 시야에 먼저 들어온다. 선비의 고장을 상징한다는 필봉산은 붓 끝을 닮아 필봉산이라 한다.

❻ 고동재 지리산 동부능선과 연결되어 있는, 수철동 서북쪽에서 방곡리로 오가던 고개다. 고동형으로 생겼다고 해서 고동재라 이름 붙었다. 앞쪽으로 왕산과 필봉산이 조망된다.

❺ 산불감시초소 쌍재에 위치해 둘레길에서 조망이 가장 좋은 곳. 왼쪽으로 산청 읍내 전체가 펼쳐지고 오른쪽으로는 지리산 동북부 능선들이. 더불어 걸어온 길과 걸어갈 길들이 그림 같은 조망을 연출한다. 참나무숲 사이로 난 길을 따라 은방울꽃 군락지를 즐기며 걷다보면 고동재에 이른다.

동강 찾아가기

함양버스터미널에서 금계(추성)행 버스를 타 동강마을에서 내린다. 첫차는 06:20, 배차 간격은 약 30분, 막차는 19:40에 있다. 소요시간은 45여분이다.

동강에서 돌아가기

동강마을 앞에서 함양행 버스를 타 함양버스터미널에서 내리면 된다. 첫차는 07:00, 배차 간격은 약 30분, 막차는 20:15에 있다. 소요시간은 45여분이다.

수철 찾아가기

산청터미널에서 수철행 버스를 타 수철 마을회관에서 내리면 된다. 07:30, 08:50, 10:20, 13:20, 15:30, 17:40, 18:40 차가 있으며 소요시간은 10여분이다.

수철에서 돌아가기

수철마을회관에서 버스를 타 산청터미널에서 내리면 된다. 07:40, 09:05, 10:30, 13:30, 15:40, 17:50, 18:50 차가 있으며 소요시간은 10여분이다.

자가용 이용

동강 경남 함양군 휴천면 동강리 366
수철 경남 산청군 금서면 수철리 897

유용한 전화번호

함양지리산고속
055-963-3745
마천버스정류소
055-962-5017
함양버스터미널(고속버스)
055-963-3281~2
산청터미널
055-972-1616
둘레길 함양안내소
055-964-8200

A 동강마을

동강마을은 평촌, 점촌, 기암 등 3개 마을로 이루어졌다. 옛날 토기와 철기를 만들어 내던 곳이라 점촌이라 부르기 시작해 지금까지 이어지고 있다. 점촌마을은 그냥 보면 한 마을이나 계곡을 경계로 함양군과 산청군으로 나누어지는 동강마을과 방곡마을이 함께 있는 마을이다. 점촌마을 앞 다리를 건너면 묵은터를 지나 산청으로 가는 옛길을 찾을 수 있다. 또한 이곳에는 신틀바위 전설과 선바위 전설이 전해진다. 신틀바위는 짚신을 삼는데 쓰는 나무틀처럼 생겼다하여 붙여진 이름이다.

B 지리산과 김종직 선생

함양군수로 부임한 김종직선생이 지리산을 유람할 때 엄천강을 건너 화암에서 쉬었다고 한다. 화암이 있었던 마을이 동강마을이었을 것이다. 길을 걷다 보면 엄천강 건너로 옛날 엄천사가 있었던 남호마을이 보인다. 엄천사의 흔적은 찾을 수 없고 부도만 두 기가 남아 있다. 그래서 남호마을을 절터라 부르기도 한다. 또한 남호리는 김종직선생이 주민들을 위해 관영 차밭을 조성한 곳이기도하다. 함양에는 차가 전혀 나지 않는데도 불구하고 주민들이 내야했던 차세에 대한 부담을 덜어주기 위해서였다.

C 산청·함양사건 추모공원

방곡마을에는 한국전쟁 당시 국군이 지리산 일대 공비토벌작전 중 양민을 통비분자로 몰아 집단 학살시킨 원혼과 유족을 위로하기 위해 조성한 산청·함양 양민학살 추모공원이 있다. 1951년 2월 5일 국군의 '지리산 빨치산 토벌작전'이 시작되고, 2월 7일 가현, 방곡, 점촌, 엄천강 건너 서주마을 주민들이 무참하게 학살된다. 신고 된 숫자만 700여 명에 이른다. 1954년 방곡지역 유족들이 뜻을 모아 '동심계'를 조직하고 억울하게 죽은 양민들을 추모하기 시작했지만, 지금까지 진실규명이라든지 보상이 제대로 이루어지지 않았다고 한다. 이렇듯 지리산둘레길은 한국 현대사의 아픈 상흔과 민중들의 애한이 서린 곳이 많다. 현장에 들러 원혼들의 넋을 위로해 주자.

D 왕산과 필봉산

쌍재에서 조망되는 왕산에는 가락국의 멸망을 지켜본 구형왕의 능과 삼국통일의 주역 김유신이 활쏘기를 했다는 사대가 있다. 이 외에도 깃대봉, 국골, 왕등재 등 가락국과 관련된 이야기가 많다. 그리고 고려시대 농은 민안부선생이 낙향해 살면서 망국의 한을 달래던 망경대가 있다. 왕산보다 75m가 낮지만 시야에는 필봉산이 먼저 들어온다. 선비의 고장을 상징한다는 필봉산은 붓끝을 닮아 필봉산이라 한다.

E 전(傳)구형왕릉

시간이 허락하면 둘레길 인근에 있는 '전(傳)구형왕릉'에 들리는 것도 좋겠다. 가락국 '멸망의 한'을 고스란히 품고 숨을 거둔 구형왕은 편안히 흙 속에 묻히기를 거부하고 돌로 무덤을 만들게 했다. 그가 묻힌 산 이름을 사람들이 왕산으로 불렀을 것이다. 이 무덤은 역사적 고증이 안 돼 '전(傳)구형

숙소

마을 민박은 2~3인 기준 3만원이 보통이다. 1인 추가 요금은 1만원 정도. 민박에서 식사도 가능하다. 보통 1인 기준 5~6천원 정도. 다만 마을회관일 경우는 식사가 어렵다. 이런 곳은 별도로 표기했다.

❶ 동강마을
마을민박대표
010-9363-6877
❷ 점촌마을
인월센터 063-635-0850
❸ 방곡마을
마을민박대표
010-4544-08773
❹ 수철마을
마을민박대표 010-8611-1322
수철마을에 게스트하우스가 있다

밥집

이 구간은 숲길구간이 길고 중간에 편의시설이 드물기 때문에 도시락과 물을 준비하면 편리하다. 민박 이용 시 점심 도시락을 준비해 주는 곳이 있으니 문의하면 된다.
식당은 ❶산청읍과 ❷금서면사무소 일대에 있다.
자세한 안내는 산청군 문화관광과 055-970-6421

왕릉'으로 불린다. 지금은 사적지로 지정되어 있다.

가야의 마지막 왕인 구형왕의 무덤으로 전해오는 이 능은 우리나라에서 유일하게 돌을 계단식으로 쌓아 올린 한국식 피라미드 무덤이다. 이끼나 풀이 자라지 않고 낙엽도 떨어지지 않는 신비함이 있다. 경사진 산비탈을 그대로 이용해 삼태기 모양의 너른 묘역과 거대한 돌무더기를 만들었다. 일반적인 봉토무덤과는 다른 형태다. 서쪽에서 동쪽으로 흘러내리는 경사면에 크고 작은 돌을 7단으로 쌓아올려 층과 단을 이루고, 정상부는 타원 형태다. 동쪽 면 중앙에는 감실형태의 시설을 만들었다.

F 쌍재

그 옛날 산청으로 함양으로 수많은 사람들이 넘어 다녔던 고개다. 예전 함양에는 곶감장이 서질 않았다. 함양 마천이나 인근 마을에서 곶감을 지고 쌍재를

넘어 산청 덕산장에 가 팔았다고 한다. 쌍재 아래에 보부상들을 위한 제법 큰 쉼터 마을이 있었다. 이곳에 주막들도 많았다. 또한 이곳에서 고령토가 많이 나와 채취했다고 한다.

G 수철마을

수철마을은 본래 산청군 금서면 지역으로서 무쇠로 솥이나 농기구를 만들던 철점이 있어서 무쇠점 또는 수철동이라 불리었다. 가야왕국이 마지막으로 쇠를 구웠다는 전설이 전해져 내려온다. 이곳에서 둘레길은 2011년에 새롭게 열린 지막마을로 이어진다.

지리산 자락 물 낙동강 되듯
흐르는 물처럼 인연의 끈을 잇는 길

경호강을 따라 나란히 걷는 구간이다. 대장마을까지는 마을 마실길인 시멘트길이 이
어진다. 대신 지리산 천왕봉의 기운을 받고 경호강 푸른 물을 보면서 걸을 수 있다. 성
심원에서 어천마을은 호젓한 숲길이다. 경호강 줄기 따라 놓여 있는 고속도로와 3번
국도를 질주하는 자동차 소리가 들리지만 소나무와 참나무 숲을 오가는 새 소리가 귀
를 즐겁게 한다. 세속의 번잡함을 벗어 놓고 새소리, 물소리, 바람소리에만 귀를 기울
이고 마음을 주면서 걸어도 좋은 구간. 강 가까운 숲이 주는 혜택이다. 산청군 금서면
수철, 지막, 평촌, 대장, 산청읍, 내리, 아침재, 풍현마을을 지난다.

344

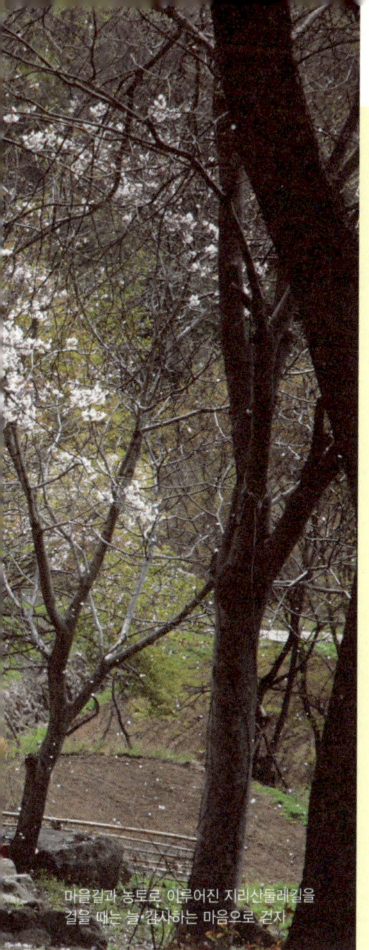

수철 ~ 어천
(어천 ~ 수철)

수철 → 지막(0.8km) → 평촌(2.0km) → 대장(1.4km) → 내리교(2.9km) → 내리한밭(1.2km) → 바람재 (1.5km) → 풍현(2.3km) → 어천(2.4km)

거 리 약 14.5km
시 간 5시간
난이도 풍현~내리 구간만 경사가 있고 나머지는 무난
수 철 산청군 금서면 수철마을회관 앞
어 천 산청군 단성면 경호강 레프팅 하선장

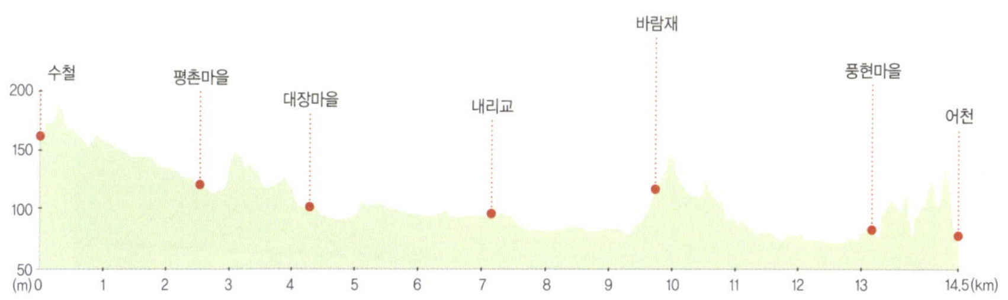

① **지막마을** 수철에서 시멘트 농로를 걷다가 논둑길을 만나면 뒤돌아 보자. 왕산자락이 한눈에 들어온다. 마을 정자에서 쉬어갈 수 있다.

② **평촌마을** 지막에서부터 시멘트 농로를 따라 농공단지를 보면서 걷게 된다. 평촌마을에 들어서면 강가에 볼썽사나운 시멘트 옹벽이 세워져 있다. 버드나무를 조망할 수 없어 답답하다.

③ **대장마을** 대장마을에서 산청읍 경호강까지는 시멘트길이 이어진다. 대장마을을 지나면 산청읍이다. 대장에서 성심원까지 7.9km는 경호강을 따라 걷는 길로 푸른 강이 시원한 조망을 만들어낸다.

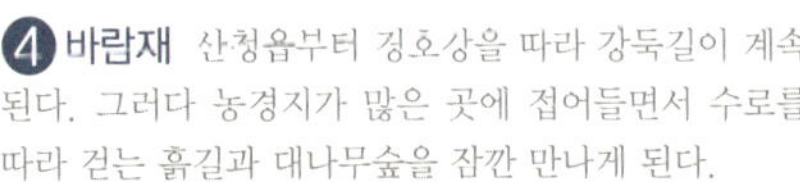

④ **바람재** 산청읍부터 경호강을 따라 강둑길이 계속된다. 그러다 농경지가 많은 곳에 접어들면서 수로를 따라 걷는 흙길과 대나무숲을 잠깐 만나게 된다.

❽ 경호강 수철~어천구간의 대부분이 경호강과 나란히 이어진다. 사시사철 변화하는 경호강과 함께 걸을 수 있어서 눈이 즐겁다. 언제 어느 때든 들어가 걸음에 지친 발을 담그고 세속에서의 묵은 감정까지 씻어내도 받아주는 좋은 친구가 된다.

❼ 웅석봉 내리마을 뒷산이 웅석봉인데, 곰이 떨어진 산이라 하여 곰석산으로도 불린다. 대동여지도에는 '유산'으로 표시되어 있다. 산청읍 구간 내내 웅석봉을 조망하면서 걷게 된다.

❻ 어천마을 풍현마을에서 어천마을로 가는 길과 아침재를 넘어 웅석산 임도로 접어드는 길이 갈라진다. 어천마을 가는 길은 솔숲길이다.

❺ 성심원(풍현마을) 이 길은 성심원 사람들이 산책로로 이용하는 강둑포장길이다. 한 번쯤 이곳에 들러 나눔을 실천해 보는 것도 걷는 여행의 깊이를 더하는 계기가 될 것이다.

수철 찾아가기

산청터미널에서 수철행 버스를 타 수철 마을회관에서 내리면 된다. 07:30, 08:50, 10:20, 13:20, 15:30, 17:40, 18:40 차가 있으며 소요시간은 10여분이다.

수철에서 돌아가기

수철마을회관에서 버스를 타 산청터미널에서 내리면 된다. 07:40, 09:05, 10:30, 13:30, 15:40, 17:50, 18:50 차가 있으며 소요시간은 10여분이다.

어천 찾아가기

산청읍에서 버스를 타고 3번 국도에 있는 어천마을 정류장에서 내려 경호강을 건너 걸어서 어천으로 가야 한다.

외부에서 시외버스를 타고 온다면 산청읍까지 가지 말고 신안면소재지인 원지를 이용하는 게 편리하다. 산청행 시외버스는 모두 원지를 경유한다.

원지터미널에서 어천마을행 버스(07:30, 08:40, 09:30, 11:00)를 타거나 산청행 군내버스(첫차 6:40, 막차 18: 30, 배차 간격 약 30분에서 1시간)를 타고 심거에서 내려 어천마을까지 15분 정도 걸어서 가는 방법도 있다.

자가용 이용

수철 경남 산청군 금서면 수철리 897

어천 경남 산청군 단성면 방목리 호암로 1253번길

유용한 전화번호

산청버스터미널
055-972-1616
원지터미널
055-973-0547

콜택시 전화번호

산청읍 055-973-3277

A 지막마을

수철과 지막마을은 뒷멀리고개를 사이로 이웃했다. 뒷멀리고개에 올라서면 쌍재, 밤머리재 등 지리산 동부자락이 한 눈에 들어온다. 주민들은 왕등재, 밤머리재를 넘어 덕산으로 오가기도 했다. 지막마을에는 덕계 오건선생과 남명 조식선생에 관한 이야기가 전해지는 춘래대와 춘래정이 있다. 남명선생과 덕계선생은 한적한 지리산 자락에서 처사의 삶을 살며 정담을 나누었다. 술이라도 한 잔 한 날이면 두 분이 서로 이 길을 오가며 배웅을 반복했다고 한다.

B 해동선원

지막에서 산청읍으로 가다 보면 왼쪽으로 해동선원이 보인다. 해동선원 입구에는 성수스님이 직접 쓴 붓글씨 액자가 걸려 있다. '세상 모든 일에 선 아닌 것이 없다'는 스

님의 가르침이 녹아 있는 '세상선(世上禪)'이라는 글귀가 눈에 띈다. 폐교에 서 있는 불상이 가는 발걸음을 잡는다.

C 평촌마을

본래 금서면 지역으로 들말, 서재말, 제자거리, 건너말 등 네 개의 동네가 들 옆에 있다하여 들말로 불러오다가 한자로 평촌(坪村)이라 한 것이다. 서재말은 옛날에 서  재(書齋)가 있던 곳으로 그 터에 주춧돌이 남아 있다고 하며, 건너말은 강 건너에 있다고 하여 붙여진 이름이다. 제자거리, 제짓거리 또는 사정(謝亭)거리에 관해서는 두 가지 설이 있다. 하나는 덕산(德山) 쪽 일부 주민들이 산청시장을 왕래하면서 제자(임시시장)가 섰다는 설이고, 다른 하나는 남명(南冥)선생이 산청을 다녀 갈 때면 덕산의 제자들이 이곳 제자거리까지 나와 기다렸다가 모시고 갔다는 설이다. 일설에는 남명선생이 제자인 덕계(德溪) 오건(吳健)을 찾아 지막리 춘래대에서 놀다가 헤어지곤 하였는데, 제자들이 이곳까지 배웅을 했다는 데서 유래했다고도 한다.

D 대장마을

지막에서부터 시멘트 농로를 따라 농공단지를 보면서 걷게 된다. 평촌마을에 들어서면 강가에 볼썽사나운 시멘트 옹벽이 세워져 있다. 버드나무를 조망할 수 없어 답답하다. 대장은 선인출장이란 풍수설에서 유래된 것이다. 일설에는 신라 때 어느 대장이 쉬고 간 곳이라 해서 생긴 이름이라고도 한다.

 숙소

2011년 개통 마을이라 민박이나 숙소가 드물다.
❶금서면사무소에 가면 여관이 두 곳 있다.
대장마을에서 나와 ❷산청읍을 찾아가면 맞은편에 모텔(프로포즈)이 있다.
❸성심원에서 둘레길 게스트하우스를 운영한다.
055-973-6966
www.sungsim1.or.kr
❹어천마을 주변에 펜션들이 많다.
문의 산청군 문화관광과
055-970-6421

2011년 개통 구간이라 식당이 없어 도시락이나 간식을 준비해야 한다.
❶금서면과 ❷산청읍 군청주변에 식당이 있다.

E 성심원(풍현 성심원안내소)

성심원은 가톨릭 재단법인 프란체스코회(작은형제회)에서 운영하는 사회복지시설이다. 한센생활시설 '성심원'과 중증장애인시설 '성심인애원'이 하나로 통합운영 되고 있다. 행정지명으로는 풍현마을이라 불린다. 지리산 자락인 웅석봉을 뒤로 하고, 앞으로는 맑고 깨끗한 경호강이 흐르고 있는 배산임수 지형으로 빼어난 경관과 천혜의 자연환경이 어우러진 곳이다. 1959년 6월 18일 예수성심대축일 개원미사를 시작한 이래 50여 년의 세월이 흘렀다. 처음 40여 명으로 시작해 한 때 600명이 넘는 큰 천주교 공동체마을을 이루기도 했다. 2011년 3월 15일 현재 157명(평균연령 76세)의 한센병력 어르신들이 생활하고 있고, 60명의 직원들이 일하고 있다. 1995년 사회복지시설로 전환되기 전까지는 천주

교 수도회인 작은형제회(프란체스코회)를 중심으로 한 후원인들이 지원하던 '한센인 정착 자립마을'이었다. 성심원이 정겨운 동네로 거듭나기까지는 외국의 원조와 후원회인 '미라회'를 비롯한 여러 은인(恩人)들의 도움이 컸다. 또한 연인원 1,200명의 방문자와 2,000명이 넘는 자원봉사자가 활동하고 있다. 설립 50여 년이 지났지만 여전히 한센인에 대한 사회의 차별과 편견, 부정적 이미지가 남아 있다. 세상과 격리된 '육지 속의 섬'이 아닌 지역사회와 지역민들과 함께하는 열린 시설로 나갈 수 있게 한번쯤 방문해 정을 나눠도 좋겠다. www.sungsim1.or.kr 055-973-6966 게스트하우스 010-2789-3738

F 어천마을

성심원에서 시작하는 아침재나 경호강 레프팅 하선장 길 모두 어천마을로 이어진다. 본래 어리내라 해서 우천(愚川)으로 부르다가 어천(漁川)이 되

었다. 어천 주변에는 예쁜 펜션들이 많아 하룻밤 묵어 갈 수 있
다.

G 경호강

산청군 생초면 강정에서 엄천강과 위천강이 만나 경호강이 된다.
지리산과 덕유산이 만나는 셈이다. 경호강은 크게 네 곳의 물줄
기가 세 번에 걸쳐 만난다. 본류는 함양군에 속하는 남덕유산에
서 발원해 화림동계곡을 거쳐 안의면을 지나 수동면에서 병곡면
백운산에서 시작해 상림을 돌아 함양읍을 거쳐 온 물과 첫 번째
로 만난다. 두 번째 만남은 지리산 자락에서 시작해 용유담과 자
혜나루, 주상나루를 지나 온 엄천강이 산청군 생초에서 경호강으
로 흘러들면서 이루어진다. 세 번째는 산청군 생비량면에서 흘러
온 양천강과의 만남이다. 경호강은 본류와 엄천강이 만나는 산청
군 생초면 어서리 강정에서부터 진주에 있는 진양호까지 80여리
긴 물길을 총칭하는 이름이다.

웅크린 나에게 손을 내밀어
탁트인 가슴으로 의연해지는 그 곳

내리막과 오르막을 오르내리는 길은 도보여행자들을 힘들게 한다. 그래도 산바람이 등을 떠밀어 즐겁게 걷는 구간이다. 등산로와 임도가 이어지는 길을 쉬엄쉬엄 걸어 오르다 보면 이런저런 생각들이 사라지고 걷기에 집중하게 된다. 한재를 넘으면 발을 담그고 가도 좋은 어천계곡을 만난다. 어천계곡을 지나면 임도를 따라 걷는 길이 이어진다. 임도 끝 웅석봉 헬기장에 오르면 시원한 바람이 불고 시야가 틱 트인다. 앞으로 내다보면 청계 저수지가, 돌아서면 걸어온 길들이 아득하게 펼쳐진다. 단성면 어천, 점촌, 탑동, 운리 마을을 지난다.

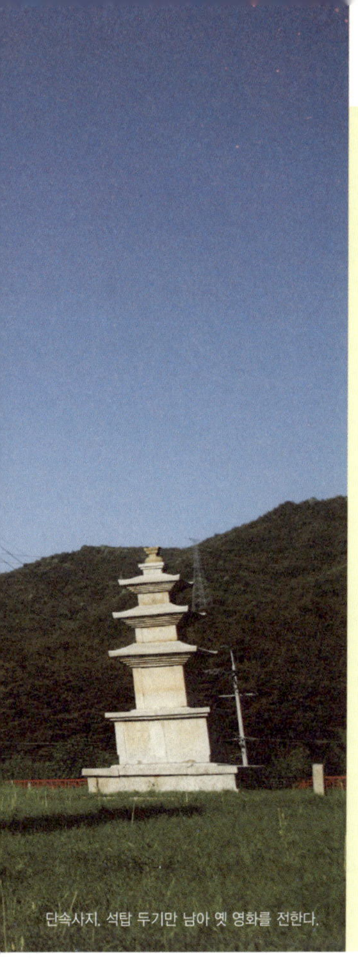
단속사지. 석탑 두기만 남아 옛 영화를 전한다.

어천~운리
(운리~어천)

어천 → 아침재(2km) → 웅석봉 하부헬기장(3.2km) → 점촌마을(6km) → 탑동마을(1.5km) → 운리마을 (0.6km)

거　리 약 13.3km
시　간 4시간 30분
난이도 노약자가 걷기엔 힘들다
어　천 산청군 단성면 어천마을 입구 다리 (산청방향)
운　리 산청군 단성면 운리마을의 단속사지

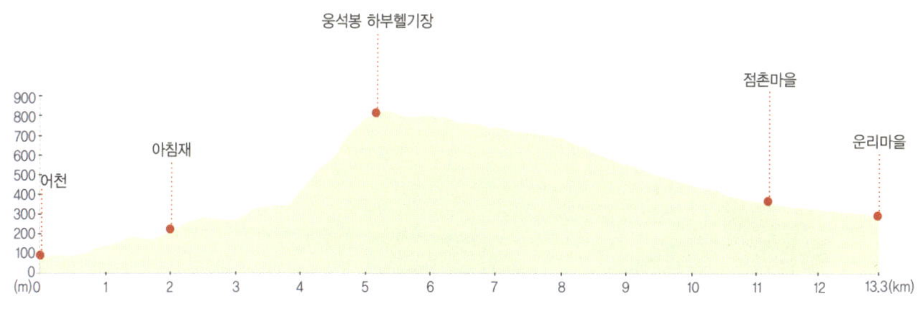

❶ 아침재 해발 고도가 제법 높은 재다. 그래서 풍현에서 아침재까지는 가파른 길이 이어진다. 대신 포장된 숲길이어서 쾌적하다.

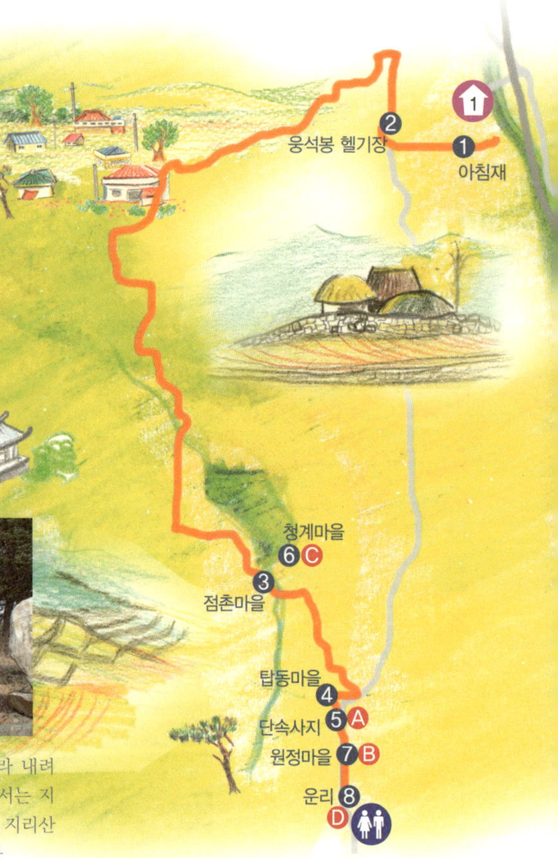

❷ 웅석봉 헬기장 포장된 임도를 따라 완만한 경사길을 계속 걷다 보면 헬기장이 나온다. 해발 고도가 높은 만큼 시원한 조망을 제공한다. 걸어온 길과 걸어갈 길이 한눈에 들어온다.

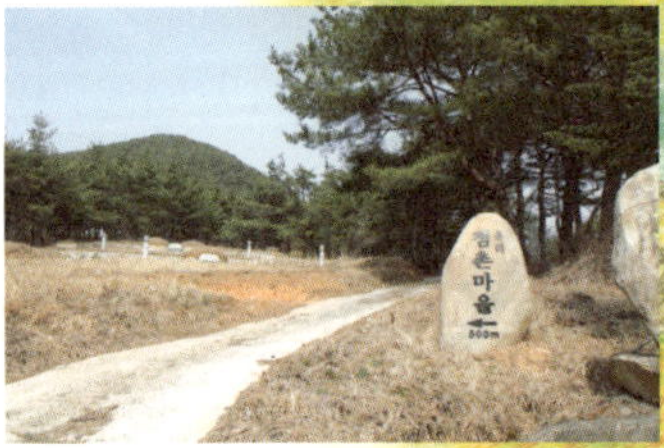

❸ 점촌마을 헬기장에서 임도를 따라 내려오는 길에 점촌마을을 만난다. 이 길에서는 지리산자락 산촌마을이 한 눈에 들어오고 지리산 주봉들이 손에 잡힐 듯 가까이 다가온다.

❹ 탑동마을 포장된 농로라 누구나 편하게 걸을 수 있다. 대신 뙤약볕을 피할 수 있는 모자가 필요하다. 단속사지가 있는 마을로 통정공 강회백선생이 심은 정당매도 볼 수 있다.

❽ 운리 운리(雲里)는 탑동, 본동, 원정 등 3개 동네를 말한다. 둘레길은 탑동과 원정마을을 지난다. 산골마을의 소박함과 정겨움을 만날 수 있는 곳이다.

❼ 원정마을 운리를 지나 농로를 따라 계속 걸으면 우사가 나오고 큰 느티나무를 만난다. 이 아름드리 느티나무 쉼터가 여행자들에게 그늘을 제공한다. 마을 돌담이 아름답고, 느티나무 쉼터 옆에 옛 샘물터도 반갑다.

❻ 청계마을 어천에서 지방도를 따라 가는 길은 한재를 넘어 청계마을로 이어진다. 한재는 소남진을 건너 입석과 용두를 지나는 통영대로의 한 길이도 했다. 지금도 용두고개에는 서낭당이 있다. 청계마을에는 이름 그대로 맑은 시내가 흐르고 부근에 청계저수지가 있어 시원한 풍경을 맛본다.

❺ 단속사지 단속사가 있던 자리에는 민가가 들어서 있고, 민가 앞에 보물로 지정된 삼층석탑 두기가 남아서 옛 영화를 전해 준다. 둘레길 여행의 재미를 더하려면 단속사지도 둘러보고 마을의 역사에 대해 공부해 보자.

어천 찾아가기

산청읍에서 버스를 타고 3번 국도에 있는 어천마을 정류장에서 내려 경호강을 건너 걸어서 어천으로 가야한다. 외부에서 시외버스를 타고 온다면 산청읍까지 가지 말고 신안면소재지인 원지를 이용하는 게 편리하다. 산청행 시외버스는 모두 원지를 경유한다. 원지터미널에서 어천마을행 버스(07:30, 08:40, 09:30, 11:00)를 타거나 산청행 군내버스(첫차 6:40, 막차 18:30, 배차 간격 약 30분에서 1시간)를 타고 심거에서 내려 어천마을까지 15분 정도 걸어서 가는 방법이 있다.

운리 찾아가기

산청군 신안면 원지터미널에서 청계행 버스를 타 운리(다물민족학교 앞)에서 내리면 된다. 08:30,13:40 17:10, 20:00 차가 있으며 소요시간은 약 20여분이다.

운리에서 돌아가기

운리(다물민족학교 앞)에서 원지행 버스를 타 원지터미널에서 내리면 된다. 09:10, 14:00, 17:30, 20:20 차가 있으며 소요시간은 약 20여분이다.

자가용 이용

어천 경남 산청군 단성면 방목리 호암로 1253번길
운리 경남 산청군 단성면 운리 515

유용한 전화번호

원지터미널
055-973-0547
산청버스터미널
055-972-1616

A 단속사지

단속사가 있던 폐사지다. 지리산 곳곳에 이런 폐사지가 많다. 둘레길에서는 운리에 있는 단속사지가 유일하게 만날 수 있는 폐사지다. 단속사는 신라시대에 창건된 절로서 조

선 중기에 불타 폐허가 되었다. 단속사가 있던 자리에는 민가가 들어섰고, 민가 앞에 보물로 지정된 삼층석탑 두기가 남아서 옛 영화를 전해 준다. 서쪽 석탑을 임탑이라고 하고 동쪽 석탑을 수탑이라 한다. 한창 번성할 때는 수백 명의 스님들이 공부하고, 대웅전을 비롯한 전각과 불탑 등이 수 백기에 이르는 큰 절이었다고 한다. 일설에 의하면 절에 사람이 너무 많이 찾아와 스님들 공부에 방해가 되자 '도인은 속세와 인연을 끊는다'는 뜻을 담아 원래의 절 이름이었던 금계사를 단속사(斷俗寺)로 고쳤고, 그 이후 절을 찾는 사람이 없어지고 마침내 절이 폐사 되었다고 한다.

B 원정마을

탑동 동남쪽에 있는 농촌마을이다. 마을 앞 들 한복판에 느티나무 두 그루가 서 있는데, 전해지는 이야기에 의하면 이 느티나무는 시골 선비들이 과거 보러 갈 때 쉬어 갔고, 국상을 당하면 냉수 한 잔을 올리고 북향 재배하며 머물던 곳이라고 한다.

C 청계리

대안촌과 청계마을을 청계부락이라 하며 용두, 개당 등 3개 부락을 합쳐 청계리라고 한다. 50여 호에 이르는 큰 마을로 물레방아

가 있었다. 개당부락은 진자촌(榛子村)이라고도 한다. 뒷산이 개가 누워 있는 형태라서 개당이라는 설과 가뭄 때 개를 묶어 마을 앞 개천 용소에 넣고 기우제를 지낸 연유로 개당이 되었다는 설이 함께 전해진다. 개당 동남쪽에 있는 용두부락은 동네 뒤편에 용머리 같은 산이 있어 용두(龍頭)가 되었다. 이 동네에는 이고산(李高山)의 화줏대 한 개가 섰고, 물레방아와 무쇠점이 있었다고 한다. 청계(淸溪)마을에는 이름 그대로 맑은 시내가 흐른다.

D 운리

운리(雲里)는 탑동, 본동, 원정 등 3개 동네를 말한다. 옛 마을 사람 46인이 합심해 서당과 송나라 주희 선생을 기리는 운곡재를 짓고, 마을 이름은 운리, 마을 계곡

은 중국 무이산의 무이구곡(武夷九曲)을 본떠 금계구곡이라 했다고 한다. 마을 뒤 옥녀봉에서 흘러온 비단(錦) 같은 시내(溪)가 있어 통일신라 경덕왕 때 지은 절 이름이 금계사(錦溪寺)였다. 금계사는 후에 절 이름을 단속사(斷俗寺)로 고치고는 망했다고 전해진다. 근년에 탑동 뒤에 새로운 금계사가 세워졌다. 운리 내에는 사기점과 물레방아도 있었다 한다. 호수는 백여 호가 되며 운리초등학교 자리에 다물민족학교가 들어서 있다.

산청의 오지마을 중 하나인 마근담 가는 길

운리마을 → 백운계곡(6.2km) → 마근담 입구(1.9km) → 덕산(사리)(5km)

거 리 약 13.1km
시 간 5시간
난이도 노약자에게는 약간 힘들지만 천천히 걷는다면
        누구나 함께 할 수 있다
운 리 산청군 단성면 운리마을의 단속사지 앞
덕 산 산청군 시천면 덕산고등학교 천평교
        (천평 곶감 경매장)

작은 소리에 귀 기울이다
'지리산 나무야, 풀아, 돌아, 물아!'

경사가 심한 내리막과 오르막이 있고, 계곡을 따라 걸어야 해 힘든 구간이다. 그래서 더 깊은 지리산의 기운을 느낄 수 있기도 하다. 운리에서 시작한 농로를 지나면 임도가 나온다. 임도를 따라 걷는 중간에 백운동계곡으로 가는 길을 만난다. 이 길은 나무를 운반하던 운재로였다. 너른 길이 울창한 참나무숲속으로 이어진다. 숲속에서 너덜을 만나고 작은 개울도 장난치듯 건너게 된다. 다시 좁아진 길을 지나면 백운계곡이다. 여기서 마근담 가는 길은 솔숲과 참나무숲이 우거져 싱그럽다. 사리마을로 내려서면 천왕봉이 눈에 자주 들어오는 구간이다.

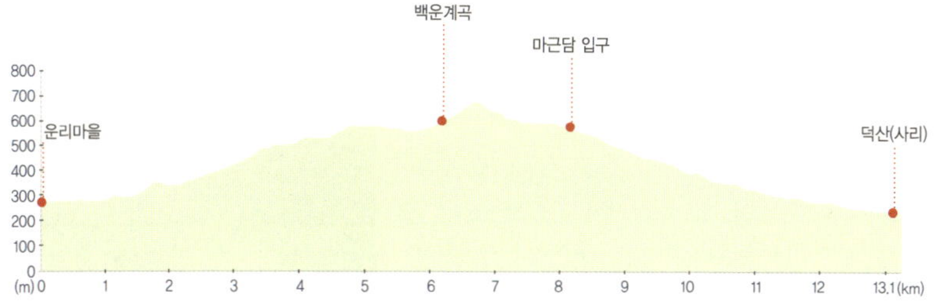

1 운리마을 운리에서 시작한 농로를 지나면 임도가 나온다. 임도는 포장과 비포장이 반복된다. 임도를 따라 걷는 중간에 백운동 계곡으로 가는 길을 만난다.

2 백운동계곡 백운동계곡 입구에서 백운마을까지는 2.1km를 더 가야 한다. 백운동계곡에서 의지할 곳은 백운마을이 유일하다. 이곳에서 숙박이 가능하다. 맑은 물과 기암괴석과 숲이 어우러진 풍광이 시원하다.

3 마근담 백운계곡에서 마근담을 가는 길은 숲길. 마근담 사람들이 백운마을로 가던 마실길이다. 참나무가 주종인 울창한 활엽수림과 솔숲. 다시 참나무숲이 이어진다. 숲 사이로 천왕봉도 보인다.

8 덕산장 시천면 덕산에서 매 4일과 9일에 열리는 오일장이다. 산청 곶감이 거래되는 곶감장이 유명하다. 덕산농협 주변 길거리에서 좌판이 펼쳐진다. 날에 맞춰 구간을 걸으면 푸짐한 시골장의 인심을 맛볼 수 있다.

7 덕천강 천왕봉에서 시작된 계곡들이 모인 덕천강은 옥종을 지나 진주 남강으로 흘러 낙동강이 되어 남해로 흐른다. 물줄기가 옥종을 지나기 전 이곳 덕산에서 둘레길과 만나 중태까지 함께한다.

6 남사예담촌 단성면 남사리에 위치한 전통 한옥마을이다. 높은 토담과 기와집이 고풍스럽다. 골목을 돌며 담 너머 정원에 핀 꽃들을 구경해도 좋다. 3월이면 매화가 고택과 어울려 그윽한 멋을 자아낸다. 숙박시설과 체험 프로그램도 있으니 둘러보자.

5 원지 산청군 신안면 면소재지. 교통이 편리하고 우체국, 병원 등의 편의시설과 숙박시설, 식당 등이 있다. 둘레길 산청구간 탐방계획을 세울 때 중요한 장소가 된다.

4 사리(덕산) 마근담에서 사리까지는 시멘트로 포장된 임도와 아스팔트 생활길이 이어진다. 경사가 급한 내리막 길이라 반대로 사리에서 마근담으로 갈 때 조금 힘이 든다. 목을 축일 수 있는 우물이 있다. 사리마을 일대는 옛날 장터였다.

산청군 신안면 원지터미널에서 청계행 버스를 타 운리(다물민족학교 앞)에서 내리면 된다. 08:30, 13:40, 17:10, 20:00 차가 있으며 소요시간은 약 20여분이다.

운리에서 돌아가기

운리(다물민족학교 앞)에서 원지행 버스를 타 원지터미널에서 내리면 된다. 09:10, 14:00, 17:30, 20:20 차가 있으며 소요시간은 약 20여분이다.

덕산 찾아가기

진주에서 대원사나 중산리 방향의 버스를 타고 가다 덕산에서 내리면 된다. 진주에서 덕산 방면 버스는 첫차가 06:30, 배차 간격은 30분, 막차가 21:30에 있으며 소요시간은 50여분이다.
원지를 거친다면 원지터미널에서 덕산가는 버스를 타 덕산정류소에서 내리면 된다. 원지터미널에서 덕산행 버스는 첫차 06:35를 시작으로 매시간 25분에 차가 있다. 막차는 21:35에 있고, 소요시간은 20여분이다.

덕산에서 돌아가기

덕산시외버스터미널에서 중산리 방향에서 나오는 차를 타 원지터미널에서 내리면 된다. 첫차는 06:15, 막차는 19:40에 있으며 약 20분정도 소요된다. 사리 남명기념관 앞에서 타도 된다.

자가용 이용

운리 경남 산청군 단성면 운리 515
덕산 경남 산청군 시천면 사리 923-10

A 마근담

구장터 동북쪽에 있는 마을로 산청의 오지마을 중 하나다. 안마근담과 바깥마근담으로 나뉜다. 산천재 앞 도로를 건너 마근담으로 가는 길은 차량이 겨우 드나드는 좁은 포장길이다. 마근담은 '막힌담'이란 말에서 유래되었다고 한다. 골짜기 생김새가 마의 뿌리처럼 곧아 이름이 붙었다는 이야기도 있다. 웅석봉 자락의 협곡은 안마근담에서 막힌다. 최근에 체험마을로 지정되었다.

B 남명 조식기념관

남명 조식선생과 관련된 흩어져 있던 유물들을 모아 한눈에 볼 수 있도록 만든 전시관이다. 시천면 사리에 위치했다. 기념관 내부에는 서책을 비롯한 유품들이 전시되어 있고

외부공간에는 신도비, 남명선생 석상, 여재시 등이 있다. 개관 시간은 10시에서 18시이며, 매주 월요일은 휴관이다.

C 산천재와 조식선생

산청의 산천재는 조선의 대표적인 처사였던 남명 조식선생이

거처하던 곳이다. 시천면 사리 남명 조식기념관과 길을 사이에 두고 마주보고 있다. 남명 조식선생은 퇴계 이황선생과 쌍벽을 이룬다는 말을 들을 정도로 학문이  깊은 사람이었다. 하지만 평생 벼슬에 나서지 않고 야인으로 지내 처사라는 칭호로 불린다. 조식선생은 지리산을 좋아해 천왕봉이 보이는 이 자리에 산천재를 짓고 기거했다. 이곳에서 후학 양성에 힘을 쏟았고, 가르침을 받은 제자들은 후에 일어난 임진왜란 때 큰 역할을 했다고 한다. 본동 건물인 산천재와 사랑채, 그리고 작은 서고가 하나 있는 단출한 구조다. 길 건너편에 조식선생의 묘가 있다. 산천재와 가까이에 있는 덕천서원도 조식선생의 검소함을 느낄 수 있는 구조다. 문의는 남명학연구원 055-748-9147~8

D 남사예담촌

산청군 단성면 남사리에 위치한 전통 한옥마을이다. 천왕봉 줄기인 웅석봉에서 발원해 10리를 흘러온 사수의 조화로움이 인상적인 천혜의 자연 승지다. 높은 토담과 기와집이 고풍스럽다. 오래된 한옥 뜰에 피어나는 향기 그윽한 매화나무들이 예스러움을 더한다. 농심과 전통놀이, 전통배움 체험 등의 프로그램을 운영하며, 한옥을 이용한 숙소도 제공한다. 경남지역을 대표하는 전통

산청읍과 신안면 원지, 그리고 ❶덕산(시천면 소재지)에 식당들이 있다.

한옥체험마을이다. 옛 것의 아름다움을 몸과 마음으로 체험할 수 있으니 들렸다 가면 좋겠다. 문의 010-2987-9984

E 백운리와 백운동계곡

백운리에서 이정표를 보고 2.1km를 더 걸으면 백운동계곡이 나온다. 조선시대에 진주군 금만면 백운동이었다가 1914년 산청군으로 통합되면서 단성면 백운리(白雲里)가 되었다. 백운동 계곡은 웅석봉에서 내려온 산자락이 길게 뻗어 나와 덕천강으로 쏟아지는 계류다. 목욕을 하면 절로 아는 것이 생긴다는 다지소와 백운폭포, 다섯 곳에 폭포와 담이 있는 오담폭포와 물살이 하늘로 오른다는 등천대가 유명하다. 이처럼 골이 깊고, 아름다운 반석과 맑은 물이 조화를 이루어 곳곳이 한 폭의 그림 같은 곳이다. 남명 조식선생이 노닐었고, 경상우도의 석학 백운동 칠현이 자주

모여 용문암 개울 열여덟 구비에 이름을 붙여 시를 짓던 유명한 계곡이다. 그 유적이 계곡 곳곳에 남아 있다. 십팔곡은 조석원(鳥石源), 세록대(洗錄臺), 심진암(尋眞巖), 심연(心淵), 관어기(觀魚磯), 분설뢰(噴雪瀨), 수옥와(洗玉渦), 진노폭(振鷺瀑), 유상회(流觴匯), 영월파(詠月波), 운력천(雲靂川), 용추(龍湫), 연주담(聯珠潭), 백련도(百鍊度), 황래폭(黃來瀑), 백화계(百花溪), 은하탄(銀河灘), 성숙정(星宿井) 등이며 모두 단성의 명소이다. 백운동 칠현은 단계 김인섭, 석범 권헌기, 만성 박치복, 소계 류도기, 월고 조성가, 강계 하겸락, 동료 하재문 등이다. 모두 1800년대에 활동했던 분들이다.

F 원지

산청군 신안면 면소재지다. 부산이나 진주에서 산청 방면으로 가는 버스의 대부분이 원지터미널을 경유한다. 그래서 교통이 편리하다. 농협, 우체국, 병원 등의 편의시설과 식당, 숙박시설 등이 있다. 이런 이유로 둘레길 산청구간에 대한 탐방 계획을 세울 때 빠질 수 없는 중요한 곳이 된다. 운리~덕산 구간 전체적으로 편의시설이 부족하므로 이 곳에서 준비물을 꼼꼼히 챙겨가는 게 좋겠다.

G 덕산장

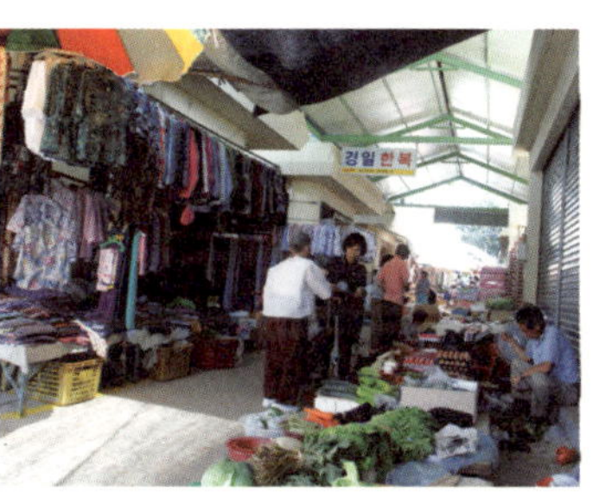

시천면 덕산에서 매 4일과 9일에 열리는 오일장이다. 덕산농협 주변 길거리에서 좌판이 펼쳐진다. 장날에 맞춰 구간을 걸으면 푸짐한 시골장의 인심을 맛볼 수 있다. 지리산 주봉인 천왕봉 인근 지역 주민들에게 가장 큰 장이었으며 하동군 옥종사람, 청암사람, 산청군 매대, 내·외공 등 지리산 깊은 고을 사람들의 생활장이다. 산청 곶감이 거래되는 곶감장이 특히 유명하다. 옛날 함양사람들도 곶감을 팔기 위해 쌍재를 넘어 이곳에 왔다.

책임여행의 시작
초심과 평정을 유지하기 위해 돌아보는 길

낙동강 수계인 덕천강을 만나 물장구를 치고 둘레길을 감싸는 두방산의 멋진 풍광을 누리며 걷는 구간이다. 더불어 멀리서 지켜보는 지리산 천왕봉의 기운도 느낄 수 있다. 구간 내내 임도와 옛길이 이어진다. 이 구간에는 중태마을 실명제 안내소가 있다. 마을 주민 스스로 둘레길을 안내하고 주변의 농작물 피해를 방지하고 싶은 바람을 담았다. 이 구간을 지나는 도보여행자 스스로 공정여행과 지나는 길을 그대로 보존하겠나는 책임여행을 다짐하는 자리다. 그리고 자신의 흔적을 남기는 추억의 장소다. 둘레길은 시천면 사리, 원리, 천평, 중태, 옥종면 위태(상촌)마을을 지난다.

책임여행을 확인할 수 있는 중태마을을
지나 만나는 유점마을 대나무 숲길

덕산~위태
(위태~덕산)

덕산 → 시천면사무소(1.7km) → 천평교(0.6km) → 중태(2.6km) → 유점마을(2.1km) → 중태재(2.3km) → 위태(상촌)·(1km)

거 리 약 10.3km
시 간 4시간
난이도 남녀노소 누구나 걸을 수 있다
덕 산 산청군 시천면 덕산고등학교 천평교
　　　　(천평 곶감 경매장)
위 태 하동군 옥종면 위태마을 상촌제(저수지) 앞
　　　　버스정류소

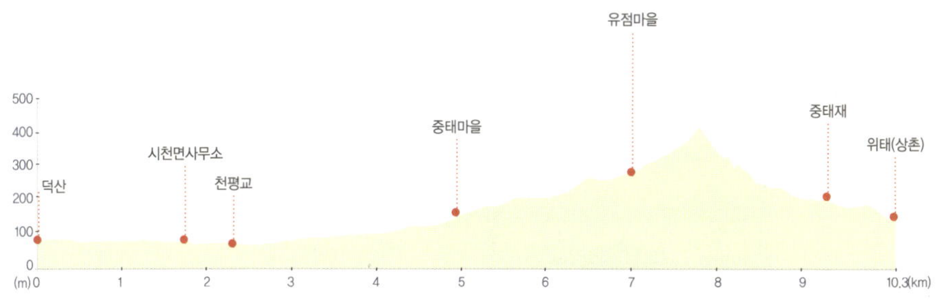

❶ **덕산(사리마을)** 구장터로 지금도 덕산 오일장이 열린다. 복잡한 시내길이라 유의해야 한다. 매점, 식당 등 편의시설이 갖춰져 있다. 숙박 시설이 있어 하룻밤 묵어가도 좋다.

❷ **천평교** 사리에서 천평교까지는 복잡한 시가지 길이다. 천평교를 건너면 곶감 경매장이 나오고 이후부터 덕천강을 따라 난 포장길이 이어진다. 이 길을 따라 걷다 보면 중태마을이 나온다.

❸ **덕천서원** 천평교를 건너 중태마을 가는 중간에 덕천서원이 있다. 59번 국도 옆이다. 남명 조식선생의 업적을 기리기 위해 세워졌다. 부디 들려서 옛 선인들의 이야기에 귀를 기울이는 여유가 있기를 바란다.

❹ **세심정** 덕천서원 앞 강가에 있는 정자다. 세심정은 성인이 마음을 씻는다는 의미다. 남명 조식선생의 제자인 최영경 등이 중심이 되어 덕천서원을 지을 때 함께 지었다. 현재의 정자는 그 후 여러 번 개축한 것이다.

❽ 위태마을 유점마을에서 위태마을까지는 시멘트 임도가 이어진다. 길가에 핀 이름 모를 들꽃들을 세다 보면 어느새 마을회관 앞이다. 버스정류소 옆에 간이화장실이 있다. 진주를 내왕하는 버스가 있어 구간을 시작하고 끝내기 좋다.

덕천강

20

❼ 유점마을 중태에서 유점마을 가는 길은 포장이 되긴 했지만, 좁기 때문에 오가는 차량을 조심해야 한다. 유점마을은 놋점으로 예전에는 유기마을이었을 것이다.

❻ 중태재 유점마을의 마지막집을 지나면 임도가 시작된다. 길은 임도를 따라 이어지다가 소릿길로 들어서고 중태재를 넘는다. 이 길은 위태 사람들이 덕산장을 보러 다녔던 길이다. 하동군 옥종사람들은 덕산장을 가기 위해 사이재를 넘었다.

❺ 중태마을 마을 안내소가 있다. 의무적으로 들려야 하는 곳이다. 마을 안내소에서는 여행자들 스스로 자신의 이력을 적게 되어 있다. 농작물 피해를 줄이기 위한 고육방책이라 책임여행의 의미를 담아 적극 참여하면 좋겠다. 중태마을은 지천이 감나무 밭이다. 쉼터 화장실을 이용할 수 있다.

덕산 찾아가기

진주에서 대원사나 중산리 방향의 버스를 타고 가다 덕산에서 내리면 된다. 진주에서 덕산 방면 버스는 첫차가 06:30, 배차 간격은 30분, 막차가 21:30에 있으며 소요시간은 50여분이다. 원지를 거친다면 원지터미널에서 덕산가는 버스를 타 덕산정류소에서 내리면 된다. 원지터미널에서 덕산행 버스는 첫차 06:35를 시작으로 매시간 25분에 차가 있다. 막차는 21:35에 있고, 소요시간은 20여분이다.

덕산에서 돌아가기

덕산시외버스터미널에서 중산리 방향에서 나오는 차를 타 원지터미널에서 내리면 된다. 첫차는 06:15, 막차는 19:40에 있으며 약 20분정도 소요된다. 사리 남명기념관 앞에서 타도 된다.

위태 찾아가기

진주터미널에서 옥종행 버스를 타 옥종을 경유해 위태(상촌)정류소에 내리면 된다. 옥종행은 06:50, 12:40, 16:20 차가 있다. 소요 시간은 40여분이다.

위태에서 돌아가기

위태(상촌)정류소에서 옥종·진주행 버스를 타 진주버스터미널에서 내리면 된다. 진주행은 08:20, 14:10, 17:50 차가 있고, 소요시간은 40여분이다.

자가용 이용

덕산 경남 산청군 시천면 사리 923-10
위태 경남 하동군 옥종면 위태리 783

A 덕산

덕산은 산청군의 삼장면과 시천면을 통틀어 이르는 말이다. 남명 조식선생이 말년을 보냈던 곳으로 덕천서원과 산천재 등 선생의 유적들이 남아 있다. 이곳에 이르면 남원과 함양, 산청 등 지리산 북쪽에서 보았던 것과는 다른 모습의 천왕봉이 멀리서 반겨준다. 곶감이 유명해 예부터 곶감장이 섰다. 지금도 많은 주민들이 곶감을 생산한다. 늦가을 고동시로 빨갛게 불타는 일대 감밭이 아름답다. 최근 몇 년 사이 서리가 일찍 내려 곶감 농사를 망쳤다. 수확할 수 없어 나무에 그냥 달려 있는 감에서 농부의 고단한 살림살이가 읽힌다. 매 4일과 9일에 덕산 오일장이 선다

B 남명 조식선생

덕산에서 만나는 남명 조식선생의 삶은 의미가 깊다. 한 사람의 삶이 정리되고 깊이를 더해가는 자리가 있는가 보다. 처사로 평생을 산 남명선생은 이곳에서 후학을 양성했

다. 그 후학들이 나라의 위기 때 의병을 일으켜 방소가 든 나라를 다시 세웠다. 지리산은 이렇게 다음을 준비하는 사람들을 키우고

보듬는 큰 산이다. 남명선생은 지리산을 수차례 오르내리면서 행장기를 기록했다. 지리산둘레길을 여행하기 전 남명선생의 '지리산유람록'을 읽고 오는 것도 좋겠다.

C 덕천서원과 세심정

덕산고등학교 근처에 위치했다. 남명 조식선생의 학문을 이어받고 선생의 업적을 기리기 위해 후학들이 덕천서원을 세웠다. 성인이 마음을 씻는다는 세심정은 선생의 제자인 최영경 등이 중심이 되어 덕천서원을 지을 때 함께 지은 정자다. 현재의 정자는 그 후 여러 번 개축한 것으로 덕천서원 앞 강가에 있다.

D 중태마을 실명제 안내소

중태마을에는 실명제 마을 안내소가 있다. 지나가는 모든 여행자가 들려야 한다. 농가 피해를 줄이고 마을이 자율적으로 지리산둘레길 안내를 담당하겠다는 소망을 담아 마련했다. 이곳을 오가는 여행자들이 책임여행과 공정여행을 다짐하는 기록을 스스로 남기는 추억의 장소가 되었으면 한다. 쉼터에서 화장실을 이용할 수 있다. 중태마을은 하동군 옥종면에서 산청군 시천면으로 편입되었다. 055-973-9850

E 중태재와 갈치재

중태재는 큰 고갯길이었다. 옆에는 또 하나의 고개가 있다. 갈치재다. 고개 이름을 어른들께 여쭤보면 중태사람들은 위태재로, 위태사람들은 중태재라 답한다. 행정으로 구역을 나눠 지내다 보니 하동사람, 산청 사람으로 갈라서 버린 느낌이다. 산천으로 행정을 가르는 구분이 지역이 기주의로 이어지지 않는 날이 오기를 바란다.

숙소

산청읍, 신안면 원지, ❶덕산(시천면 소재지)에 여관이 있다. ❷덕산에서 중태가는 길에도 펜션 두 곳이 자리했다. 중태마을과 유점마을 사이에도 ❸ 단체민박집이 있다. 문의 산청군 문화관광과(055-970-6421)

밥집

산청읍, 신안면 원지, ❶덕산(시천면 소재지)에 식당들이 있다.

지역과 함께하는 둘레길 여행

오일장
덕산장(4, 9일)
덕산장은 산청군 시천면과 삼장면의 경계인 덕산분지 내에서 5일마다 열리는 재래시장이다. 지리산의 각종 약초, 산나물, 채소 등을 판매한다. 특히나 이곳 곶감이 전국적으로 유명해 가을철이면 곳곳에서 곶감을 사고파는 정겨운 모습을 볼 수 있다.

지역 생산물
곶감, 한방약초, 벌꿀, 딸기 등.

은행(농협), 우체국
덕산(시천면소재지)에 있다. 대중교통을 이용할 때 경유하는 신안면소재지(원지 터미널)나 산청읍을 이용해도 좋다.

★ 위태에서 유점마을 사이(중태재)에 고사리 밭이 있어 농작물 피해 우려(감, 밤)

숲속에서 깨우치다
'모든 것이 한가지였다. 생명.'

지리산 남쪽을 걷는 길이다. 그동안 낙동강 수계권의 물길들을 만났다면 이제부터는
섬진강 수계권의 물줄기와 조우하게 된다. 지리산을 적신 빗물이 북쪽으로 흐르면 낙
동강이 되고 남쪽으로 흐르면 섬진강이 된다. 걷다가 만나는 숲의 모습도 달라진다.
지리산 북쪽이 단일 수종의 숲인 반면에 남쪽은 식생이 다양하다. 지리산 영신봉에서
시작해 부산까지 이어지는 낙남정맥을 만나고, 상촌제, 궁항댐, 하동호 등 시원한 풍
경을 연출하는 서수시와 큰 냄을 볼 수 있나. 하동군 위배(상촌), 오율(오내사시), 궁
항, 본촌마을을 지난다.

위태~하동호
(하동호~위태)

위태(상촌) → 지네재(1.8km) → 오대사지(0.4km) → 오율마을(0.4km) → 궁항마을(2.1km) → 양이터마을 (0.8km) → 양이터재(1.4km) → 본촌마을(2.8km) → 하동호(2.1km)

거 리 약 11.8km
시 간 5시간
난이도 남녀노소 누구나 걸을 수 있다
위 태 하동군 옥종면 위태리 위태마을 상촌제(저수지)옆
하동호 하동군 청암면 중이리 하동호 입구

낙남정맥의 마루금인 하동군 옥종면 궁항리의 양이터재 숲

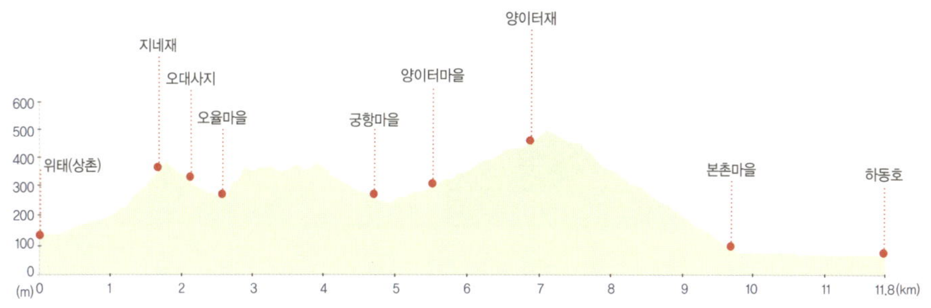

❶ 위태마을 둘레길은 진등마을회관을 옆에 두고 가는데 이곳에서 조용한 마을 모습이 한눈에 들어온다. 버스정류소 옆에 간이화장실이 있어 쉬어가기 편하다. 마을 앞에는 일제 때 팠다고 하는 저수지가 있다. 현재 진주를 내왕하는 버스의 종점마을 이기도 하다.

❷ 상수리나무당산 위태마을 상수리나무당산에서는 아직도 당산제를 올린다. 이곳에서 위태마을이 한눈에 들어온다. 당산나무 아래 둘레길에서 만든 간이의자가 쉬어가라며 손짓한다.

❸ 지네재 재만 넘으면 내리막일 것 같지만 산등성이가 여간해서 보이지 않는다. 그렇다고 부담이 갈 만큼 높지는 않다. 재를 넘어 마을을 비껴가면 오르막이 나오는데 솔숲이다. 경사가 가파르지만 일단 올라서면 평평한 오솔길이 이어진다. 시원하고 아기자기해서 좋다. 소나무 가지 사이로 언뜻언뜻 궁항저수지가 손에 닿을 듯 보인다.

❹ 오율마을 마을 포장길이 끝나는 곳에서 솔숲길이 200m 정도 열린다. 걷기 좋은 숲길은 오율마을을 지나 궁항마을 백궁선원으로 이어진다. 백궁선원은 오대사가 있었던 곳이라 한다. 오대사는 지리산을 유람하는 선비들이 들렀던 절이었다.

❽ 하동호 하동호 옆으로 난 임도를 걷다보면 편백나무와 대나무가 어우러진 숲길을 만난다. 유심히 살펴보면 옛 사람들이 논밭을 일군 흔적과 숯을 굽던 터를 볼 수 있다. 둘레길은 하동댐 수문 위로 이어진다.

❼ 상이마을(나본) 하동호를 내다보는 마을이라 풍광이 아름답다. 풍수지리에 따르면 큰물을 만나는 곳이라고 한다. 하동호가 생겨 그 설을 입증해 주는 듯하다.

❻ 양이터재 하동군 옥종면과 청암면을 잇는 재다. 주로 포장된 임도지만 대나무숲도 지나고 산짐승들이 목을 축이는 개울도 건너는 아름다운 곳이다. 낙남정맥이 이곳을 지난다.

❺ 궁항마을 궁항마을까지는 내리막이다. 1040번 지방도변에 위치해 진주에서 들어오는 차가 하루 2대 있다. 다음 구간을 가기가 어중간하면 이곳 민박집에서 하루 쉬어가도 좋겠다. 궁항저수지와 단풍이 아름다운 오대산이 있다.

 **위태 찾아가기**

진주터미널에서 옥종행 버스를 타 옥종을 경유해 위태(상촌)정류소에 내리면 된다. 옥종행은 06:50, 12:40, 16:20 차가 있다. 소요 시간은 약 50여분이다.

위태에서 돌아가기

위태(상촌)정류소에서 옥종·진주행 버스를 타 진주버스터미널에서 내리면 된다. 진주행은 08:20, 14:10, 17:50 차가 있고, 소요시간은 약 50여분이다.

하동호 찾아가기

하동터미널에서 청학동행 버스를 타 하동호에서 내리면 된다. 버스는 08:40, 11:00, 13:00, 15:30, 19:00 차가 있고 소요시간은 약 20여분이다.

하동호에서 돌아가기

하동호 앞 정류소에서 하동행 버스를 타 하동터미널에서 내리면 된다. 버스는 07:40, 10:30, 13:00, 15:00, 19:00 차가 있고 소요시간은 약 20여분이다.

자가용 이용

위태　경남 하동군 옥종면 위태리 783

하동호　경남 하동군 청암면 중이리 산 215-17

유용한 전화번호

하동시외버스터미널
1688-2662
진주시외버스터미널
055-741-6039
둘레길 하동센터
055-884-0854

A 위태리

2003년 1월 1일 청암면에서 궁항리와 함께 옥종면으로 편입됐다. 본래 이름이었던 상촌마을이 옥종면에 이미 있던 상촌마을을 피해 위태가 되었다. 지리산 북사면을 도는 59번 국도가 마을 가운데를 지나간다. 진주를 내왕하는 버스의 종점이다. 버스정류장 옆에 둘레길 간이 화장실이 있다. 안마을에 촌로들의 쉼터가 되고 있는 참나무로 된 마을정자나무가 있어 잠시 쉬어가며 시인의 말을 기억해도 좋겠다. '조리터에 마을이 있었으니 상갈티라한다. 상갈티는 진등과 암몰과 중몰 3개의 자연마을로 이루어져 있고 왼쪽재를 넘어 오대마을로 오른쪽재를 넘어 시천면 내공리와 중태리로 간다. 가뭄이 극심하여 모내기를 하지 못할 때는 메밀을 심었다' 이곳 출신 정규화 시인이 기억하는 마을 풍경이다.

B 지네재

고단한 농사일의 흔적을 엿볼 수 있는 비교적 높은 고갯길. 마을 논들이 이 높은 지네재까지 있었다. 밤늦게 수확을 끝낸 마을 주민이 횃불을 밝혀 지게를 지고 고갯길을 내려갔다고 한다. 지금도 안마을 뒤에 있는 논에서 촌로들이 손모내기 하는 모습을 볼 수 있다.

C 오율마을

몇 개의 작은 마을이 모여 하나의 행정마을을 이루고 있는 촌명이다. 주위에 닥나무가 많아서 일부마을에서 한지가 생산되었다고 한다. 지네재 아래까지 올라  가 농사를 지어야 했던 산골마을의 고단한 일상을 걷기 좋은 숲길이 감싸 안았다.

D 궁항마을

궁항리(弓項里)는 활목이라는 뜻이다. 오대주산(五臺柱山) 아래 유명했던 오대사 절터가 남아 있다. 사방이 높은 산으로 둘러싸인 산골로 철광맥이 있어 쇠를 구운 흔적이 남아 있다. 궁항댐과 아름다운 오대산의 가을 단풍이 볼거리다.

E 백궁선원(오대사 터)

국선도 수련장이다. 고려 인종 때 진억대사가 지리산 오대사를 수축하고, 그곳에 수정결사라는 염불도량을 시설해 정진했다. 참가자가 3000명을 헤아렸다고 한다. 그만큼 고승들이 많았을 터  다. 남명 조식선생도 고개를 넘어 오대사를 자주 찾았다. 수행 정진하던 오대사 고승들과 만나 시를 나누었다고 한다.

F 양이터재

하동군 옥종면 궁항리 양이터와 청암면 중이리 본촌을 잇는 재다. 지리산 영신봉에서 시작해 부산까지 이어진 낙남정맥이 지나는 곳이다. 이곳을 기점으로 수계  가 달라진다. 이제부터는 섬진강 수계다. 양이터재는 주로 포장된 임도지만 대나무숲도 지나고 산짐승들이 목을 축이는 개울도 건너는 아름다운 곳이다.

콜택시 전화번호

하동읍
055-884-5512, 882-1111
하동군 횡천면(청암) 개인택시
055-882-6252

 **숙소**

❶위태마을에는 정돌이네(011-574-6915), 하늘가에(010-8513-7169)가 있다.
❷궁항리에는 궁항정 개인민박(055-884-1660 / 010-4540-1508)이 있다.
❸하동호 인근인 청암면 묵계리와 청학동 일대에 펜션들이 많다.
❹나본마을에는 동호정(010-8506-7159)이 있다.
하동군 문화관광과
055-880-2114

 **밥집**

하동군 청암면소재지인 ❶평촌마을 면사무소 주위에 식당이 몇 개 있다.

오일장

하동장(2, 7일)
하동 오일장은 해산물과 산나물 등이 풍부해 인근 주민들에게 인기가 많다. 또한 매월 첫째 장날(2일)에 '하동포구 팔십리'란 주제의 모노드라마를 상설 무대에 올린다. 하동장은 소설 〈토지〉의 배경이기도 하다.

덕산장(4, 9일)
덕산장은 산청군 시천면과 삼장면의 경계인 덕산분지 내에서 5일마다 열리는 재래시장이다. 지리산의 각종 약초, 산나물, 채소 등을 판매한다. 특히 이곳 곶감이 전국적으로 유명해 가을철이면 곳곳에서 곶감을 사고파는 정겨운 모습을 볼 수 있다.

지역 생산물
곶감, 한방약초, 벌꿀, 딸기, 밤 등.

은행(농협), 우체국
산청군 시천면 덕산, 하동군 청암면 평촌

G 나본마을

궁항마을에서 임도를 따라 양이터재를 넘어 6km를 더 걸으면 나본마을이 나온다. 나본은 하동군 청암면에 속하고, 하동호를 바라보고 있다. 하동호를 배경으로 사시사철 변하는 경치가 여행자들의 시선을 사로잡는다.

H 상이리

태고의 정적이 남아 있는 심산유곡의 산골마을이다. 높은 산, 깊은 골짜기, 맑은 물, 기암괴석들이 한데 어우러져 대자연의 신비를 마음껏 자아낸다. 깊은 산골이기에 난리 때 피란처나 은신처였다는 이야기가 그 유적이나 지명들과 함께 전해져 내려온다. 불교 유적들도 남아 있다. 현재 나본과 시목, 두 행정 마을로 나눠져 있다. 중이리와 접한 일부 지역이 하동댐에 수몰되었다. 상이리는 풍수지리적으로 큰물이 만나는 곳이라고 한다. 하동호가 생겨 그 설을 입증하고 있다.

I 하동호

하동호 옆으로 난 임도를 걷다보면 편백나무와 대나무가 어우러진 숲길을 만난다. 유심히 살펴보면 옛 사람들이 논밭을 일군 흔적과 숯을 굽던 터를 볼 수 있다. 포장된 도로를 따라 본촌, 동촌마을을 지나면 하동댐의 수문 위를 걷는데 지리산둘레길 중에 독특하고, 하동구간의 또 다른 모습을 볼 수 있는 멋진 길이다. 하동호는 인근 논에 물을 흘려보내는 농업용 댐이었는데 최근에 소수력 발전시설을 갖췄다. 푸른 하동호의 물줄기는 사천 앞바다까지 흘러간다.

지리산이 나에게 말을 걸다
"안녕하세요?"

호수길, 아스팔트길, 개울길, 대나무숲길 등이 적절하게 섞여 여행자를 즐겁게 하는
구간이다. 특히나 돌다리를 건널 수 있어 아이들에게는 작은 모험이 될 게 분명하다.
이 구간은 청암면 소재지를 비롯한 청암면 일대를 지난다. 둘레길 여행자를 맞는 주민
들의 발걸음이 분주하다. 둘레길 인근 7개 마을 주민들이 힘을 모아, 폐교된 삼화초등
학교를 여행자를 위한 공간으로 개조하고 있다. 삼화실에 위치한 이곳에 게스트하우
스, 도시락 판매소 등 함께 나눌 거리들이 마련될 예정이다. 평촌, 관점, 상존, 동촌,
이정마을을 지난다.

하동호~삼화실
(삼화실~하동호)

하동호 → 청암체육공원(0.7km) → 평촌마을(1.7km) → 화월마을(0.8km) → 관점마을(1.0km) → 상존티마을회관(2.6km) → 존티재(1.2km) → 삼화실(동촌마을)(1km) → 삼화초등학교(0.3km)

거 리 9.3km
시 간 4시간
난이도 아이들도 누구나 걸을 수 있다
하동호 하동군 청암면 중이리 하동호 둑방길 입구
삼화실 하동군 적량면 동리 구 삼화초등학교

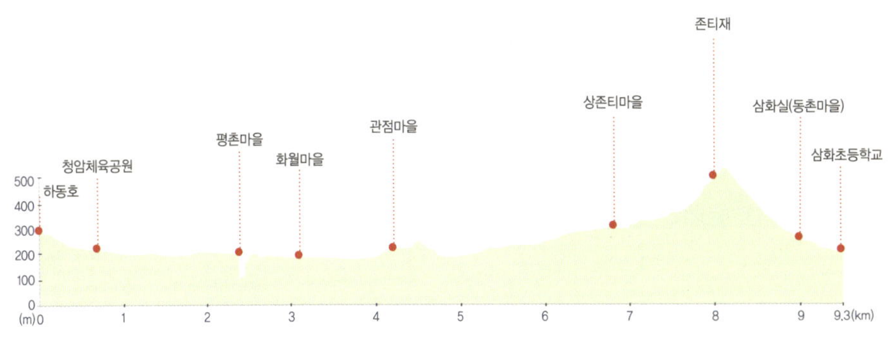

❶ 하동호 하동호 제방에서 길은 다시 시작한다. 푸른 호수가 펼쳐진 풍경이 시원하다. 하동호 수문 위를 걸어 하동호 관리사무소 아래 공중화장실 가는 길을 따라 걸으면 둘레길이다. 쉼터와 화장실이 마련되어 있다. 하동호 밑으로 체육공원이 보인다.

❷ 평촌마을 하동호에서 흘러나오는 물줄기 따라 청암면 공설운동장을 옆에 두고 쭉 내려오면 면 소재지인 평촌마을이다. 편의시설이 있어 준비물을 사거나 식사를 할 수 있다. 하동읍으로 나가는 차가 자주 있어 대중교통을 이용하기도 좋다.

❸ 관점마을 평촌에서 돌다리를 건너서 관점마을로 향하는 둘레길은 운치가 있다. 편안한 다리 대신 여러 모양의 돌들이 이어진 돌다리를 건너는 길이 고향의 향수를 불러 일으킨다. 장마철에 물이 불으면 우회 할 수 있는 길이 있다.

❹ 용심정 관점마을에서 용심정 가는 길은 포장길이지만, 하늘로 쭉 뻗은 시원한 대나무숲도 만난다. 명호에서 명사로 접어들어 길 오른쪽으로 보이는 첫 동네가 용심정이다.

8 구 삼화초등학교 삼화실(동촌마을)에 위치한 구 삼화초등학교를 개조하고 있다. 2012년 내에 지리산둘레길 방문자들이 이용할 수 있는 시설이 마련될 것이다.

7 동촌마을 존티재를 넘으면 들녘을 가득 채우는 비닐하우스를 만난다. 그 안에는 동촌마을의 효자 농작물인 부추와 취나물이 자란다.

6 존티재 청암 사람들이 적량면 삼화초등학교를 다녔던 길이다. 숨을 깔딱거리며 제집 드나들듯 뛰어 다녔다고 한다. 솔숲길이 이어져 상쾌하다. 하동군에서 세운 부부장승이 반긴다.

5 상존티 대나무숲 아스팔트 국도가 지루하다면 지나는 마을을 둘러본다. 용심정과 명사마을의 소소한 일상들이 여유를 가져다준다. 그렇게 걷다보면 어느새 아스팔트 길이 끝나고 상존티마을의 푸른 대나무숲이 반긴다.

하동호 찾아가기

하동터미널에서 청학동행 버스를 타 하동호에서 내리면 된다. 청학동행은 08:40, 11:00, 13:00, 15:30, 19:00 차가 있고 소요시간은 약 20여분이다.

하동호에서 돌아가기

하동호 앞 정류소에서 하동행 버스를 타 하동터미널에서 내리면 된다. 버스는 07:40, 10:30, 13:00, 15:00, 19:00 차가 있고 소요시간은 약 20여분이다.

삼화실 찾아가기

하동터미널에서 삼화실행 버스를 타 삼화실(이정)정류소에서 내리면 된다. 삼화실행은 08:50, 12:00, 16:00, 20:00 차가 있고 소요시간은 약 20여분이다.

삼화실에서 돌아가기

삼화실(이정, 삼화삼거리)정류소에서 하동행 버스를 타 하동터미널에서 내리면 된다. 하동행은 07:00, 09:40, 12:40, 16:40 차가 있고 소요시간은 20여분이다.

자가용 이용

하동호 경남 하동군 청암면 중이리 산 215-17
삼화실 경남 하동군 적량면 동리 1063-1(지리산둘레길 삼화실안내소)

A 하동호

1985년 하사지구(하동과 사천)에 농업용수를 공급하기 위해 건설됐다. 맑고 깨끗한 묵계천과 금남천을 수원으로 한다. 청암면 중이리 일대에서 묵계천을 가로막았다. 사업지역은 2개군 11개 읍면 60개리로 구역면적은 4,885ha, 몽리면적은 3,560ha이다. 총저수량 3,155만톤, 유효저수량 2,993만톤, 단위저수량 869m/m의 대단위 댐으로 하사지구의 농업용수를 충족시키고 있다. 하동호는 지리산 깊은 골에 위치한 산중호수다. 산과 물이 만드는 풍경이 댐 상류인 청학계곡과 묵계계곡으로 이어진다. 봄에는 꽃이, 가을에는 단풍이, 겨울에는 하얀 눈이 지리산의 웅장한 자태와 조화를 이룬 풍경이 절경이다. 여기에 계곡의 맑은 물과 신선한 공기가 더해져 사시사철 하동호와 계곡을 찾는 여행자들의 발걸음이 끊이지 않게 만든다. 산중의 깊은 호수는 바다 빛깔을 닮았다. 댐 주위에 펼쳐진 잔디밭과 어울려 눈을 시원하게 만든다. 또한 몇 년 전에 방류한 치어들이 자라 물고기가 풍부해 강태공들이 즐겨 찾는다. 비오는 날 멀리 보이는 구름 속에 감춰진 묵계계곡과 안개 자욱한 하동호는 차 한 잔의 유혹을 불러일으키기에 충분하다.

B 평촌마을

청암면소재지 역할을 하고 있다. 우체국, 농협하나로마트, 보건지소 등 편의시설을 갖춰 잠깐 쉬면서 여행 준비물을 사거나 요기를 해결할 수 있다. 하동읍으로 나가는 버스가 다니는 길목이라 교통도 편리하다. 평촌을 창촌이라고도 했다. 큰 들을 끼고 있는 마을 풍경과 어울려 그럴듯하게 들린다. 또한 청암지서 뒤 몰랑(몬당, 산을 넘어가는 고개)에 당산이 있었기에 당산몰이라 불렀다고도 한다.

C 관점마을 돌다리

둘레길을 만들면서 평촌마을의 넓은 들과 관점마을을 이어주는 관점교 옆으로 돌다리를 놓았다. 여러 모양의 돌들을 모아 만든 돌다리가 아이들에게는 모험심을, 어른들에게는 고향의 향수를 불러일으킨다. 편안한 다리 대신 돌다리를 건너는 길이 운치 있다. 장마철에 물이 불으면 관점교로 우회하면 된다.

D 존티재

이곳 어르신들이 어릴 적에 공부하러 삼화초교에 다녔던 재이기도 하다. 행정구역상 청암면이지만 적량면 삼화초교가 더 가까워 존티재와 상존티재를 제집 드나들  듯 뛰어다녔다고 한다. 솔숲의 진한 피톤치드를 즐기며 천천히 오르다 보면 큰 키의 부부장승이 익살스럽게 맞아준다. 하동군에서 세운 천하대장군과 지하여장군이다. 부리부리한 눈매를 보며 잠시 휴식을 취하기 좋다. 재 아래로 멀리 둘레길에 위치한 삼화초교가 눈에 들어온다.

E 개골재

상존티에서 적량면 삼화실로 넘어가는 재다. 이 동네 사람들이 하동읍으로 장을 보러 다니던 길이다. 하지만 둘레길은 이곳을 넘지 않고 존티재로 간다.

F 구 삼화초등학교

지리산자락에 그 많았던 초등학교가 지금은 면마다 겨우 1~2개만 남고 거의 폐교되었다. 둘레길 구간 가운데는 마천면 의탄초등학교와 이곳 삼화초등학교가 폐교로 남았다. 두 학교 모두 둘레길이 열리면서 지역 주민들 공간으로 활용되고 있다. 비록 공

유용한 전화번호

하동시외버스터미널
1688-2662
진주시외버스터미널
055-741-6039
하동역 055-882-7788
둘레길 하동센터
055-884-0854
둘레길 삼화실안내소
055-884-3443

콜택시 전화번호

하동읍
055-884-5512, 882-1111
하동군 횡천면(청암) 개인택시
055-882-6252

 **숙소**

하동군 적량면 구간은 오지마을이어서 ❶나본마을에는 동호정(010-8506-7159), ❷평촌마을(청암면소재지)의 지리산산장(055-882-5723)을 제외하고는 마땅한 숙소가 없다. ❸대신 하동호에서 청학동쪽으로 올라가면 펜션 등의 숙소가 많다. ❹마을기업 삼화실에서 민박을 하며 도시락을 준비할 수 있다. 055-884-3443
하동군 문화관광과
055-880-2114

 **밥집**

❶청암면소재지인 평촌마을에 식당이 있다. 하동읍내로 나가면 섬진강 재첩국을 잘하는 집들이 많다.

민박

❶산돌이민박
055-883-4585

부를 하는 교정으로 재 모습을 찾지는 못했지만, 그래도 지역 주민들이 땅을 기부하거나 노역으로 설립된 학교인 만큼 주민들의 공공시설로 운영 되고 가꾸어지는 모습이 보기 좋다. 주민들이 삼화실 안내센터로 개조하고 있는 삼화초등학교는 1998년 환갑을 넘기지 못하고 폐교됐다. 한 때는 전교생 600명이 넘었던 제법 큰 학교였다. 그 많던 아이들 소리가 지금도 들린다면 우리의 농업이 이렇게 천대받지는 않을 것이다. 이곳에 2012년 내에 지리산둘레길 방문자들이 이용할 수 있는 편의시설이 마련된다.

G 삼화실

삼화초교 주변 세 개의 마을(이정, 도장골, 중서)을 합쳐 삼화실(三花實)이라 한다. 삼화(三花)는 이정마을의 배꽃, 행정리의 상서마을인 도장골의 복숭아꽃, 중서마을 오얏의 자주꽃이다. 여기에 과실 실(實)을 붙여 삼화실이다. 부추와 취나물을 주로 재배하고 있으며 지리산 자락에 흔한 관광시설이 들어오지 않아 시골정취가 아직 많이 남아 있는 곳 가운데 하나다. 이곳에 위치한 삼화초등학교에는 동점, 도장골, 중서, 하서, 동촌, 이정, 명천 등 적량면 7개 마을과 청암면 명호리 존티, 점촌, 절골 아이들이 다녔다. 중서마을에서 악양 상신대마을로 가는 삼화실재는 적량과 악양을 오가던 큰 고갯길이다. 이 고개에 옛날 길손들이 오가며 돌을 얹어 안녕을 빌었던 서낭당이 남아있다. 둘레길은 아니지만 이 고갯길을 넘어가는 여행길도 계획해 보자.

눈부신 지리산, 하늘과 강을 품다

눈과 마음이 모두 즐거운 구간이다. 마을도 많이 지나고 논밭과 임도, 마을길, 숲길 등 다양한 길들이 계절별로 다른 모습으로 반긴다. 봄에는 꽃동산을, 가을이면 황금색으로 물든 풍요로운 지리산 자락을 펼쳐 놓는다. 먹점재에서 미동 가는 길에 만나는 섬진강과 화개 쪽의 형제봉 능선, 그리고 섬진강 건너 백운산 자락이 계절별로 색을 바꿔 순례자와 여행객들의 마음을 잡고 놓아주지 않는다. 길만큼 마을 숲도 다양하다. 천연기념물로 지정된 악양면 대축의 문암송은 생명의 존엄성을 다시 한 번 되새기게 한다. 또한 지리산 북쪽에 다랑논이 있다면 이곳에는 갓논이 있다. 갓처럼 옹색한 작은 논을 이르는 말이다. 동리, 원우, 서당, 신촌, 먹섬, 미동, 대축마을을 지난다.

388

삼화실 ~ 대축
(대축 ~ 삼화실)

삼화실(구 삼화초등학교) → 이정마을(0.8km) → 버디재 (0.9km) → 서당마을(1.8km) → 우계저수지(0.6km) → 괴목마을(1.2km) → 신촌마을(1.6km) → 신촌재(2.8km) → 먹점마을(1.7km) → 먹점재(1.1km) → 미점마을 (1.7km) → 구재봉 갈림길(0.9km) → 대축마을(1.8km)

거 리 16.9km
시 간 7시간
난이도 오르막과 내리막이 반복되어 조금 힘들다
삼화실 하동군 적량면 동리 삼화실 안내센터
       (구 삼화초등학교)
대 축 하동군 악양면 축지리 대축마을 입구
       (버스매표소 앞)

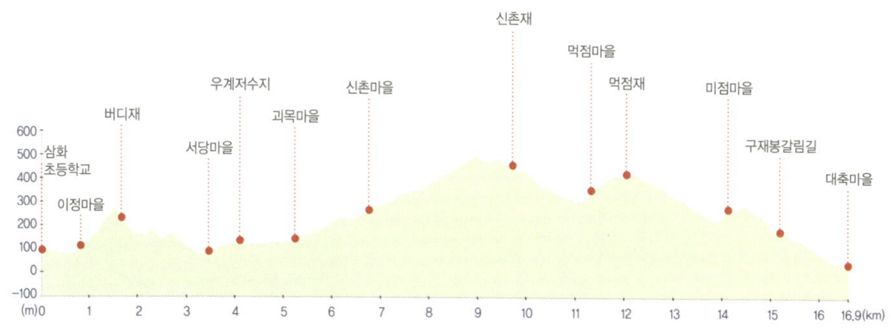

구간 한눈에 보기

❶ 이정마을 삼화초교에서 이정마을 이정표를 따라가면 마을 회관 앞에 우뚝한 느티나무가 장관이다. 황금빛으로 물든 가을 느티나무는 찬란하기까지하다. 마을을 지나 이정교를 건너 밥봉(밥그릇 모양의 산)을 옆에 두고 오르막을 오르다 보면 밤나무 군락지를 만난다.

❷ 버디재 고로쇠나무를 많이 심었던 이정마을의 마을동산 밥봉을 지나면 나오는 옛 숲길이다. 마루금(능선)에 오르면 소나무 숲이 반긴다. 운이 좋으면 샘물을 찾아 마실 수 있다. 동네 아이들이 소몰이를 하거나 나뭇짐을 지고 가다 마른 목을 축이던 샘이다.

❸ 서당마을 (뒷골마을) 둘레길 여행자를 위해 뒷골마을 주민 한분이 우계리 풍광이 한눈에 들어오는 자리에 물레방아를 만들고 넓적한 바위를 옮겨 놓아 쉼터를 열었다. 쉬어 가기 그만인 곳이다. 뒷골마을에서 가파른 포장도로를 따라 서당마을까지 내려오면 2차선 도로를 만난다.

❹ 우계 저수지 둘레길은 농로와 임도를 오르내리다 우계저수지 제방길로 이어진다. 이곳은 산골마을의 중요한 농업용수 공급처다. 이곳에서 적량 쪽을 바라보면 갓논으로 불리는 다랭이 논들이 한 눈에 들어온다.

❽ **대축마을** 천연기념물 문암송에서 조금만 내려오면 대축마을이다. 무딤이들판이라 불리는 악양들판을 배경 삼았다. 부부소나무라는 이름처럼 정다운 소나무 한 쌍이 여행자를 미소 짓게 한다.

❼ **아미산길** 활공장과 구재봉으로 가는 길목인 아미산길은 섬진강과 저 멀리 여수 앞바다를 배경으로 나비처럼 날아다니는 패러글라이더들 아래를 지나 미동마을로 이어진다. 내리막길은 미동마을 앞에서 악양면 대축마을로 방향을 튼다. 명물이 될 차밭길이 이어진다.

❻ **먹점마을 먹점재** 봄 먹점마을은 꽃 천지다. '나의 살던 고향은 꽃피는 산골' 이란 노랫말에 딱 맞는 마을이다. 마을 숲에서 낮잠 한숨 자고 가도 좋겠다. 마을을 지난 임도는 먹점재로 이어진다. 고개에 오르면 시원한 섬진강 강바람이 반긴다. 멀리 섬진강, 그리고 지리산과 백운산 능선들이 보인다.

❺ **신촌마을** 고지가 꽤 높아 걸어온 길들이 한 폭의 그림처럼 눈앞에 펼쳐진다. 그동안의 수고를 한방에 날려버린다. 카메라를 저절로 들게 만드는 아름다운 풍광이다. 구불구불 이어진 임도는 묵언수행 하기 좋다. 골 깊숙이 들어갈수록 인기척은 사라지고 바람소리만 들린다. 고요히 생각을 비울 수 있는 길이다.

삼화실 찾아가기

하동터미널에서 삼화실행 버스를 타 삼화실(이정)정류소에서 내리면 된다. 삼화실행은 08:50, 12:00, 16:00, 20:00 차가 있고 소요시간은 약 20여분이다.

삼화실에서 돌아가기

삼화실(이정, 삼화삼거리)정류소에서 하동행 버스를 타 하동터미널에서 내리면 된다. 하동행은 07:00, 09:40, 12:40, 16:40 차가 있고 소요시간은 20여분이다.

대축 찾아가기

하동터미널에서 악양행 버스를 타 대축마을에서 내린다. 버스는 07:40, 08:00, 09:30, 10:00, 11:00, 12:40, 13:30, 14:00, 15:20, 16:45, 17:10, 18:40, 20:30 차가 있고, 소요시간은 약 20여분이다.

대축에서 돌아가기

대축마을에서 하동행 버스를 타 하동터미널에서 내린다. 버스는 06:50, 07:30, 08:10, 08:45, 09:25, 10:15, 10:40, 12:10, 13:15, 14:25, 15:55, 15:25, 17:40, 17:50, 19:10 차가 있고, 소요시간은 약 20여분이다.

자가용 이용

삼화실 경남 하동군 적량면 동리 1063-1(지리산둘레길 삼화실안내소)

대축 경남 하동군 악양면 축지리 945

A 버디재

중간 중간 돌계단이 정성스럽게 다듬어져 있다. 숲길이라 여름에도 해를 피해 땀을 식히며 걷게 된다. 예전에 버드나무군락지가 있었던 습한 지역이었다.

B 서당마을

본래 상우마을의 자연 부락으로 상우마을과 한 마을이다. 마을 함덧거리(연대를 알 수 없는 시절 주민들을 괴롭히던 호랑이를 잡기 위해 이 곳에 구덩이를 파고 덫을 놓았다고 하여 붙여진 이름)와 뒷골 큰 대밭 가운데에 서당이 있었다고 한다. 지금은 대밭이 되어 그 흔적을 찾을 수 없다.

C 우계저수지

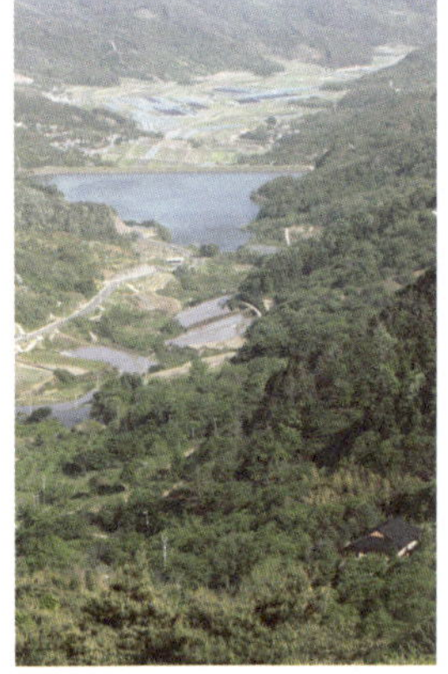

이곳 산골마을의 중요한 농업용수 공급처다. 깊은 수심만큼 슬픈 전설이 전해진다. 옛날에 신행길에 오른 한 신부가 가마를 타고 보를 지나다 굴러 떨어져 죽었다. 그곳에 가마쏘라는 무덤이 만들어졌다. 그런데 하필 그 자리에 저수지가 들어서 수장되고 만다. 지금도 부부의 연을 다하지 못한 여인의 비통함을 닮은 산까치 울음이 들린다. 이곳에서 화장실을 이용할 수 있다.

D 신촌마을

적량면 첫 마을이자 마지막 마을이다. 북쪽으로 구재봉을 경계로 악양면에 접해있고 서쪽으로는 안산의 분지봉을 경계로 하동읍과 접해 있으며 남쪽으로는 괴목, 동쪽으로는 삼화실과 인접해 있

다. 마을 앞 우계천은 구재봉에서 발원해 동산리 징평들에서 끝나는, 연중 마르지 않는 시내다. 하동읍으로 나가는 버스가 오전 7시, 오후 2시와 6시 20분, 이렇게 하루 3차례 운행한다.

E 먹점재(먹점마을)

하동읍을 오가던 고개다. 내리막길 편백나무숲이 거수경례를 하며 반기는 듯하다. 곳곳에 생계를 위해 가꾸는 매실농원이 많다. 먹점마을처럼 하동군의 인근 마을 대부분이 매실 농사를 짓는다. 적량도 마찬가지다. 여행자들의 각별한 주의가 필요한 곳이다. 봄이 되어 농원 매화나무가 꽃을 피우면 무릉도원이 따로 없는 별천지가 된다. 매실농원 뒤로 둘레길이 이어진다.

F 활공장

활공장은 섬진강과 저 멀리 여수 앞바다를 배경 삼아 패러글라이딩을 할 수 있는 지리산의 명소다. 어머니 품처럼 포근한 섬진

이 구간은 숲길기간이 길고 중간에 편의시설이 없으므로 도시락과 물을 준비하면 편리하다. 하동읍, 악양면소재지로 나가야 식당이 있다.

❶산들오리(악양)
055-883-5289

강 모래톱과 무덤이들에 나비처럼 날아다니다 착륙하는 패러글라이더들이 곳곳에서 목격된다. 몸을 던져 날고 싶은 충동을 느낀다.

G 구재봉

구재봉(767m)은 하동군의 북쪽인 하동읍 흥룡리와 악양면, 적량면에 걸쳐 있는 산이다. 정상은 널찍한 암봉광장으로 상사바위, 흔들바위, 천년서굴, 방바위 등 기암들이 즐비하다. 사방이 뚫려 지리산, 섬진강, 악양 평사리가 한눈에 들어온다.

H 미동마을 숲길

솔방울이 뒹구는 솔숲으로 난 숲속길이다. 고라니며 족제비 발자국이 선명하다. 사시사철 푸르른 소나무 향이 그동안의 피곤을 녹여준다. 봄이면 지천에 핀 이름 모를 들꽃들이 여행자를 맞는다. 솔잎이 쌓여 푹신푹신한 이 길은 밤나무며 매실나무가 가득한 사유지가 많기 때문에 주의가 요망된다.

I 문암송

대축마을 입구에 오래된 소나무 한 그루가 위풍당당하게 하늘을 향해 기개를 펼치고 있다. 아미산의 천연 거암(바위)을 뚫고 자란 600년 된 소나무, 천연기념물인 문암송이

다. 높이가 12.6m, 둘레는 3.2m다. 매년 봄철이면 주민들이 합심해 지역의 안정과 주민의 건강을 기원하는 제정을 지내는 천연기념수다. 옆에 문암정도 있다. 둘러보면 감탄이 절로 나온다.

J 대축마을

천연기념물 문암송에서 조금만 내려가면 대축마을이다. 정보화시범마을로 대부분의 주민들이 대봉감을 재배해 소득을 올리는 대봉감 시배지다. 무덤이들판이라 불리는 악양들판을 배경 삼았다. 부부소나무라는 이름처럼 정다운 소나무 한 쌍이 여행자를 미소 짓게 한다.

K 섬진강

길이 225㎞, 유역면적 4,896㎢. 전라북도 진안군 백운면 신암리 팔공산(1,151m) 북쪽 1,080m 지점 서쪽 계곡에서 발원해 북서쪽으로 흐르다가 정읍시와 임실군의 경계에 이르러 갈담저수지(일명 옥정호)를 이룬다. 순창군·곡성군·구례군을 남동쪽으로 흐르며 하동군 금성면과 광양시 진월면 경계에서 광양만으로 흘러든다. 먹점재에서 대축마을 가는 길에 아름다운 섬진강 모습을 자주 만난다.

서시천 꽃길. 벚꽃, 돌복숭아꽃, 원추리꽃이 어우러져 꽃비가 내린다.

오미마을 → 용두마을(2.0km) → 구례읍(안내센터)·(4.4km) → 연파마을(광의면소재지) (6.1km) → 구만마을(우리밀체험장)·(2.0km) → 온동마을(1.3km) → 난동마을(1.1km)

거 리 16.9㎞
시 간 4~5시간
난이도 평탄한 아스팔트 길이라 무난해요
오 미 전남 구례군 토지면 오미리 오미마을 운조루
난 동 전남 구례군 광의면 온당리 난동마을

서시천 꽃길 따라 섬지뜰 속으로

오미마을을 출발한 지리산둘레길은 용두마을 삼거리에서 오미~난동구간과 오미~방광 구간으로 갈라졌다 난동마을에서 다시 만난다. 오미~난동구간은 섬진강에서 서시천으로 이어지는 긴 제방길로 구성된다. 둘레길 전체에서 가장 긴 강둑길이다. 돌복숭아꽃, 벚꽃, 원추리꽃과 시원한 강줄기가 걷는 내내 친구가 되어 지루함을 달래준다. 섬지뜰 가운데를 가로지는 길이라 양쪽으로 산그림자에 숨은 정겨운 시골 풍경을 조망하며 걸을 수 있다.

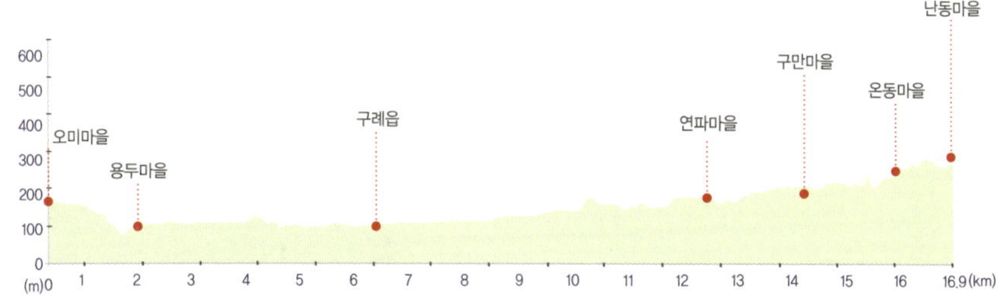

❶ 오미마을(한옥민박촌) 오미마을 당산나무 아래에서 길은 다시 시작된다. 한옥들이 많은 마을 풍경이 여행자를 기웃거리게 만든다. 마을을 오른쪽에 두고 걷다 보면 왼쪽으로 섬진강과 강 건너 백운산 자락인 오봉산이 풍경화처럼 따라온다. 마을길은 구례와 하동을 잇는 19번 국도로 이어진다.

❷ 용두마을 19번 국도를 10분쯤 걸으면 GS주유소를 지나 용두마을과 하사마을 갈림길이 나온다. 남동~오미 구간은 용두마을로 좌회전이다. 신호등이 없어 조심히 건너야 한다. 용두마을을 통과하는 길은 예촌길을 따라 섬진강 제방길로 이어진다. 마을길이 복잡하다. 아스팔트 포장길을 계속 따라간다.

❸ 섬진강길 용두마을에서 무너진 다리를 이용한 징검다리를 건너면 섬진강길이 시작된다. 구례읍까지 4km 가량 이어지는 제방길에는 그늘이 없고, 시멘트 길이라 모자가 필수다. 왼쪽으로 펼쳐지는 섬진강의 시원한 풍경과 강바람이 위안이 된다.

❹ 구례읍 구례읍에 접어들면 서시천변 자전거 산책로를 따라 걷는다. 구례도서관, 공설운동장 옆을 지난다. 시내로 들어가 점심을 먹거나 필요한 준비물을 살 수 있다. 날짜가 맞으면 구례오일장(3, 8일)을 둘러봐도 좋겠다.

❾ 온동마을과 난동마을 온동저수지가 먼저 반긴다. 저수지에 비치는 마을 풍경이 한폭의 그림처럼 아름답다. 마을 안쪽에 커다란 정자나무가 있어 쉬어가면 좋겠다. 온동마을을 지나면 바로 난동마을이 나온다. 구례 뜰이 한눈에 펼쳐지는 시야가 시원하다. 다소 지루했던 포장길은 난동마을 버스정류소 옆 느티나무 그늘 아래서 끝난다.

❽ 우리밀체험장(구만유원지) 구만유원지 보를 올라가면 농촌체험관 우리밀체험장이 나온다. 들렸다 가면 좋겠다. 체험장을 나와 오른쪽 방향으로 100m 쯤에 삼거리가 나온다. 여기서 온당마을 이정표를 보고 좌회전을 한다. 여기서부터 아스팔트 포장길이라 차들을 조심해야 한다.

❼ 세심정(구만마을) 연파마을을 통과하는 둘레길은 광의면사무소 바로 뒤에서 다시 서시천꽃길로 합류한다. 20분쯤 걷다보면 만나는 세심정에서 우측으로 보이는 저수지 둑을 보고 방향을 튼다. 길은 구만마을을 통과하지 않고 옆으로 비켜간다.

❻ 연파마을(광의면소재지) 서시천꽃길 중간에 용방면과 광의면 가는 길이 갈라진다. 자칫하면 이정표를 그냥 지나치기 쉽다. 서시천이 합류하는 지점에서 서시2교 아래로 보이는 구름다리를 건너야 광의면으로 간다. 연파마을은 편의시설이 있어 쉬었다 가기 좋다.

❺ 서시천꽃길 구례읍에서 연파마을(광의면소재지)까지는 서시천변 자전거산책로를 따른다. 길 내내 벚꽃나무가 함께한다. 봄이면 꽃비가 날리는 길을 걸을 수 있다. 계속되는 시멘트 포장길이라 다소 지루한 면이 없지 않다. 꽃길은 6km가 이어진다.

오미 찾아가기

구례버스터미널에서 하사·오미노선을 순환하는 버스를 타 오미마을에서 내린다. 종점이 문수리인 버스는 오미마을을 지나 5분 정도 더 들어갔다 나온다. 06:40, 08:40, 11:10, 13:30, 15:00, 18:30 차가 있으며 소요시간은 20여분이다.

오미에서 돌아가기

오미마을 버스정류장에서 구례터미널행 버스를 타 구례터미널에서 내린다. 문수가 종점인 버스는 07:20, 11:40, 15:30, 19:00 차가 있으며, 순환버스는 구례 출발 시간을 고려해 타면 된다. 소요시간은 20여분이다.

난동 찾아가기

구례버스터미널에서 구만리가 종점인 순환버스를 타 난동마을에서 내린다. 06:40, 09:00, 12:30, 15:10, 17:45 차가 있으며 소요시간은 30여분이다.
시간이 맞지 않다면 연파마을(광의면소재지)로 가 10분 정도 걸어서 난동마을로 갈 수 있다. 연파마을행 버스는 자주 다닌다.

난동에서 돌아가기

난동마을에서 구만리가 종점인 순환버스를 타 구례버스터미널에서 내린다. 06:40, 09:00, 12:30, 15:10, 17:45에 구례터미널을 출발하는 차가 있으며 소요시간은 30여분이다. 이를 고려해 시간을 맞춘다.
시간이 맞지 않다면 연파마을(광의면소재지)까지 걸어 나오는 것도 방법이다. 연파마을에서는 구례읍행 버스가 자주 다닌다.

A 오미마을(한옥민박촌)

구례군 토지면 오미리는 본래 오동이라 불리다 조선 중기에 유이주가 이주하면서 오미리라 개칭해 지금에 이른다. 오미는 다섯 가지 아름다움을 담았는데, 월명산. 방장산. 계족산. 오봉산. 섬진강이 그것이다. 이 곳 오미리는 남한의 3대 명당 중 한 곳으로 꼽히는 길지다. 풍수지리에서는 금환락지(金環落地)의 형국이라 한다. 즉 금가락지가 땅에 떨어진 곳으로 부귀영화가 샘물처럼 마르지 않는 풍요로운 곳이라는 뜻이다. 조선 중기의 양반가옥을 들여다 볼 수 있는 운조루와 조선 후기 건축양식을 담은 곡전재가 유명하다. 이에 맞추어 마을에 한옥민박촌이 형성되어 있어 숙박하기 좋다. 운조루 앞에 마을 특산물을 판매하는 구판장이 마련되어 있다.

B 운조루와 곡전재

오미리는 조선시대 양반가를 엿볼 수 있는 운조루가 유명하다. 운조루가 자리한 집터는 남한의 3대 길지(지덕이 있는 좋은 집터)로 꼽힌다. 운조루는 조선영조 52년(1776)에 삼수부사를 지낸 유이주가 말년을 보내기 위해 세웠다. 대구 출신인 그가 이곳에 들어온 이유는 풍수지리 때문이다. 섬진강 건너로 보이는 오봉산이 아름답고, 주변 산들이 다섯 가지 모양을 모두 갖추었고, 물이 풍부하고, 풍토가 후덕하고, 대기가 사람이 거처하기에 좋다는 다섯 가지 조건이 맞춤인 곳이었다. 집은 —자형인 행랑채와 T자형 사랑채, 그리고 ㄷ자형 안채로 구성되어 있다. 구조 양식은 서까래를 놓는 나무인 '도리'와 그 도리를 받치고 있는 모진 나무인 '장여'로만 된 민도리집이다. 현재도 사람들이 사는 살림집이라 조용히 관람해야 한다. 입장료는 1천원.
운조루에서 100m 아래에 자리한 곡전재도 둘러볼만하다. 멀리

서 보면 대나무와 돌담이 에워싼 작은 성 같다. 이 집은 1929년 박승림이 건립했고, 1940년 이교신이 인수해 지금까지 그 후손들이 살고 있다. 조선 후기 한국 전통 목조건축양식을 보여준다. 무엇보다 정원이 아름답다. 산책길을 따라 집을 한 바퀴 둘러볼 수 있다. 입장료는 무료.

C 용두마을(용호정)

구례와 하동을 잇는 19번 국도와 섬진강 사이에 위치했다. 임진왜란 초기 서산 유씨가 이주해 마을이 시작됐고, 이후 경주 김씨 등 각 성씨가 명당을 찾아 이주해 와 큰 마을을 
이루었다. 마을길을 따라 배틀재, 상촌, 하촌 등으로 집들이 흩어져 있다. 둘레길은 그 사이를 지난다. 지리산의 용맥이 노고단 형제봉을 경유해 내려오다 섬진강을 만나 멈췄다고 하는데, 그 머리 부분이 마을을 이룬 자리라고 해서 용두가 되었다. 마을과 섬진강이 만나는 지점이 절벽을 이루어 섬진강을 굽어보는 전망이 좋다.

D 섬진강길

용두마을을 지나 예촌길을 따라가면 하천 제방이 나온다. 둘레길은 제방을 올라 무너진 다리를 이용한 징검다리를 건너 섬진강길로 이어진다. 비가 오거나 위험하다 싶으면 예촌길을 따라 19번 국도 옥지교를 건너 섬진강길로 우회하면 된다. 섬진강길은 그늘이 없고 시멘트로 포장되어 있어 모자가 꼭 필요한 구간이다. 오

자가용 이용

오미 전남 구례군 토지면 오미리 103
      전남 구례군 구례읍 봉북리 1423-1(지리산둘레길 구례센터)
난동 전남 구례군 광의면 온당리 370-5(할미성 철쭉동산)

유용한 전화번호

구례버스터미널
061-780-2730~1
구례구역 061-782-7788
구례군청 문화관광과
061-782-2014
둘레길 구례안내센터
061-781-0850

콜택시

구례읍 061-782-3342
      061-782-1221
광의면 061-781-3200
토지면 061-781-2589

른쪽으로는 구례 환경사업소가 있고, 멀리 섬지뜰과 지리산 자락이 펼쳐진다. 왼쪽으로는 섬진강의 시원한 풍경과 강바람이 불어와 땡볕을 걷는 여행자들을 달래준다. 섬진강길은 섬진강의 지천인 서시천 꽃길로 이어진다.

E 구례읍과 오일장

구례군민의 33%가 사는 구례군의 행정·문화·경제의 중심지다. 남쪽으로는 섬진강이 동쪽으로는 섬진강이 둘러싼 들 가운데 위치했다. 숙박시설 등 각종 편의시설과 둘레길 구례 구간의 각 지점과 지리산 노고단 등으로 가는 대중교통이 편리해 둘레길 구례 구간 여행을 준비하기에 맞춤인 곳이다. 둘레길은 읍내를 통과하지 않고 서시천 자전거 산책로로 곧장 이어지지만 읍내에 들러서 시골 인심을 맛보고 가면 좋겠다. 매 3일과 8일에 열리는 구례오일장에 맞추어 가면 금상첨화다. 한옥 장옥으로 새 단장을 한 장터는 예부터 영호남의 물물이 한 곳에 모이기로 유명했다. 고추전, 미곡전, 이불전, 옹기전, 대장간, 채소전 등 없는 것이 없다. 좌판에서 파는 부침개가 허기를 달래준다.

F 서시천꽃길과 매천 황현선생

구례군에서 서시천 제방을 정비해 자전거 산책로를 만들었다. 시멘트 포장길이지만 자동차가 다니지 않고 벚꽃 가로수가 풍성하게 이어져 상쾌하게 걸을 수 있다. 구례읍민들과 주변 용방면, 광의면 사람들이 저 
녁이면 마실을 다니는 길이다. 길을 걷다 보면 서시천에서 다슬기를 채취하는 동네 사람들과 산 그림자에 숨어 있는 작은 마을들을 볼 수 있어 정겹다. 둘레길이 지나는 구례도서관 정원에 매천 황현선생추모비가 세워져 있다. 황현선생은 1910년 9월 10일 한일합방 소식을 듣고 절명시 네 수, '금수도 슬피 울고 산하도 찡그리니/ 무궁화 세상은 이미 망해 버렸다네/가을 등불 아래서 책 덮고 회고해 보니/인간 세상 식자 노릇 참으로 어렵구나'를 남기고 자결했다. 조선말 지역의 올곧은 지식인으로 〈매천야록〉 등 여러 저술을 남겼다. 본래 광양 출신이지만 구례군 간전면 수평리 일대로 이주해 여생을 보냈다.

G 연파마을(광의면소재지)

광의면소재지 마을이다. 농협 하나로마트 등 각종 편의시설이 있어 쉬어가기 좋다. 조선 초기 안동 권씨, 경주 김씨, 인동 장씨가 정착하면서 마을이 형성됐다고 한다. 본래 남원부였으나 1914년 행정구역 개편 때 구례군이 되었다. 풍수지리설에 따르면 지형이 좌상함용의 명지로서 마을 앞에 연화도수가 있고 서시천이 흘러 연파정이라 했다가 이후 연파리가 되었다고 한다.

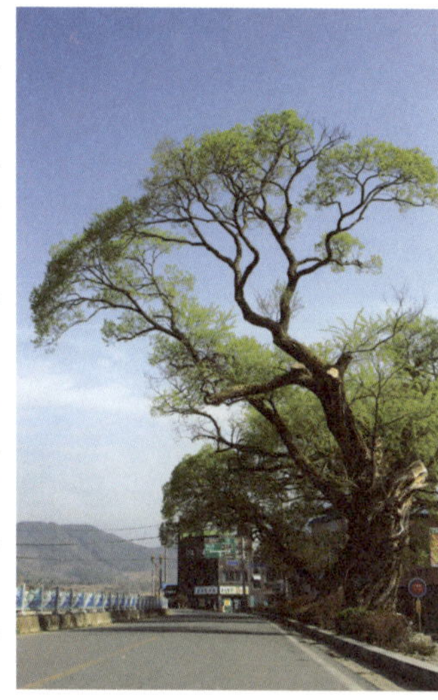

광의면사무소와 마주 서 있는 500년 된 입하꽃나무가 장관이다. 입하꽃나무는 입하가 되면 꽃이 핀다고 해서 입하꽃나무다.

H 구만마을과 구만유원지

서시천이 상류에서부터 9번째로 굽이치는 곳에 위치했다고 구만리라 했다고 한다. 1400년 경 삭녕 최씨가 정착하면서 마을이 형성됐다. 마을 뒤로 구만저수지가 만들어져 농업용수를 대고 있다.

최근 들어 구만저수지에 수상레저타운 시설이 들어왔다. 16만여 평의 넓은 저수지가 주변 풍광과 어우러져 시원하다.

I 우리밀체험장(농촌체험관)

구만마을 뒤 언덕 위, 구만저수지가 한눈에 보이는 자리에 위치했다. 2002년 구례군 우리밀협동조합에서 농촌과 우리밀의 소중함을 알리기 위해 만들었다. 10년 만에 인구의

지역과 함께하는
둘레길 여행

오일장
구례장(3, 8일)
둘레길에서 가까운 읍내 초입에 위치했다. 보기 드물게 한옥 장옥을 갖췄다. 최근에 헌 한옥 장옥을 새것으로 바꿔 말끔해졌다. 예부터 영호남의 물물이 한 곳에 모이기로 유명했다. 고추전, 미곡전, 이불전, 옹기전, 대장간, 채소전 등 없는 것이 없다. 섬진강 참게 등 해산물전이 풍성하다. 좌판에서 먹는 부침개가 허기를 채워준다.

지역 생산물
고로쇠, 우리밀, 오리, 배 등.

마을구판장
오미마을 운조루 앞.

은행(농협), 우체국
구례읍, 연파마을(광의면소재지)

매점
구례읍, 연파마을(광의면소재지)

절반 이상이 외지로 빠져나가는 농촌의 현실을 헤쳐 나가기 위한 농민들의 발걸음이 분주하다. 하지만 농민들의 힘만으로는 요원하기만 하다. 싼 수입산 밀에 길들여져 3배 이상 비싼 우리밀을 외면하는 소비자와 뒷짐만 진채 방관하는 정부가 함께 노력해야 한다. 이곳에서 농촌과 우리 땅에서 나는 우리밀의 소중함을 체험할 수 있다. 우리밀밭이 노랗게 익어가는 풍경이 근사하다. 숙박도 가능하다. 문의 061-781-3034

J 온동마을

온동저수지에 비치는 마을과 산그림자가 멋지다. 조선말 전주 이씨가 들어와 살면서 마을이 형성됐다고 한다. 골논계라고 하는 골짜기 샘에서 따뜻한 물이 나와 온수골이라 부르다 한자로 개칭하면서 온동이 되었다. 골논계 온수로 목욕을 하면 병이 완쾌된다는 소문이 돌면서 전국의 나병환자들이 모여들어 마을 주민들이 솥뚜껑으로 샘을 막아버렸다는 전설이 내려온다.

K 난동마을

1500년 경 마을 뒤에 있던 난약사라는 절 주변에 사람들이 모이기 시작하면서 마을이 형성됐다고 한다. 본래 난약사의 난자를 따서 난약골이라 했는데, 한자로  바꿔 난동이라 부른다. 하루 5차례 구례읍으로 나가는 버스가 다닌다.

섬지뜰 품고 가는 동네 마실길

오미~방광구간은 지리산과 섬진강 기운을 받아 정답게 살아가는 7개 마을을 지난다. 마을 농로와 마을 뒤 숲길을 주로 걷는다. 임도와 솔숲길이 번갈아 가며 여행자를 즐겁게 한다. 구간 내내 구례 들판을 품고 걷는다. 그 넓은 들이 구례의 넉넉한 인심인 듯 포근하다. 오래된 마을의 역사를 대변하는 운조루와 곡전재, 그리고 마을의 효자비들을 보고, 화엄사에 들러 고찰의 장엄함도 맛볼 수 있다.

오미~방광
(방광~오미)

오미마을 → 하사마을(1.7km) → 상사마을(1.3km) → 황전마을(3.7km) → 당촌마을(2.2km) → 수한마을(2.0km) → 방광마을(1.3km)

거 리 12.2㎞
시 간 5시간
난이도 솔숲길이 다소 부담스럽지만 전반적으로 무난하다
오 미 구례군 토지면 오미리 오미마을 운조루
방 광 구례군 광의면 방광마을

당촌마을에서 수한마을로 이어지는 언덕길.
지리산 자락이 포근하게 감싼다.

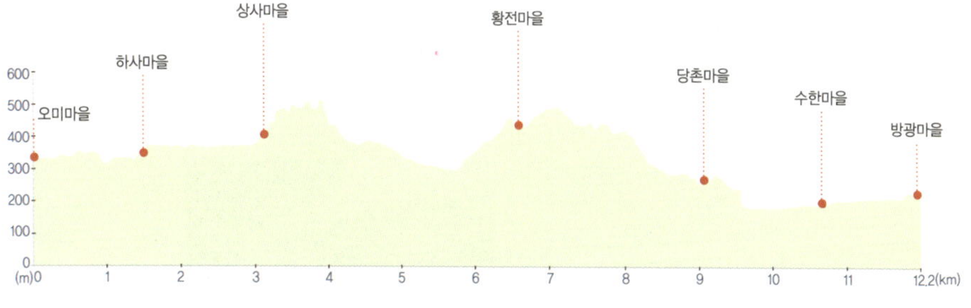

구간 한눈에 보기

1 오미마을(운조루) 운조루 앞 오미마을 당산나무 아래서 신발끈을 다시 묶는다. 마을 정자와 그네가 한옥체험마을을 실감하게 한다. 마을을 오른쪽에 두고 걷다 보면 왼쪽으로 섬진강과 강 건너 백운산 자락인 오봉산이 풍경화처럼 따라온다. 마을길은 구례와 하동을 잇는 19번 국도로 이어진다.

2 하사마을 19번 국도를 10분쯤 걸으면 GS주유소를 지나 용두마을과 하사마을 갈림길이 나온다. 난동~방광 구간은 하사마을로 우회전이다. 마산면 이정표와 함께 하사저수지와 들판과 마을이 어우러진 멋진 풍광이 나타난다. 마을 정자와 샘이 있어 목을 축이고 쉬었다 가면 좋다.

3 상사마을 아스팔트길은 상사마을 입구 효자오형진 지려 앞에서 평전언덕 흙길로 바뀐다. 평전언덕에서 보이는 구례 들판과 아스라이 이어지는 섬진강 물줄기가 장관이다. 길은 상사마을 차밭을 지나 마을산책길, 솔숲길로 아기자기하게 이어진다. 솔숲길과 시멘트 임도가 번갈아 나타나는 길은 가랑마을을 지나 배밭으로 이어진다. 구례읍이 내려다보이는 언덕에 자리한 배밭에 꽃이 피면 장관이다.

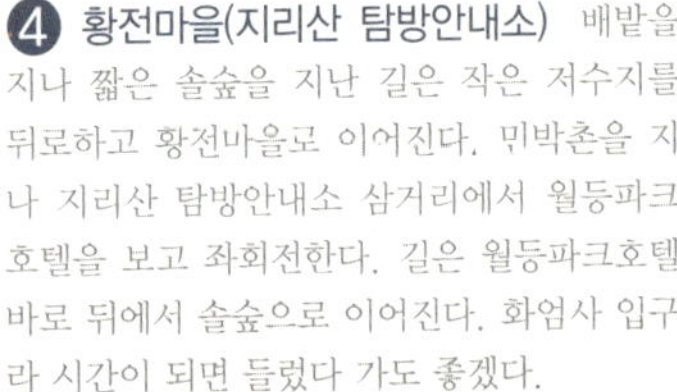

4 황전마을(지리산 탐방안내소) 배밭을 지나 짧은 솔숲을 지난 길은 작은 저수지를 뒤로하고 황전마을로 이어진다. 민박촌을 지나 지리산 탐방안내소 삼거리에서 월등파크호텔을 보고 좌회전한다. 길은 월등파크호텔 바로 뒤에서 솔숲으로 이어진다. 화엄사 입구라 시간이 되면 들렀다 가도 좋겠다.

❽ 방광마을(한옥민박촌)

수한마을을 지난 길을 포장 도로가 되어 방광마을로 곧장 이어진다. 흰바탕의 지리산둘레길 이정표가 바닥에 선명하다. 수한마을 표지석과 버스정류장이 보이면 이 구간을 다 걸은 셈이다. 노고단 가는 길목이라 대중교통이 편리하다.

❼ 수한마을

마을 입구 짧은 대나무숲길을 지나 돌담길이 예스런 수한마을을 통과한다. 마을회관 옆 520년 수령의 도나무 당산나무 아래 정자에서 쉬어가거나 골목골목에 그려진 벽화들을 둘러보고 가면 좋겠다.

❻ KT수련원

당촌마을에서 이어진 시멘트 임도가 KT수련원을 지나 수한마을까지 이어진다. 수련원 뒤 삼거리에서 이정표를 따라 우회전한다. 지나온 길들이 남새밭 사이로 아득하다. 수한마을 뒷길 입구를 그냥 지나칠 수 있어 주의한다.

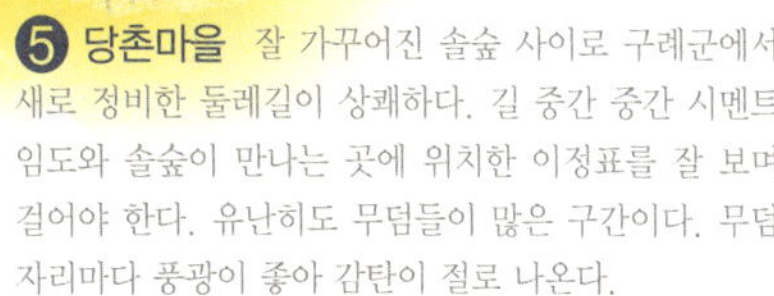

❺ 당촌마을

잘 가꾸어진 솔숲 사이로 구례군에서 새로 정비한 둘레길이 상쾌하다. 길 중간 중간 시멘트 임도와 솔숲이 만나는 곳에 위치한 이정표를 잘 보며 걸어야 한다. 유난히도 무덤들이 많은 구간이다. 무덤자리마다 풍광이 좋아 감탄이 절로 나온다.

오미 찾아가기

구례버스터미널에서 하사·오미노선을 순환하는 버스를 타 오미마을에서 내린다. 종점이 문수인 버스는 오미마을을 지나 5분 정도 더 들어갔다 나온다. 06:40, 08:40, 11:10, 13:30, 15:00, 18:30 차가 있으며 소요시간은 20여분이다.

오미에서 돌아가기

오미마을 버스정류장에서 구례터미널행 버스를 타 구례터미널에서 내린다. 문수가 종점인 버스는 07:20, 11:40, 15:30, 19:00 차가 있으며, 순환버스는 구례 출발 시간을 고려해 타면 된다. 소요시간은 20여분이다.

방광 찾아가기

구례버스터미널에서 구만리가 종점인 순환버스를 타 방광마을에서 내린다. 06:40, 09:00, 12:30, 15:10, 17:45 차가 있으며 소요시간은 30여분이다.
천은사행 버스를 타 방광마을에서 내려도 된다. 08:10, 09:40, 12:00, 13:50, 15:50, 17:10 차가 있으며 소요시간은 20여분 이다.
시간이 맞지 않다면 연파마을(광의면소재지)로 가 10분 정도 걸어서 방광마을로 갈 수 있다. 연파마을행 버스는 자주 다닌다.

A 오미마을(한옥민박촌)

구례군 토지면 오미리는 본래 오동이라 불리다 조선 중기에 유이주가 이주하면서 오미리라 개칭해 지금에 이른다. 이곳 오미리는 남한의 3대 명당 중 한 곳으로 꼽히는 길지다. 마을에 한옥민박촌이 형성되어 있어 숙박하기 좋다. 운조루 앞에 마을 특산물을 판매하는 구판장이 마련되어 있다.

B 운조루와 곡전재

오미리는 조선시대 양반가를 엿볼 수 있는 운조루가 유명하다. 운조루가 자리한 집터는 남한의 3대 길지(지덕이 있는 좋은 집터) 중에 한곳으로 꼽힌다. 집은 ─자형인 행랑채와 T자형 사랑채, 그리고 ㄷ자형 안래로 구성되어 있다. 구조 양식은 서까래를 놓는 나무인 '도리'와 그 도리를 받치고 있는 모진 나무인 '장여'로만 된 민도리집이다. 현재도 사람들이 사는 살림집이라 조용히 관람해야 한다. 입장료는 1천원.
운조루에서 100m 아래에 자리한 곡전재도 둘러볼만하다. 멀리서 보면 대나무와 돌담이 에워싼 작은 성 같다. 조선 후기 한국전통 목조 건축양식을 보여준다. 무엇보다 정원이 아름답다. 산책길을 따라 집을 한 바퀴 둘러볼 수 있다. 입장료는 무료.

C 하사마을

신라 흥덕왕 때부터 형성된 오래되고 큰 마을이다. 본래 승려 도선에게 이인이 모래 위에 그림을 그려 뜻을 전한 곳이라 하여 사도리라 불렸딘 것이 일제 때 윗마을과 아랫마을을 구분해 상사리

와 하사리가 되었다. 승려 도선은 이인의 삼국통일을 암시하는
그림을 보고 고려 건국을 도왔다고 전한다. 하사저수지를 품고
넓은 들을 바라보는 마을 정경이 아름답다. 저수지 바로 옆과 마
을 앞에 당산과 정자가 있어 쉬어가기 좋다. 마을 입구에 작은 샘
이 있어 목을 축이고 가도 좋다.

D 상사마을과 당몰샘

하사마을과 합쳐 사도리
라 불리던 것이 일제 때
현재 지명으로 바뀌었
다. 해주 오씨와 녕천 이
씨가 대부분을 이루고
있다. 전국에서 장수마
을로 유명하다. 마을 사람들은 그 비결을 당몰샘 때문이라 여긴
다. 관계 기관의 조사에 의하면 유독 미네랄 성분이 풍부하고 대
장균이 없는 맑은 샘물이라고 한다. 둘레길이 지나지는 않지만
들러서 목을 축여도 좋겠다. 마을 뒤로 작은 차밭이 있어 아름다
운 풍광을 자랑한다. 다른 농촌마을과는 달리 새로 이주해오는
사람들이 있어 마을 인구수가 늘어났다고 한다. 살기 좋은 마을
이란 의미겠다.

E 황전마을

화엄사 입구 집단시설지구로
유명하다. 화엄사까지는 도
보로 20분 정도 거리다. 지리
산 탐방안내소가 있어 화장실

특색 있는 잠자리를 원한다면 ❶오미마을 한옥민박을 이용하면 좋다.
둘레길이 지나는 ❷황전마을에 민박을 비롯한 다양한 형태의 숙소가 많다.
❸상사마을에 펜션과 녹색농촌체험마을이 있다.
❹구례읍내에 나가도 모텔이 많아 숙소 구하기가 편하다.

아침은 민박이나 숙소 근처에서 해결하고 점심은 둘레길 중간에 있는 ❶황전마을에서 먹는 게 좋다. 화엄사 시설지구 내에 식당들이 많다. ❷방광사 거리에도 식당이 몇 곳 있다.

을 이용할 수 있다. 또한 민박촌을 포함한 각종 숙박시설과 식당들이 즐비하다. 조선시대 형성되어 황둔마을로 불리다가 일제 때 바로 옆 우전마을과 합쳐져 황전마을이 되었다. 마을 옆을 흐르는 황전계곡에서 발을 담그고 가도 좋겠다.

F 화엄사

둘레길이 지나지는 않지만 지리산 지역을 대표하는 사찰 중 한 곳이라 시간을 내 들렸다 가면 좋다. 화엄사는 신라시대 고찰이다. 신라 진흥왕 5년(544)에 연기조사가 창건했으며 절 이름은 화엄경의 두 글자를 따서 붙였다고 한다. 선덕여왕 12년(643)에 자장에 의해 증축되었고 헌강왕 1년(875)에 도선이 다시 증축했다. 임진왜란 때 소실된 것을 조선 선조 34년(1606)에 벽암선사가 7년 동안 다시 지었다. 유물로는 국보 67호인 각황전을 비롯해 각황전 앞 석등(12호), 4사자 3층석탑(35호) 등 국보 3점과 보물 299호인 대웅전, 132호인 동5층석탑, 133호인 서5층석탑, 300호인 원통전 앞 4사자석탑이 있다. 천연기념물 38호인 올벗나무가 특히 유명하다.

G 당촌마을

조선 말기에 전주 이씨가 들어와 살면서 마을이 형성됐다. 본래 풍수지리 상 사직형국이라 해서 사직동이라 했다가 한자로 바꾸면서 당촌이 되어 오늘에 이르고 있다. 수령이 300년 된 마을 정자나무에서 매년 음력 정월 초삼일에 당산제를 지낸다. 둘레길은 마을 뒷길을 지나는데 길 옆으로 축사가 있어 큰소리를 내거나 소들이 위협을 느낄만한 행동을 자제해야 한다. 당촌마을 바로 옆에는 KT수련원이 있어 둘레길 이정표가 된다.

H 수한마을

조선 선소 25년경에 임진왜란을 피해 남원에서 이주한 경주 김씨 3세대가 정착하면서 마을이 형성됐다. 본래 물이 차다하여 물한리로 불리다가 행정구역 개편을 하면서 수한마을이 되었다. 마을에는 520년 수령의 도나무 당산나무 잎이 일시에 피게 되면

풍년이 들고, 2~3회 나누어 피면 흉년이 든다는 전설이 내려온다. 마을 당산에서 매년 당산제를 지내 마을의 평안을 빌고 있다. 마을의 돌담길과 늙은 감나무가 예스런 분위기를 연출한다.

I 방광마을

임진왜란 때 외지인이 피란 와 마을이 형성됐다. 본래 판관이 살았다하여 팡꽹이라 불리다 방광으로 변했다. 방광리라는 이름에는 소로 변한 사미승 전설이 전해진다. 천은사와 지리산 성삼

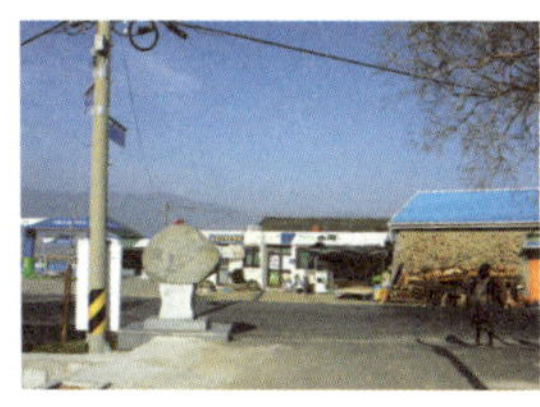

재 길목 마을이라 그곳으로 가는 버스가 자주 있다. 둘레길이 지나지는 않지만 시간이 허락하면 들렀다 가도 좋겠다.

J 매천사

매천 황현(1855~1910)선생의 위패를 모신 사당이다. 매천선생은 어려서부터 시를 잘 짓고 재질이 뛰어나 이건창, 김택영과 함께 한말 3재라 불렸던 유학자다. 고종 25년(1888)에 생원회시(生員

會試)에서 장원하였으나, 혼란한 시국과 썩은 벼슬아치들을 개탄하며 구례군 광의면 수월리 월곡으로 내려와 후학들을 가르치며 세월을 보냈다. 그러다 한일합방을 알리는 양국조서가 전해진 이틀 뒤인 1910년 9월 8일 저녁, 절명시(絶命詩) 4수와 유서를 남기고 음독 순절했다. 젊은이들의 교육을 위해 1908년 광의면 방광리에 세운 근대식 학교 호양학교는 매천 사후 일제 탄압에 문을 닫았다. 매천사는 1955년 유림들이 건립했다. 한말 야사를 엮은 매천야록과 매천비 등 많은 고서와 선생의 유품이 보존되어 있다. 매천사는 둘레길이 지나는 방광사거리에서 매천로를 따라 구례방면으로 500m 쯤 가면 우측에 위치했다.

413

넉넉한 구례 들판 굽어보는 마을과 마을을 이어

지리산에 터잡은 마을과 마을을 잇는 구간이다. 마을이 터잡은 곳은 해발 100m 내외의 지리산 중턱. 넉넉한 구례 들판이 발아래 펼쳐져 평화롭다. 방광마을에서 당동마을까지는 산속 오솔길을 따라 길이 나 있어 걷는 맛이 좋다. 하지만 난동마을에서 탑동마을까지는 높은 고개(500m)를 넘어가야 해서 땀 좀 흘려야 한다. 이곳은 예전에 산불이 났던 곳으로 구례에서 생태숲으로 조성하고 있다. 봄날에는 가파른 산비탈에 붉은 철쭉 꽃물결이 넘친다. 고개를 넘어가면 구례수목원 조성공사가 한창이다.

방광~산동
(산동~방광)

방광마을 → 참새미골(0.8km) → 당동(1.8km) → 상대(0.5km) → 대전리석불입상(0.48km) → 난동마을(1.33km) → 구례생태숲(3.64km) → 구례수목원(2.95km) → 원촌마을(산동면소재지)(1.6km)

거 리 13.1km
시 간 5~6시간
난이도 오르막이 조금 있어요
방 광 구례군 광의면 방광리 방광사거리
산 동 구례군 산동면 원촌리 원촌마을

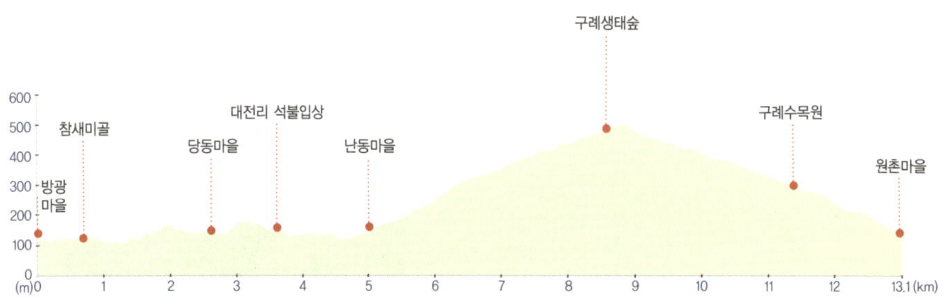

❶ 방광마을길 방광사거리에서 논 사이로 난 길을 가면 용전마을 지나 방광마을 진입로가 나온다. 입구에 지리산둘레길 이정표와 방광마을 비석이 서 있다. 마을 진입로를 따라 들어가면 느티나무 아래 쉼터가 있다.

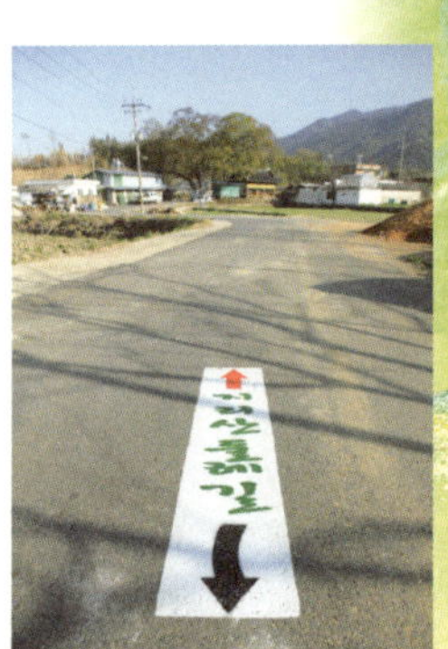

❷ 방광마을 방광마을 초입에는 길 바닥에 표시한 이정표가 있다. 방광마을에는 오래된 시골 풍경을 느낄 수 있는 정미소가 있고, 마을 가운데 마을 사람들의 쉼터가 되는 느티나무도 여러 그루가 있다. 둘레길은 마을회관을 지나서 왼쪽으로 빠진다.

❸ 참새미골 방광마을을 나와 도로를 건너면 참새미골 휴식공간이다. 천은사에서 내려온 계곡 물을 이용해 만든 계곡 쉼터로 아이들을 위한 물놀이장과 편의시설이 있다. 이곳에서 계곡을 건너 작은 언덕을 넘어가면 숲으로 길이 이어진다.

❹ 대전리 수로 참새미골에서 숲길을 요리조리 빠져나오면 산허리를 따라 이어진 수로가 나온다. 인근 과수원에 물을 대는 수로인데, 전체 길이는 300m쯤 된다. 조심할 것은 계곡 위로 난 수로다. 자칫 발을 헛디디면 위험할 수 있으니 새로 조성한 우회로를 따른다.

❾ 탑동마을 구례수목원 조성 공사가 한창인 계곡을 내려오면 탑동마을로 들어선다. 탑동마을 한복판에는 느티나무 몇 그루가 어울려 만든 쉼터가 있다. 마을 사람들의 휴식처이기도한 이곳은 고개를 넘느라 지친 다리를 풀고 가기 좋은 곳이다. 탑동마을에는 민박집도 많고, 식당도 여럿 있다.

❽ 고갯마루 지리산생태숲에서 임도를 따라가면 고갯마루에 닿는다. 난동마을과 탑동마을의 중간쯤에 위치해 있다. 고갯마루에는 다리쉼을 할 수 있는 벤치가 있다. 또 이곳에서 왼쪽 지초봉으로 등산로가 나 있다. 고갯마루를 넘어서면 길은 여전히 구불구불거리며 탑동마을로 간다.

❼ 지리산 생태숲 난동마을에서 탑동마을로 가는 길은 이 구간에서 가장 힘든 구간이다. 임도를 따라 가는 길이지만 초입은 아주 가파르다. 임도가 고갯마루를 향해 가는 곳에 정자가 있다. 이곳까지 왔다면 힘든 구간은 모두 지나온 셈이다. 이곳에서 고갯마루까지는 10분쯤 걸린다.

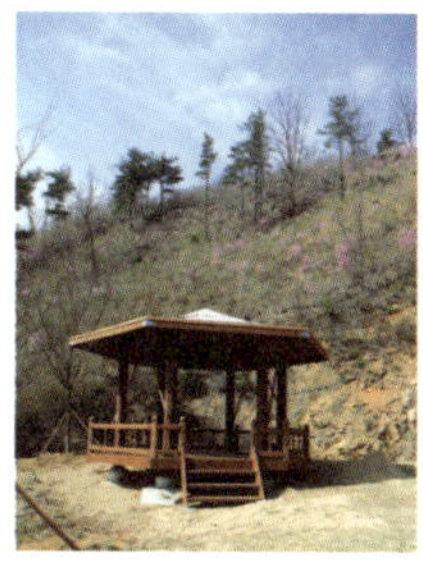

천은사 Ⓓ

대전리 수로
④

Ⓑ
③ 참새미골
Ⓐ
② 방광마을
방광사거리
①

❻ 난동마을 소나무 당동마을을 거쳐 포장도로를 따라 난동마을로 오르면 마을 끝 오른쪽에 기품이 있는 소나무가 보인다. 보호수로 지정된 소나무 사이에 마을에서 당제를 지내는 제단이 있다. 다리쉼을 할 수 있는 정자도 있다. 둘레길은 이곳을 지나 개울을 건너자마자 우회전해서 곧장 고개로 향한다.

❺ 대전리 과수원 수로를 지나면 둘레길은 과수원을 가로지른다. 5월이면 〈과수원길〉 노래를 부르며 걸을 수 있는 곳이다. 과수원 곳곳에 도보여행자를 위한 벤치를 조성해 놨다. 과수원을 가로질러 가면 작은 저수지 곁에 대전리 석불입상이 있다.

방광 찾아가기

구례버스터미널에서 구만리가 종점인 순환버스를 타 방광마을에서 내린다. 06:40, 09:00, 12:30, 15:10, 17:45 차가 있으며 소요시간은 30여분이다.
천은사 행 버스를 타 방광마을에서 내려도 된다. 08:10, 09:40, 12:00, 13:50, 15:50, 17:10 차가 있으며 소요시간은 20여분 이다.
시간이 맞지 않다면 연파마을(광의면소재지)로 가 10분 정도 걸어서 방광마을로 갈 수 있다. 연파마을 행 버스는 자주 다닌다.

방광에서 돌아가기

방광마을에서 구만리가 종점인 순환버스를 타 구례버스터미널에서 내린다. 06:40, 09:00, 12:30, 15:10, 17:45에 구례터미널을 출발하는 차가 있으며 소요시간은 30여분이다.
천은사가 종점인 순환버스를 이용해도 된다. 08:10, 09:40, 12:00, 13:50, 15:50, 17:10에 구례터미널을 출발하는 차가 있으며 소요시간은 30여분이다. 이를 고려해 시간을 맞춘다.
시간이 맞지 않다면 연파마을(광의면소재지)까지 걸어 나오는 것도 방법이다. 연파마을에서는 구례읍 행 버스가 자주 다닌다.

A 방광마을

마을 이름에 얽힌 전설이 있다. 지리산 우번대라는 암자에 노승과 사미스님이 살았는데, 어느 날 천은사 뒤 계곡을 오르다가 사미스님이 남의 밭에서 조 세 알을 손에 쥔 것을 본 노승이 '너는 주인이 주지 않은 조를 가졌으니 주인집에서 3년간 일을 해 빚을 갚으라'고 말하면서 사미스님을 소로 변신시켰다. 그 날 밭주인이 소를 발견해 집으로 데리고 왔는데, 이 소가 여물 대신 밥만 먹었고, 쇠똥이 땅에 떨어지면 빛을 내면서 곡식이 잘 자랐다 해서 방광리라는 이름이 생겼다고 한다.
방광마을은 들 가운데 형성된 큰 마을로 마을 안에 정미소가 있다. 마을 복판에 보호수로 지정된 느티나무가 이 마을의 오랜 역사를 말해준다. 골목길을 따라 가며 만나는 돌담도 볼거리다.

B 참새미골

방광마을을 빠져나와 도로를 건너면 곧바로 만나는 작은 유원지다. 이곳은 천은사에서 흘러내린 계곡이 지나는 곳으로 경치가 제법 수려하다. 이곳에 보를 막아 물놀이를 할 수 있는

쉼터를 꾸몄다. 또 아이들이 놀기좋게 물놀이풀장과 놀이시설도 설치했다. 여름에는 제법 피서객이 많이 찾는다. 지리산둘레길 도보여행자에게도 좋은 쉼터가 될 것으로 보인다.

C 성삼재

지리산 능선 서쪽 끝 노고단과 만복대 사이에 있는 고개다. 이 고개의 높이는 해발 1,102m. 포장된 찻길 가운데 우리나라에 두 번째로 높은 고개다. 성삼재란 이름은 마한 때 성씨가 다른 세 명의 장군이 이 고개를 지켰다고 해서 유래했다. 1988년 차량통행이 가능한 관광도로가 개통되면서 휴가철이면 밀려드는 차량으로 몸살을 앓는다. 또 이 도로가 개통되면서 화엄사에서 노고단을 올라 천왕봉으로 향하던 지리산 종주 풍속도가 바뀌었다.

D 천은사

방광리에서 성삼재로 가는 길목에 있는 절이다. 통일신라 흥덕왕 3년(828)에 덕운조사가 터를 닦은 후 감로사라 했고, 고려 충렬왕 때는 남방제일 선찰(南方弟一禪刹)이란 명패를 받을 만큼 단단히 세력을 떨

쳤다. 조선시대 두 차례의 방화로 전소되었던 것을 1774년 혜암 선사가 복원하고 천은사로 이름을 바꿨다. 감로사가 천은사로 바뀐 데는 사연이 있다. 천은사에는 이슬처럼 맑고 찬 물이 솟는 감로천이란 샘이 있었는데, 구렁이가 한 마리 살면서 이 샘을 보호했다. 그러던 어느 날 밖으로 나온 이 구렁이를 아이들이 돌팔매질해 죽이고 말았다. 놀란 승려들이 구렁이를 묻어주고 정성스레 예를 올렸지만 맑고 차던 감로천의 물이 황토빛으로 변하더니 이내 물줄기가 끊기고 말았다. 감로천이 마르게 되자 감로사의 이름을 샘(泉)이 자취를 감춘(隱) 절이란 뜻으로 천은사로 바꿨다. 천은사는 여름의 녹음, 가을의 단풍과 제대로 어울린 홍예문 수홍루와 극락보전, 보물로 지정된 극락전 아미타후불탱화, 나옹화상 금동불감 등이 찾아볼 만하다. 천은사는 입장료가 있다.

E 대전리 석불입상

지리산둘레길이 지나는 산기슭에 있다. 온당리 당동마을에서 동쪽으로 300m 정도 떨어진 곳에 이 석불이 있는데, 이곳을 미륵골이라 부른다. 고려 초기의 것으로 추정되는 이 석불은 9~10세기경, 즉 고려 초로 넘어가는 과정에서 비로자나불의 수인이 어떻게 변화하는가를 연구하는 데 중요한 자료로 평가받는다. 석불은 높이 190cm, 어깨너비 58cm다. 전체적으로 몸체와

숙소

구례읍과 화엄사 입구, 지리산 온천랜드에 모텔과 리조트, 민박집이 많다. ❶탑동마을에는 민박집 여럿 있다. 남도민박, 정민박, 양지민박 등.

밥집

❶방광사거리에 식당이 몇 곳 있다. ❷탑동마을 입구에도 식당이 여럿 있다. 탑동마을에서 500m 거리의 산동면소재지 원촌마을에는 한식과 중식 등 다양한 종류의 식당이 있다.

손의 조각은 잘 보존되어 있지만 얼굴은 형체를 알아볼 수 없을 만큼 닳았다. 이는 미륵불의 코를 만지면 아들을 낳을 수 있다는 토속신앙에서 유래된 것으로 보인다. 목 부분은 최근에 절단되었던 것을 다시 붙여놓았다. 1994년 전남유형문화재 제186호로 지정되었다. 석불 곁에는 높이 80cm의 보살상이 있다. 또 석불 주위에 낮은 돌담을 쌓고, 그 안에 전각을 세워놓았다.

F 당동마을

지리산 남악사당이 이 마을 북쪽에 있었다고 해서 당동마을이란 이름을 얻었다. 고려 때부터 100여호가 살던 큰 마을이었지만 봄가을에 남악제를 지내기 위해 남원부사와 고을 수령의 발길이 잦고, 이로 인한 피해가 크자 많은 이들이 이주하면서 마을이 작아졌다. 전설에 의하면 해방 직후 유씨란 사람이 남악사터에 묘를 쓰자 마을에 가뭄이 들었다. 이에 마을 사람들이 묘를 파내자 집에 도착하기도 전에 큰 비가 내려 모내기를 할 수 있었다고 한다. 그 후 지금도 그 터는 손을 대지 않는다고 한다. 당동마을은 최근 화가들이 많이 이주해와 '화가마을'로도 불린다. 지리산둘레길이 지나는 곳에는 화가들이 짓고 있는, 현대적 조형미가 느껴지는 집들이 많이 들어서고 있다.

G 난동마을

지리산생태숲이 있는 지초봉 아래에 자리한 마을이다. 당동마을처럼 산중턱에 자리해 들판 내려보는 전망이 좋다. 지리산둘레길은 마을 오른쪽으로 난 길을 따라 간다. 그 길 끝에 마을의 역사만

420

큰 오래 묵은 소나무 몇그루가 어울려 자랐다. 솔숲 가운데는 제
당을 꾸려놨는데, 정자도 있어 쉬어가기 좋다.

H 구례생태숲

구례군에서 난동마을 뒤편 지
초봉에 조성하고 있는 생태숲
이다. 이곳은 지난 2000년 산
불이 나 흉하게 변했던 곳으로
구례군에서 30억원을 들여 철
쭉단지로 조성했다. 구례생태

숲의 철쭉은 바래봉과 세석평전의 철쭉과 함께 지리산의 떠오르
는 관광명소로 자리 잡았다. 구례생태숲에는 다양한 테마의 숲과
길이 조성됐다. 이 가운데 임도를 따라 가는 길은 고개를 넘어 탑
동마을까지 이어진다. 지리산둘레길은 구례생태숲 오른쪽을 따라
간다. 난동마을을 지나면 개울을 건너는데, 개울과 외딴집 사이로
난 길로 곧장 올라간다. 이 길은 구례생태숲을 왼쪽으로 크게 돌
아온 임도와 만나 고개로 향한다.

I 탑동마을

지리산생태숲에서 고
개를 넘어가면 만나
는 첫 마을이다. 지리
산온천랜드로 들어가
는 초입에 자리한 마
을이기도 하다. 이 마
을에는 통일신라시대
조성된 것으로 추정
되는 삼층석탑이 있

어 탑동마을이란 이름을 얻었고, 행정구역도 탑정리가 됐다. 삼층
석탑은 무너진 것을 마을 사람들이 다시 세웠다고 하는데, 삼층탑
인지, 혹은 오층석탑인지는 정확치 않다고 한다. 탑동마을의 복판
에도 오래된 느티나무 몇 그루가 자라고 있어 마을 사람들과 나그
네의 쉼터 구실을 한다.

탑동마을은 민박도 활발하게 치고 있다. 마을에는 민박집이 여럿
있다. 또 우리콩체험장도 있다. 한옥으로 지은 체험장 앞에 수십
기의 독이 있는 장독대가 인상적이다. 이곳은 된장과 고추장 담그
기와 두부 만들기 등을 체험할 수 있다. 주변에 식당도 많다.

오일장
구례장(3, 8일)
둘레길에서 가까운 읍내 초입에
위치했다. 보기 드물게 한옥 장
옥을 갖췄다. 최근에 헌 한옥 장
옥을 새것으로 바꿔 말끔해졌다.
예부터 영호남의 물물이 한 곳
에 모이기로 유명했다. 고추전,
미곡전, 이불전, 옹기전, 대장간,
채소전 등 없는 것이 없다. 섬진
강 참게 등 해산물전이 풍성하
다. 좌판에서 먹는 부침개가 허
기를 채워준다.

지역 생산물
고로쇠, 우리밀, 오리, 배 등.

은행(농협), 우체국
구례읍, 연파마을(광의면소재지)

매점
방광사거리, 방광마을.

421

봄마다 세상을 노랗게 물들이는 돌담 옆 산수유 물결

현천마을, 계척마을로 이어지는 길은 '산수유 루트'다. 봄날이 오면 이 마을마다 노란 산수유꽃잔치가 벌어진다. 특히 현천마을과 계척마을의 산수유는 지리산 온천랜드 윗자락에 자리한 상위마을과 함께 구례에서도 최고로 치는 곳이다. 이른 봄에 지리산둘레길을 나서도 허전하지가 않다. 밤재는 구례에서 남원으로 넘어가는 고개. 그 옛날 고개를 넘던 길은 세월 속에 묻혔고, 지금은 밤재터널을 통해 차들이 씽씽 내달린다. 밤재에 서면 지리산 노고단과 만복대가 아스라하다. 밤재에서 주천구간은 2012년 5월에 개통된다.

현천마을에 가득한 산수유꽃. 산수유는
구례를 대표하는 꽃이자 봄의 전령사다.

산동~주천
(주천~산동)

원촌마을(산동면소재지) → 현천마을(1.8km) → 계척
마을(2.0km) → 밤재(5.0km) → 오스호스텔(2.9km)
→ 주천(4.2km 2012년 개통)

거 리 15.9km
시 간 6~7시간
난이도 오르막이 조금 있어요
산 동 구례군 산동면 원촌리 원촌마을
주 천 남원시 주천면 치안센터 옆 안내소

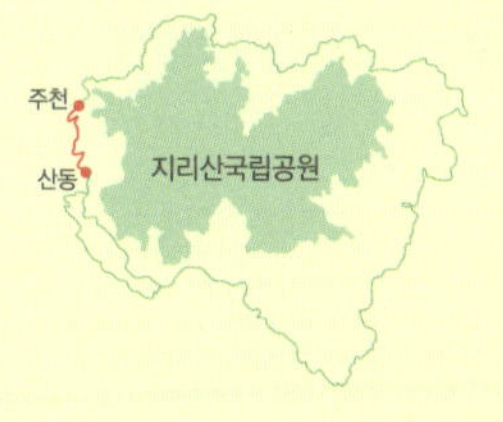

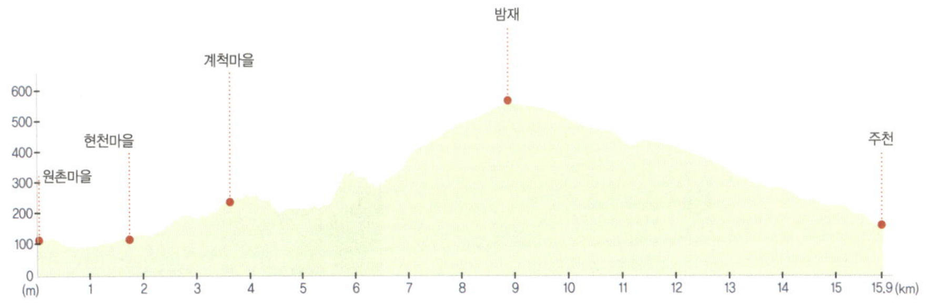

구간 한눈에 보기

① **효동마을** 탑동마을에서 지리산 온천랜드로 들어가는 길을 건너면 효동마을 진입로가 나온다. 지리산둘레길은 효동마을로 들어선 후 곧바로 좌회전, 원촌마을로 향한다. 원촌마을로 가는 길 왼쪽으로 산동천이 동행한다.

② **원촌마을** 효동마을에서 원촌마을로 향하면 마당에 석탑이 서 있는 절이 마중을 나온다. 산수유나무가 서 있는 길 왼쪽은 산동천이 흘러간다. 절을 지나면 다리를 건너게 되고, 골목을 따라 가면 산동면사무소가 나온다.

③ **산동면사무소** 지리산둘레길은 산동면사무소를 오른쪽으로 끼고 돈다. 면사무소 주변에는 식당과 마트, 버스정류장 등이 몰려 있다. 거리는 70년대 풍경처럼 정겨워 한번쯤 둘러볼 만하다. 면사무소를 끼고 돌아 북쪽으로 향하면 왼쪽에 원촌초등학교가 있다.

④ **원촌교차로** 원촌초등학교를 지나면 19번 국도와 만나는 원촌교차로다. 이곳에서 오른쪽 길로 50m 가면 계척·현천마을과 수락폭포·삼성마을로 길이 나뉘는 작은 삼거리가 있다. 현천마을은 트럭이 들어가는 왼쪽 길로 간다.

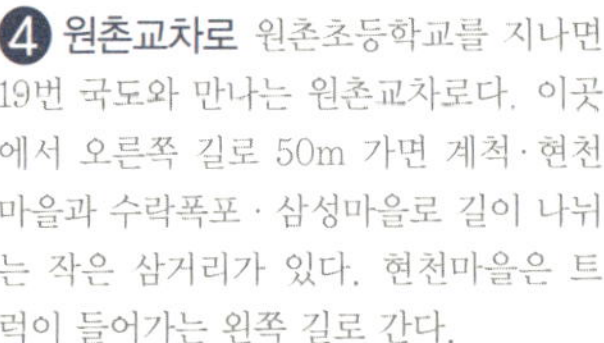

❾ **밤재** 농장에서 밤재까지는 1.9km. 농장에서 곧장 밤재로 오르는 길도 있지만 예전에 국도로 사용했던 길을 따라 쉬엄쉬엄 걸어가는 게 운치가 있다. 이 길을 따라가다 보면 남원에서 구례로 가는 19번 국도와 방광~탑동 구간의 높은 고개, 지리산 노고단과 만복대가 한눈에 든다. 밤재에 화장실과 정자가 있다.

❽ **대숲길** 편백나무숲이 끝나면 지리산둘레길이 계곡을 따라 이어진다. 계곡을 두 번 건너가면 그 끝에 대숲이 있다. 대숲을 빠져나오면 밤재 아래 자리한 농장이다. 대숲을 지나면 힘든 구간은 모두 지난 셈이다.

Ⓓ 수락폭포

❼ **편백나무숲** 계척마을에서 체육공원을 지나면 편백나무숲이 나온다. 지리산둘레길은 산수림산장 왼편으로 난 능선을 넘어가야 편백나무숲으로 이어진다. 10분쯤 걸리는 이 길은 아주 가팔라 땀 좀 흘려야 한다. 그러나 능선을 넘어가면 시원한 편백나무숲이 수고를 보상해준다.

Ⓑ 지리산 온천랜드

❻ **연관마을** 현천마을 앞 저수지 둑을 건너면 지리산둘레길은 고샅길을 따라 산등성이를 가로질러간다. 야트막한 산등성이를 넘어가면 연관마을이다. 마을에는 느티나무 그늘 아래 쉼터를 조성했다. 연관마을에서 계척마을까지도 산등성이를 타 넘어가는 고샅길과 농로가 이어진다.

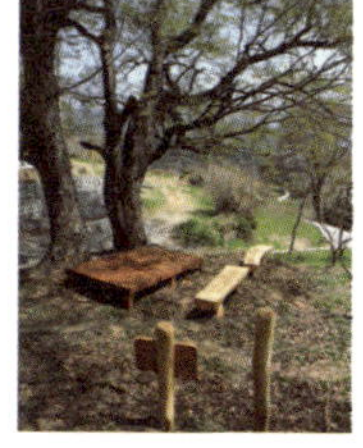

Ⓐ ❶ 효동마을

❺ **현천마을** 현천마을은 19번 국도 밑으로 난 지하통로를 통해 들어간다. 꾸준한 오르막길을 올라가면 현천마을 주차장에 닿는다. 현천마을은 일부러 지어놓은 테마파크처럼 아름답다. 마을 앞에 아담한 저수지가 있고, 마을길은 산수유와 돌담이 어우러져 특별한 아름다움을 뽐낸다. 화장실과 주차장 등 쉼터도 있다.

산동 찾아가기

구례터미널에서 산동노선 월계와 중동이 종점인 순환버스를 타 산동면사무소에서 내린다. 첫차는 06:10, 막차는 20:10이며 40분~1시간 30분 간격으로 다닌다. 소요시간은 30여분이다. 구례터미널에서 출발해 산동을 지나는 남원 행 버스를 이용해도 된다. 06:30, 08:40, 12:10, 16:00 버스가 있다. 남원버스터미널에서도 산동을 지나는 구례 행 버스가 있다. 08:45, 10:30, 14:00, 17:45차가 있다.

산동에서 돌아가기

월계와 중동에서 출발하는 구례 행 버스를 이용한다. 첫차는 07:00, 막차는 20:00에 있으며 1시간 30여분 간격으로 운행된다. 남원으로 가기 위해서는 구례터미널에서 출발해 산동을 지나는 남원 행 버스를 이용해도 된다. 06:30, 08:40, 12:10, 16:00에 구례터미널에서 출발한다. 반대로 남원버스터미널에서는 08:45, 10:30, 14:00, 17:45분에 출발한다.

주천 찾아가기

남원시외버스터미널 건너편에서 주천(육모)행 버스를 타 주천 장안슈퍼 앞에서 내리면 된다. 첫차는 06:35, 배차 간격은 약 40분, 막차는 20:10, 소요시간은 25분이다.

주천에서 돌아가기

주천 장안슈퍼 앞에서 남원시외버스터미널행 버스를 타 남원시외버스터미널에서 내리면 된다. 첫차는 06:10, 배차 간격은 약 40분, 막차는 20:40에 있고, 소요시간은 25분이다.

A 효동마을

탑동마을과 마주보고 있는 마을이다. 마을 복판에 지리산 천년수 공장이 있다. 마을을 감싼 산세가 효자가 많이 나오는 청룡고지(靑龍高地)라 해서 효동마을이라 이름지었다. 효동마을이 산동천과 만나는 곳에는 국궁장이 조성돼 마을 사람들의 여가와 건강에 기여하고 있다. 지리산둘레길은 효동마을 복판에서 왼쪽으로 방향을 틀어 산동면사무소가 있는 원촌마을로 향한다.

B 지리산 온천랜드

효동마을 앞 길로 2km 더 들어가면 있다. 지리산 온천랜드는 지하 700m에서 하루 7,000톤의 온천수를 뽑아 올린다. 3,000명이 동시에 온천욕을 즐길 수 있는 규모다. 이곳에서 솟는 온천수는 게르마늄과 탄산나트륨이 다량 함유돼 피부병, 신경통, 관절염, 당뇨병, 부인병 등 성인병에 특효가 있는 것으로 알려졌다. 화학약품을 전혀 첨가하지 않은 순수 천연온천수로 저온에 6개월 이상을 보관해도 수질의 변화가 없다고 하며 음용할 수도 있다. 대온천탕 말고도 크고 작은 온천장과 숙박시설, 식당이 있다.

C 원촌마을

원촌마을은 산동면소재지가 있는 마을이다. 두 개의 물줄기가 하나로 만나는 곳에 있으며 면사무소와 초등학교, 파출소, 버스터미널 등이 있다. 면소재지의 풍경은 70년대 시골장터를 압축해 놓은 것처럼 아담하면서 정겹다. 원촌마을은 조선 성종 때 처음 마을이 형성돼 큰 부락을 이뤘다. 그러나 여순사건과 한국전쟁을 거치면서 전체 가옥의 80%가 전소됐다가 다시 복원됐다. 마을 이름은 본래 '월천'이라 부르던 것이 원촌으로 바뀌었다고 한다. 또 '원'이 있었던 곳이라 해서 원촌이라 부르게 됐다고도 한다. 원촌마을에는 190여 가구에 780여명의 주민이 살고 있다.

D 수락폭포

원촌마을에서 수락폭포로를 따라 4km 가면 있는 폭포다. 물맞이 폭포로 유명한 이곳은 15m 높이에서 물보라를 일으키며 떨어지는 폭포가 장관이다. 특히, 여름철에는 많은 사람들이 폭포에서 떨어지는 물살을 맞으며 더위를 식히는데, 폭포물살을 맞으면 신경통과 근육통, 산후통에 효험이 있다는 이야기가 있어 부녀자들이 많이 찾는다. 폭포 속에 들어가면 천둥치는 소리와 함께 고개를 들 수 없을 정도로 많은 물이 쏟아져 내린다. 웬만한 이들도 1분 이상을 버티기 어려운데, 어깨가 따가울 정도로 물을 맞고 나면 한여름의 더위는 남의 일이 된다. 폭포 오른쪽으로 폭포물살을 끌어들여 어린아이도 즐길 수 있는 작은 폭포를 마련해 놓았다.

E 현천마을

현천마을은 상위마을과 함께 구례의 산수유 마을에서 첫손에 꼽는 곳이다. 산수유와 어우러진 돌담이 예쁜 마을로 저수지가 어울려 한 폭의 그림처럼 아름답다. 누구나 꿈꾸는 고향의 모습을 그대로 옮겨놓은 곳이다. 구례 산수유축제의 포스터도 이 마을이 배경이 됐다. 현천마을이란 이름은 주변 산세에서 비롯됐다. 마을 뒷산인 두견산의 모양새가 현(玄) 자를 닮았고, 마을 뒤 옥녀봉 아

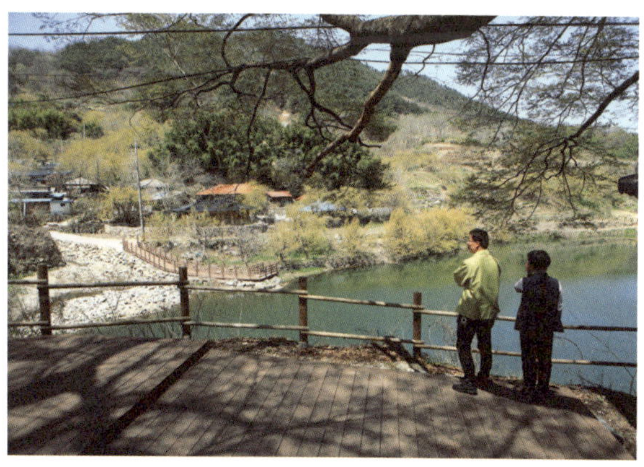

자가용 이용
산동 전남 구례군 산동면 탑정리 394(구례군 관광안내소)
주천 전북 남원시 주천면 장안리 260-1

유용한 전화번호
구례버스터미널
061-780-2730~1
구례구역 061-782-7788
구례군청 문화관광과
061-782-2014
남원시내버스
063-631-3116
남원시외버스 063-633-1001
남원고속버스 063-625-5391
남원역 1544-7788
둘레길 구례안내센터
061-781-0850

콜택시
구례읍 061-782-3342
      061-782-1221
광의면 061-781-3200
남원(주천) 063-625-0480

구례읍과 지리산 온천랜드에 모텔과 리조트, 민박집이 많다. ❶효동마을과 이웃한 탑동마을에도 민박집이 여럿 있다. 남도민박, 정민박, 양지민박.

구간 시작점인 ❶효동마을 입구에 식당이 여럿 있다. 산동 면소재지 ❷원촌마을에는 한식과 중식 등 다양한 종류의 식당이 있다.

래에는 옥녀가 빨래를 했다는 내(川)가 있어 현천이란 이름을 얻었다고 한다. 마을 입구의 현계정을 지나면 밭과 집을 감싼 돌담이 반긴다. 돌담 위로는 어김없이 산수유나무가 우거졌다. 이 마을 산수유나무의 나이는 300년이 훌쩍 넘는다. 하지만 꽃을 틔우는 가지는 60년이 채 안됐다. 이것은 1948년 여수·순천사건 때 군경 토벌대가 산수유 가지를 모두 베어버려서다. 산수유를 감상하는 최고 전망대는 마을 오른쪽 산자락에 마련된 데크다. 저수지 둑에서 바라보는 현천마을과 산수유도 추천할 만하다.

F 산수유

산수유는 구례를 대표하는 꽃이자 매화와 함께 봄을 가장 먼저 여는 꽃으로 명성이 자자하다. 섬진강 물길이 지나는 광양 다압면에서 매화가 피어올린 봄꽃의

행렬은 구례 산동면에서 산수유가 바통을 이어받는다. 구례는 산수유 전국 생산량의 약 45%를 차지하고 있다. 지리산둘레길이 지나는 탑동·효동·현천·계척마을은 물론 지리산 온천랜드가 있는 좌사리·원달리 등 골짜기마다 노란 산수유 물결이 이어진다. 산수유가 피는 시기에 맞춰 축제도 열린다. 산수유는 가을이면 빨강색 열매가 하늘을 가릴 정도로 열리는데, 씨는 빼고 과육만 추려낸다. 예로부터 보신과 야뇨증을 고치는데 좋은 한약재로 알려졌으며, 요즘은 말린 열매를 달여 차로 먹기도 한다.

G 계척마을

산동면의 대표적인 산수유마을 가운데 하나다. 이 마을은 산수유 시목이 있어 유명세를 타고 있다. 계척마을 입구에는 수령이 1000년쯤 됐다는 산수유 시목

이 있다. 이 시목에는 근거는 희박하지만 전설이 있다. 그 옛날 중국 산둥(山東)성의 처녀가 구례로 시집을 오면서 가져와 심은 산수유 묘목이 지금의 산수유 시목이라는 것이다. 산동(山洞)이란

지명도 중국 산둥성에서 유래했다고도 한다. '할머니 나무'라고도
불리는 이 산수유 시목은 어느 산수유 나무 보다 크고 웅장하다.
지금도 젊은 나무 못지않게 활짝 꽃을 틔운다. 산수유 시목지 앞
은 광장으로 조성했다. 분수대와 성곽 등을 재현해 놨는데, 산수
유꽃이 필 때를 제외하면 찾는 이가 없다.

H 편백나무숲

계척마을에서 밤재로 올라
가는 길목에 조성한 숲이
다. 구례군에서 조성한 이
숲에는 수령 30년을 헤아
리는 수만 그루의 편백나
무가 심어져 있다. 지리산
둘레길은 편백나무숲 가운

데를 관통한다. 편백나무숲에는 산책로가 여러 갈래 있는데, 지리
산둘레길 이정표가 잘 세워져 있어 헷갈리지 않는다. 또한 벤치와
화장실, 평상도 있어 다리쉼 하기 좋다. 편백나무숲을 지나면 사
시사철 맑은 물이 흐르는 계곡이 있다.

I 밤재

구례와 남원을 가르는 고개다. 과거에는 19번 국도가 이 고개를
넘어갔다. 그러나 1988년 길이 800m, 폭 9.7m의 밤재터널이 뚫

리면서 옛길이 됐다. 지
금도 구례 방면에서는
밤재 정상까지 차를 타
고 갈 수 있다. 그러나
남원 구간은 옛길이 많
이 지워져 차량 통행은

불가능하다. 밤재~주천 구간은 2012년 5월에 개통 예정이다. 따
라서 밤재까지 갔다면 구례 계척마을 방면으로 되돌아가거나 고
개를 넘어 남원 배덕리 덕촌마을로 가야 한다.

오일장

구례장(3, 8일)
둘레길에서 가까운 읍내 초입에
위치했다. 보기 드물게 한옥 장
옥을 갖췄다. 최근에 헌 한옥 장
옥을 새것으로 바꿔 말끔해졌다.
예부터 영호남의 물물이 한 곳
에 모이기로 유명했다. 고추전,
미곡전, 이불전, 옹기전, 대장간,
채소전 등 없는 것이 없다. 섬진
강 참게 등 해산물전이 풍성하
다. 좌판에서 먹는 부침개가 허
기를 채워준다.

남원장(4, 9일)
남원공설시장에서 열린다. 최근
에 7000여평 터에 원래 있던 한
옥들을 없애고 콘크리트 상가를
새로 지어 옛 오일장의 모습이
많이 사라졌다. 하지만 지금도
장날이면 많은 사람이 모여들어
옛 풍류를 그대로 보여주고 있
다. 해산물전, 포목전, 건어물전,
그릇전, 잡화전, 농기구전, 청과
물전, 채소전, 곡물전, 약초전 등
이 구색 맞춰 있다.

지역 생산물
고로쇠, 우리밀, 오리, 배 등.

은행(농협), 우체국
구례읍, 원촌마을.

매점
원촌마을.

하동읍 → 바람재(2.6km) → 관동(갓골)(2km) →
서당(2.5km)

거 리 7.1km
시 간 2~3시간
난이도 누구나 무난하게 걸을 수 있어요
하동읍 경남 하동군 하동읍 읍내리 중앙로 52-4
서 당 경남 하동군 적량면 우계리 675

서당마을에서 대축~삼화실 구간과 이어진다.

차향이 당기고 매화향이 매혹하는 너뱅이들 건너 오솔길

대중교통을 이용해 하동읍에서 지리산둘레길을 드나드는 길이다. 하동에서 대중교통
을 이용해 지리산둘레길에 가는 대신 걸어서 가는 길이다. 하동읍에서 차밭길을 통해
서당마을에 이르는 구간이 좋다. 하동읍의 시원한 너뱅이들과 적량들판의 모습에서
넉넉한 농촌의 삶을 오롯이 느끼며 걷게 된다. 봄이면 산속 오솔길에서는 매화향이 진
동한다. 비교적 짧은 구간이라 부담 없이 산책하듯 걸으면 좋다. 서당마을에서 대축~
삼화실 구간과 이어진다. 어느 방향으로 가도 무방하다.

대축 → 악양천뚝길(0.28km) → 입석(1.9km) → 개서어나무숲(2.3km) → 아랫재(0.54km) → 너럭바우(0.22km) → 묵답(2.3km) → 원부춘(0.99km)

* 지선(대축–입석) → 대축–평사리 동정호(1.7km) → 대촌(1.0km) → 입석(1.2km)

거 리 8.6km
시 간 4~5시간
난이도 오르막길이 있지만 아이들도 걸을 수 있어요
대 축 경남 하동군 악양면 축지리 945
원부춘 경남 하동군 화개면 부춘리 491–1

평사리에서 바라본 악양들녘.

섬진강 벗 삼아 평사리 들판의 넉넉함 품고 가는 길

악양천 강둑으로 이어지는 길이다. 길 중간에 만나는 서어나무숲과 섬진강이 아름답다. 악양의 평사리 들판과 마을길에 보이는 과실(매실, 감, 배등)수가 고향에 온 듯 편안하다. 축지교에서 입석마을로 가는 길은 두 갈래다. 평사리 들판을 거쳐 가는 길과 강둑길을 걷는 길로 나눠진다. 어느 길을 선택해도 악양 들녘의 넉넉함을 품고 간다. 형제봉 능선을 지나 숲속길을 걷다가 고개를 들면 저 멀리 구례읍이 아득하고 섬진강과 백운산자락을 벗 삼아 걷는 길이 마냥 즐겁다.

원부춘~가탄
(가탄~원부춘)

원부춘 → 형제봉임도삼거리(4km) → 헬기장(1km) →
중촌(1.6km) → 정금차밭(1.9km) → 대비(0.6km) →
백혜(2.6km) → 가탄(0.9km)

거 리 12.6km
시 간 7~8시간
난이도 가탄에서 출발하면 많이 힘들어요
원부춘 경남 하동군 화개면 부춘리 491-1
가 탄 경남 하동군 화개면 탑리 480

지리산 치마폭에 안겨 발그레 붉어지는 길

지리산 고산지역의 길들을 걷는 구간으로 화개골 차밭의 정취가 느껴진다. 곳곳에서 차를 재배하는 농부들의 바지런한 손길이 만들어낸 아름다운 풍경과 마주한다. 화개천을 만나는 곳에서는 하동의 십리벚꽃길도 조망할 수 있다. 임도, 숲속길, 마을길이 고루 섞여 있어 지루하지 않다. 가탄에서 출발한다면 계속 가파른 오르막길을 올라야 한나. 쉬엄쉬엄 오르면 부담 없다. 형제봉 임도삼거리와 헬기장에서는 지리산 주능선들이 굽이굽이 치마폭처럼 펼쳐진 풍경에 감동한다.

가탄 → 법하 → 작은재(어안동) → 기촌 →
목아재(당재) → 송정

* 목아재에서 오미~당재(16.9km)로 가는 지선과 합류

거 리 11.3km
시 간 6~7시간
난이도 약간 힘들어요
가 탄 경남 하동군 화개면 탑리 480
송 정 전남 구례군 토지면 송정리 61

시야가 트이는 곳이면 어김없이 섬진강이 반갑게 인사를 건넨다.

작은재 넘어 구례와 하동 드나들던 그 옛날 숲길

하동에서 구례를 넘나들었던 작은재가 이어진 길이다. 대부분 숲속길이라 기분 좋게 걸음을 옮긴다. 나란한 섬진강이 시야가 트이는 곳이면 어김없이 반갑게 인사를 건넨다. 제법 경사가 있는 길이지만 숲과 강이 있어 상쾌하다. 걷다가 자주 묵답을 만나게 된다. 이 깊고 높은 산골까지 들어와 농사를 지어야 했던 옛사람들의 삶의 무게를 느낀다. 목아재에서 당재로 넘어가는 길은 옛날 화개로 이어지는 길이기도 하고 연곡사와 피아골을 살필 수 있는 곳이지만 되돌아와야 하는 번거로움이 있다.

송정 → 기도터 → 노인요양원 → 오미

거 리 9.2km
시 간 5~6시간
난이도 약간 힘들어요
송 정 전남 구례군 토지면 송정리 61
오 미 전남 구례군 토지면 오미리 103

남한의 3대 길지라 알려진 오미마을 운조루

3대 길지 마주하고 상생을 생각하는 생채기 난 숲길

구례군 토지면 전경과 섬진강을 보면서 걷는 길이다. 농로, 임도, 숲길의 다채로운 길들로 이어져 있어져 있다. 숲의 모습 또한 다채롭다. 조림현상과 산불로 깊게 데이고 다친 지리산의 상처를 만난다. 아름다운 길에서 만나는 상처는 더욱 아프고 자연과 인간의 상생을 생각하게 한다. 남한의 3대 길지 중 한곳으로 알려진 운조루를 향해 가는 길은 아늑하고 정겹다. 섬진강 너머 오미리를 향해 엎드러 절하는 오봉산이 만드는 풍광도 발걸음을 가볍게 한다. 오미와 당재를 잇는 구간도 열릴 예정이다.

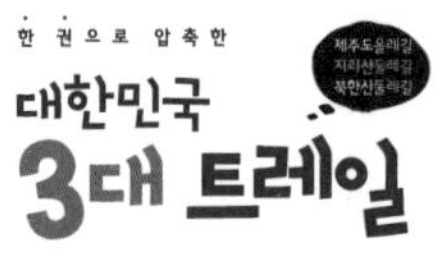

2012년 3월 15일 초판 1쇄 펴냄

지은이 진우석 · (사)숲길
발행인 김산환
편집인 윤소영
편 집 이상재 조동호
디자인 여현미 이영규

펴낸곳 꿈의지도
주소 경기도 파주시 교하읍 문발리 출판단지 516-2
전화 070-7535-9416
팩스 0505-991-9416
홈페이지 www.dreammap.co.kr
출판등록 2009년 10월 12일 제82호

ISBN 978-89-970890-9-3-13980